普通高等教育"十二五"规划教材

建筑安装工程造价

主　编　肖作义
主　审　高乃云　金国辉

U0314876

北　京
冶金工业出版社
2021

内 容 提 要

本书在定额理论基础知识和概预算基本方法的基础上，以建筑安装工程造价的部分经济文件编写为主线，全面介绍安装工程费用项目组成及计价程序，安装工程定额，安装工程计量与计价。以现行国家经济政策和最新颁布实施的工程项目预算定额、计价程序编制为重点，辅以一定量的概预算编制实例，确保工程管理和工程造价专业的学生重点掌握工程项目概预算的编制方法。此外，全书在每章章末设有复习与思考题，以帮助读者巩固所学知识。

本书可作为高等学校工程管理、工程造价本科专业教学用书，同时也可作为建筑环境与设备工程、给水排水工程等专业的参考用书及各类工程造价培训教材，也可供从事建筑安装的技术人员和管理人员参考使用。

图书在版编目 (CIP) 数据

建筑安装工程造价/肖作义主编 . —北京:冶金工业出版社，2012. 1 (2021. 1 重印)

ISBN 978-7-5024-5793-8

Ⅰ. ①建…　Ⅱ. ①肖…　Ⅲ. ①建筑安装工程—建筑造价　Ⅳ. ①TU723. 3

中国版本图书馆 CIP 数据核字（2011）第 263082 号

出 版 人　苏长永
地　　　址　北京市东城区嵩祝院北巷 39 号　邮编　100009　电话　(010)64027926
网　　　址　www. cnmip. com. cn　电子信箱　yjcbs@ cnmip. com. cn
责任编辑　杨 敏　宋 良　美术编辑　彭子赫　版式设计　孙跃红
责任校对　王永欣　责任印制　禹 蕊
ISBN 978-7-5024-5793-8
冶金工业出版社出版发行；各地新华书店经销；北京建宏印刷有限公司印刷
2012 年 1 月第 1 版，2021 年 1 月第 2 次印刷
787mm × 1092mm　1/16；20.75 印张；3 插页；511 千字；321 页
45. 00 元

冶金工业出版社　投稿电话　(010)64027932　投稿信箱　tougao@cnmip. com. cn
冶金工业出版社营销中心　电话　(010)64044283　传真　(010)64027893
冶金工业出版社天猫旗舰店　yjgycbs. tmall. com
（本书如有印装质量问题，本社营销中心负责退换）

前　言

　　"建筑安装工程造价"是一门集技术、经济为一体的综合性学科，也是理论性、实践性、政策性很强的一门课程。由于各专业涉及的技术理论不同，建筑安装工程造价的确定和管理也就存在着差异性。建筑安装工程学科分支较多，设计、施工和管理的各阶段专业技术人员往往更多地关注于技术条件和技术方法，而忽略了经济可行性的分析与判断。技术是项目实现的前提，而经济分析是技术决策的依据。随着建筑管理市场的日益完善，建筑安装行业急需具有综合素质的高层次专业人才。当前建筑业许多管理人员、预算人员虽然对土建工程预算比较熟悉，但对安装工程预算知之较少，他们需要，也很希望学习安装工程预算知识。另外，作者在从事安装工程造价教学的过程中，了解到许多学生也很希望得到一本系统介绍建筑安装工程预算方面的书籍。编写此书的目的正是为了满足广大工程管理人员、预算人员和大中专院校师生的需要。

　　本书从结构上分为三部分：第1～4章为安装工程造价基础知识，包括安装工程造价基础理论、安装工程定额原理和安装工程造价的组成及计价程序等有关知识；第5～9章为建筑安装工程预算内容，详细讲述了给水排水工程、采暖工程、燃气工程、通风空调工程、建筑消防工程、电气工程和防腐、刷油绝热工程等施工图预算的编制方法及工程量清单计价方法；第10章为建筑安装工程招投标的有关内容。

　　本书的编写遵循少而精的原则，理论联系实际，书中列举了建筑安装工程和工程造价领域所遇到的计量和计价编制方法及概预算实例，每章后均有复习与思考题，以便于学以致用。本书具有系统性、实用性及可操作性的特点，侧重对学生实际应用能力的培养。

　　本书由内蒙古科技大学肖作义教授主编，上海同济大学高乃云教授和内蒙古科技大学金国辉教授主审。其中第1章由肖作义编写，第2章由贾瑞博编写，第3章由殷震育编写，第4章由郭婷编写，第5章由肖作义、肖明慧、殷震育编写，第6章由肖作义、王晓彤、王哲、杨文焕编写，第7章由王哲编写，第8章由肖明慧编写，第9章由杨文焕、王哲编写，第10章由杨文焕编写。书中部分图表由孙梅协助整理制作。

在编写过程中，得到了内蒙古科技大学 2012 年教材基金资助及兄弟院校专业人员的大力支持和帮助，在此表示感谢，同时，参考了有关文献，对文献作者也表示感谢。

由于编者水平和掌握的信息有限，加之时间有限，书中难免有疏忽不当之处，恳请各位读者、同行批评指正。

编 者

2011 年 10 月

目　　录

1 安装工程造价基本知识

1.1 安装工程造价的概念

在介绍安装工程造价的概念之前，先介绍一下安装工程的概念。安装工程是指按照工程建设施工图纸和施工规范的规定，把各种设备放置并固定在一定的地方，或将工程原材料经过加工并安置、装配而形成具有功能价值产品的工作过程。安装工程所包括的内容广泛，涉及多个不同种类的工程专业。在建筑行业常见的安装工程有：电气设备安装工程，给水排水、采暖、燃气工程，消防及安全防范设备安装，通风空调工程，工业管道工程，刷油、防腐蚀及绝热工程等。这些安装工程按建设项目的划分原则，均属单位工程，它们具有单独的施工设计文件，并有独立的施工条件，是工程造价计算的完整对象。

安装工程造价是工程造价额度的一部分。建筑安装工程造价亦称建筑安装产品价格。从投资的角度看，它是建设项目投资中的建筑安装工程部分的投资，也是项目造价的组成部分。从市场交易的角度看，建筑安装工程实际造价是投资者和承包商双方共同认可的由市场形成的价格。它是通过安装工程计量与计价计算出来的，过去一般称为安装工程预算，是反映拟建工程经济效果的一种技术经济文件。它一般从两个方面计算工程经济效果：

（1）计量，就是计算消耗在工程中的人工、材料、机械台班数量；

（2）计价，就是用货币形式反映工程成本。目前，我国现行的计价方法有定额计价方法和清单计价方法。

1.2 基 本 建 设

1.2.1 基本建设的概念与分类

1.2.1.1 基本建设的概念

基本建设是指形成固定资产的全部经济活动过程，是一种宏观的经济活动，它是一次性的有组织的系统的活动，是从项目的意义、项目策划、可行性研究、项目决策到勘察设计、建筑安装施工、生产准备、竣工验收、联动试车和工程维修等一系列复杂的技术经济活动，既有物质生产活动，又有非物质生产活动。例如，建设一个工厂即为基本建设，包括厂房的建造、机器设备的购置和安装以及土地征用、勘察设计、筹建机构、培训职工等工作。

国民经济各部门购置和建造新的固定资产的经济活动过程，以及与其相联系的其他工作，即国民经济各部门为了扩大再生产而进行的增加固定资产的工作，均视为基本建设。基本建设分为整体性固定资产的扩大再生产和部分整体性固定资产的简单再生产。扩大再生产指新建工程，简单再生产指恢复被自然灾害毁坏的固定资产及异地重建的固定资产。基本建设通过新建、扩建、改建和重建等形式来完成，其中新建和扩建是最主要的形式。

上面所涉及的固定资产是指使用期限在一年以上，单位价值在规定标准以上，并且在使用过程中保持原有物质形态的资产，如房屋、汽车、机械设备、仪器等。

固定资产分为生产性和非生产性两类。生产性固定资产指工农业生产用的厂房和机械设备等；非生产性固定资产是指各类福利设施和行政管理设施，如住宅、剧院、办公室、商城等。

1.2.1.2　基本建设的分类

（1）按经济用途分。其可分为生产性建设和非生产性建设。

（2）按建设性质分。其可分为新建、扩建、改建和重建项目。

（3）按投资构成分。其可分为建筑工程，设备安装工程，工具、器具购置及其他基本建设。

（4）按建设规模分。其可分为大型、中型和小型项目。

（5）按投资资金来源分。其可分为国家投资和自筹投资两种。

（6）按建设过程分。其可分为筹建项目、施工项目、扫尾项目等。

1.2.2　基本建设的内容

基本建设的内容包括建筑工程，设备安装工程，设备、工具、器具的购置和其他基本建设。

（1）建筑工程。建筑工程包括的内容有各种厂房、办公楼、仓库、宿舍等建筑物和矿井、桥梁、公路、铁路、码头等构筑物的建筑工程；各种管道、通信电力导线的敷设工程；设备基础、金属结构工程；水利和其他特殊工程等。

（2）设备安装工程。设备安装工程包括的内容有动力、电气、起重、运输、实验、医疗等设备的安装工程；与设备配套的工作台、梯子、支架等的安装工程；附属于各设备的管道安装工程；安装设备的绝缘、保温、油漆工程，以及对单体设备进行无负荷试车等工作。

（3）设备、工具、器具的购置。包括全部需要安装和不需要安装设备的购置；车间、实验室，所配备的符合固定资产条件的各种工具、器具、仪表及生产家具的购置。

（4）其他基本建设。是指除包括上述基本建设工作外，为整个建设工程所需进行的其他工作。如勘察设计、土地征用、原有建筑物的拆迁，建设单位管理和生产职工培训以及联合试车等。

1.3　基本建设程序

1.3.1　基本建设程序的概念

基本建设程序是指建设项目从酝酿提出到该项目建成投入生产或使用的全过程中各阶段建设活动必须遵循的先后次序。它是工程建设活动的客观规律，是建设项目科学决策和顺利进行的重要保证。按照建设项目发展的内在联系和发展过程，建设程序分为若干阶段，这些建设阶段有着严格的先后次序，不能任意颠倒和违背，否则就要受到挫折和惩罚，造成巨大的经济损失和社会影响。

1.3.2　基本建设时期与阶段

目前，我国工程建设程序经过长期的实践，投资建设一个工程项目都要经过投资决策和建设实施两个进展时期。这两个进展时期又可以分为若干个阶段，总结归纳的主要阶段有：项目建议书、可行性研究、建设项目设计、建设项目施工准备、建设项目施工安装、生产准备、建设项目竣工验收阶段。这几个大的阶段中都包含着许多环节，这些阶段和环节各有其不同的工作内容。

1.3.2.1　工程项目建设投资决策时期

工程项目建设投资决策时期一般可以分为 3 个阶段：

（1）提出项目建议书。它是业主单位向国家或主管部门提出的要求建设某一具体项目的建设性文件，是基本建设程序中最初阶段的工作，也是投资决策前对拟建项目的轮廓设想。项目建议书应重点放在项目是否符合国家宏观经济政策，是否符合产业政策、产品结构要求及生产布局要求等方面，减少盲目建设和不必要的重复建设。

项目建议书的内容主要包括：项目提出的依据和必要性，拟建规模和建设地点的初步设想，资源情况、建设条件、协作关系、引进国别和厂商等方面的初步分析，投资估算和资金筹措设想，项目的进度安排，经济效果和社会效益的分析等。

项目建议书是国家选择建设项目的依据，当项目建议书批准后方可进行可行性研究。

（2）进行可行性研究。根据国民经济发展规划及项目建议书，运用多种研究成果对建设项目投资决策进行技术经济论证。通过可行性研究，观察项目技术上的先进性和适用性，经济上的盈利性和合理性，以及项目的可能性和可行性等。

可行性研究工作完成后，即可编写出反映其全部工作成果的"可行性研究报告"，其内容不尽相同，但一般应包括市场研究、工艺技术方案的研究、经济效益、环境效益和社会效益评价等。

可行性研究报告经过正式批准后将作为初步设计的依据，不得随意修改和变更，此时建设项目才算正式"立项"。

（3）编制计划任务书。计划任务书又称为设计任务书，是确定建设项目和建设方案的基本文件，也是编制设计文件的主要依据。所有的新建、扩建、改建项目都要按项目的隶属关系，由主管部门组织计划、设计，或筹建单位提前编制计划任务书，再由主管部门审查上报。

计划任务书的内容对于不同类型的建设项目是不完全相同的。对于大中型项目，一般包括建设目的和依据，建设规模、产品方案或纲领，生产方法或工艺原则，矿产资源、水文地质和工程地质条件，主要协作条件，资源综合利用情况和环境保护与"三废"治理要求，建设地区或地点及占地面积，建设工期，投资总额，劳动定员控制数，要求达到的经济效益和技术水平等。

1.3.2.2　工程项目建设投资实施阶段

工程项目建设投资实施一般可分为 5 个阶段：

（1）编制设计文件。设计文件是安排建设项目和组织施工的主要依据，一般由主管部门或建设单位委托设计单位编制。

一般建设项目应按初步设计和施工图设计 2 个阶段进行。对于技术复杂且缺乏经验的项目，经主管部门指定，按初步设计、技术设计和施工图设计 3 个阶段进行。根据初步设计编制设计概算，根据技术设计编制修正概算，根据施工图设计编制施工图预算。

（2）建设准备及招投标阶段。开工前要对建设项目所需要的主要设备和特殊材料申请订货，并组织大型专用设备和施工项目的招投标活动。建设准备阶段的主要工作包括：征地拆迁，技术准备，搞好"三通一平"，修建临时生产和生活设施，协调图纸和技术资料的供应，落实建筑材料、设备和施工机械，组织施工招标，择优选择施工单位。

（3）全面施工阶段。工程项目经批准开工建设，即项目进入全面施工阶段。项目开工是指设计文件中规定的任何一项永久性工程第一次正式破土开槽施工的日期。

全面施工阶段一般包括土建、给水排水、采暖通风、电气照明、动力配电、工业管道，以及设备安装等工程项目的施工。为确保工程质量，施工必须严格按照施工图纸、施工验收规范等要求进行，合理地组织施工。

（4）生产准备阶段。生产准备是项目投产前由建设单位进行的一项重要工作。在展开全面施工的同时，要做好各项生产准备，以保证及时投产，并尽快达到生产能力。其主要工作包括：组织强有力的生产指挥机构，制订颁发必要的管理制度和安全生产操作规程，招收和培训生产骨干和技术工人，组织生产人员参加设备的安装、调试和竣工验收，组织工具、器具和配件等的制作和订货，签订原材料、燃料、动力、运输和生产协作的协议等。

（5）竣工验收和交付使用。建设项目按批准的设计文件所规定的内容建成后，便可以组织竣工验收，对建设项目进行全面考核。验收合格后，施工单位应向建设单位办理工程移交和竣工结算手续，使其由基本建设系统转入生产系统。建设单位负责编制竣工决算。

上述两个进展时期 8 个阶段中的前 5 个阶段称为建设前期，它包括的范围广，占用资金不多，但对工程建设的投资、质量起着决定性的作用；而投资实施期中的每一个阶段都以前一个阶段的工作成果为依据，同时又为后一环节创造条件，环环相扣，若其中有一个环节失误，即会造成全盘失误。因此，必须严格按基本建设程序办事。

1.4   基本建设项目划分

基本建设项目是一个有机整体，根据项目管理和项目经济核算的需要，将建设项目划分为单项工程、单位工程、分部工程、分项工程等层次。

（1）建设项目。建设项目是指在一个总体设计或初步设计范围内，由一个或几个单项工程组成，在经济上实行独立核算，行政上有独立的组织形式，实行统一管理的建设单位。它具有单件性的特点（限定的资源、限定的时间、限定的质量），具有一定的约束（确定的投资、确定的工期、确定的空间、确定的质量要求）和项目各组成部分有着有机的联系。一般以一个企业、事业单位或大型独立工程作为一个建设项目。例如，新建一座工厂、一所学校等均为一个基本建设单位。在给水排水工程建设中通常是指城市或厂矿的某项给水工程或排水工程为建设单位。

（2）单项工程。单项工程又称工程项目。是具有独立设计文件，能单独编制综合预算，竣工后可以独立发挥生产能力或效益的工程。一个建设项目可包括几个单项工程，也可以有一个单项工程。例如生产车间，生产车间建成后可用于生产产品，发挥生产能力；取水泵站建成后可为用户提水服务；净水厂建成后可满足不同用户用水需求。

（3）单位工程。单位是单项工程的主要组成部分，通常是指具有单独设计的施工图纸，可以独立组织施工的工程或单独编制的施工预算，即单位空间的分部和分项工程的总和。具有施工条件和独立计算成本对象，但建成后一般不能单独进行生产或投入使用的工程。

建筑工程是一个复杂的综合体，为计算方便，一般根据各个组成部分的性质、作用和专业特点，将一个单项工程划分为以下几个单位工程：如土建工程、工业管道工程、设备及其安装工程、电气照明工程等。建筑工程一般以单位工程作为编制概、预算和成本考核的对象。

在给水排水工程项目划分中，单位工程为：取水工程中的管井、取水口、取水泵房等；净水工程中的絮凝池、沉淀池、澄清池。滤池、清水池、加药间、二泵站以及办公室、化验室、厂区道路、绿化等均属单位工程。

污水处理厂中的污水泵站、沉砂池、初次沉淀池、曝气池、二次沉淀池、消毒池以及污泥消化池、污泥脱水、干化机房等均属于单位工程。

其中每个单位工程的技术构成，可分为土建工程、配管、设备及安装工程、电气工程等组成部分。

（4）分部工程。分部工程是单位工程的组成部分，一般按单位工程的各个部位、构件性质、使用的材料、工种或设备的种类和型号等划分而成。例如，一般土木工程可以划分为土石方工程、打桩工程、基础工程、砌筑工程、金属结构工程、木结构工程、楼地面工程、门窗及装饰装修工程等分部工程；给水排水工程可划分为管道安装、阀门安装、卫生器具安装的分部工程；通风空调工程可划分为风管制作安装、调节阀的制作安装、风口制作安装、通风空调设备安装等分部工程；电气设备工程可划分为变压器、配电装置、配管配线、照明器具等分部工程。

在每个分部工程中，由于构造和使用材料规格或施工方法等因素的不同，完成同一计量单位的工程所需要消耗的人、材、机及其价值的差别是很大的。因此，为计算造价的需要，还应将分部工程进一步细划为分项工程。

（5）分项工程。分项工程是分部工程的主要组成部分，它是指分部工程中，按照不同的施工方法、不同的施工材料、不同的规格而进一步划分的最基本的工程要素。其特点是用简单的施工过程就能完成，以适当的计算单位就可以计算工程量及其单价的建筑或给水排水安装工程。一般没有独立存在的意义。只是为了编制建设预算时人为确定的一种比较简单和可行的假定"产品"。例如，给水排水管道安装分部工程，可划分为室外管道、室内管道、焊接钢管、铸铁管安装、管道消毒冲洗等分项工程；照明器具分部工程可划分为普通灯具安装、荧光灯具安装、防水防尘灯的安装等分项工程。

综上所述，一个建设项目是由一个或几个单项工程组成，一个单项工程又由几个单位工程组成，一个单位工程可以划分为若干个分部工程，一个分部工程可划分为若干个分项工程，如图1-1所示。建设概预算文件的编制就是从分部分项工程开始的。

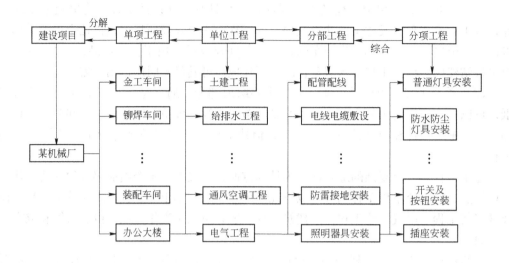

图 1-1   建设项目划分示意图

1.5   建设工程造价和文件

1.5.1   建设工程造价概述

1.5.1.1   工程造价的含义

中国建设工程造价管理协会（CAMCC）定义建设工程造价为"完成一项建设工程所需花费的费用总和。其中建筑安装工程费，也即建筑、安装工程的造价，在涉及承发包的关系中，与建筑、安装工程造价同义"。该定义明确了建设工程造价具有"费用总和"和"建筑安装工程费"两个内涵。

"费用总和"又称为建设成本或工程投资，是对投资方、业主、项目法人而言的。在确保建设要求、工程质量的基础上，其目的是谋求以较低的投入获得较高的产出。从性质上讲，建设成本的管理属于对具体工程项目的投资管理范畴。

"建筑安装工程费"又称为承包价格或工程价格，是对发包方、承包方双方而言的。在具体工程中，双方都通过市场谋求有利于自身的合理的承包价格，并保证价格的兑现和风险的补偿。因此，双方都有对具体工程项目的价格管理问题，该项管理属于价格管理范畴。

工程价格是指工程项目的承发包价格，这一承发包价格实际上是指通过招投标等方式，承包商或项目实施者从业主处所获得的工程建设项目的全部收入。它与工程投资关系密切，是工程投资的主要组成部分，其价格的高低直接影响工程投资的多少。

一般而言，工程投资是指由业主支付给项目实施者的一个工程项目的全部费用，包括在工程项目全过程中，从土地购置、规划设计、勘探，到土建、安装、监理、造价管理等方面的各种资源消耗与占用的费用和其他费用。

一些工程造价管理学者还会使用"工程造价"这个概念，按照计价的范围和内容的不同，工程造价可分为广义的工程造价和狭义的工程造价。

（1）广义的工程造价。指完成一个建设项目所需固定资产投资费用的总和，包括建筑工程费、设备安装工程费、设备与工器具及生产家具的购置费、其他工程建设费四部分内容。此外，预算虽是预先计算，但也要求反映最终工程的实际费用。因此，在广义的工程造价中，除了考虑上述四项基本静态费用及基本预备费外，还应考虑涨价预备费、建设期贷款利息和固定资产投资方向调节税（按国家有关部门规定，自 2000 年 1 月起新发生的投资额，暂停征收）等动态费用。

（2）狭义的工程造价。指建筑市场上承发包建筑安装工程的价格，即为建成一项工程，预期或实际在建筑市场、技术劳务市场以及承包市场等交易活动中所形成的建筑安装工程的价格和建设工程总价格。这种含义是以市场经济为前提的。它以工程这种特定的商品形式作为交易对象，通过建设工程招投标、承发包或其他交易方式，在进行多次预计的基础上，最终由市场形成价格。在这里，工程的范围和内涵既可以是涵盖范围很广的大型建设项目，也可以是一个单项工程（如图书馆、办公综合楼等），还可以是一个单位工程（如土建工程、安装工程、装饰工程），或者其中的某几个组成部分（如土方工程、桩基础工程、楼地面工程等）。随着社会和技术的进步，分工的细化和市场的完善，工程建设中的中间产品也会越来越多，建筑产品这个特殊商品交换会更加频繁、复杂，其工程价格的种类和形式也会更加丰富。有的为半成品（如建筑结构），有的为成品（如普通工业厂房、仓库、写字楼、公寓等）；有的为工程一部分（如道路、桥梁或其他基础设施），有的为工程全部（包括建筑、装饰、设备安装及相关辅助工程，甚至包括土地）。

本书主要介绍狭义的工程造价。如果不作特殊说明，本书以下涉及的工程造价均指狭义的工程造价。

1.5.1.2 基本建设项目投资构成和工程造价构成

我国现行基本建设项目投资构成包含固定资产投资和流动资产投资两部分。其中，固定资产投资与建设项目的工程造价在量上是相等的。工程造价的构成按工程项目建设过程中各类费用支出或花费的性质和途径等划分，一般包括建筑安装工程费用、设备及工器具购置费用、工程建设其他费、预备费、建设期贷款利息、固定资产投资方向调节税（暂停征收）6 个部分。

（1）建筑安装工程费用。此部分费用包括建筑工程费用和安装工程费用两大部分。每部分均由直接工程费、间接费、利润及税金 4 部分组成。

（2）设备及工器具购置费用。设备购置费是指为建设项目购置或自制的，达到固定资产核准的各种国产或进口设备、工具、器具的费用。它由设备原价和设备运杂费构成；工具、器具及生产家具购置费用是指新建或扩建项目按初步设计规定的，保证初期正常生产必须购置的没有达到固定资产标准的设备、仪器、模具、器具、生产家具和备品备件等的费用。

（3）工程建设其他费用。此部分费用为除上述费用以外的，包括为保证工程建设顺利完工和交付使用后能发挥效用而发生的各项费用，可分为 3 大类：

1）土地使用费。为获得建设用地而支付的费用，包括土地使用权出让金和土地征用及拆迁补偿费等。

2）与项目建设有关的其他费用。一般包括建设单位管理费、勘察设计费、研究试验费、建筑单位临时设施费、工程监理费、工程保险费等费用。

3）与未来企业生产经营有关的其他费用。主要包括生产准备费、联合试运转费等。

（4）预备费。按我国现行规定，预备费包括基本预备费和涨价预备费。

1）基本预备费是指在初步设计及概算内难以预料的工程费用，即：

$$基本预备费 = （建筑安装工程费用 + 设备及工器具购置费用 +$$
$$工程建设其他费用）×基本预备费率$$

2）涨价预备费是指建设项目在建设期内，由于价格等变化引起工程造价变化而预测的预留费用。通常采用复利方法计算。

1.5.1.3　工程造价计价特点

建设工程造价除具有一切商品价格的共同特点之外，还具有其自身的价格特点，即单件性计价、多次性计价和组合性计价。

（1）单件性计价。建设工程实物形态千差万别，构成工程费用的各种价值要素差异很大，最终导致建设程序不可能像工业产品那样按品种、规格、质量批量定价，而只能根据各个工程项目的特点，通过特定的计价模式进行单件计价。

（2）多次性计价。建设工程的生产周期长，消耗资源多。为了便于工程建设各方经济关系的建立，适应项目管理的需求和工程造价控制的要求，需要按照建设程序的各阶段多次计价。从投资估算、设计概算、施工图预算到招标承包合同价、工程价款结算、竣工决算等，整个计价过程是一个由粗到细，由浅到深，最后确定实际造价的过程。各计价过程相互衔接，前者制约后者，后者是前者的细化和补充，如图1-2所示。

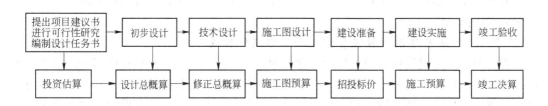

图 1-2　基本建设程序与概预算对应关系图

（3）组合性计价。建设项目分为单项工程、单位工程、分部工程、分项工程4个层次。其中，分项工程通过比较简单的施工过程就能完成，可以用适当的计量单位计量，并便于计算其消耗的工程基本构成要素。工程计价时，首先对各分项工程进行计价，从而确定出分部工程造价，各分部工程价格汇总形成单位工程造价，各单位工程价格汇总形成单项工程造价。因此，建设工程是按工程构成的分部组合进行计价的。

1.5.1.4　安装工程造价计价方法

工程计价的形式和方法有多种，且各不相同，但工程计价的基本原理和过程是相同的。如果仅从造价费用的计算角度分析，工程计价的顺序是：分部分项工程造价→单位工程造价→单项工程造价→建设项目总造价。影响建设工程价格的基本要素有两个，即基本构造要素的实物工程量和基本构造要素的单位价格，即通常所说的"量"和"价"。单位价格高，工程造价就高；实物工程量大，工程造价也就大。

不论哪种计价模式，在确定工程造价时，都是先计算工程数量，再计算工程价格。

施工图预算确定工程造价，一般采用以下两种计价方法。

A 单位估价法

单位估价法是当前普遍采用的方法。该方法根据施工图和预算定额，计算分项工程量、分项工程直接费，将直接费汇总成单位工程直接费后，再根据有关费率计算其他直接费、间接费和利润，根据有关税率计算税金，最后再汇总成单位工程造价。

应用单位估价法编制单位工程造价文件的步骤，如图1-3所示。

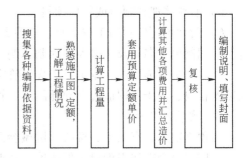

图1-3 单位估价法编制施工图预算步骤

（1）搜集各种编制依据、资料。各种编制依据、资料包括施工图、施工组织设计或施工方案、现行建筑安装工程预算定额（或消耗量定额）、费用定额、预算工作手册、调价规定等。

（2）熟悉施工图、定额，了解现场情况和施工组织设计资料。

1）熟悉施工图和定额。只有对施工图和预算定额（或消耗量定额）有全面详细的了解，才能结合定额项目划分原则，迅速准确地确定分项工程项目并计算出工程量，合理地编制出建筑工程计价文件。

2）了解现场情况和施工组织设计资料。只有对现场施工条件及施工组织设计资料中的施工方法、技术组织进行充分了解，才能正确计算工程量及进行定额套取。

（3）计算工程量。工程量的计算在整个计价过程中是最重要、最繁重的一个环节，是计价工作中的主要部分，直接影响着工程造价的准确性。

（4）套用定额计算预算价格。

1）套用预算单价（即定额基价），用计算得到的分项工程量与相应的预算单价相乘，即为分项工程直接费。其计算公式为：

分项工程直接工程费 = 分项工程量 × 相应预算价格

2）将预算表内某一个分部工程中各个分项工程的合价相加，即为分部工程的直接工程费。其计算公式为：

分部工程直接工程费 = Σ（分项工程量 × 相应预算价格）

3）汇总各分部工程的直接工程费即得到单位工程定额直接工程费。

（5）编制工料分析表。根据各分部分项工程的工程量和定额中相应项目的人工工日及材料数量，计算出各分部分项工程所需的人工及材料数量，汇总得出该单位工程所需的人工和材料数量。工料分析是计算材料差价的重要准备工作。将通过工料分析得到的各种材料数量乘以相应的单价差并汇总，即可得到材料总价差。

（6）计算其他各项费用并汇总造价。按照各地规定的费用项目及费率，分别计算出间接费、利润和税金等，并汇总单位工程造价。

（7）复核。复核的内容主要是核查分项工程项目有无漏项或重项；工程量计算公式和结果有无少算、多算或错算；套用定额基价、换算单价或补充单价是否选用合适；各项费用及取费标准是否符合规定，计算基础和计算结果是否正确；材料和人工价格调整是否正确等。

（8）编制说明、填写封面。预算编制说明及封面一般应包括以下内容：

1）施工图名称及编号。

2）所用预算定额及编制年份。

3）费用定额及材料调差的有关文件名称、文号。

4）套用定额及补充单价方面的内容。

5）有哪些遗留项目或暂估项目。

6）封面填写应写明工程名称、工程编号、工程量（建筑面积）、预算总造价及单位造价，编制单位名称及负责人和编制日期、审查单位名称、负责人及审核日期等。

单价法是目前国内编制单位工程计价文件的主要方法，具有计算简便、工作量小和编制速度较快、便于工程造价管理部门统一管理的优点。

B 实物金额法

当预算定额只有人工、材料、机械台班的消耗量，没有反映货币量（基价）时，就可以采用实物金额法来确定工程造价。其编制施工图预算步骤如图1-4所示。

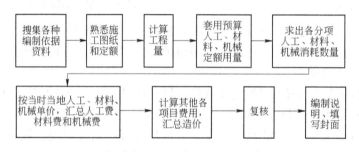

图1-4 实物法编制施工图预算步骤

由图1-4可见，实物法与单价法首尾部分的步骤是相同的，所不同的主要是中间的步骤，包括：

（1）工程量计算后，套用相应预算人工、材料、机械台班定额用量。建设部1995年颁发的《全国统一建筑工程基础定额》（土建部分是一部量价分离定额）和现行全国统一安装定额、专业统一和地区统一的计价定额的实物消耗量，是完全符合国家技术规范、质量标准的，并反映一定时期施工工艺水平的分项工程计价所需的人工、材料、施工机械的消耗量的标准。这个消耗量标准，在建材产品、标准、设计、施工技术及其相关规范和工艺水平等没有大的突破性变化之前，是相对稳定不变的，因此，它是合理确定和有效控制造价的依据；这个定额消耗量标准，是由工程造价主管部门按照定额管理分工进行统一制定，并根据技术发展适时地补充修改。

（2）求出各分项工程人工、材料、机械台班消耗数量并汇总单位工程所需各类人工工日、材料和机械台班的消耗量。各分项工程人工、材料、机械台班消耗数量由分项工程的工程量分别乘以预算人工定额用量、材料定额用量和机械台班定额用量而得出的，然后汇总便可得出单位工程各类人工、材料和机械台班的消耗量。

（3）用当时当地的各类人工、材料和机械台班的实际单价分别乘以相应的人工、材料和机械台班的消耗量，并汇总便得出单位工程的人工费、材料费和机械使用费。

在市场经济条件下，人工、材料和机械台班单价是随市场的变化而变化的，而且它们是影响工程造价最活跃、最主要的因素。用实物法编制施工图预算，是采用工程所在地当时的人工、材料、机械台班价格，能较好地反映实际价格水平，工程造价的准确性高。虽然计算过程较单价法烦琐，但用计算机来计算也就快捷了。因此，实物法是与市场经济体制相适应的预算编制方法。

1.5.2　工程建设概预算文件

1.5.2.1　概预算文件

概预算文件主要由下列概预算书组成：

（1）单位工程概（预）算书。在确定某一个单项工程时，一般包括土建工程、给水排水工程、电气照明工程等各单位工程建设费用的文件。

单位工程概（预）算是根据设计图纸和概算指标、概算定额、预算定额、其他直接费和间接费定额，以及国家有关规定等资料编制的。

（2）综合概（预）算书。它是确定各个单项工程全部建设费用的文件，并由该单项工程内的各单位工程概（预）算书汇编而成。当一个建设项目中只有一个单项工程时，则与该工程项目有关的其他工程和费用的概（预）算书，也应列入该单项工程综合概（预）算书中，单项工程综合概（预）算书实际就是一个建设项目的总概（预）算书。综合概（预）算书包括：工程或费用名称、建筑工程费（应分别列出土建工程，给水排水工程，采暖、煤气工程，通风工程，装饰工程等费用）、设备及安装工程费，以及其他费用和技术经济指标等内容。

（3）建设项目总概（预）算书。它是确定一个建设项目从筹建到竣工验收全过程的全部建设费用的总文件，是由该建设项目各单项工程的综合概（预）算书汇总而成的，包括建成一个建设项目所需要的全部投资。

综上所述，一个建设项目的全部建设费用是由总概（预）算书确定和反映的。并由一个或几个单项工程的综合概（预）算书组成。一个单项工程的全部建设费用是由综合概（预）算书确定和反映的，它由该单项工程内的几个单位工程概（预）算书组成。

在编制建设项目概（预）算时，应首先编制单位工程概（预）算书，然后编制单项工程综合概（预）算书，最后编制建设项目总概（预）算书。

1.5.2.2　基本建设概预算制度

基本建设概预算制度是对基本建设概预算的编制、审批办法、各种定额、材料预算价格的编制，以及基本建设概预算的组织与管理工作的总称。

A　基本建设概预算的编制与审定

基本建设概预算是对设计概算和施工图预算的总称。采用两阶段设计的项目，由设计部门编制设计概算和施工图预算。采用三阶段设计的项目，设计部门还要在技术设计阶段编制修正概算。对于技术简单的小型建设项目，设计方案确定之后就可进行施工图设计，并编制施工图预算。

建设单位在报批设计文件的同时，必须报批设计概算。施工图预算目前主要由施工单位编制，同时，国家规定有条件的设计单位也要编制施工图预算。

建设单位以审查施工图预算为主，一般不单独编制施工图预算。

施工图预算的审定，应由建设单位或其主管部门组织建设单位、设计单位、施工单位、财政分别或集中进行。从交付预算文件之日算起，预算的审定时间一般不超过30天。

B　基本建设预算工作的管理机构

目前，我国由住建部标准定额司主管基本建设预算工作。各省、自治区、直辖市可设置独立的建设工程造价管理机构，组织制定工程价格管理的有关法规、制度并贯彻实施，负责预算定额、费用定额等的制定和管理工作，以及管理造价咨询单位的资质工作。各市、县可设立建设工程造价管理机构，负责材料预算价格的编制和日常的定额、预算管理工作。

设计机构和工程造价咨询机构按照业主或委托方的意图，在可行性研究和设计阶段，合理确定及有效控制建设项目的工程价格，通过限额设计等手段实现设定的价格目标；在招投标工作中编制标底，参加评标、议标；在项目实施阶段，通过设计变更、索赔等管理进行价格控制。

承包企业设有专门的职能机构参与企业的投标决策；在施工过程中进行价格的动态管理，加强成本控制；进行工程价款的结算，避免收益的流失。

建设银行是主管基本建设信贷投资的专业银行，负责合理发放和监督建设资金的使用和回收工作，所以也应有相应的预算管理和监督的职责。

中国建设工程造价管理协会是具有社会团体法人资格的全国性社会团体，对外代表造价工程师和工程造价咨询服务机构的行业性组织。

C　我国的造价工程师执业制度

我国的造价工程师是由国家授予资格并准予注册后执业，专门接受某个部门或某个单位的指定、委托或聘请，负责并协助其进行工程造价的计价、定价及管理业务，以维护其合法权益的一种独立设置的职业的从业人员。造价工程师应既懂得工程技术，又懂得工程经济和管理，并具有实践经验，能为建设项目提供全过程价格确定、控制和管理，使既定的工程造价限额得到控制，并取得最佳投资效益。

现行制度规定，凡从事工程建设活动的建设、设计、施工、工程造价咨询、工程造价管理等单位和部门，必须在计价、评估、审查（审核）、控制及管理等岗位配备有造价工程师执业资格的专业技术人员。

我国的造价工程师执业资格制度是指国家建设行政主管部门或其授权的行业协会，依据国家法律法规制定的，规范造价工程师职业行为的系统化的规章制度以及相关组织体系的总称。

基本建设预算制度是社会主义市场经济规律在基本建设中的客观反映，也是国家宏观控制基本建设的具体形式。

复习与思考题

1-1　什么是基本建设，基本建设可以分成几种类型？

1-2　举例说明工程建设项目的几个层次？

1-3　某建筑项目中的钢筋混凝土工程、砖砌工程、给水排水工程、采暖工程、电气照明工程，在建设项目划分中，应各属于什么工程？

1-4　基本建设程序包含哪些内容？

1-5　根据项目管理和项目经济核算的需要，不同阶段内容需要编制不同造价文件。试说明它们各自的名称及作用。

1-6　投资与工程造价有何关系，工程造价的含义及其计价特点是什么？

1-7　我国工程造价如何分类？找出不同造价文件之间的差异。

2 建筑安装工程造价编制

工程造价管理贯穿工程建设的全过程，如图 2-1 所示。在项目决策阶段，其主要任务是编制工程投资估算，并对不同的方案进行对比，为决策提供依据。设计阶段的工程造价管理是整个工程造价管理的关键，可通过编制设计概算了解工程造价的构成，分析设计方案的经济合理性，以及设计方案的技术和经济的统一性，为控制工程造价提供依据。在建设准备阶段，通过编制施工图预算，为工程招标投标、确定承发包价格、签订工程合同等提供依据。在项目施工阶段，其主要工作是工程的计量和工程价款的结算，这是考核工程实际进度和实现项目实施过程造价控制的关键。在竣工验收阶段，竣工结算是承包方与业主办理工程价款最终结算的依据，也是核定建筑安装工程费用的依据。同时，建设单位应按照国家有关规定编制反映项目从筹建到竣工投产使用过程全部实际支出费用的竣工决算的经济文件。

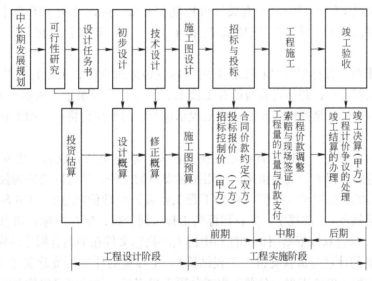

图 2-1　基本建设程序及其各阶段工程造价的内容

2.1　建筑安装工程造价分类

2.1.1　建筑安装工程造价分类

（1）投资估算。投资估算一般是指在项目建议书或可行性研究阶段，建设单位向国家或主管部门申请基本建设投资时，为了确定建设项目的投资总额而编制的经济文件。它是国家或主管部门审批或确定基本建设投资计划的重要文件。投资估算主要根据估算指标、概算指标或类似工程预（决）算资料进行编制。

（2）设计概算。设计概算是指在初步设计或扩大初步设计阶段，由设计单位根据初步设计图纸、概算定额或概算指标、设备预算价格、各项费用的定额或取费标准、建设地区的自然和技术经济条件等资料，预先计算建设项目由筹建至竣工验收、交付使用全部建设费用的经济文件。设计概算的主要作用是控制工程投资和主要物资指标。在方案设计过程中，设计部门通过概算分析比较不同方案的经济效果，选择、确定最佳方案。

（3）修正概算。修正概算是指当采用三阶段设计时，在技术阶段，随着设计内容的具体化、建设规模、结构性质、设备类型和数量等方面内容与初步设计可能有出入，为此，设计单位应对投资进行具体核算，对初步设计的概算进行修正而形成的经济文件。修正概算的作用与设计概算基本相同。一般情况下，修正概算不应超过原批准的设计概算。

（4）施工图预算。施工图预算是指在施工图设计阶段，设计全部完成并经过会审，在单位工程开工之前，施工单位根据施工图纸、施工组织设计、预算定额、各项费用取费标准、建设地区自然、技术经济条件等资料，预先计算和确定单项工程及单位工程全部建设费用的经济文件。施工图预算的主要作用是确定建筑安装工程预算造价和主要物资需用量，它是加强企业经营管理，搞好经济核算，实行施工预算和施工图预算（简称"两算"）对比的基础。

（5）招标控制价。招标控制价是在工程采用招标发包的过程中，由招标人根据国家或省级、行业建设主管部门颁发的有关计价依据和办法，按设计施工图纸计算的工程造价，其作用是招标人用于对工程发包的最高限价。有的省、市又称拦标价、预算控制价、最高报价值。

（6）投标报价。投标报价是在工程采用招标发包的过程中，由投标人按照招标文件的要求，根据工程特点，并结合自身的施工技术、装备和管理水平，依据有关计价规定，自主确定的工程造价，是投标人希望达成工程承包交易的期望价格，原则上它不能高于招标人设定的招标控制价。

（7）合同价款约定。合同价款约定是在工程发、承包交易完成后，由发、承包双方以合同形式确定的工程承包交易价格。采用招标发包的工程，其合同价应为投标人的中标价，也即投标人的投标报价。按照《建设工程工程量清单计价规范》（GB 50500—2008，以下简称《计价规范》）的规定，实行招标的工程合同价款，应在中标通知书发出之日起30天内，由发、承包双方依据招标文件和中标人的投标文件在书面合同中约定。

（8）工程量的计量与价款支付（工程结算）。工程量的计量与价款支付（工程结算）是指一个单项工程、单位工程、分部工程或分项工程完工，并经建设单位及有关部门验收或验收点交后，施工企业根据合同规定，按照施工时经发、承包双方认可的实际完成工程量、现场情况记录、设计变更通知书、现场签证、预算定额、材料预算价格和各种费用取费标准等资料，向建设单位办理结算工程价款，取得收入，用以补偿施工过程中的资金耗费，确定施工盈亏的经济活动。

工程结算一般有定期结算、阶段结算、竣工结算等方式。其中竣工结算价是在承包人完成合同约定的全部工程承包内容，发包人依法组织竣工验收并验收合格后，由发、承包双方根据国家有关法律、法规和《计价规范》的规定，按照合同约定的工程造价确定条款，即合同价、合同条款调整内容及索赔和现场签证等事项确定的最终工程造价。

（9）索赔与现场签证。索赔是指在合同履行过程中，对于非己方的过错而应由对方承担责任的情况造成的损失，向对方提出补偿的要求。索赔是合同双方行使正当权利的行为，承包人可向发包人索赔，发包人也可向承包人索赔。《计价规范》中规定，索赔要具备3要素：1）正当的索赔理由；2）有效的索赔证据；3）在合同约定的时间内提出。现场签证是指发包人现场代表与承包人现场代表就施工过程中涉及的责任事件所作的签认证明。《计价规范》中规定，确认的索赔与现场签证费用与工程进度款应同期支付。

（10）工程计价争议的处理。《计价规范》中规定，在工程计价中，对工程造价计价依据、办法以及相关政策规定发生争议事项时，由工程造价管理机构负责解释。发、承包双方发生工程造价合同纠纷时，工程造价管理机构负责调解工程造价问题。

（11）竣工决算。竣工决算是指在竣工验收阶段，当一个建设项目完工并经验收后，建设单位编制的从筹建到竣工验收、交付使用全过程实际支出的建设费用的经济文件。竣工决算能全面反映基本建设的经济效果，是核定新增固定资产和流动资产价值、办理交付使用的依据。

2.1.2 建筑安装工程"三算"与"两算"对比

建筑安装工程的"三算"是指设计概算、施工图预算和竣工决算。其中设计概算是"三算"对比的基础。这"三算"都是国家或单位对基本建设进行科学管理、控制工程造价、监督的有效手段之一，但各自又有着不同的作用。设计概算在确定和控制建设项目投资总额等方面的作用最为突出；施工图预算在最终确定和控制单位工程的计划价格，作为施工企业加强经济管理等方面的作用最为明显；竣工决算在确定建设项目实际投资总额、考核基本建设投资效果等方面的作用最为显著。通过"三算"的对比分析，可以考核建设成果，总结经验教训，积累技术经济资料，提高投资效果。

设计概算、施工图预算和竣工决算都是以价值形态，贯穿于整个工程建设过程中。按照国家要求，所有建设项目，设计要编概算，施工要编预算，竣工要做结算和决算。原国家计委颁发的《关于控制建设工程造价的若干规定》文件指出：当可行性研究报告一经批准后，其投资估算总额应作为工程造价的最高限额，不得任意突破。同时，要求决算不能超过预算，预算不能超过概算，概算不能超过投资估算。

建筑安装工程企业的"两算"对比是指施工图预算与施工预算的对比。前者确定预算成本，后者确定计划成本。通过对人工、材料等的对比、分析，可以预测到施工过程中人工、材料等的降低或超出情况，找出降低或超出的原因，研究、提出解决超出的办法，以便及时采取技术措施，进行科学的管理，以避免发生预算成本的亏损。并在完工后加以总结，取得经验教训，积累资料，加强和改进施工组织管理工作，以减少工料消耗，提高劳动生产率，降低工程成本，节约资金，取得更大的经济效益。因此，"两算"对比是施工企业运用经济规律，加强企业管理的重要手段之一。

2.2 投资估算的编制

2.2.1 投资估算的作用、编制内容和深度

2.2.1.1 投资估算的作用

投资估算是工程项目建设前期从投资决策直至初步设计之前的重要工作环节。其作用

是满足以下几个方面的需要：

（1）满足项目建议书（包括前期的规划阶段）的需要，因项目建议书中就有"投资估算和资金筹措设想"一项。

（2）满足可行性研究（或设计任务书）的需要，可行性研究的关键内容之一是投资估算，该部分的正确与否和是否符合工程实际，决定着能否正确论证项目投资。对某些按规定只需编制设计任务书的项目，则要求在任务书中也应列入投资总额的估算。

（3）满足工程设计投标和城市建筑方案设计竞选的需要。原国家计委和建设部制定的《工程设计招标暂行办法》中，规定了投标单位的投标书中除包括方案设计的图文说明外，还应包括工程投资估算和经济分析；建设部于2003年颁布《建筑工程设计文件编制深度规定》中专门规定了"投资估算"的内容和深度的要求。

对于不属于方案竞选范围的工程，规模较小或较简单的工程，为了简化设计，采取只做方案设计代替初步设计的方式，经批准后直接进入施工图设计者，则在方案设计阶段也需要进行投资估算，以代替初步设计概算。

（4）满足限额设计的需要。投资估算一经确定，即成为限额设计的依据，用以对各设计专业实行投资切块分配，作为控制和指导设计的尺度或标准。

2.2.1.2 投资估算的编制内容及深度

（1）投资估算的编制内容。除特别规定外，一般应包括从筹建至竣工验收的全部建设工程费用，其中包括建筑安装工程费，设备、工器具和生产家具购置以及与建设有关的其他费用，并应列入预备费（即不可预见费）。

由于工程规模的大小不同，工程项目、费用内容也有所差异。一个全厂性的工业项目或整体性民用工程项目（如小区住宅、学校、医院等），应包括红线以内的准备工作（如征地、拆迁、平整场地等）、主体工程、附属工程、室外工程（如大型土方、道路、广场、管线、构筑物和庭院绿化等），直至红线外的市政工程，以及建设单位管理费等其他费用。如仅仅是一个单项工程，或几个单项工程的工业或民用新建、扩建工程，其规模就相应缩小，投资估算的内容也就相应地减少，但仍应包括准备工作费和其他费用等。

在建设部颁发的《建筑工程设计文件编制深度规定》中，指明投资估算的编制内容反映的是一个建设项目所需全部建筑安装工程投资，但不包括其他费用。

投资估算文件一般应包括投资估算编制说明（说明编制依据、不包括的工程项目和费用、其他问题等）及投资估算表。

（2）投资估算的编制深度。由丁投资估算的编制阶段、编制依据和用途不同，投资估算的编制深度随之而有出入，故只能根据不同要求而定。一般来说，对于主要工程项目，应分别编制每个单位工程的投资估算，然后再汇总成一个单项工程的投资估算。对于附属项目或次要项目则可简化编制一个单项工程的投资估算（其中包括土建、水暖、自控、电等）。对于其他费用则也应按单项费用编制。这里当然也不排斥能再编制比单位工程更细一些的投资估算，如建筑给水排水工程中再分成给水、排水、消防等不同投资；变配电站和泵房泵站等附属工程中再分为建筑工程和设备的投资估算等。

（3）投资估算的误差率。投资估算既然是在建设前期所确定的投资，而且编制的阶段还有所不同，因此其准确程度不可能与编制概算、预算等相提并论。一般的误差率大致如下：

1）项目建议书（或规划）阶段：±30%；

2）初步可行性研究（或设计任务书）阶段：±20%；

3）详细可行性研究（包括设计投标和方案设计竞选）阶段：±10%以内。

2.2.2 投资估算的编制依据和方法

2.2.2.1 投资估算的编制依据

投资估算的编制依据如下：

（1）与项目背景、性质和要求有关的文件资料。

（2）投资估算指标、概算指标、技术经济指标。

（3）造价指标（包括单项工程和单位工程造价指标）。

（4）类似工程概预算。

（5）设计参数（或设计定额指标），包括各种建筑面积指标、能源消耗指标等。

（6）概、预算定额及其单价。

（7）当地材料、设备预算价格及市场价格（包括设备、材料价格等）。

（8）当地建筑工程取费标准，如其他直接费、间接费、利润、税金以及与建设有关的其他费用标准等。

（9）当地历年、历季调价系数及材料差价计算办法等。

（10）现场情况，如地理位置、地质条件、交通、供水、供电条件等。

（11）其他经验参考数据，如材料及设备运杂费率、设备安装费率、零星工程及辅材的比率等。

以上资料越具体、越完备，编制投资估算就越正确。

2.2.2.2 投资估算的编制方法

投资估算编制方法的特点是，由于它是在建设前期编制的，其编制的主要依据还不可能太具体，有别于编制概、预算时那么细致。编制时要从大处掌握，根据不同阶段的条件，做到粗中有细，尽可能达到应有的准确度。

A 国内常用的投资估算方法

投资估算的方法，以采用的主要编制依据来划分。目前国内常用以下方法：

（1）采用投资估算指标、概算指标、技术经济指标编制。比如：给水排水工程的投资估算指标，包括工艺设备、建筑安装工程、其他费用等实物消耗量指标和编制年度的造价指标、取费标准及价格水平等内容。编制投资估算时，应根据年生产能力套用对口的指标，对某些应调整、换算的内容进行调整。

辅助项目及构筑物等一般以 $100m^2$ 建筑面积或"座"、"m^3"等作为单位。

表 2-1 归纳了我国城市污水处理的投资估算指标。

表 2-1 城市污水处理的投资估算指标

类 型	建设规模或管径/mm	投资估算指标	
		不含污泥消化	含污泥消化
一级污水处理厂	I	335~285 元/(m³·d)	
	II	400~335 元/(m³·d)	
	III	480~400 元/(m³·d)	
	IV	575~480 元/(m³·d)	
	V	685~575 元/(m³·d)	

续表 2－1

类　　型	建设规模或管径/mm	投资估算指标	
		不含污泥消化	含污泥消化
二级污水处理厂	Ⅰ	700～600 元/(m³·d)	800～690 元/(m³·d)
	Ⅱ	820～700 元/(m³·d)	935～800 元/(m³·d)
	Ⅲ	950～820 元/(m³·d)	1085～935 元/(m³·d)
	Ⅳ	1120～950 元/(m³·d)	1285～1085 元/(m³·d)
	Ⅴ	1350～1120 元/(m³·d)	1560～1285 元/(m³·d)
污水深度处理	Ⅰ		
	Ⅱ	370～320 元/(m³·d)	
	Ⅲ	425～370 元/(m³·d)	
	Ⅳ	510～425 元/(m³·d)	
	Ⅴ	635～510 元/(m³·d)	
污水泵站	Ⅰ	50～30 元/(m³·d)	
	Ⅱ	70～50 元/(m³·d)	
	Ⅲ	90～70 元/(m³·d)	
	Ⅳ	115～90 元/(m³·d)	
	Ⅴ	140～115 元/(m³·d)	
污水管道	600	510～690 元/m	
	800	720～920 元/m	
	1000	940～1165 元/m	
	1200	1185～1440 元/m	
	1400	1520～1800 元/m	
	1600	2120～2430 元/m	
	1800	2745～3095 元/m	
	2000	3370～3760 元/m	

注：1. 污水处理厂工程投资指标只包括厂区围墙内的设施，不包括征地、拆迁、青苗与破路赔偿、电力增容等费用。

2. 工程投资估算指标的材料价格根据××市 1999 年材料预算价格计算，对不同时间、地点及人工材料价格变动，可按工程万元实物指标调整后使用。

3. 表中指标未考虑湿陷性黄土区、地震设防、永久性冻土和地质情况十分复杂等因素的特殊要求；厂站设备均按国产设备考虑。

4. 表中指标规模大的取低限，规模小的取高限；管道埋深大的取指标上限，管道埋深小的取指标下限。

5. 污水水质按一般情况考虑，即进水的 BOD_5 为 150mg/L，出厂水的 BOD_5 为 20mg/L；一级污水处理厂包括一级强化；污水干管的平均埋深 3～5m，无地下水，土方按照二、三、四类土平均计算。

6. 二级处理主体工艺按活性污泥法考虑。

7. 建设规模的划分，Ⅰ类：50 万～100 万 m³/d；Ⅱ类：30 万～50 万 m³/d；Ⅲ类：10 万～30 万 m³/d；Ⅳ类：5 万～10 万 m³/d；Ⅴ类：1 万～5 万 m³/d，以上各规模含下限值，不含上限值。

城市污水处理工程各分项工程投资比例如表 2－2 所示。

表 2 – 2　城市污水处理工程各分项工程投资比例　　　　　　（%）

项　目	建筑工程	工艺设备	电气设备	管道配件	合　计
一级处理	58	16	10	16	100
二级处理	50	26	12	12	100
污水深度处理	55	18	12	15	100
污水泵站	58	25	12	5	100

根据《市政工程投资估算指标》[2007] 163 号，水工程投资估算指标按范围包括给水工程投资估算指标、排水工程投资估算指标、防洪堤防工程投资估算指标。按内容有综合指标和分项指标。它们都适用于新建、改建和扩建工程，不适用于技术改造、加固工程以及特殊要求的工程。

1）综合指标。综合指标总造价包括建筑安装工程费、设备器具购置费、工程建设其他费用、基本预备费，还包括主要材料用量，厂、站工程的占地数量、设备功率。水工程项目综合指标见《给水排水工程概预算与经济评价手册》。指标中的水量规模与造价指标成反比例，造价指标可根据设计水量按插入法取定。指标上限适用于建设条件差、水环境条件差、地质条件较差、工艺标准和结构标准较高、自控程度较高、有独立的附属建筑物等情况，必要时应按规定作相应的调整。

指标中的建筑安装工程费包括直接费（即指标基价）、其他工程费、综合费用。其中直接费由人工费、材料费、机械使用费组成；其他工程费由为完成主体工程必须发生的其他工程（如平整场地、临时便道、便桥、堆场、拆除旧构筑物、临时接水接电及竣工后交工养护）费用组成；综合费用由其他直接费、间接费、利润和税金组成。

指标中的设备、工器具购置费依据设计文件规定计列，其价格由原价 + 运输费 + 采购保管费组成，进口设备还包括到岸价格、关税、银行手续费、商检税及国内运杂费等费用。

工程建设其他费用包括建设单位管理费、研究试验费、供配电费、生产准备费、引进技术和进口设备其他费、联合试运转费等。

基本预备费系指在初步设计和概算中不可预见的工程费用。

设备指标是按主要设备的功率计算（不包括备用设备），如各种水泵、空气压缩机、鼓风机、机械反应及搅拌设备、吸泥设备、刮泥设备等其他水处理设备。次要设备（如起重机设备等）及照明功率都未计算在内。

占地指标是按生产所必需的各种建筑物、构筑物的土地面积计算，不包括预留远期发展和卫生防护地带用地。

综合指标未考虑湿陷性黄土地区、地震设防、永久性冻土地区和地质情况十分复杂等地区的特殊要求。厂、站设备均按国产设备考虑，未考虑进口设备因素。

指标不包括土地使用费（含拆迁、补偿费）、施工机械迁移费、涨价预备费、建设期贷款利息和固定资产投资方向调节税。

2）分项指标。分项指标包括建筑安装工程费，设备、工器具购置费。

利用分项指标计算给水、排水管渠的建筑安装工程费应运用管渠长度指标（元/100m）；利用分项指标计算构筑物或建筑物的建设安装工程费用应运用面积、体积、过滤面积、容积指标，而水量指标只作为复核综合指标时参考。

使用分项指标时，应按拟建项目的单项构筑物、建筑物的规模、工艺标准和结构特征，选择有一定代表性的分项指标；当拟建项目的单项构筑物、建筑物与指标中的单项构筑物、建筑物，在规模、工艺标准和结构特征等自然条件和设计标准方面相差较大时，应按工程实际情况进行调整。

（2）采用生产规模指数估算法编制。采用该法的前提是要有建设规模与标准相类似的已建工程的概、预算（或标底），其中尤以后者较可靠，套用时对局部不同用料标准或做法加以必要的换算和对不同年份在造价水平上的差异加以调整，即：

$$C_2 = C_1 (Q_2/Q_1)^n f$$

式中　　C_1——已建类似项目或装置的投资额；

　　　　C_2——拟建项目或装置的投资额；

　　　　Q_1——已建类似项目或装置的生产规模；

　　　　Q_2——拟建项目或装置的生产规模；

　　　　f——不同时期、不同地点的定额、单价、费用变更等的综合调整系数；

　　　　n——生产规模指数，$0 \leqslant n \leqslant 1$，若已建类似项目或装置的生产能力和拟建项目或装置的生产能力相差不大，生产能力比值为 $0.5 \sim 2$，则 $n \approx 1$；若已建类似项目或装置与拟建项目或装置的规模相差不大于 50 倍，且拟建项目规模的扩大仅靠增大设备规模来达到时，则 $n = 0.6 \sim 0.7$；若拟建项目规模的扩大是靠增加相同规格设备的数量来达到时，则 $n = 0.8 \sim 0.9$。

【例 2 - 1】　某地已建成一座年产量为 30 万吨的某生产装置，投资额为 8000 万元，现拟在该地再建一座年产量为 90 万吨的该类产品的生产装置，已知 $f = 1.2$，试采用生产规模指数估算法进行拟建项目的投资估算？

【解】　设 $n = 0.6$，则：

$$C_2 = 8000 \text{ 万元} \times (90/30)^{0.6} \times 1.2 \approx 18558.55 \text{ 万元}$$

采用生产规模指数估算法进行拟建项目的投资估算，只需用生产规模就能进行投资估算，不需要详细的工程设计资料，计算简单，速度快，但要求选用的类似工程的资料必须合理、可靠，条件基本相同，否则就会增大投资估算的误差。

（3）采用近似（匡算）工程量估算法编制。这种方法基本与编制概预算方法相同，即在匡算主要子项目工程量后（不一定太精确），套上概预算定额单价和取费标准，加上一定的配套了项目系数，即为所需投资。这种方法适用于无指标可套的单位工程，如构筑物、室外工程等，也适用于对局部不相同的构配件分项工程和水、暖、电气等工程的换算和调整。

（4）朗格系数估算法。此法也称因子估算法，是以设备为基础，乘以适当的系数来推算拟建项目所需投资额的投资估算方法。估算公式如下：

$$C = E(1 + \sum K_i) K_c$$

式中　　C——拟建项目的总投资；

　　　　E——主要设备费；

　　　　K_i——管线、仪表、建筑物等项费用的估算系数；

　　　　K_c——管理费、设计费、合同费、预备费等项费用的总估算系数。

拟建项目总投资额与主要设备费用之比称为朗格系数 K_L，即：$K_L = \dfrac{C}{E} = (1 + \sum K_i) K_c$。

朗格系数包含的内容见表 2-3。

表 2-3 朗格系数

项　目		固体流程	固流流程	流体流程
朗格系数 K_L		3.1	3.63	4.74
内容	（a）基础、设备、绝热、油漆及设备安装费	$E \times 1.43$		
	（b）包括上述各项费用在内的配管工程费	（a）×1.1	（a）×1.25	（a）×1.6
	（c）安装直接费	（b）×1.5		
	（d）包括上述内容和间接费，即总投资 C	（c）×1.31	（c）×1.35	（c）×1.38

应用朗格系数法完成拟建项目投资估算的步骤：

第 1 步，估算设备到达现场的费用。此项费用包括设备的出厂价、运费、装卸费、关税、保险费、采购费等。

第 2 步，估算设备基础、绝热工程、油漆工程、设备安装工程等各项费用。用估算的设备费乘以 1.43 作为此项费用。

第 3 步，估算包括上述各项费用在内的配管工程费。以第 2 步估算值为基数，视不同的流程分别乘以 1.1，1.25，1.6 作为此项费用。

第 4 步，估算包括上述各项费用在内的此项装置（或项目）的直接费。以第 3 步估算值为基数，乘以 1.5 作为此项费用。

第 5 步，估算拟建项目的总投资。以第 4 步估算值为基数，视不同的流程分别乘以 1.31，1.35，1.38，可计算拟建项目的总投资。

由于装置规模大小发生变化，不同地区自然条件和经济条件的影响，以及主要设备材质发生变化，设备费用变化较大而安装费变化不大所产生的影响等，应用朗格系数法进行工程项目或装置估价的精度不是很高。

由于朗格系数法以设备费为计算基础，对于设备费占比例较大的投资项目，以及设备费、安装费、配管工程费等具有一定规律的投资项目，只要掌握好朗格系数，估算值仍能达到一定的精度，其误差一般为 10% ~ 15%。

【例 2-2】 某市兴建一座净水厂，该厂建有投药间及药库、反应沉淀池、滤站、清水池、输水泵房、浓缩池、脱水机房、变电室等分部工程，已知其主要设备费分别为：3.5，22.0，65.0，1.0，11.0，8.6，60.0，48.0 万元，试使用朗格系数法为该净水厂进行投资估算？

【解】 使用朗格系数内容表中工艺流程的有关数据，按照其步骤完成投资估算：

①主要设备到达工地现场的费用合计为 219.10 万元。

②估算设备基础、绝热工程、油漆工程、设备安装工程等项费用：

$$a = 219.10\ \text{万元} \times 1.43 = 313.313\ \text{万元}$$

则其中设备基础、绝热工程、油漆工程、设备安装工程费用：

$$(313.313 - 219.10)\ 万元 = 94.213\ 万元$$

③估算包括上述各项费用在内的配管工程费：

$$b = 313.313\ 万元 \times 1.6 = 501.3008\ 万元$$

则其中配管工程费用为：

$$(501.3008 - 313.313)\ 万元 = 187.9878\ 万元$$

④估算包括上述各项费用在内的此项装置的直接费：

$$c = 501.3008\ 万元 \times 1.5 = 751.9512\ 万元$$

则其中建筑、电气、仪表等工程费用为：

$$(751.9512 - 501.3008)\ 万元 = 250.6504\ 万元$$

⑤计算拟建项目的总投资：

$$C = 751.9512\ 万元 \times 1.38 = 1037.69\ 万元$$

则其间接费用为：

$$(1037.69 - 751.9512)\ 万元 = 285.74\ 万元$$

结论：使用朗格系数法估算的该净水厂所需总投资约为 1037.69 万元。

（5）采用民用建筑快速投资估算法编制。这种方法解决了当前量大、标准悬殊、建筑功能齐全的各类民用建筑的单位工程投资估算。其方法是积累和掌握较广泛的各种单位造价指标、速估工程量指标和设计参数（如各类民用建筑的单位耗热、耗冷、耗电量指标（W/m^2），锅炉蒸发量指标（t/h）等），根据各单位工程的特点，分别以不同的合理的计量单位（改变采用单一的以建筑面积为计量单位的不合理性），结合工程实际灵活快速地估算出所需投资。

该方法的特点是快速，比较准确，能密切结合工程的功能需要，充分采用各种设计参数和合理的计量单位，减少了综合套用估、概算指标的盲目性，或套用技术经济指标或类似工程概、预算造价而要作换算和调整的烦琐性，尤其是弥补了名目繁多的建筑工程所缺乏的各种估、概算等指标的空白或不足。

采用这种方法应该注意的是要不断积累和掌握以概、预算定额为基础的造价指标，随时了解定额价格和市场价格的动态，采用系数加以调整，同时也要通过实际工程不断测算并调整各种指标的上下幅度，以提高其精确度。

B　国际上工业建设项目投资估算方法

现简单介绍在国际上用于工业建设项目的两种投资估算方法。

（1）资金周转法。资金周转法是用资金周转率来推测投资额的一种简单方法。其计算公式为：

$$资金周转率 = \frac{年销售额}{总投资} = \frac{产品年产量 \times 产品单价}{总投资}$$

$$投资额 = \frac{产品年产量 \times 产品单价}{资金周转率}$$

不同性质的工厂或不同产品的车间装置都有不同的资金周转率。

这种方法比较简单，计算速度快，但精确度较低，适用于规划或项目建议书阶段的投资估算。

（2）生产能力指数法。这种方法是根据已建成的性质类似的建设项目或装置的投资

和生产能力,估算拟建项目或装置的生产能力的投资额。其计算公式为:

拟建工程或装置的投资额 = 已建类似工程相应投资额 ×

(拟建项目生产能力/已建项目生产能力)^n ×

不同时期及地点的调价系数

式中,生产能力指数 $n \leqslant 1$。

这种方法相当于国内采用的类似工程概预算并加以调整的投资估算方法。其计算简捷,但要求类似工程的资料可靠,条件相差不大,否则误差就会增大。

2.2.3 民用建筑快速投资估算法的应用

估算一项民用建筑工程的投资,首先应从计算建筑面积开始,因为这是计算投资的主要基础依据。然后根据每个单项工程的建设要求和方案设计内容,逐一估算其单位工程的投资(如土建、水卫、消防等),再汇总成各个单项工程投资、室外工程投资,并估算与建设有关的其他费用投资,即得到一个建设项目的总投资。

本节将重点介绍北京的民用建筑中各主要的室内外单位建筑工程的快速投资估算方法。

单位工程造价指标大部分是以2001年北京市的《建设工程概算定额》中的分部分项单价为基础而测算的,有时则以市场价格或专业厂商报价另加系数计算。除注明者外,所有材料、设备均以国产为准。

北京市的现行建设工程的综合取费标准(含现场管理费、间接费、利润、税金以及属于代收代缴的劳保统筹和建材发展补充两项基金共3%)经测算为:土建工程约占直接费(含其他直接费)的35% ~ 40%;水、暖、通、电工程因在直接费中包括了设备费,因不同工程而异,出入很大,难以预测出比较稳定的综合取费标准。

(1)给水排水工程的投资估算。一般包括给水排水管道(有时包括局部热水管道及其保温)、卫生洁具和常规消防采用的消火栓等。

1)采用造价指标估算。可按一般民用建筑中给水排水工程投资参考表估算,见表2 - 4。

表2 - 4　一般民用建筑中给水排水工程单方投资参考表

序 号	工程名称	投资/元·m^{-2}	备 注
1	多层砖混住宅	45 ~ 55	
2	高层全现浇住宅	55 ~ 65	
3	中小学	20 ~ 30	
4	托儿所、幼儿园	40 ~ 50	
5	办公楼(一般标准)	20 ~ 30	1. 本表采用2001年北京投资水平;
6	教学楼	20 ~ 30	
7	理化楼	40 ~ 50	
8	科研楼	50 ~ 60	2. 给水排水工程包括一般消费工程
9	图书馆	20 ~ 30	
10	电影院	35 ~ 45	
11	食堂	70 ~ 80	
12	旅馆	90 ~ 110	

序 号	工程名称	投资/元·m⁻²	备 注
13	商业服务楼	35 ~ 45	1. 本表采用 2001 年北京投资水平; 2. 给水排水工程包括一般消费工程
14	车库	30 ~ 40	
15	仓库（单层）	20 ~ 30	
16	仓库（多层）	30 ~ 40	

2）采用近似工程量估算。如条件具备，能从方案设计图纸中大致知道卫生洁具、消火栓及其他有关主要设备的数量及质量标准时，则可先算出这些主要器具、设备的投资（套用概算单价）。其他管道等可再乘以系数 1.25 ~ 1.35，即为全部给水排水工程的投资。

（2）自动喷洒消防工程的投资估算。对于消防要求较高的工程，如公共建筑、厅堂、地下建筑等，目前采用自动喷洒消防设计。该部分设计为独立管道系统，包括给水管道、喷洒头、支架等，每个喷头可控制消防面积 40m² 左右，投资约 70 ~ 100 元/m²。

（3）气体消防工程（BTM 系统）的投资估算。对于某些不宜采用水消防的建筑用房，如计算机房、档案室、高低压配电室等，通常采用卤代烷气体消防设计（BTM 系统）。常用的为 1211 型灭火系统和 1301 型灭火系统两种，两者效果相仿，但后者毒性较小。设计的容量按室内体积（m³）计算。经常采用气体浓度 5% 有管网系统的 1301 型设计，房屋体积的投资估算约为 250 ~ 300 元/m³（1211 型约为 1301 型的 60%）。

如房屋体积较小，也可选用小容量的气体灭火器（每个几千克至十几千克，一般无需安装），其价格也较便宜，可按市场价格估算。

（4）中水处理设备的投资估算。为了节约用水，目前大型公共建筑如宾馆、饭店、公寓、医院等建筑均需设有中水处理设备，以利于水的重复利用，达到节水目的。中水设备包括中水处理装置、消毒加药装置、加压装置、稳压及提升泵、玻璃钢水箱、过滤器及池槽等。目前投资，采用国产设备（按建筑面积计算）约为 15 ~ 20 元/m²，采用进口设备约为 5 ~ 6 美元/m²（其中设备费 80% ~ 85%，管道及安装费 15% ~ 20%）。

（5）采暖工程的投资估算。

1）采用耗热量指标估算。首先确定该建筑物的耗热量，可从表 2 - 5 中查出单位面积指标（也可由专业设计人员提供），再乘以单位耗热造价估算指标，即为该建筑物每平方米建筑面积的采暖工程投资，最后乘以全部建筑面积，即为全部投资。单位耗热量造价估算指标，一般可采用热媒的温度为 95/70℃，室温 18℃ 采暖，以采用 4 柱 813 铸铁暖气片为例，约 470 ~ 600 元/kW；利用城市供热管网热源为 70 ~ 80/55 ~ 60℃ 者，约 730 ~ 860 元/kW。

表 2 - 5 每平方米建筑面积采暖热指标估算表

建筑类别	指标/W	建筑类别	指标/W
住宅	47 ~ 70	单层住宅	81 ~ 105
办公楼	58 ~ 81	食堂、餐厅	116 ~ 140
医院、幼儿园	64 ~ 81	影剧院	93 ~ 116
旅馆	58 ~ 70	大礼堂、体育馆	116 ~ 163
图书馆	47 ~ 76	高级饭店	105 ~ 116
商店	64 ~ 87		

注：1. 总建筑面积大、围护结构热工性能好、窗户面积小者采用下限值；反之采用上限值。

2. 本表摘自《民用建筑采暖、通风设计技术措施》，中国建筑工业出版社，1983。

2）采用散热器近似量估算。在上述求出该建筑物总耗热量的基础上，先算出所确定的散热器数量，再利用散热器所占全部采暖工程的大致造价比重（一般约为 50% ~ 60%），求出所需投资。

【**例 2 - 3**】 北京一砖混结构办公楼，建筑面积 5000m²，采用 95/70℃ 温水采暖和 4 柱 813 铸铁散热器，窗户较大，每平方米热指标选用 81W，求暖气投资。

$$总耗热量 = 81W \times 5000 \div 1000 = 405kW$$

【**解**】 查 4 柱 813 铸铁散热器每片的散热量，当采用热媒为 95/70℃，室温为 18℃ 的温水采暖时，为 0.142kW，则其散热器数量为

$$405/0.142 \approx 2852 （片）$$

由每片概算单价 24.71 元（1996 年价格，包括安装、刷油），得

散热器价值 = 2852 × 24.71 × 1.4（取费）= 98662 元

又由散热器价值占全部暖气工程造价约 50%，得

折合每平方米单价：暖气工程投资 = 98662 ÷ 50% = 197324 元

折合每平方米单价：197324 ÷ 5000 = 39.46 元

结果符合实际。

折合每千瓦单价：197324 ÷ 405 = 487 元

结果在指标范围内。

2.3 设计概算的编制

2.3.1 设计概算的内容

设计概算是在投资估算的控制下，在初步设计或技术设计阶段，由设计单位根据初步设计（或技术设计）图纸及说明、概算定额、各项费用定额或取费标准（指标）、设备材料预算价格等资料，编制和确定的建设项目从筹建至竣工交付使用所需全部建设费用的文件。设计概算是初步设计文件的重要组成部分。

设计概算可分为单位工程概算、单项工程综合概算和建设项目总概算 3 级。各级概算之间的关系见图 2 - 2。

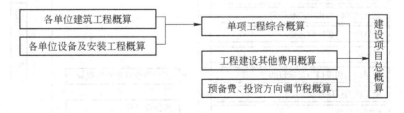

图 2 - 2 设计概算各级之间的关系

（1）单位工程概算。单位工程概算是指在初步设计（或扩大初步设计）阶段，依据所达到设计深度的单位工程设计图样、概算定额（或概算指标）以及有关费用标准等技术经济资料编制的单位工程建设费用文件。它是编制单项工程综合概算的依据，亦是单项工程综合概算的组成部分。单位工程概算按工程性质可分为建筑工程概算和设备及安装工

程概算。设备及安装工程概算包括给排水、采暖工程概算，通风、空调工程概算，电气照明工程概算，弱电工程概算，特殊构筑物工程概算，机械设备以及安装工程概算，电气设备及其安装工程概算，工具、器具及生产家具购置费概算等。

（2）单项工程综合概算。单项工程综合概算也称为单项工程概算，是由单项工程中的各单位工程概算汇总编制而成的。它是建设项目总概算的组成部分，其内容组成如图2-3所示。

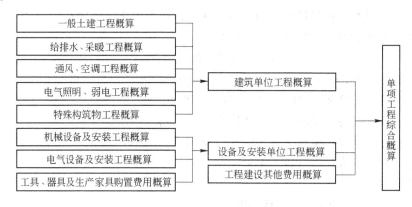

图2-3　单项工程综合概算组成图

（3）建设项目总概算。建设项目总概算是确定整个建设项目从工程筹建到竣工验收所需全部费用的文件，它是由各单项工程综合概算、工程建设其他费用概算、预备费和固定资产投资方向调节税概算等汇总编制而成的，如图2-4所示。

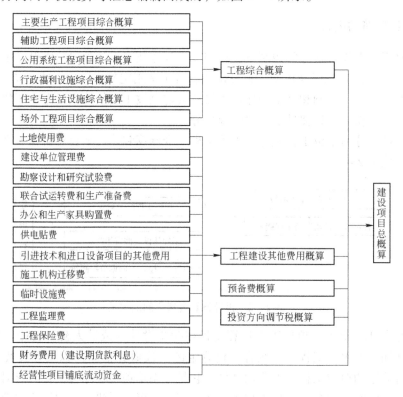

图2-4　建设项目总概算组成图

2.3.2 设计概算的作用和编制原则

(1) 设计概算的作用。设计概算是编制建设项目投资计划，确定和控制建设项目投资的依据，是签订贷款合同的最高限额；它也是编制标底价、投标报价和控制施工图设计及施工图预算的依据；同时，设计概算还是体现设计方案技术经济合理性和选择最佳设计方案的重要依据，是考核建设项目投资效果的依据，是编制概算指标的基础。

(2) 设计概算的编制原则。设计概算的编制应严格执行国家建设方针和经济政策，完整、准确地反映设计内容，结合拟建工程实际，反映工程所在地价格水平。总之设计概算应体现技术先进、经济合理，简明、适用。概算造价要控制在投资估算范围内。

2.3.3 设计概算的编制依据、步骤和要求

A 编制依据

(1) 经批准的建设项目的设计任务书和主管部门的有关规定，只有根据设计任务书和主管部门的有关规定编制的设计概算，才能列为基本建设投资计划。

(2) 初步设计项目一览表。

(3) 能满足编制设计概算深度的初步设计和扩大初步设计的各工程图样、文字说明和设备清单，以便根据以上资料计算工程的各工种工作量。

(4) 地区的建筑安装工程概算定额、预算定额、单位估价表、建材预算价格、间接费用和有关费用规定等文件。

(5) 有关费用定额和取费标准。

(6) 建设场地的工程地质资料和总平面图。

(7) 税收和规划费用。

B 编制步骤

就单位工程设计概算而言，其编制步骤与施工图预算的编制步骤基本相同。具体编制程序如下所述。

(1) 首先熟悉设计文件，了解设计特点和现场实际情况。

(2) 收集有关资料，包括工程所在地的地质、气象、交通和设备材料来源和价格等基础资料。

(3) 熟悉有关定额、规范、标准，设计概算通常可采用扩大单价法或利用概算指标来编制，亦可利用类似工程概算法等编制，可根据不同情况灵活采用。

(4) 列出工程项目，根据工程量计算规则计算工程量。

(5) 套用概算定额（或概算指标），编制概算表，计算定额直接费。

(6) 根据费用定额和有关计费标准计算各项费用，确定概算造价。

(7) 根据所获得的数据，进行单位造价（元/m^2）和单位消耗量（管材/m^2、线材/m^2、…）等的分析。若是采用概算指标法编制单位工程概算，则需要针对概算指标中有差异的数据进行修正和换算。若采用类似工程概算法编制单位工程概算，需要注意时间、地区、工程结构和类型、层高、调价差等因素，通过系数加以调整，用综合调整系数乘以类似工程预（结）算造价，就可获得拟建工程概算造价。

C 编制要求

设计概算由设计单位负责编制。一个建设项目，若由几个设计单位共同设计时，应由承担主体设计任务的单位负责统一概算编制原则等事项，并且负责承担总概算的编制，其他设计单位则负责所分担的设计项目的概算编制。

设计单位以及设计人员应重视技术和经济的结合，从事工程项目经济管理的人员在设计过程中应对造价进行分析比较，及时反馈信息给设计人员，从而有效地控制工程造价。

设计单位应确保设计文件的完整性。设计概算是将技术和经济综合在一起的文件，是设计文件的组成部分。对初步设计应有概算，技术设计应有修正概算，施工图设计应有预算。概、预算均应有主要材料设备表。

设计单位要提高概算编制的准确性、可行性，还应充分考虑工程的建设周期、变动因素等问题，以便准确地确定和控制工程造价。

2.3.4 设计概算书的编制内容及编制方法

设计概算书是提供给有关部门对工程项目投资额度进行掌握和控制的经济性文件，因此，其内容应该详细而又清楚、明了、准确。概算书中应该包含以下内容。

2.3.4.1 概算书的编制内容

A 概算书的编制说明

说明中，应把下列几个问题交代清楚。

(1) 工程概括。说明该项工程所处地理位置、自然环境、建设规模、工程目的、工程项目的性质和特点、建设周期、各分项工程的组成及相互关系；引进项目要说明引进内容及国内配套工程等主要情况。

(2) 资金状况。说明资金的来源及投资方式。

(3) 编制依据。初步设计图样及其说明书、设备清单、材料表等设计资料；全国统一安装工程概算定额或各省、直辖市、自治区现行的安装工程概算定额或概算指标；标准设备与非标准设备以及材料的价格资料；国家或各省、直辖市、自治区现行的安装工程间接费定额和其他有关费用标准等费用文件。

(4) 编制范围。应该介绍所包括以及未包括的工程和费用情况。

(5) 编制方法。说明编制概算时，是采用概算定额的编制方法还是采用概算指标的编制方法，或者是采用预算单价法、扩大单价法、设备价值百分比法等。

(6) 投资分析。可分别按费用构成或投资性质分析各项工程及其费用占总投资的比例，并分析投资高低的主要原因，说明与同类工程比较的结果。

(7) 有关内容说明。

B 概算表及其所包含的内容

概算表是用具体数据显示工程各类项目的投资额和工程总投资额。概算表一般分为单位工程概算表、单项工程综合概算表、建设项目总概算表。建筑设备安装工程概算表包括：给水排水工程概算表、采暖工程概算表、通风空调工程概算表、锅炉安装工程概算表、燃气工程概算表、室外管道工程概算表、电气照明工程概算表等单位工程概算表。这其中的内容涉及多个专业，每个专业往往只需提供其中的一个或几个单位工程概算表，然后由设计的主体单位负责作出单项工程综合概算表、建设项目总概算表。这些单位工程概算表属于建筑安装工程概算表的组成部分。概算表中包含的内容如下所述。

（1）建筑安装工程概算。这项概算的目的是确定基本建设项目的建筑与建筑设备安装工程的总造价。在编制建筑安装工程概算时，一般将建设项目分解为若干个单位工程，每一个单位工程均可独立编制概算，然后汇总成建筑安装工程的单项工程综合概算表，最后汇总成建设项目的总概算表。

编制建筑安装工程概算时，主要是计算工程的直接费、间接费、利润三项内容。概算中的直接费，在工程量确定后，可根据概算定额或概算指标计算。概算中的间接费、利润则应根据国家和地方基本建设主管部门的有关取费标准和取费规定计算。

如果采用概算定额编制概算，编制方法可参考后面章节的施工图预算的编制。如果采用概算指标编制概算，则要根据建筑物的使用类别、结构特点等，查阅同类型建筑物中的概算单价指标来计算工程的概算价值，其计算公式如下：

$$工程概算价值 = 建筑面积 \times 每平方米概算单价$$
$$工程所需人工数量 = 建筑面积 \times 每平方米人工用量$$
$$工程所需主要材料 = 建筑面积 \times 每平方米主要材料耗用量$$

（2）设备及其安装工程概算。这项概算的目的是确定该工程项目生产设备的购置费和安装调试费。设备及其安装工程概算通常包括设备购置费概算和设备安装调试费概算两部分。

1）设备购置费概算。它由设备原价加上设备运输、采保费构成。其值为：

$$设备购置费 = 设备原价 \times (1 + 运杂费率)$$

2）设备安装调试费概算。它可根据设备安装概算定额进行编制，也可根据设备安装概算指标进行编制，其计算式为：

$$设备安装费概算 = 设备原价 \times 安装费率$$

对建筑安装工程，安装费率的具体值由各地区制定。

（3）其他工程费用概算。这项概算的目的是确定建设单位为保证项目竣工投产后的生产顺利进行而消耗的费用。该费用包括：土地征用费、生产工人培训费、交通工具购置费、联合试车费等。这类费用通常是根据国家和地方基本建设主管部门颁发的有关文件或规定来确定的。

（4）不可预见工程费概算。这项概算的目的是确定因修改、变更、增加设计而增加的费用或因材料、设备变换而引起的费用增加等。这类费用由于在编制概算时难以预料，而在实际工程中可能发生而增加费用额，因此，它们常称为"不可预见工程费"或"工程预备费"。这部分概算费用一般采用以上三项概算总和乘以概算费率的方法确定，其概算费率由主管部门规定。

对建筑安装工程企业来说，常用的表格是单位工程概算表和单项工程综合概算表，其具体格式查手册。

C 设计概算表的格式及整理

当单位工程概算、单项工程综合概算及建设项目总概算做完后，需要将整个资料整理成一个完整的文件，形成设计概算书，并将其归结到设计文件中去。设计概算书需遵循有关部门的规定，按照统一的格式来进行编制，按照下面的顺序来加以整理。

（1）封面及目录。封面的通用格式如表 2 - 6 所示。目录一般格式如下所述。

1）总概算编制说明。

①工程概况。

②总概算编制结果。

③总概算编制依据。

④有关说明。

2）附表。

附表的装订次序如下所述。

①总概算表。

②建筑工程综合概算表。

③设备及安装工程综合概算表。

表 2 -6   封面（签署页通用格式）

建设项目设计概算书

建设单位：

建设项目名称：

设计单位（或工程造价咨询单位）：

编制单位：

编制人（资格证号）：审核人（资格证号）：

项目负责人：

总工程师：

单位负责人：

年   月   日

（2）总概算编制说明。总概算编制说明见本章前述的有关内容。

（3）总概算表。总概算表反映静态投资和动态投资两个部分。静态投资是按照设计概算编制其价格、费率、利率、汇率等确定的投资；动态投资是指概算编制期到竣工验收前的工程和价格等多种因素变化所需要的投资。

（4）工程建设其他费用概算表。工程建设其他费用概算按照国家或地区部委所规定的项目和标准确定，并按照统一表格编制。

（5）单项工程综合概算表及建筑安装单位工程概算表。

（6）工程量计算表和人工、材料数量汇总表。

（7）分年度投资汇总表和分年度资金流量汇总表。

2.3.4.2 概算书的编制方法

设计概算从单位工程概算这一级开始编制，逐级汇总而成。设备安装单位工程概算的编制方法主要有概算指标法、类似工程概算法等。

A 概算指标法

当初步设计深度不够，不能准确地计算工程量，但工程采用的技术比较成熟而又有类似概算指标可以利用时，可采用概算指标法来编制概算。设备安装工程通常可采用的概算指标为每平方米建筑面积概算指标，直接套用相应单位工程的"每平方米建筑面积的概算指标"，即可计算出单位工程概算价格。

在应用概算指标编制概算时，应选用与编制对象在结构、特征、规模等方面均大体符合的概算指标，以正确计算编制对象的概算价格。其计算方法为：

设备安装工程概算造价 = 设备安装工程建筑面积 × 每平方米建筑面积概算指标

当拟建项目在结构特征、规模、施工要求等方面与概算指标中规定的情况有局部不同时，必须对概算指标进行调整后方可套用。具体调整方法如下：

（1）在选用的概算指标项目中，取出相应单位工程的"每平方米建筑面积的概算指标"与工程所在地有关单位设置的调整系数相乘进行计算，即：

每平方米建筑面积调整概算指标 = 每平方米建筑面积的概算指标 × 调整系数

（2）调整概算指标中的每平方米造价。该调整方法是将原概算指标中与拟建工程结构不同部分的造价扣除，增加相应部分的造价，即：

$$修正概算指标 = J + Q_1 P_1 - Q_2 P_2$$

式中　J——原概算指标；

　　Q_1——概算指标中换入结构的工程量；

　　P_1——换入结构的概算单价；

　　Q_2——概算指标中换出结构的工程量；

　　P_2——换出结构的概算单价。

【例 2-4】 某省 C 市新建一座办公大楼，其中采暖工程安装面积 10000m²。已知该省省会城市 A 市颁布有概算指标，C 市无正式概算指标，只有建设主管单位设置的调整系数，取值为 95%。试用调整经济指标法编制该项目采暖工程概算造价。

【解】 确定设备安装建筑面积：10000m²

查找相应单位工程每平方米建筑面积概算指标：285 元/m²

调整每平方米建筑面积概算指标：285 元/m² × 95% = 270.75 元/m²

计算采暖工程概算造价：270.75 元/m² × 10000m² = 270.75 万元

结论：该项目采暖工程概算造价为 270.75 万元。

B 类似工程预算法

此法是采用建筑面积、工程性质、结构特征类似的已建工程预算数值，经适当调整后按照编制工程预算的程序及思路，进行拟建项目工程概算编制的方法。

由于类似工程的人工费、材料费、机械费、间接费、利润、税金等费用标准受各种因素的影响会发生变化，因此在编制概算时，应将类似工程取费标准与现行标准进行比较分析，测定价格和费用的变动幅度，再加以调整。其调整公式如下：

$$G = AG_1 + BG_2 + CG_3 + DG_4 + EG_5 + FG_6$$

式中　　　　G——价格综合变动幅度系数；

　　　　G_1——现时人工费标准与类似工程预算人工费标准的比值；

　　　　G_2——现时材料预算价格与类似工程材料预算价格的比值；

G_3——现时机械费标准与类似工程预算机械费标准的比值；

G_4——现时间接费标准与类似工程预算间接费标准的比值；

G_5——现时利润水平与类似工程预算利润水平的比值；

G_6——现时税金标准与类似工程预算税金标准的比值；

A，B，C，D，E，F——分别为类似工程预算的人工费、材料费、机械费、间接费、利润、税金占预算造价的比例。

则：   拟建工程单位面积概算造价 = 类似工程单位面积预算造价 $\times G$

C   百分比指标法

设备及其安装工程概算由设备购置费、安装工程概算价格两大部分构成。

（1）设备购置费。该费用包括购置一切需要安装的设备和安装设备所需的费用，即设备原价及设备运杂费两项内容。

1）设备原价的确定。

①国产标准设备原价。国产主要标准设备的原价通常是根据设备的型号、规格、性能、材质、数量及附带的配件向制造厂家询价，或按有关规定逐项计算确定；国产非主要标准设备和工器具、生产家具的原价可按主要设备原价的百分比计算（百分比指标一般应按主管部门或地区有关规定执行）。以上这两部分设备的原价之和即为国产标准设备原价。

②国产非标准设备原价。国产非标准设备原价的确定方法有两种，即非标准设备台（件）估价指标法和非标准设备吨质量估价指标法。非标准设备台（件）估价指标法是根据非标准设备的类别、质量、性能、材质等情况，以有关单位规定的每台（件）设备的估价指标计算非标准设备的原价。非标准设备吨重量估价指标法是根据非标准设备的类别、性能、质量、材质等情况，以有关单位规定的某类设备单位质量（吨）的估价指标计算非标准设备的原价。两种方法计算公式如下：

某一非标准设备原价 = 该设备每台（件）的估价指标 $\times$ 相应设备的台（件）数

某一非标准设备原价 = 该设备单位质量的估价指标 $\times$ 设备总质量

③进口设备原价。编制设备及其安装工程概算时，对于进口设备原价，仍需按照有关部门规定的计算方法、程序及合同条款的约定进行计算。进口设备采用装运港船上交货价时，则：

进口设备抵岸价 = 货价 + 国际运费 + 运输保险费 + 外贸手续费 +

关税 + 增值税 + 海关手续费

2）设备运杂费的确定。设备运杂费是对需要运输的设备进行运输所需的各项费用。其计算公式为：

设备运杂费 = 需要运输的设备原价 $\times$ 设备运杂费率

（2）安装工程概算价格。安装工程概算价格是设备进行安装施工所必需的全部工程费用。其编制方法通常采用百分比指标法。

百分比指标法又称"安装费率法"，是根据有关部门规定的安装费占需要安装设备原价的百分率指标计算安装工程概算价格的方法。其计算公式为：

安装工程概算价格 = 需要安装设备的原价 $\times$ 安装费率

当编制对象属于价格波动不大的定型产品和通用设备产品，且初步设计深度不够，只有设备原价而无其他有关资料时，可用此法计算安装工程概算价格。

设备及其安装工程概算即为设备购置费与安装工程概算价格之和。

本书2.3.6节为"概算表编制实例"，给出详细的给水排水工程项目概算表的编制实例，可供参考。

2.3.5　设计概算的审查

2.3.5.1　设计概算审查的意义

设计概算是初步设计或扩大初步设计文件的重要组成部分。在报批或审批初步设计或扩大初步设计文件的同时，必须同时报批或审批设计概算。初步设计或扩大初步设计一经授权部门批准后，该设计的概算就作为对该建设项目进行投资的依据，在一般情况下不得突破批准的设计概算。如果突破原批准的概算投资，需追加投资，必须由原报批单位补报审批手续。

设计概算的审查，是为了控制建设投资，防止出现初步设计总概算超过设计任务书的指标，施工预算超过设计概算，竣工决算又超过施工图预算的不正常现象。

审查概算不仅可以弥补概算编制质量不高的缺陷，还可以对建设项目的完整性、合理性、经济性进行评价，以达到投资不留缺口和投资省、效益高的目的。

2.3.5.2　审查工程概算的依据

（1）国家、省（市）有关单位颁发的有关决定、通知、细则和文件规定等；

（2）国家或省（市）颁发的有关现行取费标准或费用定额；

（3）国家或省（市）颁发的现行定额或补充定额；

（4）经批准的地区材料预算价格或该工程所用的材料预算价格，本地区工资标准及机械台班费用标准；

（5）初步设计或扩大初步设计图纸、说明书；

（6）经批准的地区单位估价表或汇总表；

（7）有关该工程的调查资料，地质钻探、水文气象等原始资料。

2.3.5.3　设计概算审查的内容

对于设计概算着重审查下列内容：

（1）概算编制是否符合规定的政策要求。

（2）审核概算文件组成。概算文件反映的设计内容必须完整。概算包括的工程项目，必须按照设计要求来确定，不漏项，不重项。概算投资应包括工程项目从筹建到竣工投产的全部建设费用。

概算编制的依据和采用的定额标准、材料设备价格以及各项取费标准，都应符合有关规定。

（3）审核设计。主要包括总图设计审查和生产工艺流程审查。

总图布置应根据生产和工艺的要求作全面规划，力求紧凑合理。厂区运输和仓库布置要避免迂回往返运输。分期建设的工程项目要结合总体长远规划，统筹考虑，合理安排，并留有发展余地。总图占地面积应符合规划指标要求。对分期建设的用地，原则上应分次征用，以节约投资。

工程项目要按照生产要求和工艺流程合理安排，各主要生产车间的生产要形成合理的流水线，避免工艺倒流，造成生产运输和管理上的困难和财力、物力的浪费。

（4）投资经济效果审核。概算是设计的经济反映，对投资经济效果要作全面的综合性的评价，不单纯看投资多少，要看宏观的社会经济效益和微观的项目经济效果。

（5）具体项目的审核。

1）审核各种经济技术指标。审核各种技术经济指标是否合理，与同类工程的经济指标对比，分析其高低原因。

2）审查建筑工程费。先审核生产性建筑和非生产性建筑的面积和造价，主要构件和成品的制作与安装费。

3）审查设备及安装费。设备数量和规格是否符合设计要求；各项费用的计算要符合规定。

4）审查其他费用。审查各项费用的计算，是否符合有关规定。

2.3.5.4　审查设计概算的形式和方法

（1）审查设计概算的形式。设计概算是初步设计或扩大初步设计文件的组成部分，审查设计概算并不仅仅审查概算，同时还需审查设计。在一般情况下，由建设项目的主管部门组织建设单位、设计单位、建设银行等有关部门，采用会审的形式进行审查。既审设计，也审概算，对设计和概算的修改，往往是通过主管部门的文件批复予以认定的。

（2）审查设计概算的方法。审查设计概算是一项复杂而细致的技术经济工作。审查人员既要懂有关专业的生产技术知识，又要懂工程技术和工程概算知识，还需掌握投资经济管理、银行金融等多学科知识。

设计概算的审查方式一般有下列两种：

1）初审。初审是在初步设计和概算等文件上报审批前，由建设单位的主管部门或建设单位邀请有关部门和单位对概算（也包括初步设计）内容进行的审查，以提高概算的质量和确保概算的准确性和合理性。对初审提出的意见和建议，经归纳整理成初审纪要连同初步设计和概算（或据初审意见对初步设计和概算修改后），一并报请国家或省、市、自治区有关主管部门审查批准。

2）会审。会审是由国务院主管部门或省、市、自治区组织建设单位和它的上级主管机关、设计单位、建设银行以及地方的规划、环保、城建、电力、交通、消防、电信等有关方面参加的审查。会审一般适用于大中型建设项目。

2.3.6　概算表实例

××市污水处理厂初步设计概算表

编制说明

1. 概述

××市污水处理厂设计规模为 10 万 m^3/d，本设计要求在工艺路线先进的基础上采用国产设备和仪器，以降低工程总投资。

污水处理采用具有脱磷除氮功能的氧化沟工艺，污泥处理采用浓缩、机械脱水。

设计范围包括污水处理厂厂界区内的主要工程项目、辅助工程项目、公用工程项目、服务性工程项目及厂外工程项目（如厂外供电线路、处理后水的排放管、厂外道路）的设计内容，但不包括厂外排水管网。污水处理厂采用二级负荷，双电源供电。

本设计报批项目总投资 11392.74 万元，其中：

固定资产投资 10748.02 万元（其中建筑工程费 3334.13 万元，设备购置费 3154.38 万元，安装工程费 1093.70 万元）

建设期借款利息：584.21 万元

铺底流动资金：60.51 万元

2. 编制依据

（1）《城市污水处理工程项目建设标准》，建标（1994）574 号文；

（2）《市政工程可行性研究投资估算编制办法》，建标（2007）11 号文；

（3）《市政工程投资估算指标》，建标（2007）；

（4）《全国统一市政工程预算定额××省单位估价表》（上、下册）（2000）；

（5）《××省市政工程费用定额》（1997）；

（6）《全国统一建筑工程基础定额××省单位估价表》（1997）；

（7）《全国统一安装工程基础定额××省单位估价表》（1997）；

（8）《××省建筑安装工程费用定额》（1997）；

（9）人工费均执行××省建设厅建字（1997）286 号文"关于调整建设工程预算定额人工费的通知"，调到 19.69 元/工日；

（10）机械台班费用按××省工程建设标准定额总站文件，建字（1995）68 号文"关于调整建筑装饰等工程预算定额单位估价表中施工机械台班费用的通知"调整；

（11）设备价格按生产厂报价及按《工程建设全国机电设备 1998 年价格汇编》计，设备运杂费按设备原价的 7% 计；

（12）工程建设监理费按国家发展改革委、建设部关于印发《建设工程监理与相关服务收费管理规定》计列。

3. 其他说明

（1）零星工程费按 10% 作为预算定额与概算定额差；

（2）厂区征地青苗补偿费及土地复垦费按 6.0 万元/亩（1 亩 = 666.6m^2）；

（3）地基处理费为暂估值，待地质资料齐全后，按时调整；

（4）设计费及预算编制费按国家物价局、建设部（1992）价费字 375 号文《工程设计收费标准》计列；

（5）建设期按两年计，基本预备费按 10% 计，涨价预备费按 6% 计；

（6）土建、安装工程均按一类工程计取费用；

（7）设计的材料价格采用 1998 年《××市建筑安装工程预算价格》计算；

（8）综合费率计算如下：

对建筑工程：定额直接费 ×0.3363 + 定额人工费 ×0.4234

对安装工程：定额直接费 ×0.03573 + 定额人工费 ×6.3508 + 定额机械费 ×1.1393

（9）总概算表如表 2 – 7 所示。

表 2 – 7 总概算表

项目名称：××市污水处理厂工程

序号	工程及费用名称	概算价值/万元				
		建筑工程费	设备购置费	安装工程费	其他费用	合 计
	第一部分：工程费用					
1	主要工程项目					

序 号	工程及费用名称	概算价值/万元				
		建筑工程费	设备购置费	安装工程费	其他费用	合 计
1.1	粗格栅及提升泵房	98.31	169.52	15.79		283.62
1.2	细格栅及沉砂池	69.26	269.06	157.69		496.01
1.3	生物反应池	1428.79	899.37	51.90		2380.06
1.4	鼓风机房	42.87	198.31	13.54		254.72
1.5	二沉池	586.83	164.99	46.94		798.76
1.6	污泥泵站	88.14	132.77	12.25		233.16
1.7	污泥浓缩脱水间	66.88	540.75	18.96		626.59
1.8	排水泵站	45.52	27.87	26.69		100.08
1.9	中央控制室		91.81	56.00		147.81
1.10	厂区综合管线	36.87		187.41		224.28
1.11	全厂防腐保温			193.96		193.96
1.12	备品备件购置费		24.30			24.30
1.13	器具及生产用具费		46.30			46.30
	小 计	2463.47	2567.36	781.12		5811.95
2	辅助工程项目					
2.1	维修间	22.23	84.30	1.69		108.22
2.2	综合仓库	14.56				14.56
2.3	分析化验		132.93	3.00		135.93
	小 计	36.79	217.23	4.69		258.71
3	公用项目					
3.1	全厂化学消防		1.95			1.95
3.2	厂内打井	21.00				21.00
3.3	变电所	53.40	221.33	11.60		286.33
3.4	全厂供电外线及照明			203.58		203.58
3.5	全厂电信		25.32	9.90		35.22
3.6	锅炉房	12.00	23.18	5.17		40.35
3.7	围 墙	26.15				26.15
3.8	大门门卫	27.50				27.50
3.9	厂区道路	136.71				136.71
3.10	运输车辆		89.54			89.54
3.11	厂区绿化及喷泉	66.88				66.88
3.12	地基处理费	100.00				100.00
3.13	四通一平	32.45				32.45
	小 计	476.09	361.32	230.25		1067.66
4	服务性工程项目					

序 号	工程及费用名称	概算价值/万元				
		建筑工程费	设备购置费	安装工程费	其他费用	合 计
4.1	综合楼	146.43	10.78	2.63		159.84
4.2	食堂、浴室	70.56				70.56
4.3	汽车库	24.99				24.99
4.4	自行车棚	1.80				1.80
4.5	倒班及单身宿舍	32.76				32.76
	小 计	276.54	10.78	2.63		289.95
5	厂外工程项目					
5.1	厂外供电线路			45.00		45.00
5.2	处理水排放管			30.00		30.00
5.3	厂外道路	67.02				67.02
5.4	厂外防护林带	13.62				13.62
	小 计	81.24		75.00		156.24
	第一部分工程费用合计	3334.13	3154.38	1093.70		7582.21
	第二部分:其他费用					
1	土地购置、拆迁复垦费				807.60	807.60
2	建设单位管理费				91.01	91.01
3	办公及生活家具购置费				6.50	6.50
4	生产职工培训费				11.70	11.70
5	生产职工提前进厂费				3.25	3.25
6	勘察费				49.30	49.30
7	前期工作及环评费				35.00	35.00
8	设计费及概算编制费				171.12	181.12
9	施工机械迁移费				44.28	44.28
10	联合试运转费				31.57	31.57
11	工程监理费				57.56	57.56
12	供水增容费				48.00	48.00
13	竣工图编制费				8.23	8.23
14	城市配套设施费				233.37	233.37
	小 计				1608.49	1608.49
	第三部分:预备费					
1	基本预备费				919.30	919.30
2	差价预备费				648.02	638.02
	小 计				1567.32	1567.32
	固定资产投资	3334.13	3154.38	1093.70	3165.81	10748.02
	建设期贷款				584.21	584.21
	铺底流动资金				60.51	60.51
	报批项目总投资	3334.13	3154.38	1093.70	3810.53	11392.74

2.4 施工图预算的编制

2.4.1 施工图预算概述

2.4.1.1 施工图预算概念

当施工图设计完成后，以施工图纸为依据，根据国家颁布的预算定额（或地区差价表）、费用定额、材料预算价格、计价文件及其他有关规定而编制的工程造价文件，叫做施工图预算。

施工图预算反映的是建筑安装产品的计划价格，它受建筑安装产品单件性、复杂性等特点的影响而呈现多样性。因此，必须根据不同的工程采用特殊的计价程序，逐项、逐个地编制施工图预算。

施工图预算的内容要既能反映实际，又能适应施工管理工作的需要，同时必须符合国家工程建设的各项方针、政策和法令。施工图预算编制人员要不断研究和改进编制方法，提高效率，准确、及时地编制出高质量的预算，以满足工程建设的需要。

2.4.1.2 编制施工图预算的意义

施工图预算是确定和控制工程造价的文件，它直接影响着建设单位的工程投资支出数量和投资效果，以及施工企业的额定收入。因此，施工图预算的编制意义重大，它是确定工程施工造价的依据，也是控制工程建设投资、签订承建合同、办理拨款、结算款、编制标底、投标报价、实施经济核算、考核工程成本、施工企业编制施工计划、进行施工准备等工作的依据。

2.4.1.3 编制施工图预算的主要依据

（1）施工图纸和说明书。经过由建设单位、设计单位、监理单位和施工单位等共同会审过的施工图纸和会审记录以及设计说明书，是计算分部分项工程量、编制施工图预算的依据。给水排水工程、供暖工程、燃气工程、通风空调工程、电气工程和市政工程施工图纸一般包括平面布置图、系统图和施工详图。各单位工程图纸上均应标明：施工内容与要求、管道和设备及器具等的布置位置、管材类别及规格、管道敷设方式、设备类型及规格、器具类型及规格、安装要求及尺寸等。由此，可准确计算各分部分项工程量。同时还应具备与其配套的土建施工图和有关标准图。

安装工程施工图纸上不能直接表达的内容，一般都要通过设计说明书进一步阐明，如设计依据、质量标准、施工方法、材料要求等内容。因此，设计说明书是施工图纸的补充，也是施工图纸的重要组成部分。施工图纸和设计说明书都直接影响着工程量计算的准确性、定额项目的套用和单价的高低。因此，在编制施工图预算时，图纸和设计说明书应结合起来考虑。

（2）预算定额。国家颁发的现行的《全国统一安装工程预算定额》以及各地方主管部门颁发的现行的《安装工程消耗量定额》和《安装工程价目表》，还有编制说明和定额解释等，这些都是编制安装工程施工图预算的依据。在编制施工图预算时，首先应根据相应预算定额规定的工程量计算规则、项目划分、施工方法和计量单位分别计算出分项工程量，然后套用相应定额项目基价，作为计算工程成本、利润、税金等费用的依据。

（3）材料预算价格。材料预算价格是进行定额换算和工程结算等方面的依据。材料、设备及器具在安装工程造价中占较大比重（占70%左右）。因此，准确确定和选用材料预算价格，对提高施工图预算编制质量和降低工程预算造价有着重要经济意义。

（4）各种费用取费标准。各地方主管部门制定颁发的现行的《建筑安装工程费用定额》是编制施工图预算、确定单位工程造价的依据。在确定建筑产品价格时，应根据工程类别和施工企业级别及纳税人地点的不同等准确无误地选择相应的取费标准，以保证建筑产品价格的客观性和科学性。

（5）施工组织设计。安装工程施工组织设计是组织施工的技术、经济和组织的综合性文件。它所确定的各分部分项工程的施工方法、施工机械和施工平面布置图等内容，是计算工程量、套用定额项目、确定其他直接费和间接费不可缺少的依据。因此，在编制施工图预算前，必须熟悉相应单位工程施工组织设计及其合理性。但是必须指出，施工组织设计应经有关部门批准后，方可作为编制施工图预算的依据。

（6）有关手册资料。建设工程所在地区主管部门颁布的有关编制施工图预算的文件及材料手册、预算手册等资料是编制施工图预算的依据。地区主管部门颁布的有关文件中明确规定了费用项目划分范围、内容和费率增减幅度以及人工、材料和机械价格差调整系数等经济政策。在材料、预算等手册中可查出各种材料、设备、器具、管件等的类型、规格，主要材料损耗率和计算规则等内容。

（7）合同或协议。施工单位与建设单位签订的工程施工合同或协议是编制施工图预算的依据。合同中规定的有关施工图预算的条款，在编制施工图预算时应予以充分考虑，如工程承包形式、材料供应方式、材料价差结算、结算方式等内容。

2.4.2 安装工程施工图预算的编制步骤和方法

2.4.2.1 熟悉施工图纸

为了准确、快速地编制施工图预算，在编制安装工程等单位工程施工图预算之前，必须全面熟悉施工图纸，了解设计意图和工程全貌。熟悉图纸过程，也是对施工图纸的再审查过程。检查施工图、标准图等是否齐全，如有短缺，应当补齐；对设计中的错误、遗漏可提交设计单位改正、补充；对于不清楚之处，可通过技术交底解决。这样，才能避免预算编制工作的重算和漏算。熟悉图纸一般可按如下顺序进行。

（1）阅读设计说明书。设计说明书中阐明了设计意图、施工要求、管道保温材料和方法、管道连接方法和材料等内容。

（2）熟悉图形符号。安装工程的工程施工图中管道、管件、附件、灯具、设备和器具等，都是按规定的图形符号表示的。所以在熟悉施工图纸时，了解图形符号所代表的内容，对识图是必要的和有用的。

（3）熟悉工艺流程。给排水、供暖、燃气和通风空调工程、电气施工图是按照一定工艺流程顺序绘制的。

如阅读建筑给水系统图时，可按引入管→水表节点→水平干管→立管→支管→末端设备的顺序进行。因此，了解工艺流程（或系统组成）对熟悉施工图纸是十分必要的。

（4）阅读施工图纸。在熟悉施工图纸时，应将施工平面图、系统图和施工详图结合起来看。从而搞清管道与管道、管道与管件、管道与设备（或器具）之间的关系。有的内容在平面图或系统图上看不出来时，可在施工详图中查看。如卫生间管道及卫生器具安装尺寸，通常不标注在平面图和系统图上，在计算工程量时，可在国家标准图集中找出相应的尺寸。

2.4.2.2 　熟悉合同或协议

熟悉和了解建设单位和施工单位签订的工程合同或协议内容和有关规定是很必要的。因为有些内容在施工图和设计说明书中是反映不出来的，如工程材料供应方式、包干方式、结算方式、工期及相应奖罚措施等内容，都是在合同或协议中写明的。

2.4.2.3 　熟悉施工组织设计

施工单位根据安装工程的工程特点、施工现场情况、自身施工条件和能力（技术、装备等）编制的施工组织设计，对施工起着组织、指导作用。编制施工图预算时，应考虑施工组织设计对工程费用的影响因素。

2.4.2.4 　工程量计算

工程量是编制施工图预算的主要数据，是一项细致、烦琐、量大的工作。工程量计算的准确与否，直接影响施工图预算的编制质量、工程造价的高低、投资大小等，工程量计算也影响到施工企业的生产经营计划的编制。因此，工程量计算要严格按照预算定额规定和工程量计算规则进行。工程量计算时，通常采用表格形式，表格形式如表 5 - 23 所示。安装工程单位工程预算工程量计算方法，详见以后各章节。

2.4.2.5 　汇总工程量、编制预算书

工程量计算完毕后按预算定额的规定和要求，依照顺序汇总分项工程，整理填入预算书。工程预算书形式如表 5 - 20 所示。为制订材料计划，组织材料供应，应编制主要材料明细表，其格式如表 5 - 30 所示。

2.4.2.6 　套预算单价

在套预算单价前首先要读懂预算定额总说明及各章、节（或分部分项）说明。定额中包括哪些内容，哪些工程量可以换算等，在说明中都有注明。如有些省工程预算工程量计算规则中规定：暖气管道安装工程项目中，管路中的乙字弯、元宝弯等安装定额均已包括，无论是现场煨制或成品弯管均不得换算。对于既不能套用，又不能换算的则需编制补充定额。补充定额的编制要合理，并须经当地定额管理部门批准。套预算单价时，所列分项工程的名称、规格、计量单位必须与预算定额所列内容完全一致，且所列项目要按预算定额的分部分项（或章、节）顺序排列。

2.4.2.7 　计算单位工程预算造价

计算出各分项工程预算价值后，再将其汇总成单位工程预算价值，即定额直接费。首先以定额直接费中的人工费为计算基础，根据《建筑安装工程费用定额》中规定的各项费率，计算出工程费总额，即单位工程预算造价。

2.4.2.8 　编写施工图预算编制说明

编写施工图预算编制说明的内容主要是对所采用的施工图、预算定额、价目表、费用定额以及在编制施工图预算中存在的问题和处理结果等加以说明。

2.4.2.9 　施工图预算的编制方法

建筑安装工程施工图预算的编制方法通常有工料单价法和综合单价法。

（1）工料单价法。目前施工图预算普遍采用工料单价法。在编制时，首先应根据单

位工程施工图计算出各分部分项工程的工程量，然后从预算定额或计价表中查出各分项工程的预算定额单价，并将各分项工程量与其相应的定额单价相乘，累计后的各分项工程的价值即为该单位工程的定额直接费；再计算根据有关施工及验收规范、规程要求必须配套完成的工程内容所需的措施项目费；再根据地区费用定额和各项取费标准，计算出间接费、利润、税金和其他费用等；最后汇总各项费用，即得到单位工程施工图预算的造价。

工料单价法编制施工图预算能够简化编制工作，便于技术经济分析。但在市场价格波动较大的情况下，用该法计算的造价可能会偏离实际水平，造成误差，通常采用系数或价差调整的方法来弥补。

（2）综合单价法。综合单价即分项工程全费用单价，也是工程量清单的单价。用综合单价法编制施工图预算时，首先应计算出各分部分项工程的工程量，将各分部分项工程综合单价乘以工程量得到该分项工程的合价，汇总所有分项工程合价形成分部分项工程费，该分部分项工程费包含了人工费、材料费、机械费、主材费、管理费和利润，计算相应的措施项目费及其他项目费，并计算按规定计取的规费；再根据地区标准，计算出税金等；最后汇总各项费用，即得到单位工程施工图预算的造价。

总之，综合单价法是将单位工程的间接费、利润和税金等费用，用应计费用分摊率分摊到各分项工程单价中，从而形成分项工程的完全单价。其计算更直观、简便，便于造价管理和工程价款结算。

2.4.3 安装工程施工图预算的审查

2.4.3.1 审查工程预算的意义

工程预算是根据工程设计图纸（施工图）、预算定额、费用标准计算的工程造价文件。审查工程预算就是对工程造价的确认，以防止高估低算，纠正偏高或偏低的现象。经审定的施工图预算，是确定工程预算造价、签订建筑安装工程合同、办理工程拨款和结算的依据。

在预算审查过程中，应做好预算的定案工作。定案，就是对审查中发现的问题，经过原编制单位和有关单位共同研究，得出一致的结论，然后据以修正原来的预算。做好审查预算的定案工作，是提高预算文件的质量，正确确定工程造价，巩固审查成果的重要环节。

目前在我国施工图预算一般由施工单位编制，由建设单位负责审查，或由建设单位委托具有相应工程资质的工程咨询公司或监理公司审查。

2.4.3.2 一般土建工程施工图预算的审查

（1）审查形式。根据各地区的实际情况、工程规模、工程复杂程度的不同，可以分别采取下面三种形式：

1）单审。单审是指由建设单位、施工单位主管预算的部门分别进行审查，充分协商，实事求是地定案。这种方式比较灵活，不受时间限制，是目前各地区普遍采用的一种审查方式。它适合用于规模较小、采用高技术的工程。

2）会审。会审是指建设单位、设计单位和施工企业联合对工程预算进行审查的一种形式。一般适用于建设规模较大、施工技术复杂、设计变更和现场签证较多、不能单独进行审查的工程。它的特点是涉及面广，审查效率高。

3）委托审查。委托审查是指不具备会审条件，或不能单独进行审查时，建设单位委托具有相应工程资质和业务范围的工程咨询公司或监理公司进行审查的一种形式。

（2）审查的主要内容。给水排水工程造价是由直接费、间接费、利润和税金四部分费用组成的。其中直接费是预算所列各分部分项工程的工程量乘以相应的定额单价所得的积，经累加而得的；间接费、利润和税金是以直接费或人工费或直接费加间接费或直接费加间接费加利润之和乘以一定的百分比而得的。因此，在工程预算中，工程量是确定工程造价的决定因素。工程量的大小，与直接费大小成正比，与工程造价成正比。审查给水排水工程预算，主要就是审查其工程量，审查其所用的定额单价，同时也要审查各项费用标准。

1）审查工程量。对工程预算中的工程量，可根据设计或施工单位编制的工程量计算表，并对照施工图纸尺寸进行审查。主要审查其工程量是否有漏项、重算和错算。审查工程量的项目时，要抓住那些占预算价值比例比较大的重点项目进行。例如对砖石工程、钢筋混凝土工程、金属工程、地面工程等分部工程，应作详细校对，其他分部工程可只作一般的审查。同时要注意各分部工程项目，其构配件的名称、规格、计量单位和数量是否与设计要求及施工规定相符合。为了审查工程量，要求审查人员必须熟悉设计图纸、预算定额和工程量计算规则。

①审查项目是否齐全，有否漏项或重复。综合预算定额是在预算定额基础上扩大、综合、简化而成的，因此要了解综合预算定额的工作内容，防止漏项或重复计算工程项目。

②审查工程量，尤其是计算规则容易混淆的部位。综合预算定额的工程量计算规则已大大简化了，许多项目工程量是按建筑面积、投影面积计算的，但也有部分项目工程量仍是按净面积、实铺面积或展开面积计算的，一定要分清，不能混淆。

2）审查定额单价。

①审查预算书中单价是否正确。应着重审查预算书上所列的工程名称、种类、规格、计量单位，与预算定额或单位估价表上所列的内容是否一致。如果一致时才能套用，否则套错单价，就会影响直接费的准确度。

②审查换算单价。预算定额规定允许换算部分的分项工程单价，应根据预算定额的分部分项说明、附注和有关规定进行换算；预算定额规定不允许换算部分的分项工程单价，则不得强调工程特殊或其他原因，而任意加以换算。

③审查补充单价。目前各省、自治区、直辖市都有统一编制的，经过审批的"地区单位估价表"，是具有法令性的指标，这就无需再进行审查。但对于某些采用新结构、新技术、新材料的工程，在定额确实缺少这些项目，尚需编制补充单位估价时，就应进行审查，审查分项项目和工程量是否属实，套用单价是否正确。

3）审查直接费。决定直接费用的主要因素，是各分部分项工程量及其预算定额（或单位估价表）单价。因此，审查直接费，也就是审查直接费部分的整个预算表，即根据已经过审查的分项工程量和预算定额单价，审查单价套用是否准确，有否套错以及应换算的单价是否已换算，换算是否正确等。审查时应注意：

①预算表上所列的各分项工程的名称、内容、做法、规格及计量单位，与单位估价表中所规定的内容是否相符；

②在预算表中是否有错列已包括在定额中的项目，从而出现重复多算的情况；或因漏

列定额未包括的项目，而少算直接费的情况。

4）审查间接费及其他费用。

①审查人工费补差和施工流动津贴。人工费补差与施工流动津贴是以定额工日数为基础计算的，要注意人工费补差和施工流动津贴的规定适用期与施工期是否一致。

②审查次要材料差价。审查次要材料差价的方法同审查人工费补差，要注意的是，次要材料差价的计费基础不是定额直接费，而是定额材料费。

③审查主要材料差价。审查主要材料差价应注意以下几点：

Ⅰ 主要材料应是"建筑工程主要材料一览表"，比如表6-21所示。

Ⅱ 材料数量应是审核后预算的定额材料消耗量。

Ⅲ 主要材料差价计算公式：

$$主要材料差价 = \sum 主要材料定额消耗量 \times (市场价 - 定额预算价)$$

其中　　　　　　　　市场价 = 中准价 × (1 ± 浮动率) + 运费 + 运耗

式中，中准价 × (1 ± 浮动率) 按合同规定方法确定。

2.4.3.3 审查的方法

施工工程的规模大小、繁简程度不同，所编工程预算的复杂程度和质量水平不同，采用的审查方法也应不同。审查预算的方法较多，主要有全面审查法、标准预算审查法、分组计算审查法、筛选审查法、重点审查法、利用手册审查法等。

（1）全面审查法。全面审查法是指按全部施工图的要求，全面审核工程数量、定额单价和取费标准。其具体方法与编制预算基本相同，这里不再重复。

全面审查法的优点是全面、细致、准确、质量高，但是工作量大。

全面审查法适用于工程规模小、工艺比较简单的工程和采用重点审查法和分解对比法发现差错率较大的工程。

作为工程审价机构，对于某些已定型的标准施工图，也应采用全面审查法审查。

（2）重点审查法。重点审查法是抓住对工程造价影响比较大的项目和容易发生差错的项目重点进行审查。重点审查的内容有：

1）工程量大或直接费较高的项目；

2）工程量计算规则容易混淆的项目；

3）换算定额单价和补充定额单价；

4）根据以往审查经验，经常发生差错的项目；

5）各项费用的计费基础及其费率标准。

重点审查法，应灵活掌握。在重点审查过程中，如发现问题较多、较大，应扩大审查范围，甚至放弃重点审查，进行全面审查；反之，如没有发现问题，或发现差错很小，可考虑适当缩小审查范围。此外，对工程计算较为简单的项目，如平整场地、室内回填土、垫层、找平层、面层、浴厕间壁、屋顶水箱等可顺便一起审查。

（3）分解对比法。单位建筑工程，如果其用途、结构和标准都一样，在一个地区或一个城市内，其预算造价也应该基本相同，特别是采用标准设计更是如此。虽然其建造地点和运输条件可能不同，但总可以利用对比方法，计算出它们之间的预算价值差别，来进一步对比审查整个单位工程施工图预算。分解对比法即把一个单位工程，按直接费和间接费进行分解，然后再把直接费按工种工程和分部工程进行分析，分别与审定的施工图预算进行对比的方法。

（4）分组计算审查法。分组计算审查法是一种加快审查工程量速度的方法，把预算中的项目划分为若干组，并把相邻且有一定内在联系的项目编为一组，审查或计算同一组中某个分项工程量，利用工程量间具有相同或相似计算基础的关系，判断同组中其他几个分项工程量计算的准确程度的方法。

一般土建工程可以分为以下几个组：

1）地槽挖土、基础砌体、基础垫层、槽坑回填土、运土；

2）底层建筑面积、地面面积、地面垫层、楼面面层、露面找平层、楼板体积、天棚抹灰、天棚刷浆、屋面层；

3）内墙外抹灰、外墙内抹灰、外墙内面刷浆、外墙上的门窗、外墙上的过圈梁、外墙砌体。

在第一组中，先将挖地槽土方、基础砌体体积（室外地坪以下部分）、基础垫层计算出来，而槽坑回填土量、余土外运量的体积按下式确定：

$$回填土量 = 挖土量 - （基础砌体 + 垫层体积）$$

$$余土外运量 = 基础砌体 + 垫层体积$$

在余土外运工程量中，如果房间较大，房心能存土，留作室内回填土者，其体积也要从外运土的体积中扣除。

在第二组中，先把底层建筑面积、楼（地）面面积计算出来。楼面找平层、顶棚抹灰、刷白的工程量与楼（地）面面积相同；垫层工程量等于地面面积乘以垫层厚度，空心楼板工程量由露面工程量乘以楼板的折算厚度计算；底层建筑面积如挑檐面积，乘以坡度系数就是屋面层工程量；底层建筑面积乘以坡度系数再乘以保温层的平均厚度为保温层的工程量。

在第三组中，首先把各种厚度的内外墙上的门窗面积和过梁体积分别列表填写，然后再计算工程量。

（5）利用手册审查法。就是把工程中常用的构件、配件单位工程量的组成事先整理成预算手册，按手册对照审查的方法。如工程常用的预制构配件洗涤池、大便台、检查井、化粪池等，几乎每个工程都有，把这些按标准图计算出工程量，套上单价，编制成预算手册使用，可以大大简化预算的编审工作。

2.4.3.4 设备安装工程预算的审查

设备安装工程预算的审查与一般土建工程类似，要对工程量、设备及主要安装材料价格、预算单价的套用、其他费用的计取等进行审查。

（1）工程量的审查。对设备安装工程要分需要安装和不需要安装分别进行工程量统计。

1）设备安装工程。对设备安装工程的审查，要注意设备的种类、规格、数量是否符合设计要求，是否将不需要安装的设备也计算到安装工程中去。

2）电气照明工程。对电气照明工程的审查，应注意灯具的种类、型号、数量以及吊风扇、排风扇等是否与设计图纸一致；审查线路的敷设方法、线材品种是否达到设计标准，线路长度计算是否准确，注意各种配件、零件有些是包括在预算定额的有关项目内，如灯具、明暗开关、插销、按钮等预留线已综合在定额的有关项目内；有无重复计算的情况。

3）给水排水工程。对给水排水工程量的审查，应正确区分室内外给水排水工程的界限，审查管道敷设的各种管材的品种、规格与长度计算是否准确；阀门等管件不应扣除的是否扣去；而室内排水管路是否已扣除应扣除的卫生设备本身所带管路长度；对用承插管的室内排水工程是否扣除异形管及检查口所占长度；对成组安装的卫生设备有无重算的现象等。

（2）预算单价套用。审查设备安装工程预算单价是否正确；预算书所列分项工程名称、规格、计量单位、工作内容与预算定额是否一致。

审查非安装设备、安装设备、未计价材料的预算价格是否符合有关定额；材料设备原价是否符合规定；有无高估加工费用，多算材料消耗，多计运输费用等现象。

（3）各种费用审查。审查各种费用的计取、各种费用的列项、计算基础、取费标准是否符合要求。

2.5 安装工程价款结算与竣工决算

建设项目的竣工验收是项目建设过程的最后一个程序，是建设成果转入生产使用的标志。在竣工验收阶段，应严格按照国家有关规定，对项目的总体进行检验和认证，进行综合评价和鉴定。该阶段涉及的工程造价管理的最主要工作是竣工结算的编制与审查及竣工决算的编制。

2.5.1 工程价款结算

《工程价款结算办法》规定：建设工程价款结算是指建设工程的承发包方依据合同约定，进行工程预付款、工程进度款、工程竣工价款结算的活动。

由于建设工程施工周期长，一般在工程承包合同签订后和开工前业主要预付工程备料款，工程施工过程中要拨付工程进度款，工程全部完工后办理竣工结算。

通过工程价款结算，可确定承包人完成生产计划的数量及获得的货币收入，统计建设单位完成建设投资任务的数值，为建设单位编制竣工决算提供依据。

2.5.2 竣工决算

竣工决算是指在竣工验收交付使用阶段，建设单位按照国家有关规定对新建、改建和扩建工程建设项目，编制的从筹建到竣工验收、交付使用全过程实际支付的建设费用的经济文件。

竣工决算是以实物数量和货币指标为计量单位，综合反映竣工项目从筹建开始到项目竣工交付使用为止的全部建设费用，是核定新增固定资产价值，考核投资效果，反映建设项目实际造价，建立经济责任制的依据。

竣工决算与工程价款结算的主要区别：

（1）针对范围不同。竣工决算针对整个建设项目，是在项目全部竣工后编制的经济文件；而价款结算是指承包商完成部分工程后，向业主结算工程价款，用以补偿施工过程中的物资和资金的消耗。

（2）作用不同。竣工决算是考核项目基建投资效果，办理移交新增资产价值的依据；工程价款结算是发包与承包双方结算工程价款，以及施工单位核算生产成果和考核工程成本的依据。

2.5.3 价款结算的方法

价款结算涉及工程预付款、工程进度款、质量保证金、工程竣工价款的结算活动，是加速资金周转，提高资金使用有效性的重要环节。

（1）工程预付款及其计算方法。工程预付款又称为预付备料款，是施工企业进行施工准备和购置主要材料、结构件等所需流动资金的主要来源。通常在工程承包合同条款中，明确规定发包人在正式开工前预先支付给承包人工程款的数量和支付工程款的时间。

《建设工程施工合同（示范文本）》规定："实行工程预付款的，双方应当在专用条款内约定发包人向承包人预付工程款的时间和数额，开工后按约定的时间和比例逐次扣回。预付时间应不迟于约定的开工日期前7天。发包人不按约定预付，承包人在约定预付时间7天后向发包人发出要求预付的通知，发包人收到通知后仍不能按要求预付，承包人可在发出通知后7天停止施工，发包人应从约定应付之日起向承包人支付应付款的贷款利息，并承担违约责任。"

各地区、各部门对工程预付款的额度的规定不完全相同，但预付款的用途是相同的，主要是保证施工所需材料和构件的正常储备。一般根据建安工作量、主要材料和构件费用占总费用的比例、施工工期、材料储备周期等因素来综合确定。《工程价款结算办法》规定："包工包料工程的预付款按合同约定拨付，原则上预付比例不低于合同金额的10%，不高于合同金额的30%，对重大工程项目，按年度工程计划逐年预付。执行《计价规范》的工程，实体性消耗和非实体性消耗部分应在合同中分别约定预付款比例。"

在实际工作中，工程预付款的数额应根据各工程类型、合同工期、承包方式和供应体制等不同条件而定。对于包工不包料的工程项目，则可以不预付备料款。

（2）工程预付款额度计算。工程预付款额度取决于主要材料和构件占工程造价的比例、材料储备周期、施工工期等因素。

常年施工企业的预付款额度计算公式为：

$$A = \frac{BK}{T}t$$

式中 A——工程预付款额度；

       B——年度承包工程总值；

       K——主要材料和构件费占年度工程造价的比例，其中，$K = C/B$，C 为主要材料和
             构件费用，可根据施工图预算中的主要材料和构件费用确定；

       T——年度施工日历天数；

       t——材料储备天数，可根据材料储备定额或当地材料供应情况确定。

（3）工程预付款的扣回。工程预付款属于预支工程款，随着工程的实施、材料和构配件的储备量逐渐减少，当施工进行到一定程度之后，预付款应以抵充工程价款的方式陆续扣回。

1）可以从未施工工程尚需要的主要材料及构件的价值相当于工程预付款数额时起

扣，从工程每次结算工程款中按主要材料比例抵扣工程价款，竣工前全部扣清，即：

$$W = B - \frac{A}{K}$$

式中　　W——起扣点，即工程预付款开始扣回时累计完成工作量金额。

其余符号含义同前。

2）《招标文件范本》规定："在承包人完成金额累计达到合同总价的10%后，由承包人开始向发包人还款。发包人从每次应付给承包人的工程款中扣回工程预付款，并至少在合同规定的完工期前3个月将工程预付款全部扣回。"

工程预付款额度与工程预付款抵扣方式最终由发包人和承包人通过合同的形式予以确定。例如，有些工程工期较短、造价较低，就无需分期扣还；有些工期较长，如跨年度工程，预计次年承包工程价值大于或相当于当年承包工程价值时，可以不扣回当年的预付备料款；如小于当年承包工程价值时，应按实际承包工程价值进行调整，在当年扣回部分预付备料款，并将未扣回部分转入次年，直到竣工年度，再按上述办法扣回。

（4）工程进度款的结算。根据《建设工程施工合同（示范文本）》规定，承包人应按合同约定的时间向工程师提交本阶段（月）已完工程量的报告，说明本期完成的各项工作内容和工程量。工程师接到承包人的报告后7天内（《工程价款结算办法》中规定为14天），按设计图纸核实已完工程量。按工程结算的时间和对象，进度款的结算可分为按月结算、分段结算和竣工后一次结算。

1）按月结算与支付。即实行按月支付进度款，竣工后清算的办法。若合同工期在两个年度以上的工程，在年终进行工程盘点，办理年度结算。目前，我国建筑安装工程项目中，大部分采用按月结算法。

2）分段结算与支付。即当年开工、当年不能竣工的工程按照工程形象进度，划分不同阶段支付工程进度款，具体划分在合同中明确。

3）竣工后一次结算。当建设项目或单项工程全部建筑安装工程建设期在12个月以内，或者工程承包合同价值在100万元以下的，可实行工程价款每月月中预支，竣工后一次结算。

《建设工程施工合同（示范文本）》和《工程价款结算办法》中对工程进度款支付规定如下：

1）在双方确认计量结果后14天内，发包人应按不低于工程价款的60%和不高于工程价款的90%向承包人支付工程进度款。按约定时间发包方应扣回的预付款与工程款（进度款）同期结算。

2）符合规定范围的合同价款的调整，工程变更调整的合同价款及其他条款中约定的追加合同价款，应与工程款同期调整支付。

3）发包方超过约定的支付时间不支付工程款，承包方可向发包方发出要求付款通知。发包方收到承包方通知后仍不能按要求付款，可与承包方协商签订延期付款协议，经承包方同意后方可延期支付。协议须明确延期支付时间和从发包方计量结果确认后第15天起计算应付款的贷款利息。

4）发包方不按合同约定支付工程款，双方又未达成延期付款协议，导致施工无法进行，承包方可停止施工，由发包方承担违约责任。

工程进度款的结算步骤,如图 2-5 所示。

图 2-5　工程进度款结算步骤

(5) 工程质量保证金的预留。按照有关规定,工程项目总造价中应预留一定比例的尾款作为质量保修费用,待工程项目保修期结束后再行支付。工程质量保证金的预留办法如下:

1) 按照《工程价款结算办法》的规定,发包人根据确认的竣工结算报告向承包人支付工程竣工结算价款,保留 5% 左右的质量保证金,待工程交付使用质保期到期后清算(合同另有约定的,从其约定)。质保期内如有返修,发生费用应从质量保证金内扣除。

2) 按照《招标文件范本》中的规定,可以从发包人向承包人第一次支付的工程进度款开始,在每次承包人应得的工程款中扣留投标书附录中规定金额作为质量保证金,直至保留金总额达到投标书附录中规定的限额为止。

(6) 工程竣工结算。竣工结算是在工程竣工并经验收合格后,在原合同造价的基础上,将有增减变化的内容,按照合同约定,对原合同造价进行相应的调整,编制确定工程实际造价并作为最终结算工程价款的经济文件。在实际工作中,当年开工、竣工的工程,只需办理一次性结算。跨年度的工程,在年终办理一次年终结算,将未完工程转到次年度,此时竣工结算等于各年度结算的综合。

在调整合同造价中,应把施工中发生的设计变更、现场签证、费用索赔等内容加以计算。

办理工程竣工结算的一般计算公式为:

$$竣工结算工程价款 = 预算或合同价款 + 施工过程中预算或合同价款调整数额 -$$
$$预付及已结算工程价款 - 工程质量保证金$$

【例 2-5】　某工程项目,安装工程承包合同总额为 700 万元,合同约定预付备料款额度为 25%,主要材料和设备金额占总合同额的 70%,工程质量保证金为合同总额的 5%。预付款开始扣回的时间是当未施工工程需要的主要材料和设备的价值相当于预付款数额时,从每次中间结算工程价款中,按材料及设备的比例抵扣工程价款。实际施工中每月完成的产值见表 2-8,试计算预付备料款、月结算工程款和竣工结算价款。

表 2-8　各月完成的实际产值 (万元)

月　份	3 月	4 月	5 月	6 月	7 月
完成产值	80	100	180	200	140

【解】

①预付备料款:700 万元 × 25% = 175 万元

②计算预付备料款起扣点,算出何时开始扣回备料款,才能正确计算出每月应支付的工程进度款:

开始扣回预付备料款的合同价值 = (700 - 175 ÷ 70%) 万元 = (700 - 250) 万元 =

450 万元

当累计完成合同价值 450 万元后，开始扣回预付备料款。

③3 月份结算款：完成产值 80 万元，结算工程款 80 万元。

④4 月份结算款：完成产值 100 万元，结算工程款 100 万元，累计结算工程款 180 万元。

⑤5 月份结算款：完成产值 180 万元，本月结算工程款 180 万无，累计结算工程款（180 + 180）万元 = 360 万元。

⑥6 月份结算款：完成产值 200 万元，累计（360 + 200）万元 = 560 万元，已超过扣回备料款的起扣点 450 万元，超过 110 万元，应扣除其 70% 的材料款。本月结算工程款为（200 – 110 × 70%）万元 = 123 万元，累计结算为 483 万元，已扣材料预付款 77 万元。

⑦7 月份结算款：完成产值 140 万元，应扣回预付备料款 = 140 万元 × 70% = 98 万元，同时由于 7 月是竣工月，最后一月支付进度款时，要扣除工程质量保证金。质量保证金 = 700 万元 × 5% = 35 万元。则：本月结算工程款为 7 万元。

⑧竣工结算价款：累计结算工程款为 490 万元，加上预付备料款 175 万元，共应结算工程款 665 万元，预留合同总额的 5%（35 万元）作为质量保证金。

2.5.4 竣工决算的编制

（1）竣工决算的内容。按有关文件规定，竣工决算书由竣工财务决算说明书、竣工财务决算报表、工程竣工图和工程竣工造价对比分析 4 部分组成。其中，前两部分又称建设项目竣工财务决算，是竣工决算的核心内容。

1）竣工财务决算说明书。该说明书主要包括：工程建设进度、质量、安全和造价方面的分析；资金来源及运用等财务分析，包括工程价款结算、会计财务处理、财产物资情况及债权债务清偿情况等；各项经济技术指标的分析；工程建设的经验及项目管理和财务管理工作及竣工财务决算中有待解决的问题；需要说明的其他事项。它概括了竣工工程建设成果和经验，是全面考核分析工程投资与造价的书面总结，是竣工决算报告的重要组成部分。

2）竣工财务决算报表。财务决算报表反映项目从开工到竣工为止全部资金来源和资金运用的情况，以及项目建成后新增固定资产、流动资产、无形资产和递延资产的情况和价值，是考核和分析投资效果、检查投资计划完成情况、财产交接的依据。

建设项目竣工财务决算报表是根据大、中型建设项目和小型建设项目分别制订的。大、中型建设项目竣工财务决算报表主要包括：建设项目竣工财务决算审批表，大、中型建设项目概况表，大、中型建设项目竣工财务决算表，大、中型建设项目交付使用资产总表。小型建设项目竣工财务决算报表主要包括：建设项目竣工财务决算审批表、竣工财务决算总表、建设项目交付使用资产明细表。

3）工程竣工图。工程竣工图是真实地记录各种地上（下）建筑物、构筑物等情况的技术文件。通常由施工单位负责在原施工蓝图的基础上注明修改的部分，并附以设计变更通知单和施工说明，加盖"竣工图"标志后作为竣工图。若项目有重大变更，属于设计原因造成的，由设计单位负责重新绘制竣工图；属于施工原因造成的，由施工单位负责重新绘制竣工图。

4）工程造价对比分析。以批准的概算作为考核建设工程造价的依据，将建筑安装工程费、设备与工器具购置费和其他工程费用逐一与竣工决算中的实际数据进行对比分析，其目的是判断项目总造价是节约或是超支，分析其原因，提出改进措施。

在实际工作中，应主要分析：主要实物工程量，主要材料消耗量，工程建设的管理费、措施费和间接费等。

（2）竣工决算的编制步骤。

1）收集、整理、分析原始资料，主要包括设计文件、施工记录、概预算文件、工程结算资料、财务处理账目等。

2）清理各项财务、债务和结余物资。

3）对照、核实工程变动情况。

4）编制建设工程竣工决算说明。

5）填写竣工决算报表。

6）做好工程造价对比分析。

7）清理、装订好工程竣工图。

8）上报主管部门审查。

复习与思考题

2-1　什么是设计概算，设计概算有什么作用，设计概算包括哪些内容？简述设计概算编制方法的特点和编制程序。

2-2　编制建筑工程概算有三种基本方法，它们适用哪些场合？

2-3　怎样理解"两算"，"三算"的内涵，同一个建设项目，概算额与预算额哪个高，为什么？

2-4　简述单位工程概算书、综合概算书、总概算书的编制对象和编制方法。

2-5　国产设备购置概算如何编制？简述设备安装工程概算的编制方法。

2-6　审查设计概算的方式和原则是什么？

2-7　投资估算的含义及内容是什么，投资估算通常有哪几种类型？

2-8　如何正确使用投资估算指标？简述静态投资估算常用编制方法的特点、计算方法和适用条件。

2-9　简述投资估算编制依据对投资估算的影响。

2-10　工程价款结算的含义是什么？简述价款结算的方法。

2-11　工程竣工结算与竣工决算有什么区别？

3 安装工程定额

3.1 定额概述

3.1.1 定额的概念

定额是一种规定的额度或限额，广义地说，是一种处理待定事物的数量界限。在社会化生产中，为了完成某一合格产品，即必须投入一定量的活劳动与物化劳动。在社会生产发展的不同阶段，由于生产力水平不同，产品在生产过程中所消耗的活劳动与物化劳动的数量不同，但是在一定生产力水平条件下，总有一个合理的标准，此标准即为定额，因此，定额是指在正常生产条件下，完成单位合格产品所必须消耗的人工、材料、机械及其资金数量标准。

在建筑安装工程过程中，为了完成某一工程项目或某一分项工程，就必须消耗一定数量的人力、物力和财力，人力、物力和财力的消耗数量是随着施工对象、施工方法和施工条件的变化而变化的。建筑安装工程定额反映了在一定生产水平条件下，施工企业的生产技术和管理水平，即建筑安装工程定额是指在正常的施工生产条件下，完成单位合格产品所必需消耗的人工、材料、施工机械设备及其价值的数量标准。定额除规定消耗数量标准外，还规定了应完成的工作内容以及要求达到的质量标准和安全要求。

所谓"正常施工条件"是指施工过程符合生产工艺、施工验收规范和操作规程的要求，并且满足施工条件完善、劳动组织合理、机械运转正常、材料供应及时等条件。

3.1.2 定额的特性

在社会主义市场经济条件下，定额主要有以下几个方面的特性：

（1）定额的科学性和系统性。定额的科学性首先表现在用科学的观点与方法制定定额，制定定额要充分考虑客观施工生产技术和管理方面的条件，在分析各种影响工程施工生产消耗因素的基础上，定额的内容、范围、体系和水平既要适应社会生产力发展水平的需要，又要尊重工程建设中的生产消耗。此外，制定定额要与现代科学管理技术紧密结合，充分利用现代管理科学的理论、方法和手段，通过严密的测定、统计和分析来确定定额的消耗量。

（2）定额的权威性。在计划经济体制下，我国的各类定额是由国家或其授权机关组织编制和颁发的一种法令性指标，在执行范围内，任何单位都必须严格遵守和执行，未经定额主管部门的许可，不得随意改变定额的内容和水平。因此，具有经济法规的性质。

目前，在市场经济条件下，随着建筑产品商品化和建设项目竞争报价，定额的法令性有所淡化。但是，应该看到，定额在相当大的范围内和相当长的时间内，仍将具有很大的权威性。

（3）定额的统一性。工程建设定额的统一性，主要是由国家对经济发展的计划的宏观调控职能决定的。为了使国民经济按照既定的目标发展，就需要借助于某些标准、定额、参数等，对工程建设进行规划、组织、调节、控制。而这些标准、定额、参数必须在一定范围内是一种统一的尺度，才能实现上述职能，才能利用它对项目的决策、设计方案、投标报价、成本控制进行比较和评价。工程建设定额的统一性按照其影响力和执行范围来看，有全国统一定额、地区统一定额和行业统一定额等。

（4）定额的稳定性和时效性。任何一种定额都是一定时期在一定生产力水平下的反映，因而在一定时期内，定额都表现出稳定状态，即定额的稳定性。定额的稳定性是必需的，如果定额经常处于修改变动中，那么必然造成执行过程中的困难和混乱，很容易导致定额权威性的丧失。另外，定额的编制或修改是一项十分繁重的工作，它需要投入大量的人力、物力和财力，需要收集大量材料、数据，进行反复的调查研究、测算、比较、分析、审查，及至最后的定稿、印刷、发行工作，不可能在短期内完成。

定额的稳定性是相对的，随着生产的发展，定额就会越来越不适应当前生产力水平，有一个由量变到质变的过程，当定额不能满足促进生产力发展的作用时，定额就需要重新修订编制了，即定额的时效性。定额的稳定期一般在 5～10 年之间。

此外，在同一定额内，不同的内容其稳定性和时效性的强弱也不同，一般来说，工程量计算规则稳定性强一些，而人工、材料和机械台班价格则时效性强一些。

3.1.3 定额的作用

定额是实现企业科学管理的基础和必备条件，定额在企业管理科学化中始终占有重要的地位，没有定额就谈不上科学管理。在市场经济中，每一个商品生产者和商品经营者都被推向市场，他们必须在竞争中求生存、求发展，为此，他们必须提高自己的竞争能力，这就要求必须利用定额手段加强管理，以达到提高工作效率，降低生产和经营成本，提高市场竞争能力的目的。在工程建设中，建筑安装工程定额主要的作用有四个方面。

（1）定额是企业计划管理的依据。企业为了组织和管理施工生产活动，必须编制各种计划，而计划的编制就要依据定额来进行，在编制施工进度计划、下达施工任务单、限额领料单，计算劳动力、各种材料、机械设备等的需用量时，均应以建筑安装工程定额为依据编制。

（2）定额是确定工程造价和进行技术经济评价的依据。工程造价是根据设计图及有关规定，并依据定额规定的人工、材料、机械台班的消耗量和单位价值来计算的，因此，定额是确定工程造价的依据。另外，同一工程项目的设计会有若干个方案，每个方案的投资及其使用功能的多少，直接反映了该设计方案技术经济水平的高低，所以，根据定额和概算指标及其他相关知识对一个工程的若干设计方案进行技术经济分析，可从中选择经济合理的最优设计方案。

（3）定额是加强企业科学管理，贯彻按劳分配，搞好经济核算的依据。企业为了加强科学管理，提高企业管理水平，需正确地编制各种计划，要以各种定额为依据。企业为了分析和比较施工生产中的各种消耗，进行工程成本核算时，必须以定额为标准，分析比较企业各项成本，肯定成绩，找出差距，提出改进措施，降低工程成本，提高企业经济效益。

（4）定额是总结、分析、改进生产方法，提高劳动生产率的重要手段。定额确定的消耗量是企业应达到的基本要求，故可以促进企业加强技术改造，总结先进生产方法，提高劳动生产率。

3.1.4 定额的分类

定额的种类很多，如图 3－1 所示。按照生产要素、编制程序和定额的用途不同，专业及费用的不同，主编单位和执行范围的不同，定额分为四类。

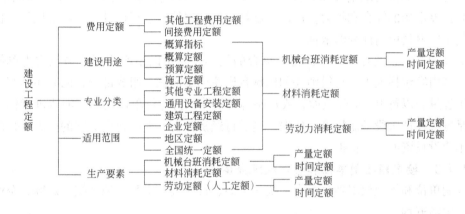

图 3－1　建设工程定额分类图

3.1.4.1　按生产要素分类

进行物质资料生产所必须具备的三要素是劳动者、劳动对象和劳动手段。劳动者是指人，劳动对象是指建筑材料的各种半成品等，劳动手段是指生产机具与设备。为了适应建筑施工活动的需要，定额可按以下三个要素编制，即劳动定额、材料消耗定额、机械台班使用定额，这三种定额被称作三大基本定额。

（1）劳动定额。劳动定额是指在正常施工条件下，生产单位合格产品所必需消耗的劳动时间，或者是在单位时间内生产合格产品的数量标准。

（2）材料消耗定额。材料定额是指在合理使用材料的条件下，生产单位合格产品所必需消耗的一定品种、规格的原材料、半成品、成品或结构构件的数量标准。

（3）机械台班使用定额。机械台班使用定额是指在正常施工条件下，利用某种施工机械生产单位合格产品所必需的机械工作时间，或者在单位时间内机械完成合格产品的数量标准。

3.1.4.2　按编制程序和用途分类

在建筑工程定额中，按编制程序和用途分为施工定额、预算定额、概算定额、概算指标。

（1）施工定额。是施工企业内部直接用于施工管理的一种技术定额。它是以工作过程或复合工作过程为标定对象，规定某种建筑产品的人工消耗量、材料消耗量和机械台班使用消耗量。施工定额是建筑企业中最基本的定额，可用以编制施工预算、施工组织设计、施工作业计划，考核劳动生产率和进行成本核算的依据。施工定额也是编制预算定额的基础材料。

（2）预算定额。是以建筑物或构筑物的各个分部分项工程为单位编制的。定额中包括所需人工工日数、各种材料的消耗量和机械台班使用量，同时表示对应的地区基价。预算定额是以施工定额为基础编制的，它是在施工定额的基础上综合和扩大，用以编制施工图预算，确定建筑按安装工程造价，编制施工组织设计和工程竣工决算。预算定额也是编制概算定额和概算指标的基础。

（3）概算定额。是以扩大结构构件、分部工程或扩大分项工程为单位编制的，它包括人工、材料和机械台班消耗量，并列有工程费用。概算定额是以预算定额为基础编制的，它是预算定额的综合和扩大。用以编制初步设计概算，进行设计方案经济比较，也可作为编制主要材料申请计划的依据。

（4）概算指标。是比概算定额更为综合的指标。它是以整座房屋或构筑物为单位来编制的，其内容包括人工、材料消耗和机械台班使用定额三个组成部分，同时还列有结构部分的工程量和以每100m²建筑面积或每座构筑物体积为计量单位而规定的造价指标。概算指标是方案设计阶段编制概算的依据，是进行经济分析，考核建设成本的标准，是国家控制基本建设投资的主要依据。

3.1.4.3　按定额编制单位和管理权限分类

按编制单位和管理权限划分为全国统一定额、行业统一定额、地区统一定额、企业定额和补充定额五种。

（1）全国统一定额。是综合全国基本建设的生产技术和施工组织、生产劳动的一般情况而编制的，在全国范围内执行，如全国统一的劳动定额、全国统一建筑工程基础定额、专业通用和专业专用定额等。

（2）行业统一定额。是指一个行业根据本行业的特点、行业标准和行业施工规范要求编制的，只在本行业的工程中使用，如电力定额、化工定额、水利定额等。

（3）地区统一定额。是在考虑地区特点和统一定额水平的条件下编制的，只在规定的地区范围内使用。各地区不同的气候条件、物质技术条件、地方资源条件和交通运输条件，是确定定额内容和水平的重要依据，如一般地区通用的建筑工程预算定额、概算定额和补充劳动定额。

（4）企业定额。是由建筑企业编制的，在本企业内部执行的定额。由于生产技术的发展，我国进入WTO以来，建筑工程工程量清单规范的实行，编制企业定额将是各个企业参与市场竞争的必要手段。

（5）补充定额。是指统一定额和企业定额中未列入的项目，或在特殊施工条件下无法执行统一的定额，由预算员和有经验的工人根据施工特点、工艺要求等直接估算的定额。补充定额制定后必须上报主管部门批准。

3.1.4.4　按适用专业分类

一般可分为建筑工程定额、装饰工程定额、房屋修缮工程定额、安装工程定额、仿古建筑及园林工程定额、公路工程定额、铁路工程定额、矿井工程定额等。

3.1.5 定额的内容

3.1.5.1 安装工程定额的主要内容

根据安装工程的专业特征和全国统一安装工程预算定额的结构设置以及多年来的传统习惯做法，将消耗量定额分为十三册，于 2000 年 3 月 17 日发布施行（第十三册 2003 年 3 月 1 日起实施）。具体包括：

第一册　机械设备安装工程 GYD 37 - 201—2000；

第二册　电气设备安装工程 GYD 37 - 202—2000；

第三册　热力设备安装工程 GYD 37 - 203—2000；

第四册　炉窑砌筑工程 GYD 37 - 204—2000；

第五册　静置设备与工艺金属结构制作安装工程 GYD 37 - 205—2000；

第六册　工业管道工程 GYD 37 - 206—2000；

第七册　消防及安全防范设备安装工程 GYD 37 - 207—2000；

第八册　给排水、采暖、燃气工程 GYD 37 - 208—2000；

第九册　通风空调工程 GYD 37 - 209—2000；

第十册　自动化控制仪表安装工程 GYD 37 - 2010—2000；

第十一册　刷油、防腐蚀、绝热工程 GYD 37 - 2011—2000；

第十二册　通信设备及线路工程 GYD 2012—2000；

第十三册　建筑智能化系统设备安装工程 GYD 37 - 2013—2003。

3.1.5.2 安装工程定额的结构形式

消耗量定额是由定额总说明、册说明、目录、各章（节）说明，定额表和附录或附注组成，其中，消耗量定额表是核心内容，它包括分部分项工程的工作内容、计量单位、项目名称及其各类消耗的名称、规格、数量等。其结构形式如表 3 - 1 所示。

表 3 - 1　消耗量定额内容及形式举例

工作内容：画线定位、切管、调直、煨弯、管道固定、水压试验及冲洗　　　　计量单位：10 个

定额编号			8 - 438	8 - 439	8 - 440
项　目			公称直径（mm）以内		
			15	20	25
名　称	单位	单价（元）	数　量		
人工	综合工日	工日	23.22	0.280	0.280	0.370
材料	铜水嘴	个	—	(10.100)	(10.100)	(10.100)
	铅油	kg	8.770	0.100	0.100	0.100
	线麻	kg	10.400	0.010	0.010	0.010
基价（元）			7.48	7.48	9.57
其中	人工费		6.50	6.50	8.59
	材料费		0.98	0.98	1.98
	机械费		—	—	—

消耗量定额与全统定额相比，结构形式上的区别就是消耗量定额表中未列定额基价、

人工费、材料费、机械费，对于用量很少，对基价影响很小的零星材料，全统定额合并为其他材料费，计入材料费内，而消耗量定额采用其他材料费占辅材费百分比的方式计入定额内，其他均相同。

3.1.5.3　定额的适用范围

定额适用于新建、扩建和技术改造或整体更新改造的一般工业与民用安装工程，不适用于修缮和临时安装工程。整体更新改造是指在已有建筑物或生产装置区内，增加或重新更换完整、独立的功能系统安装工程，如消防、给排水、通风空调、照明、热力设备等系统，而不是局部或系统中的一部分。

3.2　企业定额与施工定额

3.2.1　企业定额

3.2.1.1　企业定额的概念

施工企业根据本企业的施工技术和管理水平，以及有关工程造价资料制定的，并供本企业使用的人工、材料和机械台班消耗量标准。

3.2.1.2　适用范围

企业定额是由企业自行编制，只限于本企业内部使用的定额，例如施工企业附属的加工厂、车间为了内部核算便利而编制的定额。至于对外实行独立核算的单位如预制混凝土和金属构件厂、大型机械化施工公司、机械租赁站等，虽然它们的定额标准并不纳入建筑安装工程定额系列之内，但它们的生产服务活动与建设工程密切相关，因此，其定额标准、出厂价格、机械台班租赁价格等，都要按规定的编制程序和方法经有关部门的批准才能在规定的范围内执行。企业定额只在企业内部使用，是企业素质的一个标志。企业定额水平一般应高于国家现行定额，才能满足生产技术发展、企业管理和市场竞争的需要。

3.2.1.3　企业定额的特点

作为企业定额，必须体现以下特点：

（1）企业定额各单项的平均造价要比社会平均价低，体现企业定额的先进合理性，至少要基本持平，否则，就失去了企业定额的实际意义。

（2）企业定额要体现本企业在某方面的技术优势，以及本企业的局部管理或全面管理方面的优势。

（3）企业定额的所有单价都实行动态管理；定期调查市场，定期总结本企业各方面业绩与资料，不断完善，及时调整，与建设市场紧密联系，不断提高竞争力。

（4）企业定额要紧紧联系施工方案、施工工艺并与其能全面接轨。

3.2.1.4　企业定额的作用

随着我国社会主义市场经济体制的不断完善，工程价格管理制度改革的不断深入，企业定额将日益成为施工企业进行管理的重要工具。

（1）企业定额是施工企业计算和确定工程施工成本的依据，是施工企业进行成本管理、经济核算的基础。企业定额是根据本企业的人员技能、施工机械装备程度、现场管理和企业管理水平制定的，按企业定额计算得到的工程费用是企业进行施工生产所需的成本。在施工过程中，对实际施工成本的控制和管理，就应以企业定额作为控制的计划目标数，开展相应的工作。

（2）企业定额是施工企业进行工程投标、编制工程投标报价的基础和主要依据。企业定额的定额水平反映出企业施工生产的技术水平和管理水平，在确定工程投标报价时，首先是依据企业定额计算出施工企业拟完成投标工程需发生的计划成本。在掌握工程成本的基础上，再根据所处的环境和条件，确定在该工程上拟获得的利润、预计的工程风险费用和其他应考虑的因素，从而确定投标报价。因此，企业定额是施工企业编制计算投标报价的根基。

（3）企业定额是施工企业编制施工组织设计、制订施工计划和作业计划的依据。企业定额可以应用于工程的施工管理，用于签发施工任务单、限额领料单以及结算计件工资或计量奖励工资等。企业定额直接反映本企业的施工生产力水平，运用企业定额，可以更合理地组织施工生产，有效确定和控制施工中人力、物力消耗，节约成本开支。

3.2.1.5　企业定额在工程量清单报价中的作用

实行工程量清单报价，明显打破了过去由政府的造价部门统一单价的做法，让施工企业能最大程度地发挥自己的价格和技术优势，不断提高自己企业的管理水平，推动竞争，从而在竞争中形成市场，进一步推进整个建设领域的纵深发展；这也是招投标制度和造价管理与国际惯例接轨过程中要经过的必然阶段。施工企业要生存壮大，就现有的建设市场形势，有一套切合企业本身实际情况的企业定额是十分重要的；运用自己的企业定额资料去制定工程量清单中的报价，尽管工程量清单中的工程量计算规则和报价包括的内容仍然沿用了地方定额或行业定额的规定，但是，在材料消耗、用工消耗、机械种类、机械配置和使用方案、管理费用的构成等各项指标上，基本上是按本企业的具体情况制定的；与地方定额或行业定额相比，表现了自己企业在施工管理上的个性特点，提高了竞争力。如电力工程建设，其特点是建设规模大，投资大，建设工期较长，施工工艺要求高等，为此，在电力工程项目招投标中，科学合理先进的企业定额显得更为重要。同一个项目，可能由于每个企业自身的情况而制定的企业定额的水平差距较大，相应的投标报价也会相差较大，这是因为每个电力施工企业的材料消耗、用工消耗、管理费用的构成等各项指标不同，更为重要的原因是机械种类、机械配置和使用方案不同，因为机械费用在电力建设费用中占有较大比重；如在某电厂 2×600MW 机组工程招投标中，某一标段的投标报价，最高报价为 3.44 亿元，最低报价为 3.07 亿元，相差 3700 万元；这就充分说明了企业定额在工程量清单报价中的重要性。

3.2.1.6　意义

企业定额不是简单地把传统定额或行业定额的编制手段用于编制施工企业的内部定额，它的形成和发展同样要经历从实践到理论、由不成熟到成熟的多次反复检验、滚动、积累，在这个过程中，企业的技术水平在不断发展，管理水平和管理手段、管理体制也在不断更新提高。可以这样说，企业定额产生的过程，就是一个快速互动的内部自我完善的过程。

3.2.1.7　企业定额编制的原则

企业定额编制的原则有六个：

（1）平均先进原则。

（2）简明适用性原则。贯彻定额的简明适用性原则，关键要做到定额项目设置完全，项目划分粗细适当。

（3）以专家为主编制定额的原则。

（4）独立自主的原则。

（5）时效性原则。

（6）保密原则。

3.2.1.8　企业定额编制的方法

编制企业定额最关键的工作是确定人工、材料和机械台班的消耗量，计算分项工程量单价和综合单价。

人工消耗量的确定，首先是根据企业环境，拟定正常的施工作业条件，分别计算测定基本用工和其他用工的工日数，进而拟定施工作业的定额时间。

材料消耗量的确定是通过企业历史数据的统计分析、理论计算、实验室试验、实地考察等方法，计算确定包括周转材料在内的净用量与耗用量，从而拟定材料消耗的定额指标。

机械台班消耗量的确定，同样需要按照企业的环境，拟定机械工作的正常施工条件，确定机械工作效率和利用系数，据此拟定施工机械作业的定额台班与机械作业相关的人工和小组的定额时间。

3.2.1.9　企业定额的发展方向

企业定额在个性化方面已经比按定额模式组价处理工程量清单有了较大进步，但由于企业定额的起步一般是源于地方定额或行业定额，经企业消化吸收变动过来的，因而从内容到形式上都不可避免地受到地方定额或行业定额的影响；对具体工程项目的个性特点的体现，仍然相对缺少；政府对企业的各项管理制度，与国际惯例的行业管理制度存在着差距，这种相互间的不协调，也不可避免地影响到编制企业定额时对管理费用的考虑。

制定一套完善的企业定额，要充分利用计算机技术，去完成原始数据资料的收集、整理、分析等任务。地方定额或行业定额的采样范围较一个企业要广泛得多，企业定额的数据采集，主要是自己的资料；企业定额要充分体现企业的个性，但同时又要反映本企业不同时期、不同地点、不同特点的各个工程项目的共性；随着计算机软件业的飞速发展，计算机完全可以帮助企业为制定自己的企业定额创造一个良好的技术支持环境，使企业能随时准确地记录好相关资料。另外，由于当前我国建筑造价管理处于一个多种计价方式并存的局面，而我国在加入"WTO"后与国际惯例接轨势在必行，因此，企业定额要尽可能做到多种计价模式都能兼容。

先进的方案应该是建立一套企业成本管理系统，从工程的实际中收集、汇总、分析相关的内容，以便日后投标时直接运用，当然要保证数据的及时性。国内好的方案有金长风软件提出的施工企业成本控制系统，它将工程的计划、实施，以及最后的考核连成一个系统，公司同时运用此系统，及时掌控成本，提供各种材料供应商和分包单位的来往账和材料采购领用明细表。在投标时也就有了相应的实时成本资料，对相关人员的要求低，不需要建立专门的企业定额汇总分析部门。

根据目前建设市场经济的发展要求，现行的地方定额或行业定额已不能满足市场要求；实行工程量清单报价的基本思路就是"控制量，放开价，由企业自主报价，最终由市场开放价格"。控制量即由国家统一工程量计算规划、项目分类、统一编码、统一术语。这就要求每个施工企业要及时调整思路，紧跟市场，尽早制定适合本企业适应新形势的企业定额，不断提高企业竞争力。

3.2.2 施工定额

3.2.2.1 施工定额的概念

施工定额是直接用于建筑工程施工企业内部施工管理的一种定额，它是以同一性质的施工过程为对象，确定在正常的施工条件下，完成一定计量单位的某一施工过程所需的人工、材料和机械台班消耗的数量标准。

3.2.2.2 施工定额的作用

（1）施工定额是施工企业编制施工预算，进行工料分析和"两算"对比，加强企业成本管理的基础。施工预算是根据施工定额和施工图编制的，施工预算反映了在正常施工条件下劳动消耗的社会平均先进水平，是施工企业内部完成一个建筑产品的计划成本。认真执行施工预算，能更加合理组织施工生产，有效地控制施工生产中人工、材料和机械台班的消耗，降低工程成本。

"两算"对比即施工预算与施工图预算的对比，施工图预算反映了劳动消耗的社会平均水平，是完成一个建筑产品的预算成本。显然，"两算"对比是施工企业为完成建筑产品可能得到的收入与计划支出的分析对比。通过"两算"对比分析，可以使施工企业做到心中更有数，从而更加有效、主动地控制实际成本的消耗，不断加强企业成本管理。

（2）施工定额是编制施工组织设计、施工作业计划的依据。施工组织设计中有两项很重要的内容：即施工进度计划和施工现场平面布置图。施工进度计划中应包含施工工期的时间安排及人工、材料和机械台班需用量计划，施工现场平面布置时，也需根据其机械台班和各种材料需用量计划来计算各种机械和材料占地面积的大小，而这些工作均要根据施工定额来完成。

（3）施工定额是施工企业向班组签发生产任务单和限额领料单的依据。通过签发生产任务单，将施工任务落实到班组，使班组做到心中有数。生产任务单又是计算工人工资的依据。

通过签发限额领料单，在施工中能够及时有效控制材料用量，降低材料消耗。

（4）施工定额是计取工人劳动报酬，实行按劳分配的依据。施工定额是计算工人计件工资的基础，通过施工定额，将工人的劳动成果和劳动消耗直接联系起来，按劳分配，多劳多得。

（5）施工定额是编制预算定额的基础。预算定额是在施工定额的基础上，根据施工定额中人工、机械和材料的消耗标准，并结合预算定额的水平及其适用范围编制而成的，施工定额是基础性定额。

3.2.2.3 施工定额的组成

施工定额由劳动定额、材料消耗定额和机械台班使用定额三部分组成。

A 劳动定额

劳动定额又称作人工定额，反映建筑产品生产活动中活劳动的消耗数量的标准。劳动定额是指在正常的施工生产条件下，完成单位合格产品所必需消耗的劳动时间，或在单位时间内完成合格产品的数量。

劳动定额按其表现形式的不同又可分为时间定额和产量定额。

（1）时间定额。时间定额是指在正常的施工生产条件下，生产单位合格产品所必需消耗的劳动时间。它包括准备与结束时间、基本工作时间、辅助工作时间、不可避免的中断时间以及工人所必需的休息时间。

时间定额的单位是工日，每一工日工作时间按 8h 计算。

$$个人完成单位产品的时间定额（工日）= \frac{1}{每工产量}$$

或 $$小组完成单位产品的时间定额（工日）= \frac{小组成员工日数总和}{小组每班产量}$$

（2）产量定额。产量定额是指在正常的施工生产条件下，在单位时间（工日）内完成的合格产品的数量。

$$每工产量定额 = \frac{1}{个人完成单位产品的时间定额}$$

或 $$小组每班产量定额 = \frac{小组成员工日数总和}{小组完成单位产品的时间定额}$$

（3）时间定额与产量定额的关系。从时间定额与产量定额的概念和计算公式可以看出，时间定额与产量定额两者之间互为倒数关系，即

$$时间定额 = \frac{1}{产量定额}$$

时间定额与产量定额虽然是同一劳动定额的不同表现形式，但其用途却各不相同。时间定额是完成单位合格产品所必需消耗的工日数量，便于计算某工程所需要的工日数，编制施工进度计划，计算工期和核算工资。产量定额是单位时间内完成的产品数量，便于分配施工任务，考核工人劳动生产率和签发生产任务单。

B 材料消耗定额

材料消耗定额是指在合理和节约使用材料的条件下，生产单位质量合格的建筑产品所必需消耗的一定品种、规格的建筑材料的数量标准。

在建筑产品中，建筑材料品种繁多，耗用量大，在一般工业与民用建筑工程中，材料费约占整个工程费用的 60% ~ 70%。因此，材料在运输、存储、管理、使用的过程中，如何合理使用，减少建筑材料的消耗量，降低成本，在工程施工中占有极其重要的地位。

根据材料使用次数的不同，建筑材料分为非周转性材料和周转性材料两类。

（1）非周转性材料。非周转性材料也称为直接性材料，它是指在建筑施工中，一次性消耗并直接构成工程实体的材料，如水泥、钢材、砂、石等。

非周转性材料的消耗量由材料净用量和损耗量两部分组成，其相互间关系可表示为

$$材料消耗量 = 净用量 + 损耗量$$

$$损耗率 = \frac{损耗量}{净用量} \times 100\%$$

（2）周转性材料。周转性材料是指在建筑工程施工中，能多次反复使用的材料，如模板、脚手架等。这些材料在施工中不是一次消耗的，而是随着使用次数逐渐消耗的，故称为周转性材料。

周转性材料在定额中是按照多次使用，分次摊销的方法计算，一般以摊销量表示。

C 机械台班使用定额

机械台班使用定额是指在正常的施工生产条件下，生产单位合格产品所必需消耗的一定品种、规格施工机械的工作时间或某种施工机械在单位时间内完成的合格产品的数量。机械台班使用定额以台班为单位，每一台班按 8h 计算，机械台班使用定额有机械时间定额和机械产量两种表现形式。

（1）机械台班时间定额。机械台班时间定额是指在正常的施工条件下，某种机械生产单位合格产品所必需消耗的台班数量。

$$机械台班时间定额 = \frac{1}{台班产量定额}$$

当人工配合机械工作时

$$人工时间定额 = \frac{小组成员工日数总和}{台班产量定额}$$

例如：某种型号的挖土机一个台班挖土 $5m^3$，挖土机小组成员为 2 人，则

$$机械台班时间定额 = \frac{1}{5m^3/台班} = 0.2\ 台班/m^3$$

$$人工时间定额 = \frac{2\dfrac{工日}{台班}}{5m^3/台班} = 0.4\ 台班/m^3$$

（2）机械台班产量定额。机械台班产量定额是指某种机械在合理的施工组织和正常施工的条件下，单位时间内完成合格产品的数量。

$$机械台班产量定额 = \frac{1}{时间定额}$$

当人工配合机械施工时

$$机械台班产量定额 = \frac{小组成员工日数总和}{人工时间定额}$$

如上例，则

$$机械台班产量定额 = \frac{1}{时间定额} = \frac{1}{0.2\dfrac{台班}{m^3}} = 5\ \frac{m^3}{台班}$$

当人工配合机械施工时

$$机械台班产量定额 = \frac{小组成员工日数总和}{人工时间定额} = \frac{2\dfrac{工日}{台班}}{0.4\dfrac{工日}{m^3}} = 5\ \frac{m^3}{台班}$$

3.2.3　施工定额手册的组成内容

施工定额手册主要由目录、总说明、分部工程说明、分项工程定额项目表及附录几部分组成，其主要内容如下：

（1）总说明。在总说明中，主要阐述了施工定额的适用范围、作用、编制原则和依据、工程质量要求、有关问题的规定及说明等。

（2）分部工程说明。主要介绍了该部分工程的适用范围、工作内容、质量和安全要求、施工方法、工程量计算规则以及有关规定。

（3）分部分项工程定额项目表。定额项目表主要列出该分项工程项目的定额编号、项目名称、计量单位以及完成该分项工程内容所需消耗的人工、材料和机械台班的数量标准。在定额项目表的上方列有完成该项工程的工作内容。在定额的下方列有附注，以说明各项工程项目的适用范围或与其不同时如何调整。

（4）附录。主要列有安装工艺、布置要求，各种建筑材料的名称、规格及相应的损耗率，工人等级，施工方法、规定以及示意图等。

3.3　概算定额与概算指标

3.3.1　概算定额

3.3.1.1　概算定额的概念

概算定额以扩大的分部分项工程或单位扩大结构构件为对象，以预算定额为基础，根据通用设计或标准图集等资料，计算和确定完成合格的工程项目所需的人工、材料和机械台班的数量标准，所以概算定额又称作扩大结构定额，是介于预算定额与概算指标之间的一种定额。

概算定额是由预算定额综合而成的。它是在预算定额的基础上，在保证相对准确的前提下，将预算定额中相关联的若干分项工程项目综合为一个概算定额项目。例如，砖基础工程在预算定额中一般划分为挖地槽土方、基础垫层、砖基础、墙基防潮层等若干个分项工程项目，但在概算定额中，可以将上述内容综合为一个项目，即砖基础定额项目。由于概算定额综合了若干预算定额子目，因此用概算定额编制的设计概算及其工程量计算比编制施工图预算简化了许多。

（1）概算定额的作用。

1）概算定额是编制投资规划，控制基本建设投资的依据。

2）概算定额是初步设计阶段编制设计概算和技术设计阶段编制修正概算的依据，建设程序规定：采用两阶段设计时，其初步设计必须编制设计概算；采用三阶段设计时，其技术设计必须编制修正概算，对拟建项目进行总评价。

3）概算定额是优选设计方案，进行技术经济分析的依据。通过技术经济分析，目的是选择先进可靠、经济合理的方案，在满足使用功能的条件下，达到降低造价和资源消耗的目的。

4）概算定额是编制主要材料需用量的计算基础。在施工设计之前，可根据概算定额计算出工程主要材料用量，以便及时提出供应计划，为材料的采购、供应做好施工准备。

（2）概算定额的内容。按专业特点和地区特点编制的概算定额手册，内容基本上是由文字说明、定额项目表和附录三个部分组成。

1）文字说明。文字说明部分包括总说明和分部工程说明。在总说明中主要阐述概算定额的编制依据、使用范围、包括的内容及作用、应遵守的规则及建筑面积计算规则等，分部工程说明主要阐述本分部工程包括的综合工作内容及分部分项工程的工程量计算规则等。

2）定额项目表。定额项目表是概算定额手册的主要内容，它由若干分节定额组成，各节定额由工程内容、定额表及附注说明组成。定额表中列有定额编号、计量单位、概算价格，以及人工、材料、机械台班消耗量指标，综合了预算定额的若干项目与数量。

3.3.1.2　概算定额与预算定额的区别

（1）项目的划分不同。预算定额的项目是按分项工程或结构构件划分的，而概算定额主要是按工程形象部位，以主体结构分部为主，将预算定额中一些施工顺序相衔接，相关性较大的分项工程合并成一个综合分项工程项目，如前面提到的混凝土带形基础项目和砖墙项目。由于概算定额综合性强，所以利用概算定额编制的设计概算更为简化，但精确性较低。

（2）概算定额与预算定额的定额水平基本一致，但两者之间有一个合理的幅度差。预算定额是按照社会消耗的平均劳动时间制定的，反映了社会平均水平。概算定额在编制过程中，为了满足规划、设计和施工的要求，正确反映正常情况下大多数企业的设计、施工和管理水平，概算定额和预算定额的水平基本一致，同时，为了适应设计深度的要求，二者之间在水平上需要保留一个必要的、合理的幅度差，以便用概算定额编制的设计概算，能够控制住用预算定额编制的施工图预算。

3.3.2　概算指标

3.3.2.1　概算指标的概念

概算指标是一种比概算定额综合性更强的指标。它是以一个单项建筑工程或一个单位建筑工程为编制对象，规定完成一定计量单位合格产品所需人工、材料、机械台班消耗数量和资金数量的标准。以一个单项工程为编制对象的概算指标可以表示土建、水、暖、电气工程等的指标；以一个单位工程为编制对象的概算指标只能表示土建工程或水、暖、电气等工程的消耗指标。

在概算指标中常用的计量单位有：每 $1m^3$ 或 $100m^2$ 建筑面积、每万元投资金额，构筑物以座为计量单位。

3.3.2.2　概算指标的作用

概算指标与概算定额是属于同一类性质的概算文件，但概算指标的综合概括性更强，利用它编制工程概算更为简捷、快速。它的作用与概算定额基本相似，主要有以下几点：

（1）概算指标是在项目前期筹措和规划阶段编制投资估算或控制初步设计概算的依据。

（2）概算指标是对工程方案进行可行性论证和进行设计方案的技术经济分析的依据。

（3）概算指标是建设单位编制基本建设计划，申请投资拨款和主要材料计划的依据。

3.3.2.3 概算指标与概算定额的区别

（1）确定各种消耗量指标的对象不同。概算定额是以扩大分项工程或扩大结构工程为编制对象；而概算指标是以整个建筑物为编制对象，因此，概算指标比概算定额更为综合、扩大。

（2）确定各种消耗量指标的依据不同。概算定额是以现行预算定额为基础，通过测算之后综合确定出扩大分项工程的各种消耗量指标；概算指标中的各种消耗量指标除依据概算定额外，还主要来自根据各种类型的典型工程设计图纸和有代表性的标准设计图纸编制的工程竣工结算和竣工决算资料。

3.3.2.4 概算指标的内容

（1）总说明。从总体上说明概算指标的作用、编制依据、适用范围和使用方法等。

（2）示意图。说明工程的结构形式，工业建筑项目还需表示出吊车起重能力。

（3）结构特征。说明工程的结构形式、层高、层数、建筑面积等。

（4）经济指标。说明该工程项目每 $100m^2$ 建筑面积的工程造价指标，及其中土建、水、暖、电气等单位工程的相应造价。

（5）构造内容及工程量指标。说明构造内容及相应计量单位的工程量指标及人工、主要材料消耗量指标。

3.3.2.5 概算指标的应用

概算指标的应用比概算定额具有更大的灵活性。由于它是一种综合性很强的指标，不可能与拟建工程的建筑特征、结构特征、自然条件、施工条件完全一致，所以，在选用概算指标时必须十分慎重，选用的指标与设计对象在各个方面应尽量一致或接近，不一致的地方主要进行调整换算，以提高概算的准确性。

概算指标的应用一般有两种情况：第一种情况，如果设计对象的结构特征与概算指标的一致时，可直接套用；第二种情况，如果设计对象的结构特征与概算指标的规定局部不一致时，要对概算指标的局部内容调整后再套用。

3.4 单位估价表

3.4.1 单位估价表的概念

3.4.1.1 单位估价表的概念

单位估价表，又称为地区单位估价表。它是将"统一定额"规定的人工、材料、施工机械台班的消耗数量，按照本地区的工资标准、材料预算价格和施工机械台班单价，计算出以货币形式表示的各分部分项工程或结构构件的单位价格。

（1）单位估价表的内容。单位估价表的内容由两部分组成：一是"统一定额"规定的人工、材料及施工机械台班的消耗数量；二是预算价格，即与上述三种数量相对应的三种价格，这三种价格是综合工日日工资单价、材料预算价格和施工机械台班单价。编制地区单位估价表就是把预算定额中的"三量"与"三价"分别结合（相乘）起来，得出"三费"，即人工费、材料费、施工机械台班费，"三费"之和构成该分项工程的"基价"，用公式表示是：

$$人工费 = \sum（定额人工消耗量 \times 工资单价）$$

$$材料费 = \sum（定额材料消耗量 \times 材料预算价格）$$

$$施工机械台班费 = \sum（定额施工机械台班消耗量 \times 施工机械台班单价）$$

$$分项工程基价 = 人工费 + 材料费 + 施工机械台班费$$

表 3 − 2 为××省安装工程单位估价表的表格形式。

表 3 − 2　避雷引下线敷设估价表

工作内容：平直、下料、测位、打眼、埋卡子、焊接、固定、刷漆　　　　　　　（单位：10m）

定额编号				2 − 1246	2 − 1247	2 − 1248
项　　目				利用金属结构引下	装在建筑物、构筑物上（高度 m 以下）	
					25	50
基价（元）				12.03	48.40	58.56
其中	人工费			2.93	18.72	33.05
	材料费			3.47	15.60	11.43
	机械费			5.63	14.08	14.08
名　　称		单位	单价（元）	数　　量		
人工	综合工日	工日	16.28	0.18	1.15	2.03
材料	扁钢卡子 25×4	kg		0.52	0.52	0.52
	焊接钢管 DN25	m		—	1.03	0.52
	镀锌弯钩螺栓 6×5	套		—	4.08	4.08
	电焊条 结 422ϕ×4	kg		0.15	0.39	0.39
	防锈漆 C53 − 1	kg		0.05	0.14	0.14
	清　油	kg		0.01	0.03	0.03
	铅　油	kg		0.02	0.07	0.07
	其他材料费	元		0.15	0.15	0.15
机械台班	交流弧焊机 21kV·A	台班	70.39	0.08	0.20	0.20

地区单位估价表的编制是一项细致复杂的工作，牵涉到很多部门，一般由本地区的基本建设主管部门组织建设银行、设计院、施工企业和重点建设单位等共同参加，根据"统一定额"的原则和水平及各项经济政策编制的。地区单位估价表经当地基本建设主管部门批准颁发后，即成为法定的单价，凡在规定区域范围内施工的工程都必须执行。如果修改或补充，应取得定额批准机关的同意，未经批准不得任意变动。

（2）单位估价表的编制。地区单位估价表一般按行政区域来编制，以省、自治区、直辖市驻地中心的工资标准、材料预算价格、施工机械台班单价编制。根据需要也可以按特定的经济区域来编制，如以某经济开发区、某重点建设区中心的工资标准、材料预算价格、施工机械台班单价编制。

（3）单位估价表与"未计价材料"。利用"统一定额"编制地区单位估价表时，对"未计价材料"一般有两种处理办法：一种是对"统一定额"中的"未计价材料"部分，按照当地的材料预算价格及"统一定额"规定的材料消耗量编入地区单位估价表的"主材费"或材料费内，使地区单位估价表构成完整的单价，即"单位估价汇总表"。采用这种办法编制的地区单位估价表，在编制工程预算时可以直接套用，使用比较方便，但单位估价表的子目多，篇幅大。另一种办法是编制地区单位估价表仍保持统一定额的形式，即"未计价材料"只编制地区材料预算价格，不编入单位估价表，在编制预算时将"未计价材料"单独列项计算后计入直接费。

3.4.1.2 人工工日单价的确定

人工工日单价是指一个建筑安装工人一个工日应计入的全部人工费用。它反映了建筑安装工人的工资水平。

人工工日单价由基本工资、辅助工资、工资性补贴、职工福利费和劳动保护费五部分组成，即

$$人工工日单价 = 日基本工资 + 日工资性补贴 + 日辅助工资 +$$
$$日职工福利费 + 日劳动保护费$$

（1）基本工资。基本工资均执行岗位技能工资制度，以便更好地体现按劳取酬和适应市场经济的需要。基本工资由岗位工资、技能工资和工龄工资三部分组成。

（2）工资性补贴。工资性补贴是指按规定标准发放的物价补贴，煤、燃气补贴，交通补贴，住房补贴，流动施工津贴，地区津贴等。

（3）辅助工资。生产工人的辅助工资是指生产工人年有效施工天数以外非作业天数的工资，包括职工学习、培训期间的工资、调动工作、探亲、休假期间的工资，因气候影响的停工工资，女职工哺乳时间的工资，病假在六个月以内的工资及产、婚、丧假期的工资。

（4）职工福利费。职工福利费是指按规定标准计提的职工福利费。

（5）劳动保护费。生产工人劳动保护费是指按规定标准发放的劳动保护用品的购置费及修理费、徒工服装补贴、防暑降温费、在有害身体健康环境中施工的保健费用等。

3.4.2 材料预算价格的确定

材料预算价格是指材料由提货地点到达施工工地仓库或工地材料堆放点后的出库价格。出库价格是指材料入库经过保管再领出仓库时的价格。

材料预算价格应包括材料从采购时发生的原价、手续费和一直运到工地仓库的全部费用以及发生的采购保管费。因此，材料预算价格由以下几部分组成：

（1）材料原价。材料原价是指材料直接向生产厂家采购的出厂价。在确定原价时，同一种材料因产地或供应单位的不同而有几种价格时，应根据不同来源地的供应数量及不同的单价，计算出加权平均单价。

（2）材料供销部门手续费。是指材料不能直接向生产厂家采购、订货，必须经过当地物资部门或供销部门采购时附加的手续费，可按下式计算：

$$材料供销部门手续费 = 材料原价 \times 材料供销部门手续费率$$

式中，材料供销部门手续费率，可按照国家经委规定和当地物资部门现行的取费规定进行计算。国家经委规定：金属材料的费率为 2.5%，建筑材料为 3.0%，各省、自治区、直辖市对此费率可做适当的调整。

（3）材料的包装费。材料的包装费是指为了便于材料运输，减少损耗以及保护材料而进行包装所需要的费用。

（4）材料运杂费。材料的运杂费是指材料由其来源地（或提货地点）起（包括中间仓库转达）运至施工工地仓库或堆放场地后，全部运输过程中所支付的一切费用。主要包括以下五部分：

1）调车（或驳船）费。指机车到专用线或非公用地点装货时的调车费（或驳船费）。

2）装卸费。指火车、汽车、轮船等装卸货物时所发生的费用。

3）运输费。指火车、汽车、轮船等运输材料费。

4）附加工作费。指货物从来源地运至工地仓库期间发生的材料搬运、分类堆放及整理等费用。

5）途中损耗。指材料在装卸运输过程中不可避免的合理损耗。

材料运输费的项目及各种费用标准，均按当地运输管理部门公布的现行价格和方法计算。运输方法和车种比例，各地可根据当地运输情况确定并按照各种材料的不同特征、性能确定计算各车种和单一车种运价。轻浮物资或怕挤压物资按容积核定装载量。工程大宗材料应考虑整车运输，工程用量较少的材料可以采用整车、零担或整车与零担各占一定比例的运输方式计算。

计算材料运输费时，运输管理部门规定运输密度的材料，按其规定计算运输质量。机械装卸或人工装卸应按材料特征和性能，各地根据当地实际情况确定。

编制地区材料预算价格时，材料来源地的确定，应该贯彻就地、就进取材的原则，应根据物资供应情况和历年来物资实际分配情况来确定。当同一种材料有几个货源地时，应按各货源地供应的数量比例和运费单价，计算其加权平均运费。

（5）材料的采购保管费。材料的采购保管费是指材料供应部门在组织采购供应和保管材料过程中发生的各种费用。可按下式计算：

采购保管费 =（材料原价 + 供应部门手续费 + 包装费 + 运杂费）× 采购及保管费率

采购保管费率一般取 2.5%，也可根据各地区有关规定计取。

3.4.3 机械台班预算价格的确定

机械台班预算价格是指在一个台班中为使机械正常运转，所需支出和分摊的各种费用。主要由以下七部分组成：

（1）折旧费。折旧费是指机械设备在规定的使用期限内，收回机械原值而分摊到每一台班的费用，即

$$折旧费 = \frac{机械原值 \times (1 - 残值率)}{使用总台班}$$

（2）大修理费。大修理费是指为保证机械完好和正常运转达到大修理间隔，必须进行大修理而支出各项费用的台班分摊费，即

$$大修理费 = \frac{一次大修理费 \times 大修理次数}{使用总台班}$$

（3）经常修理费。经常修理费是指机械设备除大修理外的各级保养及临时故障排除所需费用。为保障机械正常运转所需替换设备及随机使用工具、器具摊销和维护的费用；机械拆装与日常保养所需的润滑材料、擦拭材料费用；机械停置期间的维护保养费用等。

（4）安拆费及场外运输费。安拆费是指机械在施工现场进行安装、拆卸所需的人工、

材料、机械和试运转费用，以及机械辅助设施（包括基础、底座、行走轨道、枕木等）的折旧、搭设、拆除等费用。

场外运输费是指机械整体或分件自停放场地运至施工现场的运距在 25km 以内的机械进出场运输及转移费用，包括机械的装卸、运输、辅助材料及架线费用等。

（5）燃料动力费。燃料动力费是指机械设备在运转作业中所消耗的燃料、电力等费用。

（6）人工费。人工费是指专业操作机械的司机、司炉及其他操作机械人员的工资。

（7）运输机械养路费、车船使用税及保险费。是指按国家规定应缴纳的养路费和车船使用税及车船等上保险的费用。

3.4.4　人工费、材料费、机械费的调整

一般来说，预算定额与单位估价表的使用期限为 5～10 年，在此期间，各项费用难免与原规定费用之间产生一定的差异。为了适应社会主义市场经济体制，改革建设工程费用的计价和定价制度，根据"控制量、指导价、竞争费"的改革思路，必须对建设工程人工、材料和机械台班的费用实施动态管理方法。

3.4.4.1　人工费调整

人工费调整主要有两种方法。

（1）系数调整法。其计算式为

$$人工费差价 = 定额直接费 \times 人工补差系数$$

$$人工补差系数 = \frac{人工费单价差}{超额人工费单价} \times 定额直接费中人工费比例$$

系数调整法，使用简便，但由于不同类型的工程定额直接费中人工费比例不同，会造成苦乐不均的现象，准确性较差。

（2）据实调整法。其计算式为

$$人工费差价 = 定额工日数 \times 人工费单价$$

采用据实调整法，工作量不是很大，且准确性高，是人工费调整的理想方法。

3.4.4.2　材料费调整

材料费的调整是指在材料预算价格的基础上，根据市场材料价格的变化，通过定期发布主要材料的市场指令价或指导价、次要材料的价差系数来调整的方法。

（1）主要材料的材料差价调整方法。其计算式为

$$主要材料的材料差价 = \sum 单项调整的材料差价$$
$$= \sum (材料的市场价格 - 材料的定额预算价格) \times$$
$$单项材料的定额消耗量$$

主要材料的调整范围一般由定额管理部门定期发布。

（2）次要材料的材料差价调整方法。次要材料采用材料差价系数调整的方法，即由定额管理部门按照市场价格、定额分类和工程类别，测算材料价差系数，一般每半年或一年发布一次。

$$次要材料的材料差价 = 材料差价调整系数 \times 材料差价调整基数$$

材料差价调价基数一般以定额直接费或材料费为基础计算。

材料调整为上述两项之和。

3.4.4.3 机械费调整

机械费调整从理论上讲也有系数调整法和据实调整法两种，但由于机械费占定额直接费的比例较小，而且机械型号、规格较多，因此，一般采用系数调整的方法。

$$机械费差价 = 机械差价调整系数 \times 机械费调价基数$$

机械费调价基数一般以定额直接费或机械费为基础计算。

3.4.5 单位估价表的编制

从理论上讲，预算定额只规定单位分项工程或结构构件的人工、材料、机械台班的消耗量标准，不使用货币量标准，为实物量定额，部分地区的定额已经实行"量价"分离。但基于我国定额发展的具体过程，前几年，各省、自治区、直辖市编制的预算定额中都包含了分项工程项目的基价，确定基价的目的是为了统一本地区费用的计算，保持一致的取费水平，当然这已经不能适应市场经济发展的需要。目前，对于各地区来说，仍然制定该地区的单位估价表。

3.4.5.1 单位估价表的编制依据

(1) 全国或地区编制的现行预算定额。

(2) 本地区建筑安装工人的工资标准。

(3) 本地区材料预算价格。

(4) 本地区的施工机械台班预算价格。

(5) 国家或地区对编制单位估价表的有关规定及计算手册等资料。

3.4.5.2 编制方法

由于单位估价表是由若干个计算出了基价的分项工程项目构成，所以，编制单位估价表的主要工作内容就是计算各分项工程的基价。其计算公式如下：

$$分项工程预算价格 = 人工费 + 材料费 + 机械费$$

式中，人工费 = $\sum$（分项工程定额工日数 × 地区综合平均日工资标准）；材料费 = $\sum$（分项工程定额材料用量 × 地区材料预算价格）；机械费 = $\sum$（分项工程定额机械台班使用量 × 地区机械台班预算价格）。

3.4.5.3 编制步骤

(1) 选定适合本地区的估价表的分项工程项目名称。

(2) 根据基础定额或预算定额选定项目的人工、材料、机械台班数量。

(3) 根据本地区价格填写人工、各种材料、各种机械台班的消耗标准。

(4) 计算分项工程人工费、材料费、机械费和基价。

(5) 复核计算过程。

3.5 工程预算定额

3.5.1 工程预算定额概述

3.5.1.1 工程预算定额的概念及内容

预算定额是规定消耗在质量合格的单位工程基本构造要素上的人工、材料和机械台班的数量标准，是计算建筑安装产品价格的基础。

所谓基本构造要素，即通常所说的分项工程和结构构件。预算定额按工程基本构造要素规定人工、材料和机械台班的消耗数量，以满足编制施工图预算、规划和控制工程造价的要求。

预算定额是建设工程中一项重要的技术经济指标，它的各项指标，反映了在完成规定的计量单位范围内，符合设计标准和施工及验收规范要求的分项工程消耗的人工劳动和物化劳动的数量限度。这种限度最终决定着单项工程和单位工程的成本和造价。

在编制施工图预算时，需要按照施工图样和工程量计算规则计算工程量，还需要借助于某些可靠的参数计算人工、材料、机械台班的耗用量，并在此基础上计算出资金的需要量，计算出建筑安装工程的造价。

在我国，现行的工程建设概预算制度，规定了通过编制概算和预算确定造价，概算定额、概算指标、预算定额等则为计算人工、材料、机械台班的耗用量，提供统一的可靠参数。同时，现行制度还赋予了概、预算定额相应的权威性，使之成为建设单位和施工企业之间建立经济关系的重要基础。

3.5.1.2 预算定额的作用

（1）预算定额是编制施工图预算、确定建筑安装工程造价的基础。施工图设计一经确定，工程预算造价就取决于预算定额水平和人工、材料及机械台班的价格。预算定额起控制人工消耗、材料消耗和机械台班的作用，进而起着控制建筑产品价格的作用。

（2）预算定额是编制施工组织设计的依据。施工组织设计的重要任务之一是确定施工中所需人力、物力的供求量，并做出最佳安排。施工单位在缺乏本企业施工定额的情况下，根据预算定额，也能够比较精确地计算出施工中各项资源的需要量，为有计划地组织施工材料采购和预制件加工、劳动力和施工机械调配，提供了可靠的计算依据。

（3）预算定额是工程结算的依据。工程结算是建设单位和施工单位按照工程进度，对已完成的分部分项工程实现货币支付的行为。按进度支付工程款需要根据预算定额将已完成分项工程的造价算出，以保证建设单位资金的合理使用和施工单位的经济收入。

（4）预算定额是施工单位进行经济活动分析的依据。预算定额规定的物化劳动和劳动消耗指标，是施工单位再生产经营中允许消耗的最高标准。目前，预算定额决定着施工单位的收入，因此，施工单位就必须以预算定额作为评价企业工作的重要标准，作为努力实现的目标。施工单位可以根据预算定额对施工中的人工、材料和机械台班的消耗情况进行具体分析，一边找出解决低功效、高消耗的薄弱环节，提高竞争力。只有在施工中尽量降低劳动消耗，采用新技术，提高劳动者素质，提高劳动生产率，才能取得好的经济效益。

（5）预算定额是编制概算定额的基础。概算定额是在预算定额的基础上综合扩大编制出来的。以预算定额为编制依据，不但可以节省编制工作的大量人力、物力和时间，收到事半功倍的效果，还可以使概算定额在计算口径、计算方法、计算依据、计算水平上与预算定额保持一致，以免造成执行中的不一致。

（6）预算定额是合理编制招标标底、投标报价的基础。在深化改革的过程中，预算定额的指令性作用日益削弱，而对施工单位按照工程个别成本报价的指导性作用依然存在，因此，预算定额作为编制招标标底的依据和施工企业报出投标报价的基础性作用仍然存在，这是由预算定额本身的科学性和权威性决定的。

3.5.2 预算定额的编制原则

为保证预算定额的编制质量，充分发挥预算定额的作用，保证编制的预算定额在实际使用中的简便，在预算定额编制工作中应遵循以下原则：

（1）按社会平均水平确定预算定额的原则。预算定额是确定和控制建筑安装工程造价的主要依据。因此它必须遵照价值规律的客观要求，即按生产过程中消耗的社会必要劳动时间确定定额水平。因此，预算定额的平均水平，是在正常施工情况下，通过合理的施工组织和施工工艺，按照平均劳动熟练程度和平均劳动强度的要求，完成单位分项工程基本构造要素所需要的劳动时间。

预算定额的水平以大多数施工单位的施工定额水平为基础，但是，预算定额绝不是简单地套用施工定额的水平。首先，要考虑预算定额中包含了许多的可变因素，需要保留合理的幅度差。例如，人工幅度差、机械幅度差，材料的超运距、辅助用工及材料堆放、运输、操作损耗和由细到粗综合后的量差等；其次，预算定额应当是平均水平，而施工定额是平均先进水平，两者相比，预算定额水平相对要低一些，但是应限制在一定范围内。现行的建筑工程预算定额以施工定额为基础进行编制，都是施工企业实现科学管理的工具。二者的区别如表 3-3 所示。

表 3-3　预算定额与施工定额的关系

	施 工 定 额	预 算 定 额
依据、范围	施工企业编制施工预算	编制施工图预算、结算、决算和工程标底
内 容	单位、分部、分项工程的人、材、机的消耗量	单位、分部、分项工程的人、材、机的消耗量
水 平	社会平均先进水平	社会平均水平

（2）简明适用原则。预算定额项目是在施工定额项目的基础上进一步综合，通常将建筑物分解为分部、分项工程项目。简明适用是指在编制预算定额时，将那些主要的、常用的、价值量大的分项工程进行细分，而次要的、不常用的、价值量小的分项工程则进行粗分。

定额项目的多少，与定额的步距有关。步距大，定额的子目就会减少，精确度就会降低；步距小，定额子目则会增加，精确度也会提高。

预算定额要项目齐全。要注意补充那些因采用新技术、新结构、新材料而出现的新的定额项目，如果项目不全，缺项多，就会使计价工作缺少足够的可靠的依据。补充定额一般因材料所限、费时费力、可靠性较差，容易引起争执。

对定额的活口也要设置适当。所谓活口，即在定额中规定符合适当条件时，允许该定额另行调整。在编制定额的过程中要尽量不留活口，对实际情况变化较大、影响定额水平幅度大的项目，确需留活口的，也应该从实际出发尽量少留。

（3）坚持统一性和差别性相结合的原则。所谓统一性，就是从培育全国统一市场规范计价行为出发，计价定额的制定规划和组织实施出国务院建设行政主管部门归口，并负责全国统一定额制定或修订，颁发有关工程造价管理的规章制度办法等。这样有利于通过定额和工程造价的管理实现建筑安装工程价格的宏观调控。通过编制全国统一定额，使建筑安装工程具有一个统一的计价尺度，也使考核设计和施工的经济效果具有一个统一标准。

所谓差别性，就是在统一性的基础上，各省、自治区、直辖市主管部门可以在自己的管辖范围内，根据本部门和地区的具体情况，制定部门和地区性定额、补充性制度和管理办法，以适应我国幅员辽阔、地区间发展不平衡和差异大的实际情况。

3.5.3 预算定额的编制依据

预算定额的编制依据有：

(1) 现行的劳动定额和施工定额。

(2) 现行的设计规范、施工及验收规范、质量评定标准和安全操作规程。

(3) 具有代表性的典型工程施工图及有关标准图。

(4) 新技术、新结构、新材料和先进的施工方法等技术文件。

(5) 有关科学实验、技术测定的统计、经验资料。

(6) 现行的预算定额、材料预算价格及有关文件规定等。

3.5.4 预算定额的编制步骤

3.5.4.1 准备工作阶段

准备工作阶段组要做以下两项工作：

(1) 拟定编制方案。抽调人员根据专业需要划分编制小组和综合小组。

(2) 收集资料阶段。

1) 普遍收集资料。在已确定的范围内，采用表格化方法收集预算定额编制所需的基础资料，该资料以统计为主，收集时要注明所需要资料的内容、填表要求和时间范围，以便于资料整理，并具有广泛性。

2) 召开专题会议。邀请建设单位、设计单位、施工单位及其他有关单位有经验的专业人士开座谈会，提出意见和建议。

3) 收集现行规定、规范和政策法令等相关资料。

4) 收集定额管理部门积累的资料，主要包括：日常定额解释材料，补充定额材料，新结构、新工艺、新材料、新机械、新技术用于工程实践的资料。

5) 专项检查及实验资料。主要是指混凝土配合比和砌筑砂浆实验资料。除收集实验试配资料外，还应收集一定数量的现场实际配合比资料。

3.5.4.2 定额编制阶段

(1) 确定定额编制细则。主要包括：统一编制表格及编制方法，统一计算口径、计量单位和小数点位数的要求，有关统一性规定等。

(2) 确定定额的项目划分和工程量计算规则。

(3) 定额人工、材料、机械台班消耗量的计算、复核和测算的方法。

(4) 定额报批阶段。

(5) 审核原稿。

(6) 预算定额水平测算。新定额编织成稿后，必须与原定额进行比较测算，分析水平升降原因。一般新编定额的水平应该不低于历史上已经达到过的水平,并且略有提高。在测算定额水平前,必须编出同一人工工资、材料价格、机械台班费用的新旧两套定额的工程单价。

3.5.4.3 修改定稿、整理资料阶段

(1)引发征求意见稿。定额编制初稿完成后,要征求各有关方面的意见并组织讨论,及时收集反馈意见。在归纳各种意见的基础上整理分类,制定修改方案。

(2)修改整理报批。

(3)撰写编制说明。

(4)立卷、归档、成卷。定额编制资料是贯彻执行定额中需要经常查对的重要资料,也是以后修订和编写新的定额历史资料数据,应作为技术档案永久保存。

复习与思考题

3-1 什么是建筑安装工程定额?

3-2 建筑安装工程定额的作用有哪些?

3-3 建筑安装工程定额的性质是什么?

3-4 建筑安装工程定额的分类有哪几种,如何划分?

3-5 建筑安装工程施工定额的作用是什么,具体由哪几部分组成?

3-6 建筑安装工程预算定额的作用是什么?

3-7 建筑安装工程预算定额都由哪些内容组成?

3-8 建筑安装工程预算定额与施工定额的区别是什么?

3-9 什么是地区单位估价表,单位估价表的编制依据是什么?

3-10 单位估价表由哪三部分费用组成,其具体内容各是什么?

3-11 建筑安装工程概算定额的作用是什么?

3-12 建筑安装工程预算定额与概算定额的区别是什么?

3-13 简述概算指标的作用。

3-14 建筑安装工程概算定额与概算指标的区别是什么?

4 建筑安装工程预算费用与计价程序

4.1 建筑安装工程费用与组成

建筑安装工程概预算费用是建设项目投资的主要组成部分。定额模式下的建筑安装工程造价由直接费、间接费、利润和税金组成，其费用如图 4 - 1 所示。工程量清单模式下

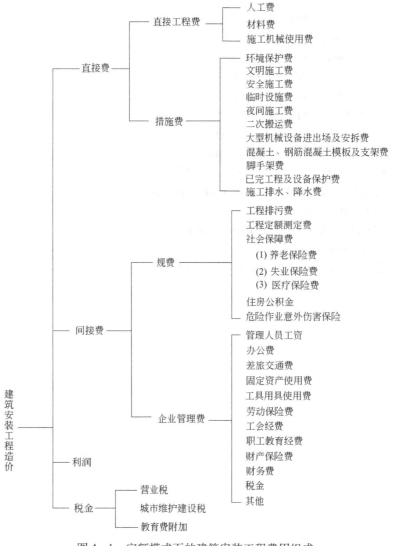

图 4 - 1 定额模式下的建筑安装工程费用组成

(本图执行《计价规范》的规定)

的建筑安装工程造价由分部分项工程费、措施项目费、其他项目费、规费和税金组成，其费用如图4-2所示。

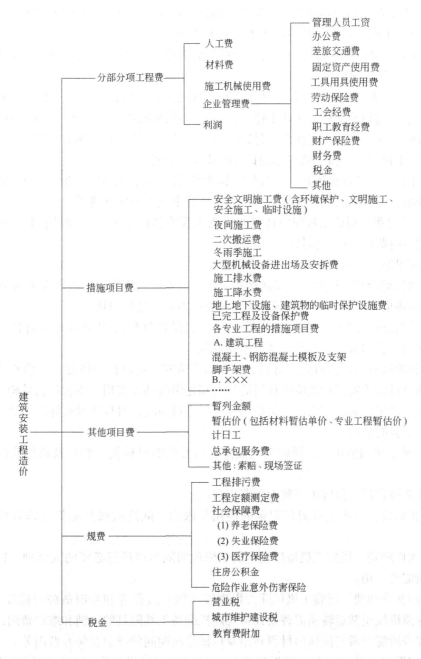

图4-2 工程量清单模式下的建筑安装工程费用组成
(本图执行《计价规范》的规定)

4.1.1 直接费

直接费由直接工程费和措施费组成。

4.1.1.1　直接工程费

直接工程费是指施工过程中耗费的构成工程实体的各项费用，包括人工费、材料费、施工机械使用费。

（1）人工费。指直接从事建筑安装工程施工的生产工人开支的各项费用，内容包括：

1）基本工资。指发放给生产工人的基本工资。

2）工资性补贴。指按规定标准发放的物价补贴，比如煤、燃气补贴，交通补贴，住房补贴，流动施工津贴等。

3）生产工人辅助工资。指生产工人年有效施工天数以外非作业天数的工资，包括职工学习、培训期间的工资，调动工作、探亲、休假期间的工资，因气候影响的停工工资，女工哺乳时间的工资，病假在六个月以内的工资及产、婚、丧假期的工资。

4）职工福利费。指按规定标准计提的职工福利费。

5）生产工人劳动保护费。指按规定标准发放的劳动保护用品的购置费及修理费、徒工服装补贴、防暑降温费、在有碍身体健康环境中施工的保健费用等。

（2）材料费。指施工过程中耗费的构成工程实体的原材料、辅助材料、构配件、零件、半成品的费用。内容包括：

1）材料原价（或供应价格）。

2）材料运杂费。指材料自来源地运至工地仓库或指定堆放地点所发生的全部费用。

3）运输损耗费。指材料在运输装卸过程中不可避免的损耗。

4）采购及保管费。指为组织采购、供应和保管材料过程中所需要的各项费用，包括：采购费、仓储费、工地保管费、仓储损耗。

5）检验试验费。指对建筑材料、构件和建筑安装物进行一般鉴定、检查所发生的费用，包括自设试验室进行试验所耗用的材料和化学药品等费用。不包括新结构、新材料的试验费和建设单位对具有出厂合格证明的材料进行检验，对构件做破坏性试验及其他特殊要求检验试验的费用。

（3）施工机械使用费。指施工机械作业所发生的机械使用费以及机械安拆费和场外运费。

施工机械台班单价应由下列七项费用组成：

1）折旧费。指施工机械在规定的使用年限内，陆续收回其原值及购置资金的时间价值。

2）大修理费。指施工机械按规定的大修理间隔台班进行必要的大修理，以恢复其正常功能所需的费用。

3）经常修理费。指施工机械除大修理以外的各级保养和临时故障排除所需的费用。包括为保障机械正常运转所需替换设备与随机配备工具附具的摊销和维护费用，机械运转中日常保养所需润滑与擦拭的材料费用及机械停滞期间的维护和保养费用等。

4）安拆费及场外运费。安拆费指施工机械在现场进行安装与拆卸所需的人工、材料、机械和试运转费用以及机械辅助设施的折旧、搭设、拆除等费用；场外运费指施工机械整体或分体自停放地点运至施工现场或由一施工地点运至另一施工地点的运输、装卸、辅助材料及架线等费用。

5）人工费。指机上司机（司炉）和其他操作人员的工作日人工费及上述人员在施工机械规定的年工作台班以外的人工费。

6）燃料动力费。指施工机械在运转作业中所消耗的固体燃料（煤、木柴）、液体燃料（汽油、柴油）及水、电等。

7）养路费及车船使用税。指施工机械按照国家规定和有关部门规定应缴纳的养路费、车船使用税、保险费及年检费等。

4.1.1.2 措施费

措施费是指为完成工程项目施工，发生于该工程施工准备和施工过程中技术、生活、安全、环境保护等方面的非工程实体项目的费用，具体计算时，分单价措施与总价措施。

其包括的内容有：

（1）安全文明施工（含环境保护、文明施工、安全施工、临时设施）费。指施工现场为达到环保部门要求、现场文明施工所需要、现场安全施工所需要、施工企业为进行建筑工程施工所必须搭设的生活和生产用的临时建筑物、构筑物和其他临时设施的各项费用。

（2）夜间施工费。指因夜间施工所发生的夜班补助费、夜间施工降效、夜间施工照明设备摊销及照明用电等费用。

（3）二次搬运费。指因施工场地狭小等特殊情况而发生的二次搬运费用。

（4）冬雨季施工费。指冬季和雨季施工所采取的措施和增加的费用。

（5）大型机械设备进出场及安拆费。指机械整体或分体自停放场地运至施工现场或由一个施工地点运至另一个施工地点，所发生的机械进出场运输及转移费用及机械在施工现场进行安装、拆卸所需的人工费、材料费、机械费、试运转费和安装所需的辅助设施的费用。

（6）施工排水费。指为确保工程在正常条件下施工，采取各种排水措施所发生的各种费用。

（7）施工降水费。指为确保工程在正常条件下施工，采取各种降水措施所发生的各种费用。

（8）地上、地下设施及建筑物临时保护设施费。指施工过程中地上、地下设施的搭设、维修、拆除费或临时保护费等。

（9）已完工程及设备保护费。指竣工验收前，对已完工程及设备进行保护所需费用。

4.1.2 间接费

间接费由规费、企业管理费组成。

4.1.2.1 规费

规费是指政府和有关权力部门规定必须缴纳的费用（简称规费），包括：

（1）工程排污费。指施工现场按规定缴纳的工程排污费。

（2）工程定额测定费。指按规定支付工程造价（定额）管理部门的定额测定费。

（3）社会保障费。

1）养老保险费。指企业按规定标准为职工缴纳的基本养老保险费。

2）失业保险费。指企业按照国家规定标准为职工缴纳的失业保险费。

3）医疗保险费。指企业按照规定标准为职工缴纳的基本医疗保险费。

（4）住房公积金。指企业按规定标准为职工缴纳的住房公积金。

（5）危险作业意外伤害保险。指按照建筑法规定，企业为从事危险作业的建筑安装施工人员支付的意外伤害保险费。

4.1.2.2　企业管理费

企业管理费是指建筑安装企业组织施工生产和经营管理所需费用。内容包括：

（1）管理人员工资。指管理人员的基本工资、工资性补贴、职工福利费、劳动保护费等。

（2）办公费。指企业管理办公用的文具、纸张、账表、印刷、邮电、书报、会议、水电、烧水和集体取暖（包括现场临时宿舍取暖）用煤等费用。

（3）差旅交通费。指职工因公出差、调动工作的差旅费、住勤补助费，市内交通费和误餐补助费，职工探亲路费，劳动力招募费，职工离退休、退职一次性路费，工伤人员就医路费，工地转移费以及管理部门使用的交通工具的油料、燃料、养路费及牌照费。

（4）固定资产使用费。指管理和试验部门及附属生产单位使用的属于固定资产的房屋、设备仪器等的折旧、大修、维修或租赁费。

（5）工具用具使用费。指管理使用的不属于固定资产的生产工具、器具、家具、交通工具和检验、试验、测绘、消防用具等的购置、维修和摊销费。

（6）劳动保险费。指由企业支付离退休职工的易地安家补助费、职工退职金、六个月以上的病假人员工资、职工死亡丧葬补助费、抚恤费、按规定支付给离休干部的各项经费。

（7）工会经费。指企业按职工工资总额计提的工会经费。

（8）职工教育经费。指企业为职工学习先进技术和提高文化水平，按职工工资总额计提的费用。

（9）财产保险费。指施工管理用财产、车辆保险。

（10）财务费。指企业为筹集资金而发生的各种费用。

（11）税金。指企业按规定缴纳的房产税、车船使用税、土地使用税、印花税等。

（12）其他。包括技术转让费、技术开发费、业务招待费、绿化费、广告费、公证费、法律顾问费、审计费、咨询费等。

4.1.3　利润

利润是指施工企业完成所承包工程获得的盈利。

4.1.4　税金

税金是指国家税法规定的应计入建筑安装工程造价内的增值税、城市维护建设税及教育附加税等。

4.1.5　费用计算方法

各组成部分的计算公式如下。

4.1.5.1　直接费

直接工程费包括：

（1）人工费。其计算公式为

$$人工费 = \sum (人工消耗量 \times 日工资单价)$$

$$日工资单价(G) = \sum_1^5 G$$

1）基本工资。其计算公式为

$$基本工资(G_1) = \frac{生产工人平均工资}{年平均月法定工作日}$$

2）工资性补贴。其计算公式为

$$工资性补贴(G_2) = \frac{\sum 年发放标准}{全年日历年 - 法定假日} + \frac{\sum 月发放标准}{年平均每月法定工作日} + 每工作日发放标准$$

3）生产工人辅助工资。其计算公式为

$$生产工人辅助工资(G_3) = \frac{全年无效工作日 \times (G_1 + G_2)}{全年日历年 - 法定假日}$$

4）职工福利费。其计算公式为

$$职工福利费(G_4) = (G_1 + G_2 + G_3) \times 福利费计提比例(\%)$$

5）生产工人劳动保护费。其计算公式为

$$生产工人劳动保护费(G_5) = \frac{生产工人年平均支出劳动保护费}{全年日历年 - 法定假日}$$

（2）材料费。其计算公式为

$$材料费 = \sum (材料消耗量 \times 材料基价) + 检验试验费$$

1）材料基价。其计算公式为

$$材料基价 = [(材料原价 + 运杂费) \times (1 + 运输损耗率)] \times (1 + 采购及保管费率)$$

2）检验试验费。其计算公式为

$$检验试验费 = \sum (单位材料量检验试验费 \times 材料消耗量)$$

应注意：该检验试验费是指对建筑材料、构件和安装物进行一般鉴定、检查所发生的费用，包括自设实验室进行试验所耗用的材料和化学药品等费用，不包括新结构、新材料的实验费和建设单位对具有出厂合格证明的材料进行检验，对构件做破坏性试验及其他特殊要求检验试验的费用。

（3）施工机械使用费。其计算公式为

$$施工机械使用费 = \sum (施工机械台班消耗量 \times 施工机械台班单价)$$

式中，施工机械台班单价由折旧费、大修理费、经常修理费、人工费、燃料动力费、养路费、车船使用税、安拆费及场外运费等费用组成。

（4）主材费。主材费是指安装工程中某项目的主体设备和材料的费用。

$$主材费 = \sum 分项工程量 \times 主材定额耗量 \times 主材现行预算单价$$

式中，主材定额耗量指标是指完成单位安装工程量所需消耗的主材数量的标准，已包括了材料的损耗量，且与安装工程量的计量单位一致。

$$主材定额耗量 = 安装工程量 \times (1 + 损耗率)$$

预算定额单价或综合单价中均未包括主材的价格。因此，主材费的计算需根据现行主材预算单价（而不是定额预算单价）乘以主材的实际耗量。

在具体计算中，由于各册安装定额的规定不同，主材费有3种表现形式：

1）在定额中主材以列出耗量带括号的形式出现，此时主材费未计入预算定额单价，应根据上述公式计算出主材费，并单独列项。

2）定额内未列出主材耗量，但在定额附注中指明了未计价材料名称，该项主材应根据实际耗量，另列项计算。

3）有些主体设备或材料，主材费未计入定额基价，但在定额中无耗量指标，也无附注说明，此时仍应按规定确定材料耗量后，另列项计算出主材费。

有些主材若由建设单位自购提供，则主材费可不列入预算。施工企业代购的主材，则应按规定计算主材费。

【例 4 - 1】 给排水安装工程室内镀锌钢管（$DN25$）安装工程量为 432m，试求其主材费。

【解】 查第 8 册定额 8 - 89 知：每 10m，$DN25$ 镀锌钢管安装的主材即为 $DN25$ 镀锌钢管，其耗量为 10.20m，在定额中以括号的形式表示，则：

$$主材费 = 43.2 \times 10.20m \times 8.66 元/m = 3815.94 元$$

式中，8.66 元/m 为某地区 2006 年 $DN25$ 镀锌钢管的材料预算价格。

4.1.5.2 措施费

本规则中只列通用措施费项目的计算方法，各专业工程的专用措施费项目的计算方法由各地区或国务院有关专业主管部门的工程造价管理机构自行制定。

（1）环境保护费。其计算式为

$$环境保护费 = 直接工程费 \times 环境保护费费率$$

$$环境保护费费率 = \frac{本项费用年度平均支出}{全年建安产值 \times 直接工程费占总造价比例}$$

（2）文明施工费。其计算式为

$$文明施工费 = 直接工程费 \times 文明施工费费率$$

$$文明施工费费率 = \frac{本项费用年度平均支出}{全年建安产值 \times 直接工程费占总造价比例}$$

（3）安全施工费。其计算式为

$$安全施工费 = 直接工程费 \times 安全施工费费率$$

$$安全施工费费率 = \frac{本项费用年度平均支出}{全年建安产值 \times 直接工程费占总造价比例}$$

（4）临时设施费。临时设施费有以下三部分组成：

1）周转使用临建（如活动房屋）。

2）一次性使用临建（如简易建筑）。

3）其他临时设施（如临时管线）。

$$临时设施费 = （周转使用临建费 + 一次性使用临建费） \times$$
$$（1 + 其他临时设施所占比例）$$

其中：

$$周转使用临建费 = \sum \left[\frac{临建面积 \times 每平方米造价}{使用年限 \times 365 \times 利用率} \times 工期（天） \right] + 一次性拆除费$$

一次性使用临建费 = $\sum$ 临建面积 × 每平方米造价 × [1 - 残值率] + 一次性拆除费

其他临时设施在临时设施费中所占比例，可由各地区造价管理部门依据典型施工企业的成本资料经分析后综合测定。

（5）夜间施工增加费。其计算式为

$$夜间施工增加费 = (1 - \frac{合同工期}{定额工期}) × \frac{直接工程费中的人工费合计}{平均日工资单价} ×$$

$$每工日夜间施工费开支$$

（6）二次搬运费。其计算式为

$$二次搬运费 = 直接工程费 × 二次搬运费费率$$

$$二次搬运费费率 = \frac{年平均二次搬运费开支额}{全年建安产值 × 直接工程费占总造价的比例}$$

（7）大型机械进出场及安拆费。其计算式为

$$大型机械进出场及安拆费 = \frac{一次进出场及安拆费 ÷ 年平均安拆次数}{年工作台班}$$

（8）脚手架搭拆费和租赁费。其计算式为

1）脚手架搭拆费 = 脚手架摊销量 × 脚手架价格 + 搭、拆、运输费

$$脚手架摊销量 = \frac{单位一次使用量 × (1 - 残值率)}{耐用期 + 一次使用前}$$

2）租赁费 = 脚手架每日租金 × 搭设周期 + 搭、拆、运输费

（9）已完工程及设备保护费。其计算式为

$$已完工程及设备保护费 = 成品保护所需机械费 + 材料费 + 人工费$$

（10）施工排水、降水费。其计算式为

$$排水降水费 = \sum 排水、降水机械台班费 × 排水、降水周期 +$$

$$排水、降水使用材料费、人工费$$

4.1.5.3 间接费

间接费的计算方法按取费基数的不同分为以下 3 种：

（1）以直接费为计算基础。其计算式为

$$间接费 = 直接费合计 × 间接费费率$$

（2）以人工费和机械费合计为计算基础。其计算式为

$$间接费 = 人工费和机械费合计 × 间接费费率$$

$$间接费费率 = 规费费率 + 企业管理费费率$$

（3）以人工费为计算基础。其计算式为

$$间接费 = 人工费合计 × 间接费费率$$

4.1.5.4 规费费率

规费费率一般按国家有关部门制定的费率标准执行。

（1）每万元承发包价中人工费含量和机械费含量。

（2）人工费占直接费的比例。

（3）每万元承发包价中所含规费缴纳标准的各项基数。

规费费率的计算公式如下：

（1）以直接费为计算基础。其计算式为

$$规费费率 = \frac{\sum 规费缴纳标准 \times 每万元发承包价计算基数}{每万元发承包价中的人工含量} \times 人工费占直接费的比例$$

（2）以人工费和机械费合计为计算基础。其计算式为

$$规费费率 = \frac{\sum 规费缴纳标准 \times 每万元发承包价计算基数}{每万元发承包价中的人工含量和机械费含量} \times 100\%$$

（3）以人工费为计算基础。其计算式为

$$规费费率 = \frac{\sum 规费缴纳标准 \times 每万元发承包价计算基数}{每万元发承包价中的人工含量} \times 100\%$$

4.1.5.5　企业管理费费率

企业管理费费率计算公式如下：

（1）以直接费为计算基础。其计算式为

$$企业管理费费率 = \frac{生产工人年平均管理费}{年有效施工天数 \times 人工单价} \times 人工费占直接费的比例$$

（2）以人工费和机械费合计为计算基础。其计算式为

$$企业管理费费率 = \frac{生产工人年平均管理费}{年有效施工天数 \times (人工单价 + 每一工日机械使用费)} \times 100\%$$

（3）以人工费为计算基础。其计算式为

$$企业管理费费率 = \frac{生产工人年平均管理费}{年有效施工天数 \times 人工单价} \times 100\%$$

4.1.5.6　利润

利润是指施工企业完成所承包工程获得的盈利。其计算公式为

$$利润 = 人工费 \times 利润率$$

4.1.5.7　税金

（1）增值税。增值税是以商品（含应税劳务）在流转过程中产生的增值额作为计税依据而征收的一种流转税。从计税原理上说，增值税是对商品生产、流通、劳务服务中多个环节的新增价值或商品的附加值征收的一种流转税。实行价外税，也就是由消费者负担，有增值才征税没增值不征税。目前增值税税率一共有 4 档：13%、9%、6%、0%。

（2）城市建设维护税。该税是以营业税额为计税基础，用于城市的公用事业和公共设施的维护建设。其税率依纳税人所在地点的不同而分别为：纳税人所在地在市区的，税率为 7%；纳税人所在地在县城、建制镇的，税率为 5%；纳税人所在地不在市区、县城、建制镇的，税率为 1%。

（3）教育附加税。教育附加税是指为加快发展地方教育事业，扩大地方教育资金来源的一种地方税，也是以营业税额为计费基础，其税率为 4%。

在工程造价计算程序中，税金计算在最后进行。将税金计算之前的所有费用之和称为不含税工程造价，其加上税金后称为含税工程造价。

税金的计算通常执行综合税率的计算方法，其计算方法为

$$不含税工程造价税金率 = \frac{含税工程造价税金率}{1 - 含税工程造价税金率}$$

税金 = 不含税工程造价 × 不含税工程造价税金率

纳税人所在地在市区的税金率：

含税工程造价税金率 = 3% + 3% × 7% + 3% × 4% = 3.33%

$$不含税工程造价税金率 = \frac{3.33\%}{1 - 3.33\%} = 3.44\%$$

纳税人所在地在县城、镇的税金率：

含税工程造价税金率 = 3% + 3% × 5% + 3% × 4% = 3.27%

$$不含税工程造价税金率 = \frac{3.27\%}{1 - 3.27\%} = 3.38\%$$

纳税人所在地不在市区、县城（镇）的税金率：

含税工程造价税金率 = 3% + 3% × 1% + 3% × 4% = 3.15%

$$不含税工程造价税金率 = \frac{3.15\%}{1 - 3.15\%} = 3.25\%$$

4.2 安装工程费用计取与计算

4.2.1 安装工程费用计取

根据建设部、财政部《关于印发 < 建筑安装工程费用项目组成 > 的通知》（建标〔2003〕206 号）及相关规定，现阶段安装工程费的计价方法有定额计价（工料单价法）和工程量清单计价（综合单价法）两种模式。两种计价方法和计价程序有所不同。

定额计价是我国长期使用的一种基本方法。它是根据统一的工程量计算规则，利用施工图计算工程量，然后套取定额，确定直接工程费，再根据建筑工程费用定额规定的费用计算程序计算工程造价的方法。

工程量清单计价是国际上通用的方法，也是我国目前广泛推行的先进的计价方法。它是指由招标人按照国家统一规定的工程量计算规则计算工程数量，由投标人按照企业自身的实力，根据招标人提供的工程数量，自主报价的一种模式。这种计价方法与工程招标活动有着很好的适应性，有利于促进工程招标公平、公正和高效地进行。

4.2.1.1 定额计价模式

定额计价模式是我国传统的计价模式，在招投标时，不论是作为招标标底还是投标报价，其招标人和投标人都需要按照国家规定的统一工程量计算规则计算工程数量，然后按建设主管部门颁发的预算定额计算工、料、机的费用，再按照有关费用标准计取其他费用，汇总后得到工程造价。

（1）定额计价模式方法。定额计价模式是以分项工程量乘以相应分项工程预算定额单价后的合计为直接工程费。其中，分项工程工料单价为人工、材料、机械的消耗量乘以相应价格合计而成的直接工程费单价。其计算公式为：

直接工程费 = ∑（分项工程量 × 相应分项工程预算定额单价）

单位工程直接费 = 单位工程直接工程费 + 措施项目费 + 主材费

单位工程概预算造价 = 单位工程直接费 + 间接费 + 利润 + 税金

单项工程概预算造价 = ∑单位工程概预算造价 + 设备、工器具购置费 +

工程建设其他费用 + 预备费

（2）定额计价模式计价程序。安装工程计价通常以人工费（或人工费＋机械费）为计算基础。其计价程序详见表4-1。

表4-1 工料单价法计价程序表

序号	费用项目	计算方法	备注
1	直接工程费	按预算表	
2	直接工程费中人工费	按预算表	
3	主材费	$\sum$主材消耗量×主材单价	
4	措施项目费	按规定标准计算	
5	措施项目费中人工费	按规定标准计算	
6	直接费小计	(1)+(3)+(4)	
7	人工费小计	(2)+(5)	
8	间接费	(7)×相应费率	
9	利润	(7)×利润率	
10	合计	(6)+(8)+(9)	
11	含税造价	(10)×(1+相应税收)	

【例4-2】 某工程工程直接费10000元，间接费率20%，措施费1000元，利润率20%，企业纳税地点在市区，以直接费为计价基础取费。请按工料单价法生成过程发包价（取整）。

【解】 列表计算如下：

序号	费用项目	计算方法	备注（单位：元）
1	直接工程费	按预算表	10000
2	措施费	按规定标准计算	1000
	小计	(1)+(2)	11000
3	间接费	[(1)+(2)]×相应费率	11000×20%=2200
4	利润	[(1)+(2)+(3)]×利润率	13200×20%=2640
5	合计	(1)+(2)+(3)+(4)	15840
6	含税造价	(5)×(1+3.44%)	16385

4.2.1.2 清单模式下安装工程费用的计取

工程量清单计价，是在建设工程招标中，招标人或委托具有资质的中介机构编制工程量清单，并作为招标文件的一部分提供给投标人，由投标人依据工程量清单进行自主报价，经评审合理低价中标的一种计价方式。在工程投标中采用工程量清单计价是国际上较为通行的做法。

（1）计取方法。工程量清单计价采用综合单价计价，综合单价计价是有别于现行定额工料单价计价程序的另一种单价计价方式。包括完成规定计量单位、合格产品所需的全部费用，它是有别于预算定额计价的另一种确定单价的方式。考虑到我国的实际情况，综合单价包括除规费、税金之外的全部费用。具体方法是：

1）根据清单工程量和综合基价确定分部分项工程费、措施项目费和其他项目费。清单工程量由招标人提供。综合单价指完成规定计量单位项目所需的人工费、材料费、机械使用费、管理费、利润以及一定范围内的风险费用等，即综合单价包括除规费和税金以外的全部费用。

2）按规定的费率计取规费和税金。规费是指当地政府和有关权力部门规定必须缴纳的费用。工程所在地不同，规费所包含的项目内容和费率也不同。

3）清单模式下建筑工程费用计取方法，其计算公式为

$$分部分项工程费 = \sum 分部分项工程量 \times 相应分部分项工程综合单价$$

$$单位工程报价 = 分部分项工程费 + 措施项目费 + 其他项目费 + 规费 + 税金$$

$$单项工程报价 = \sum 单位工程报价$$

由于各分部分项工程中的人工、材料、机械的比例不同，各分项工程可根据其材料费占人工费、材料费、机械费合计的比例（C 表示该项比值）在以下 3 种计算程序中选择一种，计算其综合单价。

①当 $C > C_0$（C_0 为本地区原费用定额测算所选典型工程材料费占人工费、材料费、机械费合计的比例）时，可采用以人工费、材料费、机械费合计为基数计算该分项工程的间接费和利润。计算程序见表 4-2。

表 4-2　综合单价法计价程序

序号	费用项目	计算方法	备注
1	分项直接工程费	人工费 + 材料费 + 机械费	
2	间接费	(1) × 相应费率	
3	利润	[(1) + (2)] × 相应利润率	
4	合计	(1) + (2) + (3)	
5	含税造价	(4) × (1 + 相应税率)	

②当 $C < C_0$ 值的下限时，可采用以人工费和机械费合计为基数计算该分项工程的间接费和利润。计算程序见表 4-3。

表 4-3　综合单价法计价程序

序号	费用项目	计算方法	备注
1	分项直接工程费	人工费 + 材料费 + 机械费	
2	其中人工费和机械费	人工费 + 材料费	
3	间接费	(2) × 相应费率	
4	利润	(2) × 相应利润率	
5	合计	(1) + (3) + (4)	
6	含税造价	(5) × (1 + 相应税率)	

③如该分项的直接费仅为人工费，无材料费和机械费时，可以采用以人工费为基数计算该分项工程的间接费和利润。其计算程序见表 4-4。

表 4-4　综合单价法计价程序

序号	费用项目	计算方法	备注
1	分项直接工程费	人工费 + 材料费 + 机械费	
2	其中人工费	人工费	
3	间接费	(2) × 相应费率	
4	利润	(2) × 相应利润率	
5	合计	(1) + (3) + (4)	
6	含税造价	(5) × (1 + 相应税率)	

（2）计取程序。清单模式下安装工程费用计取程序，见表 4-5。

表 4-5   清单模式下安装工程费用计取程序

序号	费用项目	计算方法	备注
1	分项直接工程费	综合单价×工程量	按计价表
2	措施项目费	费用计算规则	按计价表
3	其他项目费		双方约定
4	规费	(1+2+3)×相应费率	
5	税金	(1+2+3+4)×相应费率	
6	工程造价	(1+2+3+4+5)	

4.2.2 安装工程费用计算

《建筑安装工程费用项目组成》从理论上界定了建筑安装产品价格的内容，为其合理地计价奠定了基础，但是它的实际操作性不强，给建筑安装产品准确定价带来一定困难；同时，《计价规范》规定了建设工程的计价行为，统一了建设工程计价方法，将建筑安装工程费用的组成内容进行了重新组合。

根据《建筑安装工程费用项目组成》和《计价规范》，各省市结合当地情况，从简便、适用和准确计算建筑产品价格的角度出发，制定了相应的操作规程。本节结合某省的现行计价办法，探讨工程量清单模式下安装工程预算费用的组成和计价程序。

4.2.2.1 费用项目划分

安装工程预算费用由分部分项工程费、措施项目费、其他项目费、规费和税金组成。

（1）分部分项工程费。分部分项工程费包括人工费、材料费、机械费、管理费和利润。其中，人工费、材料费、机械费的含义见 4.1 节。管理费包括企业管理费、现场管理费、冬雨季施工增加费、生产工具用具使用费、远地施工增加费等。现场管理费是指现场管理人员在组织工程施工过程中所发生的费用。冬雨季施工增加费是在冬雨季施工期间，为了确保工程质量，采取保温、防雨措施所增加的费用，包括冬季作业、临时取暖、建筑物门窗洞口封闭，以及防雨措施、排水、工效降低等费用。

（2）措施项目费。措施项目费是指通常应计算的根据有关建设工程施工及验收规范、规程要求必须配套完成的工作内容所需的各项费用。

安装工程通常需计算安全文明施工（含环境保护、文明施工、安全施工、临时设施）、夜间施工、二次搬运、冬雨季施工、大型机械设备进出场及安拆、施工排水与降水、地上与地下设施、建筑物临时保护设施、已完工程及设备保护等，工程按质论价。其中：

1）赶工措施费。赶工措施费是建设单位对工期有特殊要求，则施工单位必须增加施工成本的费用。各地区赶工措施费费率的取值不尽相同，比如江苏地区采用的具体办法如下：

①住宅工程。较本省现行定额工期提前 20% 以内，则须增加 2%～3% 的赶工措施费。

②高层建筑工程。较本省现行定额工期提前 25% 以内，则须增加 3%～4% 的赶工措施费。

③一般框架、工业厂房等其他工程。较本省现行定额工期提前 20% 以内，则须增加 2.5% ~ 3.5% 的赶工措施费。

2）工程按质论价。工程按质论价是指建设单位要求施工单位完成的单位工程质量，达到有关权威部门规定的优良、优质（含市优、省优、国优）标准而必须增加的施工成本费用。具体规定如下：

①住宅工程。优良级增加建安造价的 1.5% ~ 2.0%，优质级增加建安造价的 2% ~ 3%。一、二次验收不合格者，除返工合格外，尚应按建安造价的 0.8% ~ 1% 和 1.2% ~ 2% 扣罚工程款。

②一般工业与公共建筑。优良级增加建安造价的 1% ~ 1.5%，优质级增加建安造价的 1.5% ~ 2.5%。一、二次验收不合格者，除返修合格外，尚应按 0.5% ~ 0.8% 和 1% ~ 1.7% 扣罚工程款。

措施项目费的计算方法有两种：系数计算法和方案分析法。

系数计算法是用与措施项目有直接关系的工程项目直接工程费（或人工费或人工费与机械费之和）作为计算基数，乘以措施费系数得出措施项目费。措施费系数是根据以往有代表性工程的资料，通过分析计算取得的。例如，某地区文明施工费按分部分项工程费的 0.6% ~ 1.5% 计算；临时设施费按分部分项工程费的 0.6% ~ 1.5% 计算；检验试验费按分部分项工程费的 0.3% 计算。

方案分析法是通过编制具体的措施实施方案，对方案所涉及的各种经济技术参数进行计算后，所确定的措施项目费。

下面以案例的形式，就安全生产措施费用指标对具体编制过程进行说明。

【例 4 - 3】 某工程，建安产值约 10000 万元，工期 1 年。承包单位根据业主提供的资料，编制施工方案，其中涉及安全生产部分的内容有以下部分：

①本工程工期 1 年，实际施工天数为 320 天。

②本工程投入生产工人 1200 名，各类管理人员（包括辅助服务人员）80 名，在生产工人当中抽出 12 名专职安全员，负责整个现场的施工安全。

③进入现场的人员一律穿安全鞋、戴安全帽，高空作业人员一律佩戴安全带。

④为安全起见，施工现场脚手架均须安装防护网。

⑤每天早晨施工以前，进行 10min 的安全教育，每星期一召开半小时的安全例会。

⑥班组的安全记录要按日填写完整。

【解】 根据施工方案对安全生产的要求，投标人编制安全措施费用如下：

①专职安全员的人工工资及奖金补助等费用支出

专职安全员的人工工资及奖励补助等费用支出 = 工期 × 人数 × 工日单价
$$= 365 天 × 12 人 × 50 元/(人·天) = 219000 元$$

②安全鞋、安全帽费用

安全鞋按每个职工一年 2 双，安全帽每个职工一年 1 顶计算。
$$每年费用 = 30 元/双 × 2 双/人 × (1200 + 80) + 15 元/顶 × 1 顶/人 × (1200 + 80) 人$$
$$= 76800 + 19200 = 96300（元）$$

③高峰期高空作业人员按生产工人的 30% 计算
$$安全带费用 = 120 元/条 × 1200 人 × 30% × 1 条/人 = 43200 元$$

④安全教育与安全例会降效费 $= [52 \times 0.5/8 + 320 \times (10/60/8)] \times 50 \times (1200 - 12)$
$$= 589050 \ 元$$

⑤安全防护网措施费

根据计算，防护网搭设面积为 14080m²，需购买安全网 3000m²，安全网 8 元/m²，搭拆费用为 2.5 元/m²。工程结束后，安全网折旧完毕，安全防护网措施费 $= 3000 \times 8 + 14080 \times 2.5 = 59200$ 元。

⑥安全生产费用
$$（219000 + 96300 + 43200 + 589050 + 59200）= 1006750 \ 元$$

⑦工程实际消耗工日数
$$[320 \times (1200 - 12)] \ 工日 = 380160 \ 工日$$

⑧安全生产措施费用指标
$$1006750 \ 元/380160 \ 工日 = 2.65 \ 元/工日$$

注意：每个工程都有自己的特点，发生的措施项目及其额度都不相同，所以，在计算措施费用时，应根据工程特点具体进行，企业制定的措施费用指标仅供参考。

（3）其他项目费。其他项目费是指暂列金额、暂估价（包括材料暂估价、专业工程暂估价）、计日工、总承包服务费等估算金额的总和，包括完成其他项目所需的人工费、材料费、机械使用费、管理费、利润及一定范围内的风险费用。

（4）规费。亦称地方规费，是税金之外的由政府有关部门收取的各种费用，主要包括：工程排污费、工程定额测定费、社会保障费（包括养老保险费、失业保险费、医疗保险费）、住房公积金、危险作业意外伤害保险。其计算公式为

$$规费 = 计算基数 \times 规费费率$$

规费费率一般按国家或有关部门制定的费率标准执行。如工程定额测定费通常按工程不含税造价的 0.1% 收取，劳动保险费通常按分部分项工程费的 1.3% 收取。

计算时要注意计算基数（或者为分部分项工程费；或者为分部分项工程费、措施项目费、其他项目费的合计；或者为人工费；或者为人工费和机械费的合计数），计算基数不同，规费费率的取值就不同。

（5）税金。税金项目清单应包括下列内容：营业税、城市维护建设税、教育附加税。

规费和税金应按国家或省级、行业建设主管部门的规定计算，不得作为竞争性费用。

4.2.2.2 工程造价计价程序

工程造价计价程序具体见表 4-6 和表 4-7。

表 4-6 包工包料工程综合单价法计价程序

序号	费用名称		计 算 公 式	备 注
1	分部分项工程费		综合单价 × 工程量	按计价表
	其中	①人工费	计价表人工消耗量 × 人工单价	
		②材料费	计价表材料消耗量 × 材料单价	
		③机械费	计价表机械消耗量 × 机械单价	
		④主材费	计价表主材消耗量 × 主材单价	
		⑤管理费	① × 费率	
		⑥利润	① × 费率	

序号	费用名称		计算公式	备注
2	措施项目费		分部分项工程费×费率或措施项目综合单价×工程量	按计价表或费用计算规则
3	其他项目费			双方约定
4	规费 其中	①工程定额测定费	(1＋2＋3)×费率	按规定计取
		②安全生产监督费		按规定计取
		③建筑管理费		按规定计取
		④劳动保险费		按规定计取
5	税金		(1＋2＋3＋4)×税率	
6	工程造价		(1＋2＋3＋4＋5)	

表 4 - 7　包工不包料工程综合单价法计价程序

序号	费用名称		计算公式	备注
1	分部分项工程量清单人工费		计价表人工消耗量×地区包工不包料人工工资标准	按计价表
2	措施项目清单计价		1×费率或按计价表	按计价表或费用计算规则
3	其他项目费			双方约定
4	规费 其中	①工程定额测定费	(1＋2＋3)×费率	按规定计取
		②安全生产监督费		按规定计取
		③建筑管理费		按规定计取
5	税金		(1＋2＋3＋4)×税率	
6	工程造价		(1＋2＋3＋4＋5)	

其中，管理费率通常根据工程类别的不同而取不同的数值，如表 4 - 8 所示。安装工程类别标准划分见表 4 - 9。建筑安装工程类别标准见表 4 - 10。

表 4 - 8　安装工程（以人工费和机械费为取费基础）

工程类别	一类	二类	三类	四类
规费	5.57	5.57	5.57	5.57
管理费	25	22	18	15
利润	17	17	17	17
税金（城市）	3.44	3.44	3.44	3.44
取费合计	51.01	48.01	44.01	41.01

注：1. 该表为内蒙古自治区建设工程费用定额（2009）规定。安装工程是指设备安装工程和附属于建筑工程的安装工程。

2. 利润中包括技术装备费和工具用具购置费。如施工企业按市场租赁价格计算机械设备费和模板脚手架费用时，利润不应超过表中利润率的60%。利润是竞争性费用，投标报价时，应视拟建工程的规模、复杂程度、技术含量和企业的管理水平进行浮动。

3. 管理费是竞争性费用，投标报价时，应视拟建工程的规模、复杂程度、技术含量和企业的管理水平进行浮动。专业承包资质施工企业的管理费应在总承包企业管理费率的基础上乘以80%。

表 4 - 9 安装工程类别的划分标准

一类	1. 单炉蒸发量在 6.5t/h 及其以上或总蒸发量在 12t/h 以上的锅炉安装以及相应的管道、设备安装; 2. 容器、设备(包括非标设备)等制作安装; 3. 6kV 以上的架空线路敷设、电缆工程; 4. 6kV 以上的变配电装置及线路(包括室内、外电缆)安装; 5. 自动或半自动电梯安装; 6. 各类工业设备安装及工业管道安装; 7. 最大管径在 DN150 以上供水管及管径在 DN150 且单根管长度在 400m 以上的室外热力管网工程; 8. 上述各类设备安装中配套的电子控制设备及线路、自动化控制装置及线路安装工程
二类	1. 一类取费范围外 4t/h 及其以上的锅炉安装以及相应的管道设备安装;换热或制冷量在 4.2MW 以上的换热站、制冷站内的设备、管道安装; 2. 6kV 以下的架空线路敷设、电缆工程; 3. 6kV 以下的变配电装置及线路(包括室内、外电缆)安装; 4. 小型杂物电梯安装;各类房屋建筑工程中设置集中、半集中空气调节设备的空调工程(包括附属的冷热水、蒸汽管道); 5. 八层以上的多层建筑物和影剧院、图书馆、文体馆附属的采暖、给排水、燃气、消防(包括消防卷帘、防火门)、电气照明、火灾报警、有线电视(共用天线)、网络布线、通信等工程; 6. 最大管径在 DN80 以上的室外热力管网工程; 7. 上述各类设备安装中配套的电气控制设备及线路、自动化控制装置及线路安装工程
三类	1. 锅炉蒸发量小于 4t/h 的锅炉安装及其附属设备、管道、电气设备安装;换热或制冷量在 4.2MW 以下的换热站、制冷站内的设备、管道安装; 2. 四层及其以上的多层建筑物和工业厂房附属的采暖、给排水、燃气、消防(包括消防卷帘、防火门)、通风(包括简单空调工程,如立柜式空调机组、热空气幕、分体式空调器等)、电气照明、火灾报警、有线电视(共用天线)网络布线通信等工程; 3. 最大管径 DN80 以下的室外热力管网工程、热力管线工程; 4. 室外金属、塑料排水管道工程和单独敷设的给水、燃气、蒸汽等管道工程; 5. 各类构筑物工程附属的管道安装、电气安装工程; 6. 不属于消防工程的自动加压变频给水设备安装、安全防范系统安装
四类	1. 非生产性的三层以下建筑物附属的采暖、给排水、电气照明等工程; 2. 一、二、三类取费范围以外的其他安装工程

表 4 - 10 建筑安装工程类别划分标准

一类	一类建筑工程的附属设备、照明、采暖、通风、给排水、煤气管道等工程
二类	二类建筑工程的附属设备、照明、采暖、通风、给排水、煤气管道等工程
三类	三、四类建筑工程的附属设备、照明、采暖、通风、给排水、煤气管道等工程

【例 4 - 4】 某市区某单位 19 层办公楼采暖工程,由某施工企业包工包料承担施工。按现行安装工程预算定额计算得定额直接工程费为 85000 元,其中人工费为 32000 元,机械费为 11000 元,主材费为 600000 元。试按现行规定计算该办公楼采暖工程造价?

【解】 方法1：造价计算见下表（以人工费为计算基础的工料单价法）。

序号	费用项目	计算方法	金额/元
1	直接工程费	按预算表	85000.00
2	直接工程费中人费	按预算表	32000.00
3	主材费	∑主材消耗量×主材单价（单独列表计算）	600000.00
4	措施项目费	脚手架搭拆费 = 32000×3%	960.00
5	措施项目费中人工费	人工费 = 960×25%	240.00
6	直接费小计	(1) + (3) + (4)	685960.00
7	人工费小计	(2) + (5)	32240.00
8	间接费	管理费：(7)×53% = 17087.20 规费：工程定额测定费 = (6)×1×10^{-3} = 685.96 劳动保险费 = (6)×1.3% = 8917.48	26690.64
9	利润	(7)×14%	4513.60
10	合计	(6) + (8) + (9)	717164.24
11	含税造价	(10)×(1 + 3.44%)	741834.69

方法2：造价计算见下表（按某省包工包料工程工程量清单法计价程序计算总价）。

序号	费用名称		计算公式	金额/元
1	分部分项工程费		综合单价×工程量	706440.00
	其中	①人工费	计价表人工消耗量×人工单价	32000.00
		②材料费	直接工程费 - 人工费 - 机械费	42000.00
		③机械费	计价表机械消耗量×机械单价	11000.00
		④主材费	计价表主材消耗量×主材单价	600000.00
		⑤管理费	①×53%	16960.00
		⑥利润	①×14%	4480.00
2	措施项目费		脚手架搭拆费 = 32000×3%	960.00
3	其他项目费		按双方约定	0
4	规费			12450.24
	其中	①工程定额测定费	(706440.00 + 960.00)×1×10^{-3}	707.40
		②安全生产监督费	(706440.00 + 960.00)×0.06%	424.44
		③建筑管理费	(706440.00 + 960.00)×0.3%	2122.20
		④劳动保险费	(706440.00 + 960.00)×1.3%	9196.20
5	税金		(1 + 2 + 3 + 4)×3.44%	24762.85
6	工程造价		(1 + 2 + 3 + 4 + 5)	744613.09

4.2.2.3 用系数法计算的费用

安装工程定额采用系数法将一些不便单列定额子目进行计算的工程费用，通过规定调整系数的计算方法来进行计算。这些费用包括超高增加费、高层建筑增加费、脚手架搭拆费等。同时，它们的计算方法不完全相同，各种用系数计算的费用应根据其性质分别属于不同的计价类别。

A　超高增加费

（1）取费条件。定额中规定的操作物的高度是指，有楼层的按楼层地面至安装物的距离，无楼层的按操作地面（或设计 ±0.0 标高）至操作物的距离。

当操作物的高度超过各分册规定高度时，就可计算由于人工降效而增加的超高费用。如第八册给排水、采暖、燃气工程定额中工作物操作高度以 3.6m 为界线，如超过 3.6m 时，其超高部分（指由 3.6m 至操作物高度）的定额人工费应乘以超过系数计取超高费。按表 4－11 中的超高系数计取超高增加费（含上限值）。

表 4－11　超高增加费系数表

标高（±）/m	3.6～8	3.6～12	3.6～16	3.6～20
超高系数	0.10	0.15	0.20	0.25

（2）计算方法。超高增加费的计算公式为

$$超高增加费 = 定额人工费 \times 超高增加费系数$$

式中，定额人工费是指超过部分的人工费，超高增加费系数见各册说明。

例如：某建筑层高 5m，共计 12 层，给水工程定额人工费为 2000 元，其中安装高度超过 3.6m 工程量的人工费为 500 元，则该工程超高增加费为：500×0.25 元 = 125 元，整个给水工程人工费应为：2000 元 + 125 元 = 2125 元，或者 2000 元 － 500 元 + $500 \times (1 + 0.25)$ 元 = 2125 元。

（3）说明。

1）采用工料单价法计价程序时，超高增加费属于直接工程费的增加。采用综合单价法计价程序时，超高增加费可计入相应的分部分项工程综合单价中，而且属于综合单价中的人工费的增加费用。

2）超高增加费中的人工费计算基础与高层建筑增加费、脚手架搭拆费、安装与生产同时进行增加费、在有害身体健康环境中施工降效所增加的人工费计算基础不同。高层建筑增加费、脚手架搭拆费、安装与生产同时进行增加费、在有害身体健康环境中施工降效增加费的计算基础是分部分项工程的全部人工费，并包括超过增加费中的人工费。

B　高层建筑增加费

（1）取费条件。高层建筑增加费是指高度在 6 层以上或 20.0m 以上的工业与民用建筑施工应增加的费用。由于高层建筑增加系数是按全部面积的工程量综合计算的，所以，在计算工程量时不扣除 6 层或 20.0m 及其以下的工程量。高层建筑增加费费率按表 4－12 计取。

表 4－12　高层建筑增加费费率表

层数（高度）	9 层以下（30m）	12 层以下（40m）	15 层以下（50m）	18 层以下（60m）	21 层以下（70m）	24 层以下（80m）	27 层以下（90m）	30 层以下（100m）	33 层以下（110m）	36 层以下（120m）	40 层以下（130m）
人工费/%	12	17	22	27	31	35	40	44	48	53	58
其中人工工资/%	17	18	18	22	26	29	33	36	40	42	43
机械费/%	83	82	82	78	74	71	68	64	60	58	57

高层建筑增加费的计取范围包括：给排水、采暖、燃气、电气、消防及安全防范、通风空调、刷油、绝热、防腐蚀等工程。费用内容包括：人工降效，材料、工具垂直运输增加的机械台班费用，施工用水加压泵的台班费用及工人上、下乘坐的升降设备台班费用等。

（2）计算方法。高层建筑增加费的计算公式为

$$高层建筑增加费 = 定额人工费 \times 高层建筑增加费费率$$

式中，定额人工费是指分部分项工程的全部人工费，并包括超高增加费中的人工费。高层建筑增加费费率见各册说明。

（3）管廊系数。设置于管道间、管廊内的管道、阀门、法兰、支架，其定额人工乘以 1.3，即增加费系数为 0.3。如某建筑管廊内有 DN50 的给水管道 100m，查定额基价为 10.13 元，其中人工费为 62.23 元，则该管廊内给水管的人工费为 62.23 元×10×1.3 = 808.99 元。

该项内容是指一些高级建筑、宾馆、饭店内封闭的天棚、竖向通道（或称管道间）内安装的暖气、给排水、煤气管道及阀门、法兰、支架等工程量，不包括管沟内的管道安装。

（4）浇筑工程系数。为配合预留孔洞，凡主体结构为现场浇筑并采用钢模施工的工程，内外浇筑的定额人工费乘以系数 1.05，内浇外砌的定额人工费乘以 1.03。

例如：有一工程，其主体结构为现场浇筑并采用钢模施工，该工程给排水工程定额人工费为 10000 元。根据定额规定，定额人工费应乘以系数。即 10000 元×1.05 = 10500 元（内外浇筑）。若是内浇外砌，则其人工费为：10000 元×1.03 = 10300 元。

C　若干规定

（1）高层建筑的层数和高度计算以室外设计正负零至檐口（不包括屋顶水箱间、电梯间、屋顶平台出入口等）高度为准，不包括地下室的高度和层数，半地下室也不计算层数。

（2）同一建筑物有部分高度不同时，可分别不同高度计算高层建筑增加费。

（3）单层建筑物超过 20.0m 的高层建筑增加费计算，首先应将自室外设计 ±0.0 至檐口的高度除以 3.0m 计算出相当于多层建筑的层数，然后再按"高层建筑增加费费率表"所列的相应层数的增加费率计算。

D　说明

采用工料单价法计价程序时，高层建筑增加费属于直接工程费的增加；采用综合单价法计价程序时，高层建筑增加费应计入相应的分部分项工程综合单价中，而且属于综合单价中的人工费和机械费的相应费用增加。

E　脚手架搭拆费

（1）取费条件。按定额的规定，脚手架搭拆费不受操作物高度限制均可收取；同时，在测算脚手架搭拆费系数时，均应考虑如下：

1）各专业工程交叉作业施工时，由于可以互相利用脚手架的因素，测算时已扣除可以重复利用的脚手架费用。

2）安装工程用脚手架与土建所用的脚手架不尽相同，测算脚手架搭拆费用时，大部分是按简易架考虑的。

3）施工时，如部分或全部使用土建的脚手架，则作为有偿使用处理。

（2）计算方法。脚手架搭拆费的计算公式为

$$脚手架搭拆费 = 定额人工费 \times 脚手架搭拆系数$$

式中，定额人工费是指分部分项工程的全部人工费，并包括超高增加费中的人工费。脚手架搭拆系数按各册说明取值。

（3）说明。采用工料单价法计价程序或采用综合单价法计价程序，脚手架搭拆费均属于措施项目费用。

F　安装与生产同时进行增加的费用

该项费用的计取是指改扩建工程在生产车间或装置内施工，因生产操作或生产条件限制影响了安装工程正常进行而增加的降效费用（其中不包括为保证安全生产和施工所采取的措施费用，如安装工作不受影响的，不应计取此项费用）。

该项费用的计算基础是分部分项工程的全部人工费，费率为10%（各分册定额），其人工工资占100%。

采用工料单价法计价程序时，安装与生产同时进行增加的费用属于直接工程费的增加。采用综合单价法计价程序时，安装与生产同时进行增加的费用应计入相应的分部分项工程综合单价中，而且属于综合单价中的人工费增加。

G　在有害身体健康环境中施工降效增加费

在有害身体健康环境中施工降效增加费指在有关规定允许的前提下，由于车间、装置范围内有害气体或高分贝的噪声超过国家标准以至影响人员身体健康而增加的费用。

该项费用的计算基础是分部分项工程的全部人工费，费率为10%（各册定额），其中人工工资占100%。

采用工料单价法计价程序时，在有害身体健康环境中施工降效增加费属于直接工程费的增加。采用综合单价法计价程序时，该项费用应计入相应的分部分项工程综合单价中，而且属于综合单价中的人工费增加。

4.2.2.4　使用定额应注意的问题

（1）室内外给水、雨水铸铁管的安装，定额已包括接头零件安装所需人工费（包括雨水漏斗），但不包括接头零件和雨水漏斗的材料费，应按设计需用量另计主材费。

（2）铸铁排水管及塑料排水管均包括管卡及托架、支架、臭气帽的制作与安装。其用量和种类不得调整。

（3）定额规定，给水管道室内外界限的划分，以建筑物外墙面1.5m为界。如果给水管道绕房屋周围1m以内敷设，不得按室内管道计算，而是按室外管道计算。

（4）本定额没有碳钢法兰螺纹连接安装子目，如发生可执行本定额中铸铁法兰螺纹连接项目。

（5）定额中，室内给水螺纹连接部分，给出的附属零件是综合计算的，无论实际需用多少，均不得调整。

（6）各种水箱连接管和支架均未包括在定额内，可按室内管道安装的相应项目执行：型钢支架可执行本定额"一般管架项目"；混凝土或砖支座可执行各省、自治区、直辖市建筑工程预算定额有关项目。

（7）系统调整费只有采暖工程才可计取，热水管道不属于采暖工程，不能收取系统

调整费。

（8）地漏安装中所需的焊接管量，定额是综合取定的，任何情况都不能调整。

（9）钢管调直、燃气工程中的阀门研磨、抹密封油等工作量均已分别包括在相应定额内，不得列项另计。

（10）采暖工程暖气片的安装定额中没有包括其两端阀门，可以按其规格，另套用阀门安装定额相应项目。

【例 4 - 5】 某高层建筑（21 层），底层高 6.0m，其余各层高 3.0m。室内给排水安装直接工程费为 60000 元，其中人工费 21000 元（底层超高部分人工费 5000 元），机械费 8000 元。该工程主材费 140000 元。试按系数计算有关费用。

【解】 该工程底层超高，可以收取超高增加费；为 21 层的高层建筑，可收取高层建筑增加费。同时，脚手架搭拆费不受操作物高度限制均可收取。故该工程按系数计算的费用如下：

①超高增加费。查定额费率表得费率为 10%，则

$$超高增加费 = 5000 \times 10\% = 500.00 \text{ 元}$$

②高层建筑增加费。查定额费率表得费率为 31%，其中人工工资占 26%，机械费占 74%：

$$高层建筑增加费 = (21000 + 500) \text{元} \times 31\% = 6665.00 \text{ 元}$$
$$人员工资 = 6665 \text{ 元} \times 26\% = 1732.90 \text{ 元}$$
$$机械费 = 6665 \text{ 元} \times 74\% = 4932.10 \text{ 元}$$

③脚手架搭拆费。查第八册定额脚手架搭拆费率为 5%，其中人工工资占 25%，则

$$脚手架搭拆费 = (21000 + 500) \text{元} \times 5\% = 1075.00 \text{ 元}$$
$$人员工资 = 1075 \text{ 元} \times 25\% = 268.15 \text{ 元}$$
$$材料费 = 1075 \text{ 元} \times 75\% = 806.25 \text{ 元}$$

所以调整后的直接工程费 = (60000 + 500 + 6665)元 = 67165.00 元

工资 = (21000 + 500 + 1732.90)元 = 23232.90 元

将上述数据填入预算表 4 - 13。

表 4 - 13 例 4 - 5 计算数据表

费用名称	主材费/元	直接工程费/元	人工工资费/元	机械费/元	材料费/元
直接工程费	140000.00	60000.00	21000.00	8000.00	31000.00
超高增加费		500.00	500.00	0	0
高层建筑增加费		6665.00	1732.90	4932.12	0
调整后的各项费用合计	140000.00	67165.00	23232.90	12932.10	31000.00

措施项目费增加脚手架搭拆费 1075.00 元。措施项目费中人工费增加 268.75 元。

【例 4 - 6】 某给水排水安装工程预留金 10000 元，纳税地区在城市（税率 3.44%），工程排污费和管理费等合计为 16%，已列分部分项工程量清单计价表 1，完成措施项目清单计价表 2 空格部分，按要求列出工程量清单造价表（清单费用构成表以人工费为计价基础）。

分部分项工程量清单计价表 1

序号	项目编号	项目名称	计量单位	工程数量	综合单价	合价	其中人工费
						金额/元	
1	030801002001	钢管 DN15	m	30	17.23	517.00	139.47
2	030801002007	钢管 DN70	m	37.11	54.73	2031.00	262.74
		合 计				2548.00	402.21

措施项目清单计价表 2

序 号	项目名称	计算公式	金额/元
1	文明施工费	人工费 ×3.42%	—
2	安全施工费	人工费 ×2.98%	—
	合 计		—

【解】 措施项目清单计价表列于表 4−14；工程量清单造价表列于表 4−15。

表 4−14 措施项目清单计价

序 号	项目名称	计算公式	金额/元
1	文明施工费	人工费 ×3.42%	13.76
2	安全施工费	人工费 ×2.98%	11.99
	合 计		25.75

表 4−15 单位工程量清单造价

序 号	项目名称	计算公式	金额/元
1	工程量清单计价合计	表1计算	2548.00
2	措施项目清单合计	表2计算	25.75
3	其他项目费	题目给出	10000
4	规 费	人工费×费率	64.35
5	税 金	(1+2+3+4)×费率	434.75
6	造 价	1+2+3+4+5	13072.85

4.3 工程量清单计价

4.3.1 基本概念

4.3.1.1 工程量清单计价规范

计价规范是统一工程量清单编制、规范工程量清单计价的国家标准、调整建设工程工程量清单计价活动中发包人与承包人各种关系的规范性文件。《计价规范》是对清单计价的指导思想进行了进一步的深化，在"政府宏观调控、企业自主报价、市场形成价格"的基础上提出了"加强市场监管"的思路，以进一步强化清单计价的执行。

工程量清单是工程量清单计价的基础，应作为编制招标控制价、投标报价、工程计量及进度款支付、调整合同款、办理竣工结算以及工程索赔等的依据之一。

建设工程工程量清单计价规范的特征：

（1）强制性。按照《计价规范》的规定，全部使用国有资金或以国有资金投资为主的建设工程，都必须执行工程量清单计价方法。同时，凡是在建设工程招标投标实行工程量清单计价的工程，都应遵守计价规范。

（2）统一性。规范明确了工程量清单是招标文件的组成部分，招标人在编制工程量清单时应根据附录规定的项目编码、项目名称、项目特征、计量单位和工程量计算规则进行编制。

（3）实用性。工程量清单计价规范中，要求分部分项工程量清单的计量单位应按附录中规定的计量单位确定，特别是还列有项目特征和工程内容，便于编制工程量清单时确定项目名称和工程造价。

（4）竞争性。工程量清单中列有"措施项目"一项，具体采用什么措施，需由投标人根据施工组织设计及企业自身情况确定。另外，工程量清单中人工、材料和施工机械没有具体的消耗量，也没有单价，投标人既可以依据企业的定额和市场价格信息，也可以参照建设行政主管部门发布的社会平均消耗量定额进行报价，这些都有利于各企业发挥其竞争能力。《计价规范》的建筑安装工程造价要求的是建筑安装工程在工程交易和工程实施阶段工程造价的组价要求，包括索赔等，内容更全面、更具体。

（5）通用性。采用工程量清单计价能与国际惯例接轨，符合工程量计算方法标准化、统一化和工程造价确定市场化的要求，这是国际上通用的工程造价计价方法。

4.3.1.2 工程量清单

工程量清单是拟建工程的分部分项工程项目、措施项目、其他项目、规费项目和税金项目的名称和相应数量的明细清单。

工程量清单是招标文件的重要组成部分，是由招标人提供的拟建工程各实物工程名称、性质、特征、数量、单位，以及开办项目、税费等相关表格组成的文件。它体现了招标人要求投标人完成的工程项目及相应的工程数量，并反映了投标报价的要求，是投标人进行报价的基本依据。

4.3.1.3 工程量清单计价

投标人依据工程量计算规则和统一划分的施工项目，根据设计图纸及施工现场实际情况，按照本企业的施工水平、技术及机械装备力量、管理水平、价格信息，并充分考虑各种风险因素等，对招标文件中的工程量清单进行计价。其中所含费用为清单项目所需的全部费用，包括分部分项工程费、措施项目费、其他项目费、规费和税金。

4.3.2 工程量清单计价与定额计价的异同

我国长期以来采用建设工程定额计价的计价模式，即国家通过颁布统一的估价指标、概算指标、概算定额、预算定额和相应的费用定额，对建设产品价格进行计划管理。在计价中，以定额为依据，按定额规定的分部分项子目，逐项计算工程量，套用定额（或单位估价表）单价确定直接工程费，然后按规定取费标准确定构成工程价格的其他费用和利税，从而得出建筑安装工程造价。

工程量清单计价方法是指建设工程招标投标中，按照《计价规范》，招标人或委托具有资质的中介机构编制反映工程实体消耗和措施消耗的工程量清单，并作为招标文件的一部分提供给投标人，由投标人依据工程量清单，根据所获得的工程造价信息和经验数据，结合企业定额自主报价的计价方式，是一种主要由市场定价的计价模式。

目前，我国建设工程造价实行"双轨制"计价办法，即定额计价方法和工程量清单计价方法并行。工程量清单计价作为一种市场价格的形成机制，主要在全部使用国有资产投资或国有资产投资为主的工程建设项目，必须采用工程量清单计价。工程量清单计价与定额计价的对比，见表 4 – 16。

表 4 – 16　工程量清单计价与定额计价的对比

序号	内容	计价方式	
		定 额 计 价	工程量清单计价
1	项目设置	定额项目一般是按照施工工序、工艺进行设置的，定额项目包括的工程内容一般是单一的	清单项目设置是以一个"综合实体"考虑的，"综合项目"一般包括多个子目工程内容
2	单价原则	按工程造价管理机构发布的有关规定及定额中的基价计价	按照清单的要求，企业自主报价，反映的是市场决定价格
3	单价构成	采用定额子目基价，包括定额编制时期人工费、材料费、机械费，并不包括管理费、利润和各种风险因素带来的影响	采用综合单价，包括人工费、材料费、机械费、管理费和利润，且各项费用均由投标人根据企业自身情况和考虑各种风险因素自行编制
4	差价调整	按工程承发包双方约定的价格与定额价的对比，调整价差	按工程承发包双方约定的价格直接计算，除招标文件规定外，不存在价差调整问题
5	计价过程	招标方只负责编写招标文件，不设置工程项目内容，也不计算工程量。工程计价的子目和相应的工程量由投标方根据设计文件确定	招标方设置清单项目并计算清单工程量，清单项目的特征和包括的工程内容必须清晰、完整的告诉投标人，投标方拿到工程量清单后根据清单报价
6	消耗量	人工、材料、机械消耗量按定额标准计算，定额标准是按社会平均水平编制的	由投标人根据企业的自身情况或《企业定额》自定，真正反映各企业自身的水平
7	工程量计算规则	定额工程量计算规则	清单工程量计算规则
8	计价方法	根据施工工序计价，将相同施工工序的工程量相加汇总，选套定额，计算出一个子项的定额分部分项工程费，每一个项目独立计价	按一个综合实体计价，子项目随主体项目计价。由于主体项目与组合项目是不同的施工程序，一般要计算多个子项才能完成一个清单项目的分部分项工程综合单价
9	价格表现形式	只表示工程总价，分部分项工程费不具有单独存在的意义	主要为分部分项工程综合单价，是投标、评标、结算的依据，单价一般不调整
10	工程风险	工程量由投标人计算和确定，价差一般可调整，投标人一般只承担工程量计算风险，不承担材料价格风险	招标人计算工程量，编制工程量清单，承担差量的风险。由于单价通常不调整，投标人报价应考虑多种因素，投标人要承担一定范围内的风险费用
11	结算方式	预算价（或合同价）	综合单价×工程量

4.3.3 工程量清单的内容和编制

4.3.3.1 工程量清单封面

工程量清单封面如图 4 - 3 所示。图 4 - 3a 供招标人自行编制工程量清单时所用。招

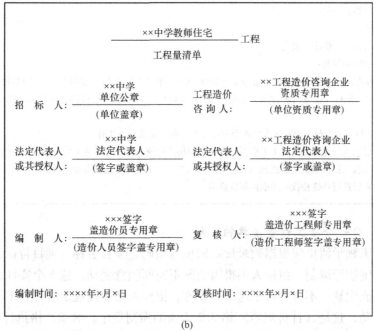

(a)

(b)

图 4 - 3 某中学教师住宅工程工程量清单封面

（a）供招标人自行编制工程量清单时所用；（b）供招标人委托工程造价咨询人编制工程量清单时所用

标人盖单位公章、法定代表人或其授权人签字或盖章；编制人是造价工程师的，由其签字盖执业专用章；编制人是造价员的，在编制人栏签字盖专用章，再由造价工程师复核，并在复核人栏签字盖执业专用章。图 4-3b 供招标人委托工程造价咨询人编制工程量清单时所用。工程造价咨询人盖单位资质专用章、法定代表人或其授权人签字或盖章；编制人是造价工程师的，由其签字盖执业专用章；编制人是造价员的，在编制人栏签字盖专用章，再由造价工程师复核，并在复核人栏签字盖执业专用章。

（1）填表须知。填表须知主要包括以下内容（招标人可根据具体情况进行补充）：

1）工程量清单及其计价格式中所有要求签字、盖章的地方，必须由规定的单位和人员签字、盖章。

2）工程量清单及计价格式中的任何内容不得随意删除或涂改。

3）工程量清单计价格式中列明的所有需要填报的单价和合价，投标人均应填写，未填报的单价和合价，视为此项费用已包含在工程量清单的其他单价和合价中。

（2）工程量清单总说明。工程量清单总说明是招标人关于拟招标工程的工程概况、招标范围、工程量清单的编制依据、工程质量的要求、主要材料的价格来源等的说明，示例见表 4-17。

表 4-17　××中学教师住宅工程工程量清单总说明

工程名称：××中学教师住宅工程   第 1 页　共 1 页

（1）工程概况：本工程为砖混结构，采用混凝土灌注桩，建筑层数为 6 层，建筑面积为 10940m²，计划工期为 300 日历天。施工现场距教学楼最近处为 20m，施工中应注意采取相应的防噪声措施。

（2）工程招标范围：本次招标范围为施工图范围内的建筑工程和安装工程。

（3）工程量清单编制依据：

①住宅楼施工图。

②《建设工程工程量清单计价规范》。

（4）其他需要说明的问题：

①招标人供应现浇构件的全部钢筋，单价暂定为 5000 元/t。承包人应在施工现场对招标人供应的钢筋进行验收及保管和使用发放。招标人供应钢筋的价款支付，由招标人按每次发生的金额支付给承包人，再由承包人支付给供应商。

②进户防盗门另行专业发包。总承包人应配合专业工程承包人完成以下工作：

a. 按专业工程承包人的要求提出施工工作面并对施工现场进行统一管理，对竣工资料进行统一整理汇总；

b. 为专业工程承包人提供垂直运输机械和焊接电源接入点，并承担垂直运输费和电费；

c. 为防盗门安装后进行补缝和找平并承担相应费用

4.3.3.2　分部分项工程量清单的编制

分部分项工程量清单应根据附录规定的项目编码、项目名称、项目特征、计量单位和工程量计算规则进行编制。招标人不得因情况不同而随意变动。这 5 个要件在分部分项工程量清单的组成中缺一不可。对于这 5 个要件，招标人必须按规定编写，不得因具体情况不同而随意变动，这是《计价规范》第 3.2.2 条的强制规定，必须严格执行。

分部分项工程清单项目的设置，原则上是以形成工程实体为主。所谓实体是指形成生产或工艺作用的主要实体部分，对附属或次要部分不设置项目。项目必须包括形成实体部分的全部工作内容。如工业管道安装工程项目，实体部分指管道，完成这个项目还包括：

防腐、刷油、绝热、保温、管道试压等。刷防腐漆、做保温层、保护壳尽管也是实体，但对管道而言，它们属于附属项目。但也有个别工程项目，既不能形成工程实体，又不能综合在某一个实物量中。分部分项工程量清单的编制须明确以下内容：

（1）项目编码。每一个分部分项工程清单项目都给定一个编码。项目编码采用 12 位阿拉伯数字表示，前 9 位为统一编码，后 3 位是清单项目名称编码，应根据拟建工程的工程量清单项目名称设置，同一招标工程的项目编码不得重码。

项目编码的形式和含义如下：

编码 03 08 01 001 001

第 1，2 位编码表示建设工程分类：01 为建筑工程，02 为装饰装修工程，03 为安装工程，04 为市政工程，05 为园林绿化工程。第 3，4 位编码表示专业工程：0308 表示安装工程中的给水排水安装工程，0309 表示安装工程中的通风空调工程。第 5，6 位编码表示分部工程：030801 表示给水排水管道制作安装，030701 表示水灭火系统安装。第 7，8，9 位编码表示该分部工程中分项工程：030801001 表示给水排水管道镀锌钢管安装。第 10，11，12 位编码表示拟建工程的工程量清单项目名称设置。

例如：项目编码030803001001 的含义为，从左起03 表示安装工程，08 表示给水排水工程，03 表示其中水表安装，001 表示螺纹阀门安装，最后 3 位由编制人设置，表示螺纹阀门安装该同类项目的第 1 项。若项目编码030803001002，前边 9 位数字含义同前，最后的 002 表示螺纹阀门安装的第 2 项。

对于《计价规范》中没有及时体现出来的新材料、新技术、新工艺等项目，由编制人自行补充编码。补充项目的编码由附录的顺序码与 B 和三位阿拉伯数字组成，并应从×B001 起顺序编制，统一招标工程的项目不得重码。

综上所述，项目编码因专业不同而不同，以水暖、燃气工程为例，其各级编码含义说明如图 4-4 所示。

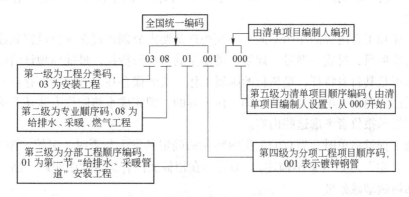

图 4-4　水暖燃气工程各级编码含义说明

（2）项目名称。清单项目名称应严格按照《计价规范》规定，可根据拟建工程项目的规格、型号、材质等特征进行描述，但不得随意更改项目名称。例如：030803003 的工程项目名称为"焊接法兰阀门"，可描述为"焊接法兰止回阀"或"焊接法兰闸阀"。但不能简单表述为"阀门"，否则便不能够反映出影响工程造价的主要因素。

在编制工程量清单时，对于项目名称必须表述清楚，只有这样才能区别不同型号、规格，以便分别编码和设置项目。

（3）项目特征和工程内容。设备安装工程比较复杂，项目特征既要包括自身特征和工艺特征，还要包括施工方法特征，否则容易造成计价混乱。例如，卫生器具制作安装中水箱制作安装项目特征，见表4-18。

表4-18　水箱制作安装项目

项目编码	项目名称	项目特征	计量单位	工程内容
030804014	水箱制作与安装	1. 材质； 2. 型号、规格； 3. 类型	套	1. 制作； 2. 安装； 3. 支架制作、安装； 4. 除锈刷油

项目特征是清单项目设置的基础和依据。即使是同一规格、同一材质的项目，如果施工工艺或施工位置不同，原则上也应分别设置清单项目，做到具有不同特征的项目分别列项。清单项目特征描述越清晰准确，投标人越能全面准确理解招标工程内容和要求，报价越正确。如果发生了计价规范中没有列出的工程内容，清单项目描述时应予以补充。在进行项目特征描述时，可掌握以下要点：

1）对于涉及正确计量的内容、涉及结构要求的内容、涉及材质要求的内容和涉及安装方式的内容，必须进行描述。

2）对于对计量计价没有实质影响的内容、对于应由投标人根据施工方案确定的内容、对于应由投标人根据当地材料和施工要求确定的内容和对于应由施工措施解决的内容，可不进行描述。

3）对于无法准确描述的内容、对于施工图纸和标准图集标注明确的内容等，可不详细进行描述。

项目特征和工程内容的作用不同，必须按规范要求分别体现在项目设置和描述上。如水箱制作安装项目，材质、型号、规格、类型是其自身的特征，最能体现该清单项目，而除锈、刷油不是其自身特征，是项目的附属工作，有时候存在，有时候不存在，与项目特征无必然联系。但由于项目是包括全部工作内容的，即完成水箱制作安装还要求除锈、刷油，因此需提示报价者考虑这些内容。

在编制工程量清单时，当有的工程内容无法确定其发生与否时，可按"发生"考虑，也可按"不发生"考虑（即不描述）。但必须在招标文件有关条款中明确，当与清单描述不同时，如何做增减处理。

（4）工程量计算。分部分项工程量清单编制，要求分部分项工程量清单的计量单位应按附录中规定的计量单位确定。工程数量的计量单位应按规定采用法定单位或自然单位，除各专业另有特殊规定外，均按以下单位计量，并应遵守有效位数的规定。

1）以质量计算的项目为t或kg，应保留小数点后3位数字，第4位四舍五入。

2）以体积计算的项目为m^3，应保留小数点后2位数字，第3位四舍五入。

3）以面积计算的项目为m^2，应保留小数点后2位数字，第3位四舍五入。

4）以长度计算的项目为 m，应保留小数点后 2 位数字，第 3 位四舍五入。

5）以自然计量单位计算的项目为个、套、块、樘、组、台等，应取整数。

6）没有具体数量的项目为系统、项等，应取整数。

工程量的计算应执行计价规范中统一的清单工程量计算规则。各地区、各部门在编制自己的工程量清单计价办法和工程量计算规则时，都不能背离统一的清单工程量计算。

在国际工程估价中，没有统一的定额标准，但有统一的工程量计算规则。国际上通用的工程量计算规则有：英国 RICS 体系下的工程量计算依据——标准工程量计算规则（StandardMethod of Measurement，SMM），目前使用的是 SMM7；与 FIDIC 合同条款配套使用的 FIDIC 工程量计算规则等。

工程量清单中的工程量是以实体安装就位的净尺寸计算的，投标人计价时，应考虑施工中的各种损耗和需要增加的工程量。这个量随施工方法、措施的不同而变化，而传统的定额计价、定额消耗量是在净值的基础上，加上施工操作（或定额）规定的预留量。因此，二者的工程量计算规则有区别，不能混淆。

《计价规范》中的工程量计算规则包括建筑工程、装饰工程、安装工程、市政工程、园林绿化工程和矿山工程 6 个部分，其中第三部分为安装工程工程量计算规则。这部分"计算规则"包括 13 个专业工程，即机械设备安装工程，电气设备安装工程，热力设备安装工程，炉窑砌筑工程，静置设备与工艺金属和工艺金属结构制作与安装工程，工业管道工程，消防工程，给排水、采暖、燃气工程，通风空调工程，自动化控制仪表安装工程，通信设备及线路工程，建筑智能化系统设备安装工程，长距离输送管道工程。

例如水暖、燃气安装工程量计算执行上述"给排水、采暖、燃气工程"工程量计算规则，即 GB 50500—2008 附录 C 中的"C. 8. 1 ~ C. 8. 7"计算规则。

（5）措施项目清单的编制。为了顺利完成工程项目的施工，在工程施工前期和施工过程中发生的技术、生活、安全等方面的非工程实体项目称为措施项目，其清单也是用表格形式来表现的。计价规范提供了拟建工程各方面可能发生的措施项目名称，供编制工程量清单时参考。措施项目内容，见表 4 - 19。

（6）其他项目清单的编制。除分部分项工程清单和措施项目清单以外，工程项目施工中还可能发生的其他费用部分，可用其他项目清单表示出来。计价规范中提供的其他项目包括暂列金额、暂估价（包括材料暂估价、专业工程暂估价）、计日工（包括用于计日工的人工、材料、施工机械）、总承包服务费等。

其他项目清单由招标人部分、投标人部分组成，分别由招标人和投标人填写，见表4 - 20。

1）招标人部分。该部分的内容由招标人填写，并随同招标文件一同发至投标人。

暂列金额是招标人在工程量清单中暂定并包括在合同价款中的一笔款项。用于施工合同签订时尚未确定或者不可预见的所需材料、设备、服务的采购，施工中可能发生的工程变更、合同约定调整因素出现时的工程价款调整以及发生的索赔、现场签证确认等的费用。一般来说，在初步设计阶段，最少要预留工程总造价的 10% ~ 15%；对于设计阶段，设计质量高的工程，一般要预留工程总造价的 3% ~ 5%。

表 4 - 19 措施项目内容一览表

序号	措施项目名称	序号	措施项目名称
	1. 通用项目		**4. 安装工程**
1.1	安全文明施工（含环境保护、文明施工、安全施工、临时设施）	4.1	组装平台
1.2	夜间施工	4.2	设备、管道施工安全防冻和焊接保护措施
1.3	二次搬运	4.3	压力容器和高压管道的检验
1.4	冬雨季施工	4.4	焦炉施工大棚
1.5	大型机械设备进出场及安拆	4.5	焦炉烘炉、热态工程
1.6	施工排水	4.6	管道安装后的充气保护措施
1.7	施工降水	4.7	隧道内施工的通风、供水、供气、供电、照明及通信设备
1.8	地上、地下设施。建筑物临时保护设施		
1.9	已完工程及设备保护	4.8	现场施工围栏
	2. 建筑工程	4.9	长输管道临时水工保护设施
2.1	垂直运输机械	4.10	长输管道施工便道
	3. 装饰装修工程	4.11	长输管道穿越或跨越施工措施
3.1	垂直运输机械	4.12	长输管道地下穿越地上建筑物的保护措施
3.2	室内空气污染测试	4.13	长输管线施工队伍调整
		4.14	格架式抱杆

注：表中"通用项目"所包含的内容，在编制各专业工程的"措施项目清单"中都可以考虑列入。其他各专业工程中所包含的内容，只能在编制各相应专业的"措施项目清单"时才可以列入。措施项目清单的编制，应考虑多种因素，除工程本身的因素外，还涉及水文、气象、环境、安全，以及施工企业的实际情况。表中提供的措施项目只是作为列项的参考，应根据工程的具体情况择项选用。若有表中未列的措施项目，可予补充，补充项目的编码由附录的顺序码与 B 和三位阿拉伯数字组成，并应从 ×B001 起顺序编制，统一招标工程的项目不得重码。

表 4 - 20 其他项目清单计价表

序号	项 目 名 称	金额/元
1	招标人部分	
1.1	暂列金额	
1.2	暂估价（包括材料暂估价、专业工程暂估价）	
1.3	其 他	
	小 计	
2	投标人部分	
2.1	计日工（包括用于计日工的人工、材料、施工机械）	
2.2	总包服务费	
2.3	其 他	
	小 计	
	合 计	

暂估价是指招标阶段直至签订合同协议时，招标人在招标文件中提供的用于支付必然要发生但暂时不能确定价格的材料以及需另行发包的专业工程金额。材料暂估价：甲方列出暂估的材料单价及使用范围，乙方按照此价格来进行组价，并计入到相应清单的综合单价中；其他项目合计中不包含，只是列项。专业工程暂估价：按项列支，如塑钢门窗、玻璃幕墙、防水等，价格中包含除规费、税金外的所有费用；此费用计入其他项目合计中。暂列金额由招标人根据工程特点，按有关计价规定进行估算确定，一般可以分部分项工程量清单费的 10% ~15% 为参考。索赔费用、签证费用从此项扣支。

招标人部分的"其他"是指招标人部分可增加的新列项，如由于某单位工程或某分项工程专业性较强，必须由专业队伍施工，则需增加这项费用。

2）投标人部分。这部分由投标人填写，主要是对工程量清单、措施项目清单以外的工作补充列项。

总承包服务费是总承包人为配合协调发包人进行的工程分包自行采购的设备、材料等进行管理、服务以及施工现场管理、竣工资料汇总整理等服务所需的费用。对于总承包服务费，一定要在招标文件中说明总包的范围，以减少后期不必要的纠纷；规范中列出的参考计算标准如下：招标人仅要求对分包的专业工程进行总承包管理和协调时，按分包的专业工程估算造价的 1.5% 计算；招标人要求对分包的专业工程进行总承包管理和协调并同时要求提供配合服务时，根据招标文件中列出的配合服务内容和提出的要求按分包的专业工程估算造价的 3% ~5% 计算；招标人自行供应材料的，按招标人供应材料价值的 1% 计算。

计日工应根据所列出的具体项目和数量分别计算并汇总。其中，单价应为综合单价，如人工综合单价应综合了管理费和利润，材料综合单价应综合了材料采购保管费，机械综合单价应综合了机械台班使用费、车船使用税、设备调遣费等。

投标人部分的"其他"是指投标人还需增加的新列项。

（7）主要材料价格表。招标人提供的工程量清单中的主要材料价格表中包含详细的材料编码、材料名称、规格型号和计量单位。其中材料编码按统一的编码填写，示例参见表 4-21。

表 4-21 主要材料价格表

工程名称：某宿舍楼给水排水工程　　　　　　　　　　　　　　　年 月 日

序 号	材料编码	工程名称	规格型号等特殊要求	单 位	单价/元
1	030801001	镀锌钢管	DN70	m	30
2	030804016	水龙头	DN20	个	7.5
3	030804017	地漏	DN50	个	6.3
4	030804012	大便器		个	45.5

4.3.4 工程量清单计价

4.3.4.1 工程量清单计价的内容

工程量清单计价所得出的工程造价，应包括按招标文件规定完成工程量清单所列项目的全部费用，以及工程量清单项目中没有体现的，施工中又必须发生的工程内容所需的费用。具体包括：分部分项工程费、措施项目费、其他项目费、规费和税金。

工程量清单计价采用综合单价法计价，即完成一个规定计量单位的分部分项工程量清单项目或措施项目所需的人工费、材料费、施工机械使用费和企业管理费与利润，以及一定范围内的风险费用。当工程量的变化幅度在10%以内时，其综合单价不做调整，执行原有综合单价；当工程量的变化幅度在10%以外，且影响分部分项工程费超过0.1%时，由承包人对增加的工程量或减少后剩余的工程量提出新的综合单价和措施项目费，经发包人确认后调整。

（1）分部分项工程费。分部分项工程费按下式计算：

$$分部分项工程费 = \sum 清单工程量 \times 综合单价$$

分部分项工程的综合单价包括：分部分项工程主体项目的每一清单计量单位的人工费、材料费、机械费、管理费、利润；与主体项目相结合的辅助项目的每一清单计量单位的人工费、材料费、机械费、管理费、利润；在不同条件下，施工需增加的人工费、材料费、机械费、管理费、利润；在不同时期应调整的人工费、材料费、机械费、管理费、利润。分部分项工程量清单与计价表如表4-22所示。

表4-22　分部分项工程量清单与计价表

工程名称：　　　　　　　　　标段：　　　　　　　　　第　页　共　页

序号	项目编码	项目名称	项目特征	计量单位	工程量	金额/元		
						综合单价	合价	其中：暂估价
	本页小计							
	合　计							

注：根据住房和城乡建设部、财政部发布的《建筑安装工程费用组成》（建筑〔2003〕206号）的规定，为计取规费的使用，可在表中增设其中："直接费"、"人工费"或"人工费+机械费"。

首先，实际计算工程费时，需测算各分部分项工程所需人工工日、材料及机械台班的消耗量。各企业的劳动生产率、技术装备水平和管理水平均不相同，并且不同的施工方案也会带来不同的损耗。因此，企业可以按本企业定额或参照政府消耗量定额确定人工、材料及机械台班的消耗量。

其次，需进行市场调查和询价。工程量清单计价的最大特点就是"量价分离，自主计价"。企业作为市场的主体应是价格决策的主体。因此，投标人在日常工作中就应建立相应的价格体系，积累生产要素价格。除此之外，在进行投标报价前，还应进行市场调查和多方询价，了解生产要素的价格及影响价格的各方面因素，这样才能为准确计价打下基础。询价方式有：询问厂家或供应商的挂牌价，了解已施工工程材料的购买价，了解政府定期或不定期发布的信息价及各种网站发布的信息价等。

最后，计算综合单价。综合单价不但包括直接工程费，而且还包括管理费、利润等，因此由消耗量和相应的生产要素价格计算出的直接工程费还要加上企业的管理费和利润等部分才能形成分部分项工程综合单价。

（2）措施项目费。此项费用应根据拟建工程的具体情况计算。为指导措施项目费的正确计算，各省、市都制定了相应的项目名称和费用标准。投标报价时，措施项目清单中的安全文明施工费应按照国家或省级、行业建设主管部门的规定计价，不得作为竞争性费用；投标方安全防护、文明施工的报价，不得低于依据工程所在地工程造价管理机构测定费率计算所需费用总额的90%。建筑施工企业提取的安全费用列入工程造价，在竞标时，不得删减；措施项目应按照招标文件中提供的措施项目清单确定，采用分部分项工程综合单价形式进行计价的工程量，应按措施项目清单中的工程量，并按《计价规范》的规定确定综合单价；以"项"为单位的方式计价的，按《计价规范》规定计价，包括除规费、税金以外的全部费用。编制人没有计算或少计算的费用视为已包括在其他费用内，额外的费用除招标文件和合同约定外，不予支付。其计算方法为

$$措施项目费 = \sum 措施项目清单工程量 \times 综合单价$$

措施项目的综合单价计算时，应根据拟建工程的施工组织设计或施工方案，详细分析其所含的工程内容再确定。措施项目不同，综合单价的组成内容就会有差异。另外，招标人提供的措施项目清单是根据一般情况提出的，投标人可根据本企业的实际情况，调整措施项目的内容再报价。

（3）其他项目费。其他项目清单中的暂列金额、暂估价、计日工、总承包服务费，均为预测数量，虽然在投标时计入投标报价中，但并不为投标人所有。工程结算时，按承包人实际完成的工作量结算，剩余部分仍归招标人所有。为便于计算，各省、市都制定了相应的项目费用标准。其计算方法为：

$$其他项目费 = \sum 其他项目清单估算量 \times 综合单价$$

（4）规费和税金。略。

4.3.4.2　工程量清单计价的步骤

（1）熟悉工程量清单。工程量清单是计算工程造价最重要的基础依据，计价时应该全面了解每一个清单项目的特征描述，熟悉其包含的工程内容，做到不漏项、不重复计算。

（2）研究招标文件。工程招标文件的有关条款、要求和合同条件是计算工程造价的重要依据。有关承发包工程范围、内容、期限、工程材料、设备采购供应等在招标文件中都有具体规定，只有按规定进行计价，才能保证其有效性。投标单位拿到招标文件后，要对照图纸，对招标文件提供的工程量清单进行复查或复核，及时发现清单中存在的问题。

（3）熟悉施工图纸。全面、系统地阅读施工图纸是准确计算工程造价的重要工作。收集设计图纸中选用的标准图和大样图，掌握安装构件的部位、尺寸和施工要求，了解本专业施工和其他专业施工之间的搭接顺序，记录图纸中的错、漏或不清楚的地方，都有助于工程造价的计算。

（4）了解施工组织设计。施工组织设计或施工方案是施工单位对具体工程的特征编制的指导施工的文件。包括施工技术措施、安全措施、施工机械配置、是否增加辅助项目等，所涉及的费用主要属于措施项目费。

（5）了解主材和设备的有关情况。建设工程中主材和设备的型号、规格、质量、材质、品牌等对工程计价的影响非常大，投标人对主材和设备的范围及有关内容要了解，必要时还需了解其产地和厂家。

（6）计算工程量。工程量计算包括两部分内容：一是核算工程量清单提供的项目工

程量是否准确；二是计算每一个清单主体项目所组合的辅助项目工程量来确定综合单价。

（7）确定措施项目清单内容。措施项目清单是完成项目施工所必须采取的措施工作内容，要根据自己的施工组织设计或施工方案来填写。

（8）计算综合单价。目前，大部分仍采用预算定额来分析综合单价。首先根据定额的计量单位，选择套用相应定额计算出各项的管理费和利润，然后汇总为清单项目费合价，最后确定综合单价。综合单价是报价和调价的主要依据。

（9）计算措施项目费、其他项目费、规费、税金等。根据项目费用计算基础和当地的费用标准计算出措施项目费、其他项目费、规费和税金。

（10）工程量清单计价。将分部分项工程项目费、措施项目费、其他项目费、规费和税金进行汇总，最后计算出工程造价。

（11）工程量清单综合单价分析表。工程量清单综合单价分析表是评标委员会评审和判断综合单价组成及价格完整性、合理性的主要基础，对因工程变更调整综合单价也是必不可少的基础价格数据来源。采用经评审的最低投标价法评标时，该分析表的重要性更为突出。该分析表集中反映了构成每一个清单项目综合单价的各个价格要素的价格及主要的"工、料、机"消耗量。编制招标控制价和投标报价时，需要对每一个清单项目进行组价，为了使组价工作具有可追溯性（回复评标质疑时尤其重要），需要表述每一个数据的来源。该分项表实际上是招标人编制招标控制价和投标人投标组价工作的一个阶段性成果文件。编制招标控制价，使用本表应填写使用的省级或行业建设主管部门发布的计价定额名称。

工程量清单综合单价分析表，如表 4 - 23 所示。

表 4 - 23　工程量清单综合单价分析表

工程名称：　　　　　　　　　　标段：　　　　　　　　　第 页 共 页

项目编码		项目名称			计量单位		
清单综合单价组成明细							
定额编号	定额名称	定额单位	数量	单 价			
				人工费	材料费	机械费	管理费和利润
				合 计			
				人工费	材料费	机械费	管理费和利润
人工单价			小 计				
元/工日			未计价材料费				
清单项目综合单价							
材料费明细	主要材料名称、规格、型号			单位	数量	单价/元	合价/元
						暂估单价/元	暂估合计/元
	其他材料费						
	材料费小计						

注：1. 如不使用省级或行业建设主管部门发布的计价依据，可不填定额项目、编号等；

　　2. 招标文件提供了暂估单价的材料，按暂估的单价填入表内"暂估单价"栏及"暂估合价"栏。

工程量清单计价程序参见 4.2 节。工程量清单计价编制示例见第 5 章和第 6 章实例。

4.3.4.3　工程量清单计价的风险管理

由信息科学的理论可知，信息的不完备性是绝对的，信息的完备性是相对的，即确定性事件是不存在的，不确定性事件是肯定会发生的。所以，任何工程项目的实施都具有一定程度的不确定性。这种不确定性导致了在工程项目的实施过程中存在着各种各样的风险。

工程量清单计价模式创造了充分竞争的环境，但是在降低工程造价，合理节约投资的同时，风险也无处不在。招标人承担了工程量计量的风险，投标人承担着工程价格的风险。

（1）工程量计量风险。在工程量清单计价模式下，招标人主要承担的是工程量计量风险。因此，工程量清单是合同文件的一部分，清单开列的工程数量和工程内容是不得随意更改、增减的，出现错误就会在今后项目的实施过程中被索赔或被利用。

工程量计量风险存在的原因主要有：设计的缺陷、设计概算或施工图预算不准确、造价工程师失职、项目实施过程中监理工程师失职、材料设备供应商履约不力或违约、合同条件的缺陷等。

（2）工程价格风险。工程量清单计价使得企业作为市场的主体从而成为了价格决策的主体，在实现了企业公平竞争的同时，承包商主要承担的是工程价格风险。

价格风险产生的原因，一方面是因为施工期间可能发生通货膨胀或其他市场原因引起材料、设备及人工费上涨，导致工程直接成本上升；另一方面是由于技术措施的变化带来工程费用的增加。

技术措施的变化包括施工组织、施工方法的变化，或新材料、新技术和新工艺的应用的变化等。具体包括以下内容：

1）施工组织、施工方法的改变若使得施工计划安排不周，各工序间交接、配合和作业面上产生矛盾，工艺流程、技术方案及检测手段失当等，会导致工期拖延、质量下降和成本上升，原投标报价就存在着风险。

2）工程施工中新材料、新工艺和新管理方法的应用，可能缩短工期、提高质量和降低成本，但另一方面，由于其可靠性是不完全确定的，因此也存在着失败的可能性，反而会导致项目工期延长和成本上升。另外，如果一味地避免使用新材料、新工艺、新技术和新管理方法，也会导致在缩短工期、提高质量和降低成本方面的机会损失。这样，也会使投标报价存在着风险。

风险管理理论认为，大多数风险都具有两大特性，即风险的渐进性和风险的阶段性。风险的渐进性表明风险的爆发不是突然的，它是随着环境、条件变化和自身固有的规律一步一步逐渐发生和发展的。风险的阶段性是指风险的发展是分阶段的，一般有潜在风险阶段、风险发生阶段和造成后果阶段。

风险的渐进性提示人们在工程项目进行的过程中应该判断可能存在的风险及风险发展的程度，并掌握这些风险发展进程的主要规律和认识风险可能带来的结果。这样，可以通过主观能动性的发挥，在风险渐进的过程中根据风险发展的客观规律开展对风险的管理和控制，并进一步开展成本或造价的风险性管理。

风险的阶段性提示人们可以在风险的不同阶段采取不同的风险管理和控制措施。例如：在潜在风险阶段，应预先采取措施规避风险；在风险发生阶段，应采用风险转化与化解的办法对风险及其后果进行控制和管理；在造成后果阶段，应采取消减风险后果的措施降低由于风险的发生和发展所造成的损失。

在招投标阶段，工程量计量风险和工程价格风险还处在潜在风险阶段，因此，这个阶段强调的是预先采取措施规避风险。在标价的编制过程中，编制人应增强风险意识，充分掌握市场信息，尽量规避风险。只有将风险防患于未然，并通过合理配置企业内部各种要素，发挥其最大效能，企业才能抵抗各种风险。

复习与思考题

4-1　简述建筑工程安装费用的组成，试就国家标准《建设工程工程量清单计价规范》（GB50500—2003）和《建设工程工程量清单计价规范》（GB50500—2008）进行对比，找出不同点并说明。

4-2　什么是工料单价法计价？列表说明工料单价法的计价程序。

4-3　什么是综合单价法计价？列表说明综合单价法的计价程序。

4-4　分部分项工程费包括哪些费用？

4-5　措施项目费的含义是什么，通常包括哪些内容？

4-6　规费的含义是什么，通常包括哪些内容？

4-7　安装工程中用系数计算的费用有哪些，具体计算方法是什么？

4-8　工程量清单及工程量清单计价的含义是什么？

4-9　简述分部分项工程量清单的编制方法。

4-10　简述工程量清单计价的方法。

4-11　××市某通风工程：一类，国有三级企业承包施工。已知制作安装 1600mm×500mm 矩形镀锌薄钢板通风管 100m，制作安装 1000mm×500mm 矩形镀锌薄钢板通风管 100m。两种风管均为咬口连接，镀锌钢板 36 元/m^2，试用定额法编制该安装工程施工预算。

4-12　下列哪些是竞争性费用，哪些是非竞争性费用？
①管理费；②环境保护费；③利润；④安全文明施工费；⑤脚手架搭拆费；⑥规费。

5 给水排水、采暖、燃气安装工程施工图预算编制

5.1 给水排水、采暖、燃气工程系统概述

5.1.1 给水排水、采暖、燃气系统组成

5.1.1.1 建筑给水排水、采暖、燃气工程系统的组成

（1）建筑内部给水系统的组成。室内给水方式按水平干管敷设位置和干管布置形式可分为：直接给水、设水箱的给水、设水泵的给水、设水泵和水箱的给水及分区分压给水等方式。无论哪种给水方式，其系统一般均由进户管、水表节点、给水管网、用水设备、给水附件、增压和贮水设备等组成。

（2）建筑内部排水系统的组成。室内排水系统一般由卫生器具、横支管、立管、排出管、通气系统、清通设备、特殊设备（主要指污水提升设备和污水局部处理设备）等基本部分组成。

（3）采暖、燃气系统的组成。采暖、燃气系统主要由热源、输配管道、散热器和其他设备与附件组成。

5.1.1.2 建筑给水排水、采暖、燃气工程施工图识读

在识读给水工程施工图时，应首先阅读施工说明，了解设计意图；然后由平面图对照系统图阅读，一般按供水流向，由底层至顶层逐层看图，弄清整个管路全貌后，再对管路中的设备、器具的数量、位置进行分析；最后要了解和熟悉给水设计和验收规范中部分器具的安装高度，以利于计算管道工程量。

室内排水工程施工图主要包括平面图、系统图及详图等，阅读时应将平面图和系统图结合起来，从排水设备起，沿排水方向进行顺序阅读。

对于采暖、燃气工程施工图，也应首先阅读施工说明，了解设计意图；在识读平面图时，应着重了解整个系统的平面布置情况，找到采暖管道的进出口位置，以及供水和回水干管的走向；在识读系统图时，应着重了解立管的根数及分布情况；最后，弄清系统中散热设备和其他附件的安装位置。

5.1.2 给水排水、采暖工程安装工艺

5.1.2.1 给水工程安装工艺

A 管道安装

（1）管材选用。

1）埋地管道。管材应具有耐腐蚀性和能承受相应地面荷载的能力。当管径大于 DN75 时，通常采用有内衬的给水铸铁管、球墨铸铁管、给水塑料管或复合管；当管径不

大于 $DN75$ 时，通常采用给水塑料管、复合管或经可靠处理的钢管、热镀锌钢管。

2）室内给水管道道。应选用耐腐蚀和安装连接方便可靠的管材。明敷或嵌墙暗敷一般采用塑料给水管、复合管、薄壁不锈钢管、经可靠防腐处理的钢管、热镀锌钢管。地面敷设管道宜采用 PP – R 管、PEX 管、PVC – C 管、铝塑复合管及耐腐蚀的金属管材。

3）室外明敷管道。一般不宜采用铝塑复合管、塑料给水管。给水泵房内管道及输水干管宜采用法兰连接的衬塑钢管或涂塑钢管及配件。水池（箱）进水管、出水管、泄水管通常采用管内外壁及管口端涂塑钢管或塑料管，浸水部分的管道通常采用耐腐蚀金属管材或内外涂塑焊接钢管及管件。

室内给水工程常用管道名称及连接方式，如表 5 – 1 所示。

表 5 – 1　常用给水管道名称、连接方式及套管尺寸表

管道名称	表示方法	连接方式	套管尺寸	
			穿楼板	穿　墙
硬聚氯乙烯管（PVC – U）	管外径（De）	承插粘接	大于管外径 50～100mm	与楼板同
氯化聚氯乙烯管（PVC – C）	管外径（De）	承插粘接	大于管外径 50mm	与楼板同
聚丙烯管（PP – R）	管外径（De）	热熔连接		大于管外径 50mm
交联聚乙烯管（PEX）	管外径（De）	卡箍式（≤De25），卡套式（≥De32）	大于管外径 70mm	与楼板同
铝塑复合管	管外径（De）	卡套式连接		
钢塑复合管	管外径（De）	螺纹连接（≤De100）法兰连接（＞De100）	大于管外径 40mm	
普通钢管	公称直径（DN）	螺纹连接、法兰连接或焊接	大于管径 1～2 号	
薄壁不锈钢管	公称直径（DN）	卡压式、卡套式连接	可用塑料套管	大于管外径 50～100mm
铜　管	公称直径（DN）	软钎焊接、卡套连接、法兰连接	大于管外径 50～100mm	与楼板同
铸铁管	公称直径（DN）	承插连接，胶圈接口		

（2）管道敷设。应根据建筑或室内工艺设备的要求及管道材质的不同来确定管道的敷设方式。其中，室内暗敷给水管道有直埋式和非直埋式两种形式。

1）嵌墙敷设的塑料管、铝塑复合管管径通常不大于 25mm，嵌墙敷设的铜管管径通常不大于 20mm，嵌墙敷设的薄壁不锈钢管宜采用覆塑薄壁不锈钢管，管径通常不大于 20mm。

2）明敷给水管道与墙、梁、柱的间距应满足施工、维护、检修的要求。例如，横干管与墙、地沟壁的净距不小于 100mm，与梁、柱的净距不小于 50mm。立管中心距柱表面

不小于50mm，与墙面的净距：当管径 < $DN32$ 时，净距不小于25mm；当管径为$DN32$ ~ $DN50$ 时，净距不小于35mm；当管径为 $DN75$ ~ $DN100$ 时，净距不小于50mm；当管径为 $DN125$ ~ $DN150$ 时，净距不小于60mm。

（3）管道支架。管道的支架要根据管道的材质、重量等确定，或者是金属管卡、吊架，或者是塑料管卡、吊架等。管道支吊架的间距也各不相同，分别见表5-2和表5-3。

表5-2 金属管道支吊架的最大间距 （m）

公称直径/mm 管道名称		15	20	25	32	40	50	65	70	80	100
普通钢管 （水平安装）	保温管	2	2.5	2.5	2.5	3.0	3.0	—	4.0	4.0	4.5
	不保温管	2.5	3.0	3.5	4.0	4.5	5.0	—	6.0	6.0	6.5
薄壁不锈钢管	水平管	1.0	1.5	1.5	2.0	2.0	2.5	2.5	3.0	3.0	3.0
	立管	1.5	2.0	2.0	2.5	2.5	3.0	3.0	3.5	3.5	3.5
铜 管	立管	1.8	2.4	2.4	2.4	2.4	3.5	—		3.5	3.5
	横管	1.2	1.8	1.8	2.4	2.4	2.4	3.0		3.0	3.0

表5-3 塑料管、复合管道支吊架的最大间距 （m）

管外径/mm 名称		20	25	32	40	50	63	75	90	110
PVC-U管	立管	1.0	1.1	1.2	1.4	1.6	1.8	2.1	2.4	2.6
	横管	0.6	0.65	0.7	0.9	1.0	1.2	1.3	1.45	1.6
PVC-C管	立管	1.0	1.1	1.2	1.4	1.6	1.8	2.1	2.4	2.7
	横管	0.8	0.8	0.85	1.0	1.2	1.4	1.5	1.6	1.7
PP-R	立管	1.2	2.4	1.5	1.7	1.8	2.0	2.0	2.1	2.5
	横管	0.8	1.8	0.95	1.1	1.25	1.4	1.5	1.6	1.9
铝塑复合管	立管	1.0		1.1	1.3	1.6	1.8	2.0	—	—
	横管	0.7		0.8	1.0	1.2	1.4	1.5	—	—

（4）管道的防腐与保温。金属管材一般应采取适当的防腐措施。明装的镀锌钢管应刷银粉两道或调和漆两道；埋地铸铁管宜在管外壁刷冷底子油一道、石油沥青两道；埋地钢管宜在外壁刷冷底子油一道、石油沥青两道外加保护层。钢塑复合管埋地敷设，其外壁防腐同普通钢管；薄壁不锈钢管埋地敷设，宜采用管沟形式或其外壁应有防腐措施（管外加防护套管或外缚防腐胶带）；薄壁铜管埋地敷设时应在管外加防护套管。

（5）常用卫生器具给水配件的安装高度。在计算管道工程量时，给水支管的管道工程量除部分在施工图上有图示外，一般则取决于给水配件的安装高度，见表5-4。

表5-4 常用卫生器具给水配件安装高度

卫生器具给水配件名称		给水配件中心离地面高度/mm
洗涤盆、盥洗槽	冷或热水龙头，回转水龙头	1000
洗脸盆、洗手盆	冷或热水龙头，混合式水龙头	800 ~ 820

续表 5-4

卫生器具给水配件名称		给水配件中心离地面高度/mm
浴盆	混合式水龙头，带软管莲蓬头	500~700
	混合式水龙头，带固定莲蓬头	550~700
淋浴器	进水调节阀	1150
	莲蓬头下沿	2100
蹲式大便器	高水箱进水阀或截止阀	2048
	低水箱进水角阀	600
	自闭式冲洗阀	800~850
坐式大便器	低水箱进水角阀，侧配水	500~750
	连体水箱进水角阀，下配水	60~100
	自闭式冲洗阀	775~785
墙挂式小便器	冲洗水箱进水角阀	2300
	光电式感应冲洗阀	950~1200
	自闭式冲洗阀	1150~1200
小便槽	冲洗水箱进水角阀或截止阀	≥2400
	多孔冲洗管	1100

B 阀门安装

给水管道上使用的阀门应耐腐和耐压，阀门型号主要根据管道材质、管径大小、管道压力和使用温度等因素确定。一般的阀门产品型号由 7 个单元组成（有些单元可省略），如 J11T-10，Z44W-10K 等。对于预算编制人员，应熟练掌握其中 3 个单元的代号名称及含义：第一单元为阀门类别代号，表明阀门的类型，见表 5-5；第三单元为阀门连接形式代号，见表 5-6；第六单元为阀门公称压力代号。当明确了这 3 个单元的代号名称及含义后，就可确定该阀门的主材价格、套用定额的种类和适用于哪册定额。

表 5-5　阀门类别代号

阀门类型	闸阀	截止阀	节流阀	隔膜阀	球阀	旋阀	止回阀	蝶阀	疏水阀	安全阀	减压阀
代号	Z	J	L	G	Q	X	H	D	S	A	Y

表 5-6　连接形式代号

连接形式	内螺纹	外螺纹	法兰	法兰	法兰	焊接
代号	1	2	3	4	5	6

注：1. 法兰连接代号3仅用于双弹簧安全阀；2. 法兰连接代号5仅用于杠杆式安全阀。

例如：J11T-10，第一单元，"J"表示阀门类别为截止阀，可明确阀门的价格；第二单元省略；第三单元，"1"表示连接形式为内螺纹，为螺纹阀，套用螺纹阀定额子目；第四单元，"1"表示阀门的结构形式（与编制预算没有关系）；第五单元，"T"表示密封面或衬里材质（与编制预算没有关系）；第六单元，"10"表示公称压力为 10×9800Pa，说明适用于第八册定额（否则应套用第六册定额）；第七单元常省略。

C 水表安装

小区建筑的引入管、住宅和公寓的进户管、各用户的进水管、需计量的设备进水管上均须装设水表。一般规定：用水管道公称直径不超过50mm时，应采用旋翼式水表；管道公称直径超过50mm时，应采用螺翼式水表；通过水表的流量变化幅度很大时应采用复式水表。

旋翼式水表和垂直螺翼式水表应水平安装，水平螺翼式和容积式水表可根据实际情况确定水平、倾斜或垂直安装。螺翼式水表的前端应有8～10倍水表公称直径的直管段，其他类型水表前后宜有不小于300mm的直管段。如图5－1所示。

引入管的水表前后和旁通管上均应设检修闸阀，水表与表后阀门之间应设泄水装置，当管网有反压时，水表后与阀门之间的管道上应设置止回阀。但住宅的分户水表前应设置阀门，表后不设阀门和泄水装置。

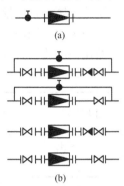

图5－1 水表组成示意图
(a) 螺纹连接水表；
(b) 法兰连接水表

D 水泵和水箱

离心式水泵的基本工作参数有：流量、总扬程、功率。水泵型号一般用汉语拼音字头和数字组成。例如，BA表示单级单吸悬臂式离心泵，DA表示单吸多级分段式离心泵，Sh表示双吸单级离心泵等。数字表示缩小10倍的水泵的比转数。例如，4DA－8表示吸水口直径为100mm（4×25mm）的单吸多级分段式离心泵，比转数为80。

每台水泵宜用独立的吸水管，吸水管口应设置喇叭口，其直径一般为吸水管直径的1.3～1.5倍。每台水泵的出水管上应装设压力表、可曲挠橡胶接头、止回阀和阀门。

水箱通常用钢板或钢筋混凝土建造，其外形有圆形及矩形两种。圆形水箱结构上较为经济，矩形水箱则便于布置。水箱上设有进水管、出水管、溢流管、泄水管、透气管、水位信号装置、人孔等。

5.1.2.2 排水工程安装工艺

A 管道安装

（1）管材选用。生活排水管管材的选择应综合考虑建筑物的使用性质、建筑高度、抗震要求、防火要求等因素。常用的建筑物内排水管道有排水塑料管及管件、柔性接口排水铸铁管及相应管件。对环境温度有特殊要求或排水温度较高时，应使用金属排水管。硬聚氯乙烯管宜采用胶黏剂连接。排水立管应采用挤压成型的硬聚氯乙烯螺旋管，排水横管应采用挤出成型的建筑排水用硬聚氯乙烯管，连接管件及配件采用注塑成型的硬聚氯乙烯管件。柔性接口排水铸铁管直管及管件为灰口铸铁。

（2）管道安装。排水管道一般宜地下埋设或在地面上、楼板下明设，也可在管槽、管道井、管沟或吊顶内暗设。使用塑料排水管时，应合理设置伸缩节。

（3）管道支架。塑料排水管道支、吊架间距应符合表5－7所示的规定。

表5－7 塑料排水管道支吊架最大间距 （m）

管径/mm	40	50	75	90	110	125	160
立管	—	1.2	1.5	2.0	2.0	2.0	2.0
横管	0.40	0.50	0.75	0.90	1.10	1.25	1.60

金属排水管道上的吊钩或卡箍应固定在承重结构上，其间距一般为：横管不大于 2m，立管不大于 3m；层高不大于 4m 时，立管可安装 1 个固定件，立管底部弯管处应设支墩或承重支吊架。

（4）管沟土石方工程。室外管道安装涉及管沟土石方工程，在计算其工程量时，首先要明确土壤类别、挖土深度，其次对放坡系数和管沟宽度要有所考虑。

一般来说，挖沟、槽土方时，应根据施工组织设计规定放坡；如无规定时，可按表 5-8 的比例放坡。管沟底宽按表 5-9 规定计取。

表 5-8　土方放坡比例表

土壤类别	放坡起点深/m	人工挖土	机械挖土	
			坑内作业	坑上作业
一、二类土	1.20	1:0.5	1:0.33	1:0.75
三类土	1.50	1:0.33	1:0.25	1:0.67
四类土	2.00	1:0.25	1:0.10	1:0.33

表 5-9　管沟底宽取值表

管径/mm	管沟底宽/mm		管径/mm	管沟底宽/mm	
	铸铁管、钢管、石棉水泥管	混凝土、钢筋混凝土、预应力混凝土管		铸铁管、钢管、石棉水泥管	混凝土、钢筋混凝土、预应力混凝土管
50~70	600	800	700~800	1600	1800
100~200	700	900	900~1000	1800	2000
250~350	800	1100	1100~1200	2000	2300
400~450	1000	1300	1300~1400	2200	2600
500~600	1300	1500			

沟槽土方回填应在管道验收后进行，基坑要在构筑物达到足够强度后再进行回填土方。回填土方的体积可按"基槽、坑回填土体积 = 挖土体积 −（垫层体积 + 基础体积 + 管道外形体积）"计算。但预算时，管径在 500mm 以内的，不扣除管道所占体积；管径在 500mm 以上的，应扣除管道所占体积，扣除数量速算表见表 5-10。

表 5-10　每延长米管道应减土方量　　　　　　　　　　　（m³）

管径/mm 管道种类	减去数量					
	500~600	700~800	900~1000	1100~1200	1300~1400	1500~1600
钢管	0.24	0.44	0.71	—	—	—
铸铁管	0.24	0.49	0.77	—	—	—
钢筋混凝土管	0.33	0.60	0.92	1.15	1.35	1.55

B　管道附件

排水管道附件主要包括检查口、清扫口和检查井。

检查口装设在排水立管及较长水平管段上，可做检查和双向清通之用。底层和设有卫生器具的二层以上的建筑物最高层必须设置检查口。铸铁排水立管上检查口之间的距离不宜大于 10m，立管上检查口的设置高度以从地面至检查口中心 1.0m 为宜。

清扫口装设在排水横管上，用作单向清通排水管道的维修口，通常设置在楼板或地坪上，与地面相平。设置原则：在连接 2 个及其以上的大便器或 3 个及其以上的卫生器具的铸铁排水横管上，宜设置清扫口；采用塑料排水管道时，在连接 4 个及其以上的大便器的污水横管上，宜设置清扫口；管径小于 100mm 的排水管道上设置清扫口，其尺寸与管道同径。排水铸铁管道上设置的清扫口一般采用铜制品，塑料排水管道上设置的清扫口一般与管道同质，也可采用铜制品。

检查井：当井深不大于 1.0m 时，0.45m < 检查井内径 < 0.7m；当井深大于 1.0m 时，检查井内径不宜小于 0.7m。井深是指井底至盖板顶面的深度，方形检查井的内径指内边长。

C 排水处理设施

当室内生活用水不能靠重力排出时，或当排水的水质达不到城镇排水管道或接纳水体的排放标准时，应设置相应的排水处理设施进行处理，以达到相应的要求。其排水处理设施主要有排水泵和化粪池等。

（1）排水泵。建筑物内使用的排水泵有潜水排污泵、液下排水泵、立式污水泵和卧式污水泵等，其中，由于潜水排污泵具有占用场地小等优点，在建筑物内使用较多。公共建筑内应以每个生活排水集水池为单元设置两台泵，平时交替运行。当两台或两台以上的水泵共用一条出水管时，应在每台水泵出水管上装设阀门和止回阀。

（2）化粪池。化粪池距建筑物外墙不易小于 5m。矩形化粪池的长度一般不小于 1.0m，宽度不小于 0.75m，深度（水面至池底）不小于 1.3m。圆形化粪池的直径一般不小于 1.0m。化粪池进水口、出水口应设置连接井与进水管、出水管相接。顶板上应设有人孔和盖板。

5.1.2.3 采暖、燃气工程安装工艺

（1）管道安装。供暖管道的安装有明装和暗装两种。管道系统的立管应垂直地面安装，采暖主立管一般应进行保温，敷设在采暖房间内管路较长的供、回水干管，条件适宜时宜进行保温。采暖管道穿越建筑物基础墙时一般应设管沟，无条件设管沟时应设套管，并设置柔性连接。水平管道穿隔墙时应设套管，立管穿楼板时也应设套管，且套管上端应高出地面 20mm。

对于不保温明装螺纹连接的管道，$DN32$ 及其以下的管道，与墙距离为 20~25mm；大于 $DN32$ 且小于 $DN80$ 的管道，与墙距离为 25~35mm；$DN100$ 及以上的管道，与墙距离为 50mm 以上。

系统最高点或有空气聚集的部位应设相应的排气装置，即散热器上设手动放气阀，管道上设集气罐和自动排气阀。系统最低点或可能有水积存的部位应设泄水装置，通常采用旋塞阀。

（2）散热器安装。散热器按其材质的不同可分为钢制散热器、铸铁散热器、铝制散热器、钢铝复合制及超导散热器等。散热器一般应明装，若暗装则需留有足够的空气流通通道，并方便维修。

供回水干管一般采用异程式系统，条件适宜且经济时可采用同程式系统。各分支供回水干管一般设置有分路检修阀门及泄水装置，检修阀门通常采用低阻力阀（如闸阀、蝶阀），且分支回水干管上设置流量调节阀（如手动调节阀、平衡阀、自力式流量控制阀

等）。立管上也设置有检修阀门和泄水装置，检修阀门宜采用低阻力阀。每组散热器进、出口也应设置低阻力阀。

散热器立管与干管连接处，应根据立管端部位移量设置 2~3 个自然补偿弯头，弯头间应设置适当长度的直管段。

（3）燃气内容。

1）室外管道安装。包括镀锌钢管（螺纹连接）、钢管（焊接）、承插燃气铸铁管（柔性机械接口）、塑料燃气管（热熔、电熔连接）。

2）室内镀锌钢管（螺纹连接）。

3）附件安装。包括铸铁抽水缸安装、碳钢抽水缸安装、调长器安装、调长器与阀门联装。

4）燃气表安装。包括民用燃气表安装、公用燃气表安装。

5）燃气加热设备安装。

6）灶具安装。包括各类型灶具安装、砖砌灶燃气嘴。

5.2 给水排水、采暖、燃气工程工程量计算规则与计价表套用

5.2.1 给水排水工程工程量计算规则

5.2.1.1 工程量计算规则

A 管道安装工程

（1）室内外管道安装界线的划分。

1）给水管道。室内外给水管道以建筑物外墙皮 1.5m 为界，入口处设阀门者以阀门为界；与市政管道的界线以水表井为界，无水表井者以市政管道碰头点为界，如图 5-2 所示。

2）排水管道。室内外管道以出户第一个排水检查井为界；与市政管道界线以室外管道和市政管道碰头点为界，如图 5-3 所示。

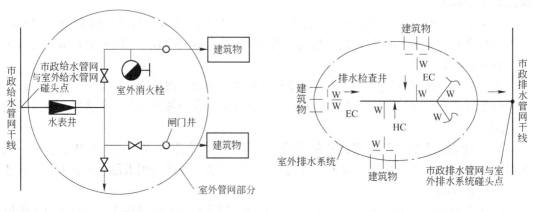

图 5-2 给水管道界限   图 5-3 排水管道界限

（2）管长。各种管道的管长均以设计图所示管道中心线长度以"m"为计量单位计

算，不扣除阀门及管件、附件所占的长度。

室外管道，特别是排水管道工程量不扣除检查井所占长度，即室外排水管道长度应按上一个井中心至下一个井中心长度计算。

（3）不需计算的工程量。计价表中管道安装子目的工程量不需再计算的内容包括：接头零件安装；水压试验或灌水试验；室内（DN 32 以下）钢管的管卡及托钩制作安装；钢管的弯管制作与安装（伸缩器除外），无论现场煨制或使用成品弯头均不作换算；铸铁排水管、雨水管及塑料排水管的管卡及吊托支架、臭气帽、雨水漏斗的制作安装；穿墙及过楼板铁皮套管的安装人工。

（4）工程量计算时注意事项。管道安装工程量计算时需注意以下几点：

1）室内外管沟土方及管道基础应执行相应的土建定额。

2）管道安装中不包括法兰、阀门及伸缩器的制作安装，按相应项目另行计算。

3）室内外给水、雨水铸铁管包括接头零件所需的人工费，但接头零件的价格应另计。

4）DN 32 以上的管道支架制作安装需另行计算。

5）过楼板钢套管的制作安装，按室外钢管（焊接）项目，以"延长米"计算；防水套管按照套管的数量套用第六册《工业管道工程》套管制作与安装子目。

【例 5 – 1】 某建筑内沿墙安装 DN 100mm 的铸铁给水管道 120m，共设托架 10 副，托架采用∟75 × 7 的角钢制作，每副重 8.62kg，问是否要计算该管道托架的工程量？如果计算，应如何套用定额？

【解】 因该管道为室内铸铁给水管，定额工作内容中不包括其管道支吊架的工程量，所以应单独计算如下：（8.62 × 10）kg = 86.2kg，套用定额 8 – 36。

注意：定额计量单位为 100kg。

B 管道支架制作安装

管道支架制作安装的工程量计算规则是：室内钢管（公称直径 DN 32 以下）的支架制作安装工程已包括在相应的定额内，不另计工程量。公称直径 DN 32 以上的，按支架钢材图示几何尺寸以"kg"为单位计算，不扣除切肢开孔质量，不包括电焊条和螺栓、螺母、垫片的质量。如使用标准图集，可按图集所列支架钢材明细表计算。

C 管道附件制作安装

管道附件制作安装工程量计算规则如下：

（1）阀门安装工程量，按阀门不同连接方式（螺纹、法兰）、公称直径，均以"个"为计量单位计算。未计价材料：阀门。

（2）自动排气阀安装工程量，按不同公称直径，以"个"为计量单位计算。综合单价中已包括了支架制作安装，不得另行计算。未计价材料：排气阀。

（3）减压器、疏水器组成安装工程量，按不同连接方式（螺纹、法兰）、公称直径，均以"组"为计量单位计算。其中，减压器安装按高压侧的直径计算。

（4）法兰安装分铸铁螺纹法兰和钢制焊接法兰工程量，按图示以"副"为计量单位计算。

（5）水表组成与安装分螺纹水表、焊接法兰水表工程量，以"组"为单位计算，定额中的旁通管及止回阀如与设计规定的形式不同时，阀门与止回阀可按设计规定调整，其余不变。

（6）伸缩器制作安装按不同形式分法兰式套筒伸缩器安装（分螺纹连接和焊接）和方形伸缩器制作安装工程量，按图示数以"个"为单位计算。方形伸缩器的两臂按臂长的2倍合并在管道长度内计算。方形伸缩器制作安装中的主材费已包括在管道延长米中，不另行计算。

D   卫生器具制作安装

卫生器具制作安装项目较多，应按材质、组装形式、型号、规格、开关等不同特征计算工程量。

（1）浴盆安装。搪瓷浴盆、玻璃钢浴盆、塑料浴盆分冷水、冷热水、冷热水带喷头等几种形式，以"组"为单位计算。

浴盆安装范围分界点：给水（冷、热）在水平管与支管交接处，排水管在存水弯处，如图5-4所示。

浴盆未计价材料包括：浴盆、冷热水嘴或冷热水嘴带喷头、排水配件。浴盆的支架及四周侧面砌砖、粘贴的瓷砖，应按土建定额计算。

（2）洗脸盆、洗手盆安装。该项安装分为钢管组成式洗脸盆、钢管冷热水洗脸盆及立式冷热水、肘式开关、脚踏开关等洗脸盆安装工程量。安装范围分界点为给水水平管与支管交接处，排水管垂直方向计算到地面，如图5-5所示。

综合单价中已包括存水弯、角阀、截止阀、洗脸盆下水口、托架钢管等材料价格，如设计材料品种不同时，可以换算。定额未计价材料包括：洗脸盆（或洗手盆）、水嘴。

（3）洗涤盆和化验盆安装。洗涤盆和化验盆均以"组"为单位计算。安装范围分界点同洗脸盆，如图5-6所示。定额未计价材料有：洗涤盆、水嘴或回转龙头，化验盆、水嘴或脚踏式开关。

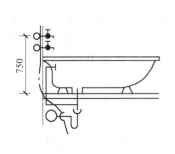

图5-4   浴盆安装

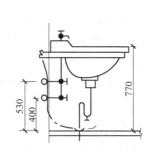

图5-5   洗脸盆安装

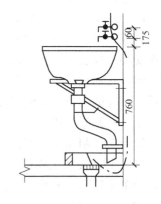

图5-6   洗涤盆安装

（4）淋浴器组成、安装。该项安装分钢管组成（分冷水、冷热水）及铜管制品（冷水、冷热水）安装子目。铜管制品定额适用于各种成品淋浴器的安装，分别以"组"为单位套用定额。淋浴器安装范围划分点为支管与水平管交接处，如图5-7所示。淋浴器组成安装定额中已包括截止阀、接头零件、给水管的安装，不得重复列项计算。定额未计价材料为莲蓬喷头或铜管成品淋浴器。

（5）大便器安装。大便器有蹲式和坐式两种。其中，蹲式大便器安装分瓷高水箱及不同冲洗方式;坐式大便器分冲洗式、虹吸式、喷射虹吸式、漩涡虹吸式4种形式。安装图如图5-8~图5-10所示。

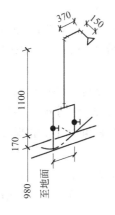

图5-7 淋浴器安装

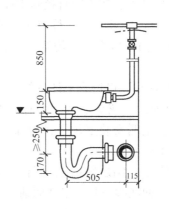

图5-8 蹲式大便器
（冲洗阀式）安装

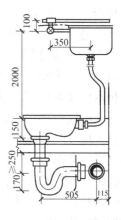

图5-9 蹲式大便器
（高水箱式）安装

工程量计算:根据大便器形式、冲洗方式、接管种类不同,分别以"套"为单位计算。

大便器角阀已包括在低水箱全部设备内,如果设备中未包括角阀,可另计。大便器盖已包括在定额基价内,不应另行计算。蹲式大便器的存水弯品种与设计要求不同时,可以调整。

脚踏大便器均按设备配套组装,单独安装脚踏门可以套用阀门安装定额的相应项目。

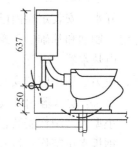

图5-10 坐式大便器安装

定额未计价材料:瓷蹲式大便器、瓷高水箱（低水箱）、水箱配件。

（6）小便器安装。该项安装分挂斗式（普通、自动冲洗）、立式（普通、自动冲洗）小便器安装,如图5-11~图5-13所示。工程量计算:根据小便器形式、冲洗方式,分别以"套"为单位计算。

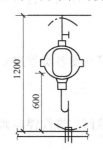

图5-11 挂式小便斗安装

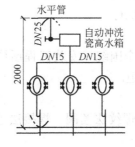

图5-12 高水箱三联挂斗
小便器安装

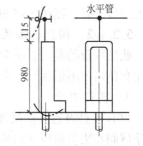

图5-13 立式小便器安装

定额未计价材料:小便器、瓷高水箱、自动平便配件或自动立便配件。

（7）大便槽及小便槽自动冲洗水箱安装。其定额按容量大小划分子目,定额基价中已包括便槽水箱托架、自动冲洗阀、冲洗管、进水嘴等,不应另行计算。如果水箱不是成品，应另行套用水箱制作子目。铁制水箱的制作可套用钢板水箱制作子目。

（8）水龙头安装。按不同直径划分子目，编制预算时水龙头按施工图说明的材质计算主材费。工程量以"个"为单位计算，按不同直径套用计价表。

（9）排水栓、地漏及地面扫除口安装。排水栓有带存水弯与不带存水弯两种形式，以"组"为单位计算。地漏及地面扫除口安装，均按公称直径划分子目，工程量按图示数量以"个"为单位计算。

排水栓（带链堵）、地漏、地面扫除口均为未计价材料，应按定额含量另行计算。地漏材质和形式较多，有铸铁水封地漏、花板地漏（带存水弯）等，均套用同一种定额，但主材费应按设计型号分别计算。地漏安装定额子目中综合了每个地漏 0.1m 的焊接管，定额已综合考虑，实际有出入也不得调整。

（10）小便槽冲洗管制作、安装。小便槽冲洗管制作安装定额按公称直径划分子目，以延长米计算。定额基价内未包括冲洗阀门和镀铬球面菊花落水的安装，应另套用阀门安装和地漏安装相应子目。

（11）开水炉、电热水器、电开水炉的安装。该项安装应区分不同的规格型号，以"台"为单位计算，并套用定额来计算安装工程量。

开水炉安装定额内已按标准图计算了其中的附件，但不包括安全阀安装。开水炉本体保温、刷油和基础的砌筑，应另套用相应的定额项目。

电热水器、电开水炉安装定额仅考虑本体的安装，其连接管、管件等安装定额内不包括，应另套用相应的安装子目。

E 小型容器制作安装

小型容器制作安装包括钢板水箱制作、钢板水箱安装两大类。

钢板水箱制作：按施工图纸所示尺寸，不扣除接管口和人孔，包括接口短管和法兰的质量，以"kg"为计量单位。水箱制作不包括除锈与油漆，必须另列项计算。一般的要求是：水箱内刷樟丹漆两遍，外部刷樟丹漆一遍，调和漆两遍，按定额第十一册执行。

钢板水箱安装：以"个"为计量单位，按水箱容量"m³"套用相应子目。

各种水箱连接管，均未包括在定额基价内，应按室内管道安装的相应项目执行。各类水箱均未包括支架制作安装。支架如为型钢，则按"一般管道支架"项目执行，若为混凝土或砖支架，则按土建相应项目执行。

5.2.1.2 阀门、法兰安装

此处所指的阀门、法兰等与《全国统一安装工程预算定额》第八册各类管道安装项目配套使用，不适用于工业生产管道。

A 阀门安装

（1）项目设置。包括螺纹阀、螺纹法兰阀、焊接法兰阀、法兰阀、螺纹浮球阀、法兰浮球阀和法兰液压式水位控制阀等。

（2）工程量计算规则。各种阀门安装均以"个"为计量单位。

（3）注意事项。

1）螺纹阀门项目适用于各种内、外螺纹连接的阀门安装。

2）法兰阀门安装适用于各种法兰阀门安装，定额中已包括与其配套安装的一副法兰（或铸铁承盘短管）及相应的成套螺栓消耗量；法兰阀（带短管甲乙）安装，如接口材料

不同时，可作调整。

B 法兰安装

（1）项目设置。包括螺纹法兰、焊接法兰两大类。

（2）工程量计算规则。各种法兰安装均以"副"为计量单位。

（3）注意事项。

1）法兰安装定额中已包括了螺栓消耗量。

2）各种法兰连接用垫片，均按石棉橡胶板计算，如用其他材料可作调整。

3）法兰阀门安装如仅为一侧法兰连接时，定额所列法兰、带帽螺栓及垫圈数量减半，其余不变。

5.2.2 采暖工程工程量计算规则

5.2.2.1 采暖管道安装

A 管道定额的界限划分

（1）采暖管道室内、外管道以入口阀门或以建筑物外墙皮1.5m为界。

（2）采暖管道与工业管道界限以锅炉房或热力站外墙皮1.5m为界。

（3）采暖管道工厂车间内采暖管道以采暖系统与工业管道碰头点为界。

（4）采暖管道与设在高层建筑内的加压泵间管道以泵间外墙皮为界。

B 定额应用中的注意事项

（1）管道安装定额中已包括管道、管件、方形补偿器制作安装、管道试压冲洗以及碳钢管除锈涂底漆（防锈漆两道）等工作内容，如设计选用其他形式的补偿器（波纹管、套筒式补偿器等），补偿器及配套法兰螺栓另计材料费，其余不变。管道面漆及管道保温工程使用第十一册《刷油、防腐蚀、绝热工程》定额相应项目。

（2）室内管道定额内已包括管卡、托钩、支吊架制作安装及涂漆（防锈漆与银粉漆各两道），室外管道则未包括管道支架，应按本章相应项目另行计算。需要注意的是：管道定额已综合了除锈涂漆的工作内容。

（3）安装已做好保温层的管道时，定额人工乘以系数1.10，保温补偿口按第十一册《刷油、防腐蚀、绝热工程》定额另计。这里说的带保温层管道是指现场集中保温预置后进行安装的管段或虽由专门生产厂预置，但其外保护壳为塑料或玻璃钢等轻型材料的管段，不适用热力管线的直埋夹套保温双层钢管。

（4）阀门、法兰、低压器具（减压阀、疏水器、分水器安装项目，如图5-14和图5-15所示）的安装，按本册定额第六章、第七章相应项目计算。

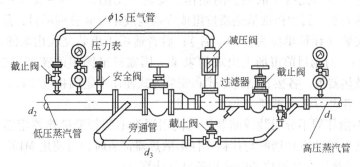

图5-14 减压阀安装图

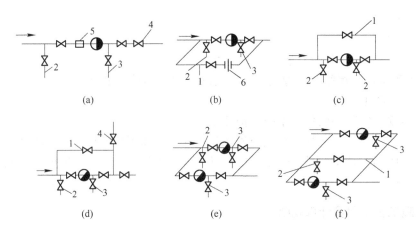

图 5 - 15　供暖疏水器安装图

(a) 不带旁通管的水平安装；(b) 带旁通管的水平安装；(c) 旁通管垂直安装；
(d) 旁通管垂直安装（上返）；(e) 不带旁通管并联安装；(f) 带旁通管并联安装
1—旁通管；2—冲洗管；3—检查管；4—止回阀；5—过滤器；6—活接头

(5) 管道穿墙（楼板）钢套管或防水套管按第六册《工业管道工程》定额相应项目另计。

(6) 地板辐射管道的分（集）水器（见图 5 - 16）安装，使用本册定额第七章相应项目；管路敷设的固定方式按塑料卡钉考虑，实际方式不同时，固体材料按实换算，其余不变。定额内已包括填充层混凝土浇筑的配合用工，但混凝土浇筑与敷设隔热层保温板应按建筑工程消耗量定额相应项目另行计算。有关地板辐射采暖的构造、设计、施工与检验等请见《低温热水地板辐射采暖技术规程》。

(7) 室外管道安装部分架空、埋地或地沟敷设，均使用同一定额；安装室内外管沟、土方、管道基础等，应按建筑工程消耗量定额相应项目另行计算。

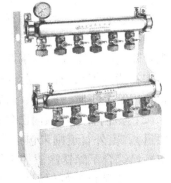

图 5 - 16　分水器实物图

5.2.2.2　供暖器具安装

A　项目设置内容

定额参照《全国通用暖通空调标题图》（T9N112）编制，包括各种类型铸铁散热器和钢制散热器的安装和光排管散热器的制作、安装（见图 5 - 17 ~ 图 5 - 25）以及暖风机、热空气幕的安装。其中铸铁散热器按组成安装与成组安装分列项目，前者适用于散片进货现场组成安装（计量单位为"10"片）；后者适用于组装完成出场的成品安装（以"组"计量单位）。对于目前市场上出现的未录入国家标准图集的新型散热器，如立式、铝合金、铸钢散热器等，各按其结构形式和安装方式使用本定额相近项目。

B　定额应用中的注意事项

(1) 各类型散热器不分明装或暗装，均使用同类型的新型散热器定额项目。铸铁散热器除柱形外已含打（堵）墙眼与挂钩。柱形散热器挂装时，可使用 M132 型子目。柱形和 M132 型铸铁散热器安装用拉条时，拉条另行计算。

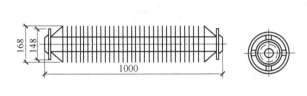

图 5-17　圆翼型铸铁散热器图

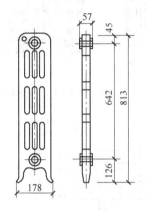

小60(大60)型

图 5-18　长翼型铸铁散热器

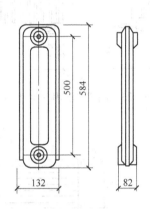

图 5-19　四柱 813 型散热器

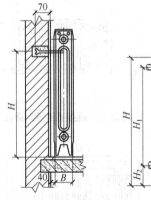

图 5-20　二柱 M132 散热器

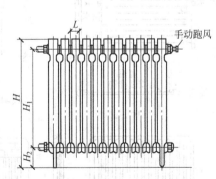

图 5-21　柱翼型散热器

（2）定额中列出的接口密封材料，除圆翼型散热器采用橡胶石棉板外，其余均采用成品汽包垫，如采用其他材料不做换算。

（3）铸铁散热器组成安装项目中已综合考虑了暖气片除锈涂漆；成组散热器是按组装涂漆均已完成的成品到货考虑，如实际发生现场补漆或二次涂（喷）漆，可按第十册《刷油、防腐蚀、绝热工程》相应项目另计。

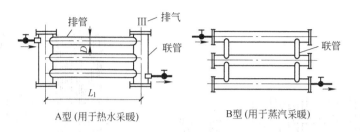

图 5 - 22 光排管型散热器

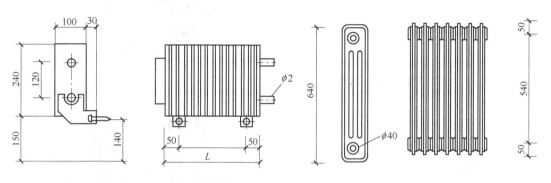

图 5 - 23 闭式对流串片型散热器   图 5 - 24 钢制柱型散热器

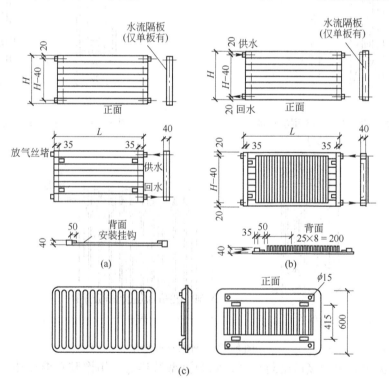

图 5 - 25 钢制板式散热器

（a）板式散热器；（b）扁管单板散热器；（c）单板带双流片扁管散热器

（4）各类钢制散热器定额内已包括托钩或托架的安装人工工时和材料消耗量。

（5）光排管散热器制作安装项目已包括组焊、试压、除锈涂漆等全部工作内容，其计量单位"10m"指光排管长度，联管材料消耗量已列入定额，不要重复计算。

（6）暖风机和热空气幕安装均以"台"为计量单位，热空气幕和质量小于500kg的暖风机，定额中已综合支架制作安装除锈刷油；质量大于500kg的暖风机未包括支架，可按有关项目另计（单组悬挂式支架质量小于100kg时，可直接使用本册定额管道支架项目，质量大于100kg者或落地式支架，则应使用第五册定额中设备支架项目）。

【例5-2】 有一热水采暖工程，使用了15组由无缝钢管制作的光排管散热器，尺寸如图5-26所示。试计算散热器工程量。

【解】 根据定额要求，光排管散热器的联管材料消耗量已列入定额，只计算排管工程量。从图上可知，该散热器为A型光排管散热器，$\phi159 \times 6mm$的无缝钢管为联管，不用计算其长度；$\phi108 \times 4mm$的无缝钢管为排管，其长度共计（$1.2 \times 3 \times 15$）m = 54m。套用定额8-96。

【例5-3】 图5-27所示为一蒸汽采暖散热器，在其下面安装了一个$DN20mm$螺纹连接的单体疏水器，问其应怎样套用定额？

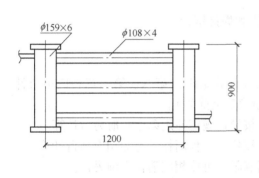

图5-26 光排管散热器例题

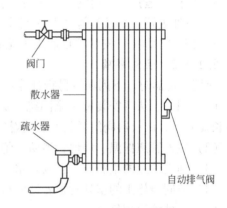

图5-27 单体疏水阀安装

【解】 按照定额规定，单体疏水器不使用第八册第七章"疏水器组成安装"项目，应按阀门计算。所以，图中$DN20mm$的单体疏水器，应套8-527（螺纹阀子目）。

5.2.3 燃气工程工程量计算规则

5.2.3.1 室内外管道分界

燃气系统可分为市政管网系统、室外管网系统及室内燃气系统3部分，其划分界线是：室外管网和市政管网的分界点为两者的碰头点；室内管网和室外管网的分界有两种情况。

（1）地下引入室内的管道以室内第一个阀门为界，如图5-28所示。

（2）地上引入室内的管道以墙外三通为界，如图5-29所示。

（3）室外管道（包括生活用燃气管道、民用小区网管）和市政管道以两者的碰头点为界。

（4）各种管道安装包括以下各种内容：

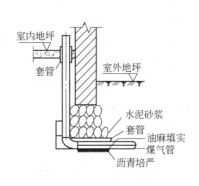

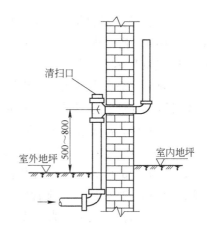

图5-28　地下室引入管接点示意图　　　　图5-29　地上室外引入点示意图

1）厂内搬运，检查清扫，管道及管件安装、分段试压与吹扫。

2）碳钢管管件制作，包括机械煨弯、三通等。

3）室内管道托钩、角钢卡制作与安装。

4）室外钢管（焊接）除锈及涂底漆。

5）钢管（焊接）安装项目适用于无缝钢管和焊接钢管。

5.2.3.2　注意事项

使用本定额时，下列项目另行计算：

（1）阀门、法兰安装按《全国统一安装工程预算定额》第八册第六章相应项目计算（调长器安装、调长器阀门联装、法兰燃气计量表安装除外）。

（2）室外管道保温、埋地管道防腐绝缘，按设计规定使用第十一册另行计算。

（3）埋地管道的土石方工程及排水工程，按建筑工程消耗量定额相应项目计算。

（4）非同步施工的室外管道安装的打、堵洞眼，可按相应消耗定额另计。

（5）室外管道带气碰头。

（6）民用燃气表安装，定额内已含支（托）架制作、安装及涂漆；公用燃气表安装，其支架或支墩按实际另计。

（7）燃气承插铸铁管是以N型和X型接口形式编制的。如果采用N型和SMJ型接口时，其人工乘以系数1.05，安装X型 DN 400铸铁管接口时，人工乘以系数1.08，每个接口增加螺栓2.06套。

（8）燃气输送压力大于0.2MPa时，燃气承插管安装定额中人工乘以系数1.3。

5.2.4　给水排水、采暖、燃气工程计价表套用

给水排水、采暖工程施工图预算可套用"给排水、采暖、燃气工程计价表"，该计价表共划分7章，有的地区计价表增加了第8章"补充定额"的内容。套用计价表时，应注意以下规定：

（1）计价表的内容。该计价表包括3个部分：给水排水、采暖、燃气工程，其内容各自相对独立。

（2）与有关定额册的关系。工业管道，生产生活共用的管道，锅炉房、泵房、站类

管道以及高层建筑物内的加压泵间、空调制冷机房、消防泵房管道使用第六册《工业管道工程》相应项目；消防工程用的消防栓，消防水泵接合器安装和自动喷淋、气体灭火系统使用第七册《消防及安全防范设备安装工程》相应项目；泵类、风机等传送设备安装使用第一册《机械设备安装工程》相应项目；压力表、温度计等使用第十册《自动化控制仪表安装工程》相应项目；本册定额内未包括的刷油、防腐蚀与绝热工程使用第十一册《刷油、防腐蚀、绝热工程》相应项目；埋地管道的土石方及砌筑工程执行地区建筑工程定额，如水表井、检查井、阀门井、化粪池、水泥管等均执行建筑工程定额；住宅以外的给水、排水、供热、燃气管道使用市政工程消耗量定额；整体工程改造项目中的管道拆除内容使用修缮工程定额。

（3）关于计取有关费用的规定。

1）超高增加费。操作高度以 3.6m 为界，超过 3.6m 时，其超过部分（指由 3.6m 至操作高度）的定额人工费乘以超过增加费系数。

2）高层建筑增加费。指高度在 6 层或层高 20m 以上的工业与民用建筑的给排水、采暖、燃气工程，可计取高层建筑增加费，用于对人工和机械费用的补偿。

3）脚手架搭拆费。脚手架搭拆费按人工费的 5% 计算，其中人工工资占 25%，材料占 75%。本系数为定额综合考虑系数，不论实际搭设与否，均不做调整。

4）采暖工程系统调整费。按采暖工程人工费的 15% 计算，其中人工工资占 20%。

5）安装与生产同时进行增加的费用。按人工费的 10% 计算，全部为人工降效费用。

6）在有害身体健康的环境中施工增加的费用。按人工费的 10% 计算，全部为人工降效费用。

7）设置于管道间、管廊内的管道、阀门、法兰、支架安装，人工费应乘以 1.3。在洞库、暗室内施工时，其定额人工、机械的消耗量增加 15%。

5.3　工程量清单项目设置

给排水、采暖、燃气工程工程量清单项目设置执行《计价规范》附录 C.8 的规定。本附录包括给水排水、采暖管道安装工程，燃气管道制作安装，管道附件制作安装，卫生器具制作安装，供暖器具安装，燃气器具安装，采暖工程系统调整 7 个部分。

（1）给水排水、采暖管道安装。给水排水、采暖管道安装工程量清单项目设置，见表 5-11。

表 5-11　给排水、采暖管道安装清单项目设置

项目编码	项目名称	项目特征	计量单位	工 程 内 容
030801001	镀锌钢管	1. 安装部位；2. 输送介质；3. 材质；4. 型号、规格；5. 连接方式；6. 套管形式、材质、规格；7. 接口材料；8. 除锈、刷油、防腐、绝热及保护层设计要求	m	1. 管道、管件及弯管的制作、安装；2. 管件安装（铜管管件、不锈钢管件）；3. 套管制作安装；4. 管道除锈、刷油、防腐；5. 管道绝热及保护层安装、除锈刷油；6. 给水管消毒冲洗；7. 水压及泄漏试验
030801002	钢管			
030801003	承插铸铁管			
030801005	塑料管			
030801007	塑料复合管			
030801010	铜管			

注：选自《计价规范》附录 C.8 中的表 C.8.1（节选部分，编码 030801）。

管道支架制作安装工程清单项目设置，见表 5-12。

项目编码	项目名称	项目特征	计量单位	工程内容
030802001	管道支架制作安装	1. 形式；2. 除锈、刷油设计要求	kg	1. 制作、安装；2. 除锈、刷油

注：选自《计价规范》附录 C.8 中的表 C.8.2，编码 030802。

管沟土石方工程量清单项目设置可参见表5－13。

表5－13　管沟土石方工程量清单项目设置

项目编码	项目名称	项目特征	计量单位	工程内容
010101006	管沟石方	土壤类别、管外径、挖沟平均深度、弃土运距、回填要求	m	排地表水、土方开挖、挡土板支拆、运输、回填
010102003	管沟石方	岩石类别、管外径、开挖深度、弃渣运距、基底摊座要求、爆破石块直径要求	m	石方开凿、爆破处理、渗水、积水、摊座、清理、运输、回填、安全防护

注：选自《计价规范》附录 A.1（建筑工程——土石方工程）中的表 A.1.1 和表 A.1.2。

在编制工程量清单时，一定要明确描述管道的项目特征和所要求的工程内容。项目特征决定了所要套用的计价表的编号，工程内容决定了所要套用子目的多少。

室外给排水管沟土石方清单工程量按设计图示以管道中心线长度计算，单位为 m，但管沟土石方计算应根据管沟断面形状所确定的实际开挖量进行，单位是 m^3。因此，在确定管沟土石方综合单价时，应将清单工程量分摊计算综合单价。

【例5－4】　某卫生间埋地排水管道 DN 100 安装工程量为30m，管材为铸铁排水管，石棉水泥接口。土壤类别为二类土，人工挖土，管沟平均深1.5m。试计算该项目土方工程的清单项目综合单价。

【解】　①由表5－8，管沟放坡比例取1:0.5；由表5－9，管沟下底宽取700mm。

管沟上口宽：$B = 700$mm $+ 2 \times 0.5 \times 1500$mm $= 2.2$m

管沟体积：$V = [(2.2 + 0.7) \times 1.5 \div 2 \times 30]3$m $= 65.25$m³

②计算该项目土方工程的清单项目综合单价，如下表所示。

该项目土方开挖工程内容：土方开挖，土方回填。

管理费按人工费和机械费之和的25%计，利润按人工费和机械费之和的12%计。

该项目综合单价：772.56 元 $\div$ 30m $= 25.75$ 元/m

分部分项工程量清单综合单价计算表

工程名称：　　　　　　　　　　　　　　　　　　　　　　　　　　计量单位：m

项目编码：010101006　　　　　　　　　　　　　　　　　　　　　工程数量：30

项目名称：管沟土方开挖　　　　　　　　　　　　　　　　　　　　综合单价：25.15 元

序号	定额编号	工程内容	单位	数量	总合单价组成					小计
					人工费	材料费	机械费	管理费	利润	
1	1－19	人工挖地槽，二类土上，深度1.5m内	m³	65.25	407.16			101.79	48.94	557.89
2	1－102	土方回填	m³	65.25	150.60			39.15	18.92	214.67
3		合计								772.56

（2）管道附件制作安装。管道附件制作安装工程清单项目设置，可参见表5-14。管道附件安装可组合的其他项目很少，清单项目基本上为本体安装项目，工程量计算规则同计价表工程量计算规则，综合单价与计价表单价基本相同。

表5-14 管道附件制作安装清单项目设置

项目编码	项目名称	项目特征	计量单位	工程内容
030803001	螺纹阀门	1. 类型； 2. 材质； 3. 型号、规格	个	安装
030803002	螺纹法兰阀门			
030803006	安全阀			
030803008	疏水器			
030803009	法 兰		副	
030803010	水 表		组	

注：选自《计价规范》附录C.8中的表C.8.3（节选部分，编码030803）。

（3）卫生器具制作安装。卫生器具制作安装工程清单项目设置（部分项目），见表5-15。各种卫生器具制作安装工程量按设计图示数量计算，由于其计量单位是自然计量单位，因此工程量的计算较简单。需注意的是：卫生器具"组"内所包括的阀门、水龙头、冲洗管等不能再另列清单项目。

表5-15 卫生器具制作安装工程清单项目设置

项目编码	项目名称	项目特征	计量单位	工 程 内 容
030804001	浴 盆	1. 材质；2. 组装形式；3. 型号；4. 开关	组	器具、附件安装
030804003	洗脸盆			
030804007	淋浴器	1. 材质；2. 组装方式；3. 型号、规格	套	
030804012	大便器			
030804014	水箱制作安装	1. 材质；2. 类型；3. 型号、规格		1. 制作；2. 安装；3. 支架制作安装及除锈、刷油；4. 除锈刷油

注：选自《计价规范》附录C.8中的表C.8.3（节选部分，编码030804）。

（4）供暖器具制作安装。工程量清单项目设置（部分项目），见表5-16。各种供暖器具计量单位是以自然计量单位，按施工图数量计算即可，清单项目基本以本体安装项目为主。

表5-16 供暖器具制作安装工程清单项目设置

项目编码	项目名称	项 目 特 征	计量单位	工 程 内 容
030805001	铸铁散热器	1. 型号、规格；2. 除锈、刷油设计要求	片	1. 安装；2. 除锈、刷油
030805003	钢制板式散热器		组	安装
030805006	钢制柱式散热器	1. 片数；2. 型号、规格	台	安装
030805007	暖风机	1. 质量；2. 型号、规格		
030805008	空气幕			

注：选自《计价规范》附录C.8中的表C.8.5（节选部分，编码030805）。

（5）燃气器具制作安装

工程量清单项目设置（部分项目），见表 5 - 17。各种燃气器具计量单位是以自然计量单位，按施工图数量计算即可，清单项目基本以本体安装项目为主。

表 5 - 17　燃气器具制作安装工程清单项目设置

项目编码	项目名称	项 目 特 征	计量单位	工 程 内 容
030806001	燃气开水炉	型号、规格	台	安装
030806003	沸水器	1. 容积式沸水器、自动沸水器、燃气消毒器； 2. 型号、规格		安装
030806005	燃气灶具	1. 民用、公用； 2. 人工煤气灶具、液化石油器灶具、天然气燃气灶具； 3. 型号、规格		安装

注：选自《计价规范》附录 C. 8 中的表 C. 8. 6（节选部分，编码 030806）。

（6）采暖工程系统调整。工程量清单项目设置，见表 5 - 18。

表 5 - 18　采暖工程系统调整

项目编码	项目名称	项目特征	计量单位	工程内容
030807001	采暖工程系统调整	系统	系统	系统调整

注：选自《计价规范》附录 C. 8 中的表 C. 8. 7（编码 030807）。

5.4　给水排水工程施工图预算编制实例

本工程为某市物流中心办公综合楼。建筑层数 5 层，屋顶平面标高为 18.60m，局部标高为 20.90m。该综合楼给水排水工程设计包括以下内容：给水系统、排水系统、热水系统、消火栓系统、自动喷淋系统。其中，消火栓系统和自动喷淋系统的预算编制将在第六章消防工程施工图概预算中讲解，这里着重讲述给水系统、排水系统和热水系统的施工图预算编制程序和编制方法（该实例执行《计价规范》规定）。

（1）设计与施工说明。

1）本工程室内生活给水由厂区室外给水管网直接供水，用水高峰时厂区室外给水管网供水水压为 0.3MPa，排水采用雨、污分流制。

2）生活给水管采用聚丙烯（PP - R）冷水管，热熔连接；热水管采用塑钢管。

3）室内生活污水排水管采用聚氯乙烯（UPVC）芯层发泡塑料管，采用胶粘接。

4）雨水管采用聚氯乙烯（UPVC）塑料管，采用胶粘接。

5）室外排水管采用高密度聚乙烯（HDPE）双壁波纹管，橡胶圈承插连接。

6）生活给水管道上的阀门：管径不大于 DN 50 的采用铜芯截止阀，管径大于 DN 50 的采用 Z45T - 10 型闸阀。

7）管道穿地下混凝土墙处需预埋套管，套管管径比管道管径大 1 号或 2 号。

8）管道支架除锈后刷红丹两道，银粉漆两道。埋地钢管刷热沥青两道防腐。

9) 楼梯间及室外明露的给水管、消防管需保温，保温层采用50mm厚的硬聚氨酯泡沫塑料管瓦。

10) 管道安装完毕后须进行水压试验，生活给水管试验压力为1.0MPa。排水管、雨水管安装完毕后应做闭水试验。

（2）给排水工程施工图。

详见图5-30~图5-43（图5-38~图5-43见书末插页）。

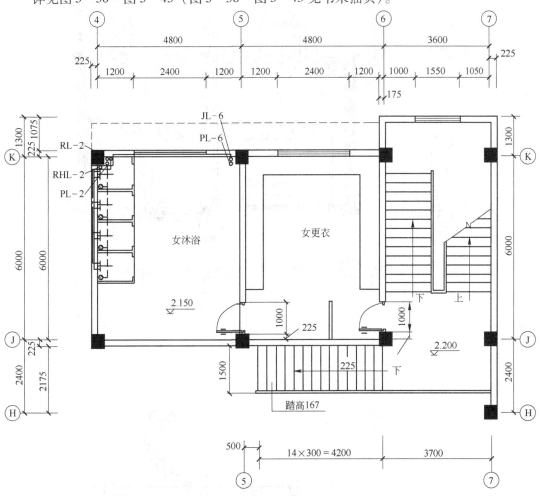

图5-30 夹层给水排水平面图

（3）施工图预算编制。

1）给排水安装工程施工图预算书封面，见表5-19。

2）预算编制说明。

①编制依据。给排水工程施工图及有关标准图集，《全国统一安装工程预算定额》某省安装工程计价表第8册与第11分册。

②本工程按施工企业包工包料承包方式取费。

③本工程预算只计算给排水单位工程造价，未包括室外工程和其他工程费用。

④排水检查井、化粪池、水表井等未计入，可参见土建定额。

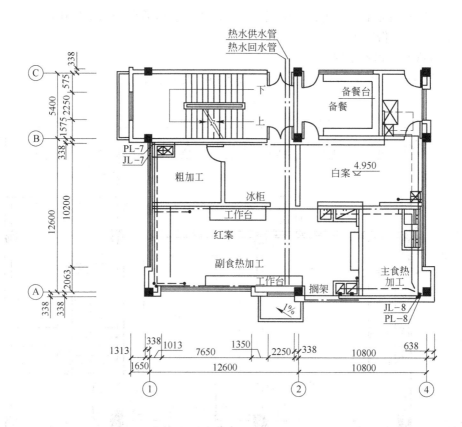

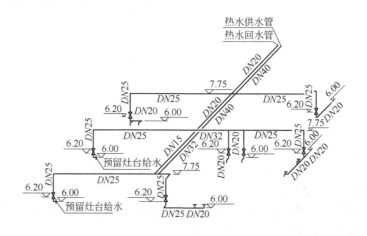

图 5-31　厨房布置平面图、厨房热水系统图

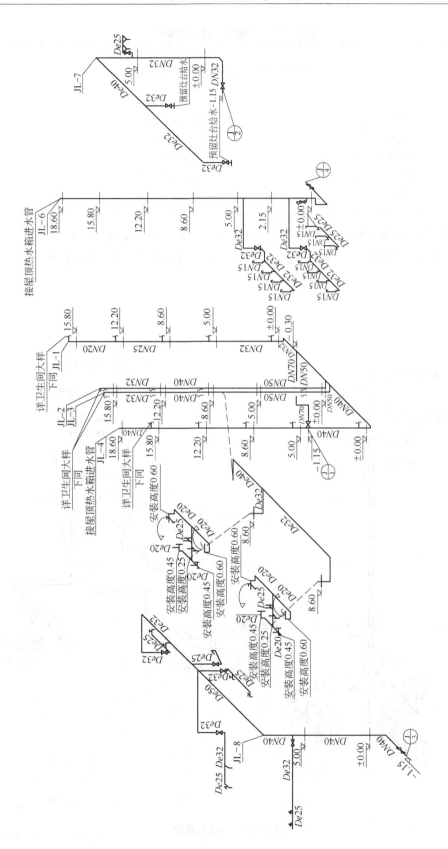

图 5 - 32 给水系统图

表5－19　工程概预算书封面样式

×× 市物流中心办公综合楼给水排水工程

建设单位：　　　　　　　　　　　　　（单位签字盖章）

法定代表人：　　　　　　　　　　　　（单位签字盖章）

中介机构法定代表人：　　　　　　　　（签字盖章）

造价工程师及注册证号：　　　　　　　（签字盖职业专用章）

编制时间：

⑤主材价为 2007 年某市材料预算价格，竣工决算时按规定计算价差。

3）安装工程预算表（工料单价法计价）。计算结果填入表 5－20～表 5－22。

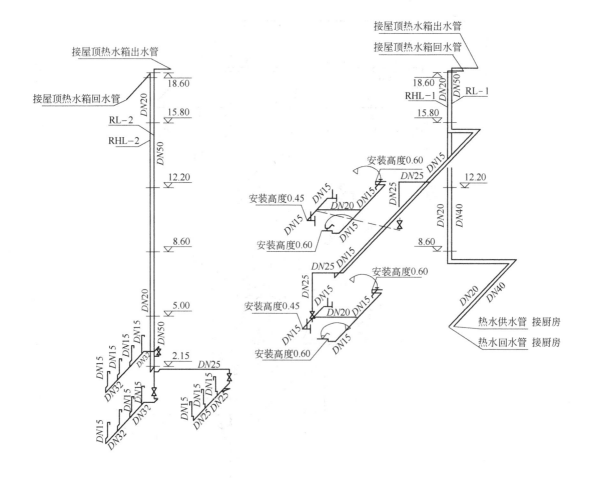

图 5－33　热水系统图

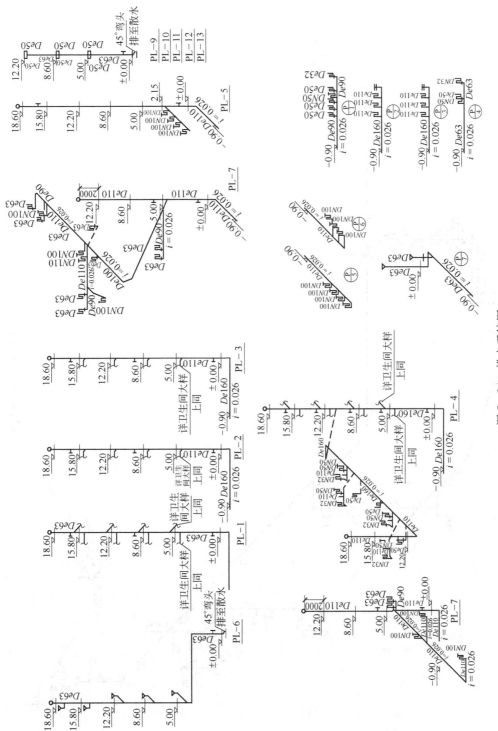

图 5 - 34 排水系统图

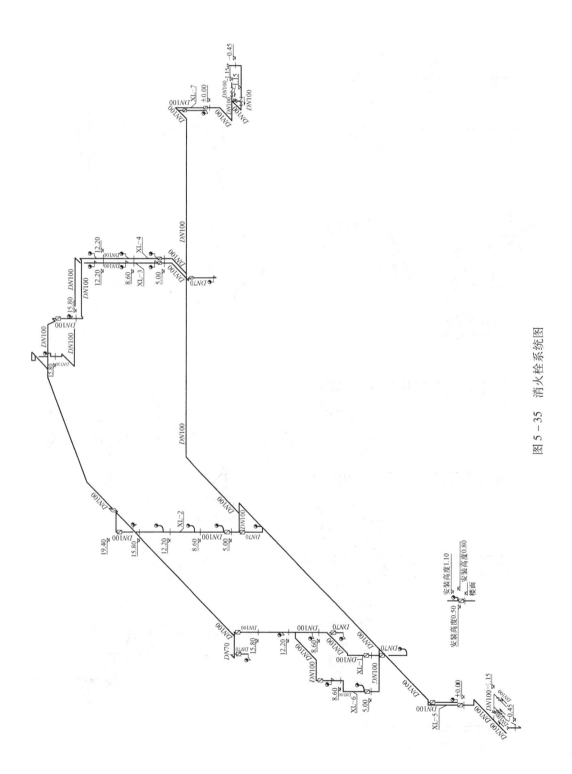

图 5 - 35　消火栓系统图

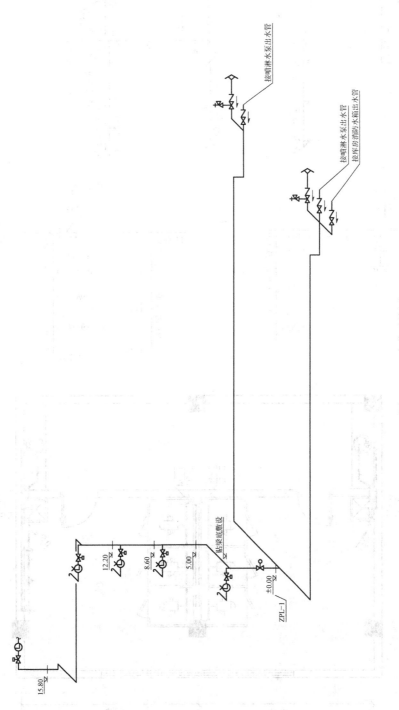

图 5 – 36　喷淋系统图

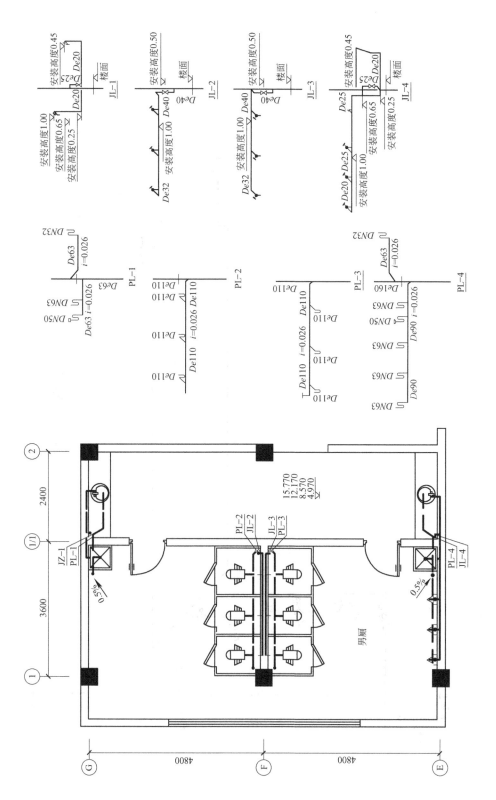

图 5 - 37　二层卫生间详图及给水排水系统图

表 5 – 20　工程预算表

工程名称：物流中心办公综合楼给水排水工程

序号	定额号	项目名称	单位	工程量	定额单价	其中			合价	其中			主材费	
						人工费	材料费	机械费		人工费	材料费	机械费	单价	合价
1	8－23	穿楼板套管 DN32	10m	0.176	23.72	18.46	3.26	2.00	4.17	3.25	0.57	0.35	10.15×10.17	18.17
2	8－24	穿楼板套管 DN40	10m	0.016	24.81	19.24	3.57	2.00	0.40	0.31	0.057	0.03	10.15×12.48	2.027
3	8－25	穿楼板套管 DN50	10m	0.064	31.57	22.36	7.21	2.00	2.02	1.43	0.46	0.13	10.15×15.86	10.30
4	8－26	穿楼板套管 DN65	10m	0.336	57.73	24.96	10.86	21.91	19.40	8.39	3.65	7.36	10.15×21.58	73.60
5	8－27	穿楼板套管 DN80	10m	0.224	61.79	29.12	10.76	21.91	13.84	6.52	2.41	4.91	10.15×30.88	70.21
6	8－补10	聚丙烯管 De15	10m	0.300	40.39	29.90	9.90	0.59	12.12	8.97	2.97	0.18	10.20×5.55	16.98
7	8－补11	聚丙烯管 De20	10m	7.685	40.44	29.90	9.95	0.59	310.78	229.78	76.47	4.53	10.20×7.94	622.39
8	8－补12	聚丙烯管 De25	10m	6.465	43.82	34.06	9.17	0.59	283.30	220.20	59.28	3.81	10.20×11.22	739.88
9	8－补13	聚丙烯管 De32	10m	13.175	44.02	34.06	8.94	1.02	579.96	448.74	117.78	13.44	10.20×26.00	3494.0
10	8－补14	聚丙烯管 De40	10m	11.71	50.45	40.3	9.13	1.02	590.77	471.91	106.91	11.94	10.20×40.22	4803.9
11	8－补15	聚丙烯管 De50	10m	2.02	51.53	40.3	9.62	1.61	104.09	81.40	19.43	3.25	10.20×45.72	942.01
12	8－补16	聚丙烯管 De70	10m	1.015	55.74	32.76	17.78	5.20	56.58	33.25	18.05	5.28	10.20×60.88	630.29
13	8－补17	塑料管 De15	10m	3.53	17.22	12.74	4.48		60.79	44.97	15.81		10.20×22.00	792.13
14	8－补18	塑钢管 De20	10m	12.45	17.22	12.74	4.48		214.39	158.61	55.78		10.20×26.00	3301.74
15	8－补19	塑钢管 De25	10m	8.91	19.23	14.04	5.19		171.34	125.10	46.24		10.20×32.00	2908.22
16	8－补20	塑钢管 De32	10m	2.205	19.35	14.04	5.31		42.67	30.96	11.71		10.20×39.00	877.15
17	8－补21	塑钢管 De40	10m	4.35	19.78	17.68	2.10		86.04	76.91	9.13		10.20×42.00	1863.54
18	8－补22	塑钢管 De50	10m	5.115	19.78	17.68	2.10		101.18	90.43	10.74		10.20×56.00	2921.69
19	8－155	UPVC 塑料排水管 De32	10m	0.8	57.02	39.78	16.82	0.42	45.62	31.82	13.46	0.34	9.67×13.00	100.57
		塑料排水管件 De32	10m	0.8									9.02×5.00	36.08
20	8－156	UPVC 塑料排水管 De50	10m	3.70	57.02	39.78	16.82	0.42	210.97	147.19	62.23	1.55	9.67×15.36	549.56
		塑料排水管件 De50	10m	3.70									9.02×5.50	183.56

续表 5－20

序号	定额号	项目名称	单位	工程量	定额单价	其中			合价	其中			主材费	
						人工费	材料费	机械费		人工费	材料费	机械费	单价	合价
21	8－156	UPVC 塑料排水管 De63	10m	18.48	77.57	54.08	23.07	0.42	1433.49	999.40	426.33	7.76	9.63×28.55	5080.83
		塑料排水管件 De63	10m	18.48									10.76×9.50	1889.03
22	8－157	UPVC 塑料排水管 De90	10m	2.34	97.91	60.32	37.17	0.42	229.11	141.15	86.98	0.98	8.52×33.02	658.31
		塑料排水管件 De90	10m	2.34									11.38×12.50	332.87
23	8－157	UPVC 塑料排水管 De100	10m	1.64	97.91	60.32	37.17	0.42	160.57	98.92	60.96	0.69	8.52×33.02	503.02
		塑料排水管件 De100	10m	1.64									11.38×15.00	279.95
24	8－158	UPVC 塑料排水管 De110	10m	25.48	119.43	85.02	33.99	0.42	3043.08	2166.31	866.06	10.70	9.47×37.00	8927.94
		塑料排水管件 De110	10m	25.48									6.98×19.00	3379.16
25	8－158	UPVC 塑料排水管 De160	10m	6.325	119.43	85.02	33.99	0.42	755.39	537.75	214.99	2.66	9.47×41.00	2455.81
		塑料排水管件 De160	10m	6.325									6.98×46.00	2030.83
26	8－231	管道冲洗 De100 以内	100m	7.90	40.35	17.68	22.67		318.76	139.67	179.09			7.90
27	8－242	截止阀 DN20	个	2	5.65	2.60	3.05		11.30	5.20	6.10		1.01×13.00	26.26
28	8－243	截止阀 DN25	个	32	7.44	3.12	4.32		238.08	99.84	138.24		1.01×18.00	581.76
29	8－244	截止阀 DN32	个	10	9.79	3.90	5.89		97.90	39.0	58.90		1.01×28.00	282.8
30	8－245	截止阀 DN40	个	1	15.25	6.50	8.75		15.25	6.50	8.75		1.01×32.00	32.32
31	8－260	闸阀 Z45T－10 DN80	个	1	140.7	17.16	99.19	24.35	140.7	17.16	99.19	24.35	1.00×140.93	140.93
32	8－379	浴盆	10组	0.4	407.25	232.96	174.29		162.9	93.18	69.72		10×600	2400
33	8－384	洗脸盆	10组	0.4	842.38	169.26	673.12		336.95	67.70	269.25		10×400	1600
34	8－390	洗手盆	10组	1.0	207.91	67.60	140.31		207.91	67.60	140.31		10.1×220	2222
35	8－395	洗涤池	10组	2.1	605.07	154.54	450.53		1270.65	324.53	946.11		10.1×220	4242
36	8－404	淋浴器（钢管冷热水）	10组	1.1	520.9	145.60	375.30		572.99	160.16	412.83		10×150	1650
37	8－411	蹲式大便器	10组	3.0	469.9	149.76	320.14		1409.7	449.28	960.42		10.1×300	9090
38	8－414	坐便器	10组	0.4	494.22	208.78	285.44		197.69	83.51	114.18		10.1×500	2020

续表5-20

序号	定额号	项目名称	单位	工程量	定额单价	其中			合价	其中			主材费	
						人工费	材料费	机械费		人工费	材料费	机械费	单价	合价
39	8-419	小便器	10组	1.5	1132.3	127.92	1004.35	2.00	1698.4	191.88	1506.5		10.1×160.00	2424
40	8-447	地漏DN50	10个	1.7	60.01	41.6	18.41		102.02	70.72	31.30		10×30.00	510
41	8-449	地漏DN100	10个	1.2	135.93	96.98	38.95		163.12	116.38	46.74		10×60.00	720
42	8-454	清扫口De110	10个	1.0	32.74	31.2	1.54		32.74	31.20	1.54		10×50.00	500
43	8-561	热水箱	只	2	188.98	143.5	1.83	43.63	377.96	287.04	3.66	87.26	1个×12000	24000
44	6-2946	刚性防水套管制作DN80	个	9	66.12	17.55	31.16	17.41	595.08	157.95	280.44	156.69	4.02kg×4.50	162.81
45	6-2947	刚性防水套管制作DN100	个	1	86.5	23.17	37.15	26.18	86.5	23.17	37.15	26.18	5.14kg×4.50	23.13
46	6-2948	刚性防水套管制作DN125	个	1	98.75	27.85	42.31	28.59	98.75	27.85	42.31	28.59	8.35kg×4.50	37.575
47	6-2949	刚性防水套管制作DN150	个	7	108.1	29.72	48.28	30.10	756.7	208.04	337.96	210.70	9.46kg×4.50	297.99
48	6-2950	刚性防水套管制作DN200	个	3	137.39	36.74	66.34	34.31	412.17	110.22	199.02	102.93	13.78kg×4.50	186.03
49	6-2963	刚性防水套管DN150以内	个	18	73.72	17.08	56.64		1326.9	307.44	1019.5			
50	6-2964	刚性防水套管DN200以内	个	3	91.39	23.63	67.76		274.17	70.89	203.28			
51	11-1892	管道保温	m³	1.48	412.45	93.83	311.70	6.92	610.43	138.87	461.32	10.24	1.03m³×900	1371.96
		合计							20172.09	9458.67	9862.32	726.83		105025.30

表 5-21 措施费用计算表 （元）

项目名称		定额合价	人工费	材料费	机械费
		20172.09	9458.67	9862.32	726.83
其中	第八册	15887.09	8414.22	7281.30	191.50
	脚手架搭拆费（5%，25%）	420.71	105.18	315.53	0
	第六册	3674.57	905.58	2119.68	525.09
	脚手架搭拆费（7%，25%）	63.39	15.85	47.54	0
	第十一册	610.43	138.87	461.32	10.24
	脚手架搭拆费（20%，25%）	27.77	6.94	20.83	0
其中	措施费合计 脚手架搭拆费合计 环境保护费（2%） 临时设施费（0.6%） 安全文明施工费（0.6%）	1157.38 511.87 20172.09×2%=403.44 20172.09×0.6%=121.03 20172.09×0.6%=121.03	127.97 127.97	383.90	

表 5-22 工程造价计算表 （元）

序号	费用名称	计算式	合计
1	直接工程费	按预算表	20172.09
2	直接工程费中的人工费	按预算表	9458.67
3	主材费	∑主材消耗量×主材单价	105025.30
4	措施费	按规定标准计算	1157.38
5	措施费中的人工费	按规定标准计算	127.97
6	直接费小计	（1）+（3）+（4）	126354.77
7	人工费合计	（2）+（5）	9586.64
8	间接费	（7）×间接费率	管理费：9586.64×47%=4505.72 规费：工程定额测定法=126354.77×1×10^{-3} =126.35 劳动保险费=126354.77×1.3%=1642.61
9	利润	（7）×利润率	9586.64×14%=1342.13
10	合计	（6）+（8）+（9）	133971.58
11	含税造价	10×（1+相应税率）	133971.58×（1+3.44%）=138580.20

（4）工程量计算表。工程量计算表见表 5-23。

表5－23　工程量计算表

建设单位：　　　　　　　　　　　　　　　　　　　　　第　页　共　页
单位工程：　　　　　　　　　　　　　　　　　　　　　　年　月　日

分部分项工程名称	位　置	计　算　式	计量单位	数量
		一、给水工程		
（1）卫生间				
冷水管 De70	J/1，JL－1	5.6＋（1.15－0.3）＋3.7＝10.15	m	10.15
De32		水平立管：1.8 立管：（8.6＋0.3）［系统图］＋0.65［详图］＝9.55	m	11.35
De25		立管：12.2－8.6＝3.6 支管：［（0.65－0.25）＋0.6］×4＝4.00	m	7.60
De20		立管：15.8－12.2＝3.6 支管：［（0.65－0.25）＋0.6＋2.6＋（0.45－0.25）＋（1.0－0.25）］×5＝22.75	m	26.35
冷水管 De50	JL－2，JL－3	水平立管：0.7×2＝1.40 立管：［（8.6＋0.30）＋0.5］×2＝18.80	m	20.20
De40		立管：（12.2－8.6）×2＝7.20 支管：［（1.0－0.5）＋1.0］×5×2＝15.00	m	22.20
De32		立管：（15.8－12.2）×2＝7.2 支管：2.4×5×2＝24.00	m	31.20
冷水管 De40	JL－4	水平：5.00 立管：（18.6＋0.3）（系统图）＋0.65（详图）＝19.55	m	24.55
De25		立管：［（0.65－0.25）＋0.6＋（1.0－0.25）＋4.0］×5 　　＝28.75	m	28.75
De20		支管：［（0.45－0.25）＋3.6＋2.5］×5＝31.5	m	31.50
（2）女更衣室	三层引出支管		m	
De40	三层平面图	水平：5.40	m	5.40
De32	三层平面图 给水系统图	水平管：11.00 立管：（12.2－8.6）×2＝7.2	m	18.20
De25		支管：5.00	m	5.00
De20		支管：19.00	m	19.00
De40	JL－4接屋顶 热水箱	屋面水平管：20.50（保温）	m	20.50
（3）男淋浴、夹层女淋浴	J/4，JL－6		m	
De40		水平管：2.50 立管：18.60＋1.15＝19.75 屋面水平管（接屋顶热水箱）：11.5（保温）	m	33.75

分部分项工程名称	位　置	计　算　式	计量单位	数量
一、给水工程				
De32		支管：10.00	m	10.00
De25		支管：3.20	m	3.20
De15		支管：1.80	m	1.80
De32	夹层女淋浴	支管：8.60	m	8.60
De15		支管：1.20	m	1.20
（4）厨房				
De32	J/2，JL - 7	水平管：2.50　　立管：7.75 + 1.15 = 8.90　支管：11.50	m	22.90
De25	J/2，JL - 7	支管：3.60	m	3.60
De40	J/3，JL - 8	水平管：1.80　　立管：7.75 + 1.15 = 8.90	m	10.70
De32	J/3，JL - 8	支管：29.50	m	29.50
De25	J/3，JL - 8	支管：16.50	m	16.50
（5）小计		De70　10.15　　De25　64.65 De50　20.20　　De20　76.85 De40　117.10　　De15　3.00 De32　131.75		
（6）阀门		闸阀 Z45T - 10DN80　1 个　　截止阀 DN40　1 个 截止阀 DN32　9 个　　截止阀 DN25　23 个		
（7）套管		套管长度		
刚性防水套管 DN100 穿楼板套管 DN80 穿楼板套管 DN65 穿楼板套管 DN50 穿楼板套管 DN40 穿楼板套管 DN32		1 个 0.16 × 7 = 1.12m 0.16 × 18 = 2.88m 0.16 × 4 = 0.64m 0.16 × 1 = 0.16m 0.16 × 1 = 0.16m	m	
（8）其他				
管道冲洗 DN100 以内			m	423.70
管道保温	管道长 32.0m	保温厚度 $\delta = 50$，DN40；32.0 ÷ 100 × 1.55 = 0.50	m³	0.50
二、热水系统				
塑料管 De50	RL - 1	水平管：18.80（屋顶平面） 立管：18.60 - 15.80 + 0.45（热水系统图）= 3.25	m	22.05

分部分项工程名称	位置	计　算　式	计量单位	数量
二、热水系统					
塑料管 De40		立管：15.80 - 5.00（热水系统图）= 10.80 水平管：22.40（二层平面）+ 12.30（厨房平面）= 32.70	m	43.50
塑料管 De32		支管：11.10（厨房平面）	m	11.10
塑料管 De25		支管：16.80（四层平面） 支管：64.90（厨房平面）	m	81.70
塑料管 De20		支管：5.20（四层平面） 支管：13.30（厨房平面）	m	18.50
塑料管 De15		支管：19.60（四层平面）	m	19.60
塑料管 De20	RHL - 1	水平管：19.50（屋顶平面） 立管：18.60 - 5.00（热水系统图）= 13.60 支管：22.40（二层平面）+ 18.60（厨房平面）= 41.00	m	74.10
塑料管 De15		支管：12.90（四层平面）	m	12.90
塑料管 De50	RL - 2	水平管：12.20（屋顶平面） 立管：18.60 - 2.15 + 0.45（热水系统图）= 16.90	m	29.10
塑料管 De32		支管：4.50（夹层平面）+ 2.15（热水系统图）+ 4.3（底层平面）= 10.95	m	10.95
塑料管 De25		支管：7.40（底层平面）	m	7.40
塑料管 De15		支管：1.00（夹层平面）+ 1.8（底层平面）= 2.80	m	2.80
塑料管 De20	RHL - 2	12.80（屋顶平面）+ 18.6（立管）+ 0.5 底层平面）= 31.90	m	31.90
小　计		塑钢管 De50　51.15　　塑钢管 De15　35.30 塑钢管 De40　43.50　　截止阀 DN20　2 个 塑钢管 De32　22.05　　截止阀 DN25　9 个 塑钢管 De25　89.10　　截止阀 DN32　1 个 塑钢管 De20　124.50	m	
套管 DN70		套管长度：0.16 × 7 = 1.12	m	
套管 DN65		套管长度：0.16 × 3 个 = 0.48	m	
套管 DN32		套管长度：0.16 × 10 个 = 1.60	m	
管道冲洗 DN100 以内			m	365.95
管道保温	屋顶明露管道		m³	0.98
热水箱			只	2

分部分项工程名称	位　置	计　算　式	计量单位	数量
三、排水系统				
（1）PL1				
塑料管 *De*63	1层平面图排水系统图	埋地管：6.80 立管：18.6＋0.90＋0.75＝20.25 支管：（1.2＋1.8＋0.5）×4（详图）＝14.00	m	41.05
塑料管 *De*50		支管：0.5×4（登高管）＝2.00	m	
塑料管 *De*32		支管：0.5×4＝2.00	m	
防水套管 *DN*80			个	1
（2）PL2，PL3			m	
塑料管 *De*160	1层平面图排水系统图	埋地管：6.40×2＝12.80	m	12.80
塑料管 *De*110		立管：（18.6＋0.9＋0.75）×2＝40.50 支管：［3.5＋0.4×3（支管）＋0.5×4］×4×2＝53.60	m	94.10
防水套管 *DN*150			个	2
（3）PL4				
塑料管 *De*160	1层平面图排水系统图	埋地管：6.80 立管：18.6＋0.9＋0.75＝20.25	m	27.05
塑料管 *De*90		支管：3.6×4（详图）＝14.40	m	
塑料管 *De*63		支管：（1.8＋0.5×4）×4（详图）＝15.20	m	
塑料管 *De*50		支管：0.5×4（详图）＝2.0	m	
塑料管 *De*32		支管：0.5×4＝2.0	m	
塑料管 *De*160	4层平面图排水系统图	13.60	m	13.60
塑料管 *De*110		立管：18.6－12.2＋0.3＝6.7 支管：2.9＋（1.8＋3.2）×4＝22.9	m	29.60
塑料管 *De*50		支管：0.5×4＝2.0	m	
塑料管 *De*32		支管：0.4×4＝2.0	m	
防水套管 *DN*200			个	1
（4）PL5				
塑料管 *De*110	1层平面图排水系统图	埋地管：3.5 立管：18.6＋0.9＋0.75＝20.25 支管：3.8＋0.3×4＝5.0	m	28.75

分部分项工程名称	位 置	计 算 式	计量单位	数量
		三、排水系统		
塑料管 De100		支管：0.5×4（登高管）= 2.0	m	2.00
防水套管 DN150			个	1
（5）PL6				
塑料管 De63	1 层平面图 排水系统图	埋地管：7.5 立管：18.6 – 0.0 + 0.75 = 19.35 支管：3.5（到每层的喷淋末端）	m	30.35
防水套管 DN80			个	1
（6）PL7				
塑料管 De110	厨房平面图 排水系统图	埋地管：3.3 立管：12.2 + 0.9 + 2.0 = 15.1 支管：11.1 + 2.6 + 2.9 = 16.6（厨房平面）	m	35.00
塑料管 De100		支管：0.5×3（登高管）= 1.5	m	
塑料管 De90		支管：1.1	m	
塑料管 De63		支管：0.5×2（登高管）= 1.0	m	
防水套管 DN150			个	1
（7）PL8				
塑料管 De110	厨房平面图 排水系统图	埋地管：3.0 立管：12.2 + 0.9 + 2.0 = 15.1 支管：6.5 + 16.9 + 0.5 = 23.9（厨房平面）	m	42.00
塑料管 De100		支管：3.9 + 0.5×4（登高管）= 5.9	m	
塑料管 De90		支管：1.5 + 4.4 = 5.9	m	
塑料管 De63		支管：4.7 + 0.5×7 + 0.5×2（登高管）= 9.2	m	
防水套管 DN150			个	1
（8）PL9 ~ PL13				
塑料管 De63	排水系统图	立管：(12.3 – 0.00) ×5 = 61.00	m	
塑料管 De50		支管：［(1.00 + 0.3×2) ×3］×5 = 24.00	m	
防水套管 DN80			个	5
（9）P/1				
塑料管 De90	1 层平面图 排水系统图	埋地管：7.90	m	
塑料管 De50		支管：1.00×5（登高管）= 5.00	m	
塑料管 De32		支管：1.00	m	
防水套管 DN125			个	1

分部分项工程名称	位 置	计 算 式	计量单位	数量
		三、排水系统		
（10）P/2，P/3				
塑料管 De160	1层平面图 排水系统图	埋地管：7.90×2＝9.80	m	
塑料管 De110		支管：1.00×4（登高管）×2＝8.0	m	
防水套管 DN200			个	2
（11）P/4				
塑料管 De63	1层平面图 排水系统图	埋地管：7.90	m	
塑料管 De50		支管：1.0×2（登高管）＝2.00	m	
塑料管 De32		支管：1.00	m	
防水套管 DN80			个	1
（12）P/5				
塑料管 De110	1层平面图 排水系统图	埋地管：7.20＋0.6×4＝9.60	m	
塑料管 De100		支管：1.0×4（登高管）＝4.0	m	
防水套管 DN150			个	1
（13）P/6				
塑料管 De110	1层平面图	埋地管：6.20＋0.5×3＝7.70	m	
塑料管 De100		支管：1.00×3（登高管）＝3.0	m	
防水套管 DN150			个	1
（14）P/7				
塑料管 De63	1层平面图 排水系统图	埋地管：8.90＋（5.0－0.8＋0.9）×2＝19.1	m	19.10
防水套管 DN80			个	1
（15）小计		De160　63.25m　　地漏 DN50　17 个 De110　254.80m　　地漏 DN100　12 个 De100　16.40m　　清扫口 De110　10 个 De90　23.40m　　洗涤池　21 组 De63　184.80m　　洗手池　10 组 De50　37.00m　　蹲式大便器　30 组 De32　8.00m　　小便器　15 组 防水套管 DN200　3 个　浴盆　4 组 防水套管 DN150　7 个　坐便器　4 组 防水套管 DN125　1 个　洗脸盆　4 组 防水套管 DN80　9 个　淋浴器　11 组		

5.5 给水排水工程工程量清单计价编制实例

工程量清单计价采用综合单价法计价，并遵循工程量清单计价的原则。本节仍以 5.4 节工程为实例，说明工程量清单计价的编制方法和编制步骤。

工程量按《计价规范》的规定计算。因本例涉及的项目中工程量计算规则与定额计价工程量计算规则基本相同，所以不再单独列出工程量计算表，可参见 5.4 节表 5 - 23 工程量计算表。主材费的计算也可参见 5.4 节相应列表。

（1）分部分项工程量清单。分部分项工程量清单见表 5 - 24。

表 5 - 24 分部分项工程量清单

工程名称：物流中心办公综合楼（给水排水） 第 页 共 页

序号	项目编码	项目名称	计量单位	工程数量
1	030801005001	聚丙烯管 De15	m	3.00
2	030801005002	聚丙烯管 De20	m	76.85
3	030801005003	聚丙烯管 De25	m	64.65
4	030801005004	聚丙烯管 De32	m	131.75
5	030801005005	聚丙烯管 De40	m	117.10
6	030801005006	聚丙烯管 De50	m	20.20
7	030801005007	聚丙烯管 De7O	m	10.15
8	030801007001	塑钢管 De5	m	35.30
9	030801007002	塑钢管 De20	m	124.50
10	030801007003	塑钢管 De25	m	89.10
11	030801007004	塑钢管 De32	m	22.05
12	030801007005	塑钢管 De40	m	43.50
13	030801007006	塑钢管 De50	m	51.15
14	030801005008	UPVC 塑料排水管 De32	m	8.00
15	030801005009	UPVC 塑料排水管 De50	m	37.00
16	030801005010	UPVC 塑料排水管 De63	m	184.80
17	030801005011	UPVC 塑料排水管 De90	m	23.40
18	030801005012	UPVC 塑料排水管 De100	m	16.40
19	030801005013	UPVC 塑料排水管 De110	m	254.80
20	030801005014	UPVC 塑料排水管 De160	m	63.25
21	030803001001	截止阀 DN20	个	2
22	030803001002	截止阀 DN25	个	32
23	030803001003	截止阀 DN32	个	10
24	030803001004	截止阀 DN40	个	1
25	030803003001	闸阀 Z45T - 10DN80	个	1
26	030804001001	浴盆	组	4

续表 5 – 24

序号	项目编码	项目名称	计量单位	工程数量
27	030804003001	洗脸盆	组	4
28	030804004001	洗手池	组	10
29	030804005001	洗涤池	组	21
30	030804007001	淋浴器（钢管冷热水）	组	11
31	030804012001	蹲式大便器	组	30
32	030804012002	坐便器	组	4
33	030804013001	小便器	组	15
34	030804014001	热水箱	只	2
35	030804017001	地漏 $DN50$	个	17
36	030804017002	地漏 $DN100$	个	12
37	030804018001	清扫口 $De110$	个	10

（2）分部分项工程量清单计价表。分部分项工程量清单计价表见表 5 – 25。

表 5 – 25 分部分项工程量清单计价表

工程名称：物流中心办公综合楼（给水排水）　　　　　　　　　　第　页　共　页

序号	项目编码	项目名称	计量单位	工程数量	金额/元 综合单价	金额/元 合计
1	030801005001	聚丙烯管 $De15$	m	3.00	11.488	34.46
2	030801005002	聚丙烯管 $De20$	m	76.85	11.493	883.24
3	030801005003	聚丙烯管 $De25$	m	64.65	10.469	676.82
4	030801005004	聚丙烯管 $De32$	m	131.75	10.645	1402.48
5	030801005005	聚丙烯管 $De40$	m	117.10	12.535	1467.85
6	030801005006	聚丙烯管 $De50$	m	20.20	15.417	311.42
7	030801005007	聚丙烯管 $De7O$	m	10.15	16.041	162.82
8	030801007001	塑钢管 $De5$	m	35.30	2.499	88.21
9	030801007002	塑钢管 $De20$	m	124.50	2.499	311.13
10	030801007003	塑钢管 $De25$	m	89.10	2.78	247.70
11	030801007004	塑钢管 $De32$	m	22.05	2.792	61.56
12	030801007005	塑钢管 $De40$	m	43.50	3.057	132.98
13	030801007006	塑钢管 $De50$	m	51.15	16.647	851.49
14	030801005008	UPVC 塑料排水管 $De32$	m	8.00	8.129	65.03
15	030801005009	UPVC 塑料排水管 $De50$	m	37.00	8.129	300.77
16	030801005010	UPVC 塑料排水管 $De63$	m	184.80	14.789	2734.67
17	030801005011	UPVC 塑料排水管 $De90$	m	23.40	17.77	415.82
18	030801005012	UPVC 塑料排水管 $De100$	m	16.40	20.527	336.64

序号	项目编码	项目名称	计量单位	工程数量	金额/元	
					综合单价	合计
19	030801005013	UPVC 塑料排水管 De110	m	254.80	26.541	6762.65
20	030801005014	UPVC 塑料排水管 De160	m	63.25	29.727	1880.23
21	030803001001	截止阀 DN20	个	2	7.23	14.46
22	030803001002	截止阀 DN25	个	32	9.35	299.20
23	030803001003	截止阀 DN32	个	10	12.17	121.70
24	030803001004	截止阀 DN40	个	1	19.22	19.22
25	030803003001	闸阀 Z45T-10DN80	个	1	151.17	151.17
26	030804001001	浴盆	组	4	54.935	219.74
27	030804003001	洗脸盆	组	4	94.563	378.25
28	030804004001	洗手池	组	10	24.914	249.14
29	030804005001	洗涤池	组	21	69.29	1455.09
30	030804007001	淋浴器（钢管冷热水）	组	11	60.971	670.68
31	030804012001	蹲式大便器	组	30	56.126	1683.78
32	030804012002	坐便器	组	4	62.158	248.63
33	030804013001	小便器	组	15	121.03	1815.45
34	030804014001	热水箱	只	2	276.52	553.04
35	030804017001	地漏 DN50	个	17	8.538	145.15
36	030804017002	地漏 DN100	个	12	19.509	234.11
37	030804018001	清扫口 De110	个	10	5.177	51.77
		合 计				27438.56

（3）分部分项工程人工费计价表。分部分项工程人工费计价表见表 5-26。

表 5-26 分部分项工程人工费计价表

工程名称：物流中心办公综合楼（给水排水）　　　　　　　　第　页　共　页

序号	项目编码	项目名称	计量单位	工程数量	金额/元	
					人工费单价	人工费合计
1	030801005001	聚丙烯管 De15	m	3.00	3.167	9.501
2	030801005002	聚丙烯管 De20	m	76.85	3.167	243.38
3	030801005003	聚丙烯管 De25	m	64.65	5.429	350.98
4	030801005004	聚丙烯管 De32	m	131.75	5.507	725.55
5	030801005005	聚丙烯管 De40	m	117.10	6.443	754.48
6	030801005006	聚丙烯管 De50	m	20.20	6.703	135.40
7	030801005007	聚丙烯管 De70	m	10.15	6.365	64.60
8	030801007001	塑钢管 De5	m	35.30	1.274	44.97
9	030801007002	塑钢管 De20	m	124.50	1.274	158.61

续表 5 - 26

序号	项目编码	项目名称	计量单位	工程数量	金额/元	
					人工费单价	人工费合计
10	030801007003	塑钢管 De25	m	89.10	1.404	125.10
11	030801007004	塑钢管 De32	m	22.05	1.404	30.96
12	030801007005	塑钢管 De40	m	43.50	1.768	76.91
13	030801007006	塑钢管 De50	m	51.15	4.483	229.31
14	030801005008	UPVC 塑料排水管 De32	m	8.00	3.978	31.82
15	030801005009	UPVC 塑料排水管 De50	m	37.00	3.978	147.19
16	030801005010	UPVC 塑料排水管 De63	m	184.80	6.263	1157.40
17	030801005011	UPVC 塑料排水管 De90	m	23.40	7.022	164.31
18	030801005012	UPVC 塑料排水管 De100	m	16.40	7.730	126.77
19	030801005013	UPVC 塑料排水管 De110	m	254.80	10.525	2681.77
20	030801005014	UPVC 塑料排水管 De160	m	63.25	11.365	718.84
21	030803001001	截止阀 DN20	个	2	2.60	5.20
22	030803001002	截止阀 DN25	个	32	3.12	99.84
23	030803001003	截止阀 DN32	个	10	3.90	39.00
24	030803001004	截止阀 DN40	个	1	6.50	6.50
25	030803003001	闸阀 Z45T - 10DN80	个	1	17.16	17.16
26	030804001001	浴　盆	组	4	23.296	93.18
27	030804003001	洗脸盆	组	4	16.926	67.70
28	030804004001	洗手池	组	10	6.76	67.60
29	030804005001	洗涤池	组	21	15.454	324.53
30	030804007001	淋浴器（钢管冷热水）	组	11	14.56	160.16
31	030804012001	蹲式大便器	组	30	14.976	449.28
32	030804012002	坐便器	组	4	20.878	83.51
33	030804013001	小便器	组	15	12.792	191.88
34	030804014001	热水箱	只	2	143.52	287.04
35	030804017001	地漏 DN50	个	17	4.16	70.72
36	030804017002	地漏 DN100	个	12	9.698	116.38
37	030804018001	清扫口 De110	个	10	3.12	31.20
		合　计				10088.75

（4）措施项目清单计价表。措施项目清单计价表见表 5 - 27。

表 5 - 27 措施项目清单计价表

工程名称：物流中心办公综合楼（给水排水） 第 页 共 页

序号	项 目 名 称	金额/元
1	脚手架搭拆费（10088.75×5%）	504.44
2	环境保护费（27438.56×2%）	548.77
3	临时设施费（27438.56×0.6%）	164.63
4	安全文明施工费（27438.56×0.6%）	164.63
	合 计	1382.47

（5）其他项目费。其他项目费见表 5 - 28。

表 5 - 28 其他项目费

工程名称：物流中心办公综合楼（给水排水） 第 页 共 页

序号	项 目 名 称	金额/元
1	招标人部分	
1.1	预留金	3000
1.2	材料购置费	
	小 计	3000
2	投标人部分	
2.1	总承包服务费	
2.2	零星工作费	
	小 计	0
	合 计	3000

（6）单位工程费用汇总表。单位工程费用汇总表见表 5 - 29。

表 5 - 29 单位工程费用汇总表

工程名称：物流中心办公综合楼（给水排水） 第 页 共 页

序号	项 目 名 称	计算公式	金额/元
1	分部分项工程量清单计价合计	(27438.56 + 105025.3)	132463.86
	其中：主材费	见工程预算表	105025.30
2	措施项目清单计价合计	见措施项目清单计价表	1382.47
3	其他项目清单计价合计	见其他项目清单计价表	3000.00
4	规费：（1）+（2）		1915.85
	（1）工程定额测定法（按分部分项工程费+措施项目费+其他项目费）	136846.33×1‰	136.85
	（2）劳动保险费（同上）	136846.33×1.3%	1779.00
5	税金（按市区）	(1+2+3+4)×3.44%	4773.42
6	合计造价	(1+2+3+4+5)	143535.60

（7）分部分项工程量清单综合单价分析。部分分部分项工程量清单综合单价分析见表 5 - 30。

表 5-30　分部分项工程量清单综合单价分析表（部分）

工程名称：物流中心办公综合楼（给水排水）　　　　　　　　　　　　　　　　　　　　第　页　共　页

序号	项目编码	项目名称	工程内容	定额编号	单位	数量	总合单价	综合单价组成				
								人工费	材料费	机械费	管理费	利润
1	030801005003	聚丙稀管 De25			m	64.65	10.469	5.429	1.47	0.259	2.552	0.76
			(1) 管道及管件的制作、安装、管架安装，水压试验	8-补12	10m		64.60	34.06	9.17	0.59	16.01	4.77
			(2) 穿楼板套管制作安装 DN32	8-23	10m		34.98	18.46	3.26	2.00	8.68	2.58
			(3) 给水管道消毒冲洗 DN100 以内	8-231	10m		5.114	1.768	2.267		0.831	0.248
2	03080100 5014	UPVC 塑料排水管 De160			m	63.25	29.727	11.365	9.759	1.669	5.342	1.591
			(1) 管道及管件的制作、安装、管架安装，水压试验	8-158	10m	6.325	171.29	85.02	33.99	0.42	39.96	11.90
			(2) 刚性防水套管制作 DN200 以内	6-2950	个	3	159.80	36.74	66.34	34.31	17.27	5.14
			(3) 刚性防水套管安装 DN200 以内	6-2964	个	3	105.81	23.63	67.76		11.11	3.31
		合价	(1) 数量×单价				1083.41	537.75	214.99	2.66	252.75	75.27
			(2) 数量×单价				479.40	110.22	199.02	102.93	51.81	15.42
			(3) 数量×单价				317.43	70.89	203.28		33.33	9.93
		小　计					1880.24	718.86	617.29	105.59	337.89	100.62
		每米综合单价及组成	小计值÷63.25				29.727	11.365	9.759	1.669	5.342	1.591

5.6 采暖工程施工图预算编制实例

（1）工程概况。

1）图 5-44～图 5-45 所示为某单位食堂热水采暖工程，供水温度为 95℃，回水温度为 70℃。图中标高尺寸以米计，其余均以毫米计。墙厚为 240mm。所有阀门均为螺纹铜球阀，规格同管径。

2）管道采用焊接钢管，$DN < 32mm$ 为螺纹连接，其余为焊接。立管管径均为 $DN20mm$，散热器支管均为 $DN15mm$。

3）散热器为四柱 813 型，每片厚度 57mm，采用现场组成安装，采用带足与不带足的组成一组，其中心距离均为 3.3m。每组散热器上均装 $\phi10$ 手动放气阀一个。

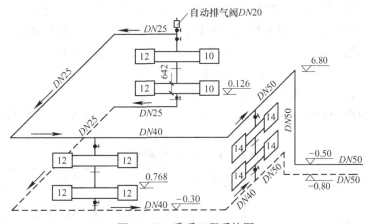

图 5-44 采暖工程系统图

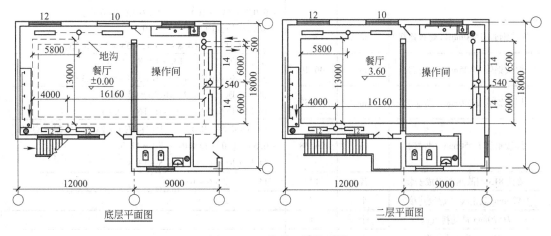

图 5-45 采暖工程平面图

4）地沟内管道采用岩棉瓦块保温（厚 30mm），外缠玻璃丝布一层，再涂沥青漆一道。地上管道人工除锈后涂红丹防锈漆两遍，再涂银粉漆两遍。散热器安装后再涂银粉漆一遍。

5）干管坡度 $i = 0.003$。

6）管道穿地面和楼板，一般设钢套管。管道支架按标准做法施工。

（2）编制要求。

1）按照《××省安装工程消耗量定额》的有关内容，计算工程量。

2）套用《××省安装工程价目表》计算直接工程费（本例主材只计算其消耗量，暂不计主材费）。

3）本例管道保温见第9章第1节相关内容，此处暂不考虑。

（3）编制过程。

1）几点说明。

①坡度。供水干管一般抬头安装，坡度 $i = 0.003$，引入口升高处为最低，干管设置集气罐（或自动排气阀）处为最高点。计算立管高度，应取其平均值。水平干管因坡度增加的斜长，由于增加值甚微，可以忽略不计（为了计算方便，本题暂不考虑该坡度）。

②实际安装时，干管与立管并不在同一垂直立面上，而是相交成Z字形弯，此Z字形弯以及立管绕支管时的抱弯，根据定额说明已包括在管道安装工作内容中，不应另计工程量。

③散热器支管长度。立管双侧连接散热器时，支管长度 =［散热器中心距离 - （单片散热器厚度×片数)/2］×根数；立管单侧连接散热器时，支管长度 =［立管至散热器中心距离 - （单片散热器厚度×片数)/2］×根数。

2）工程量计算。工程量计算见表5-31。

3）计算直接工程费。套用现行的《××省安装工程价目表》，计算直接工程费（见表5-32）。

表5-31　采暖工程量计算表

项 目 名 称	单位	数量	计 算 公 式
焊接钢管 DN15mm（螺纹连接）	m	31.16	支管（地上）： ［3.3 - 0.057 × （14 + 14)/2］× 2 × 2（14 片 14 片） + ［3.3 - 0.057 × （12 + 12)/2］× 2 × 2（12 片 12 片） + ［3.3 - 0.057 × （12 + 10)/2］× 2 × 2（12 片 10 片）
焊接钢管 DN20mm（螺纹连接）	m	17.45	立管（地沟内）：0.3 × 3 = 0.9 立管（地上）：(6.8 - 0.642 × 2) × 3 = 16.55
焊接钢管 DN25mm（焊接）	m	46.10	供干（地上）：4 + 13.0 + 5.8 = 22.8 回干（地沟内）：4 + 13.0 + 5.8 + 0.5 = 23.3
焊接钢管 DN40mm（焊接）	m	44.32	供干（地上）：6.0 + 16.16 = 22.16 回干（地沟内）：6.0 + 16.16 = 22.16
焊接钢管 DN50mm（焊接）	m	24.38	(1.5 + 0.54 + 0.5)（供干地沟内） + ［1.5 + 0.54 + （0.8 - 0.3) + 6.0］(地沟内回干) = 11.08 供干（地上）：6.8 + 6.5 = 13.3
铸铁 813 型散热器组成安装	片	148	14 × 4 + 12 × 6 + 10 × 2
DN20mm 截止阀（螺纹连接）	个	7	
DN20mm 自动排气阀	个	1	
φ10mm 手动放气阀	个	12	
一般钢套管 DN50mm	个	3	
一般钢套管 DN40mm	个	1	
一般钢套管 DN25mm	个	6	

注：1. 在实际工程中，采暖工程与刷油绝热工程是分不开的。本题刷油绝热工程量计算，见本书第9章相关内容。

2. 表中数据根据2009年《山东省安装工程消耗量定额》标准计算。

表5-32 安装工程预（决）算书

工程编号：　　工程名称：　　　　　　　　　　年 月 日　　　共 页 第 页

定额编号	项目名称	单位/m	数量	主材用量	单价/元 主材单价	单价/元 管基价	单价/元 其中：人工费	合价/元 主材单价	合价/元 管基价（安装费）	合价/元 其中：人工费
8-49	焊接钢管DN15mm（螺纹连接）	10m	3.116	3.116×10.2=31.78（m）		81.21	53.09		253.05	165.43
8-50	焊接钢管DN20mm（螺纹连接）	10m	1.745	1.745×10.2=17.80（m）		110.28	65.30		192.44	113.95
8-59	焊接钢管DN25mm（焊接）	10m	4.61	4.61×10.2=47.02（m）		110.74	61.49		510.51	283.47
8-60	焊接钢管DN40mm（焊接）	10m	4.432	4.432×10.2=45.21（m）		137.96	71.15		611.44	315.34
8-61	焊接钢管DN50mm（焊接）	10m	2.438	2.438×10.2=24.87（m）		166.22	80.08		405.24	195.24
8-77	铸铁813型散热器组成安装	10片	14.8	14.8×6.91=102.27（片）		92.42	31.16		1367.82	461.17
	铸铁散热器柱型									
	铸铁散热器柱型带足			14.8×3.19=47.21（片）						
8-527	DN20mm截止阀（螺纹连接）	个	7	7×1.01=7.07		6.53	2.80		45.71	19.60
8-639	DN20mm自动排气	个	1	1×1=1		14.98	6.55		14.98	6.55
8-641	φ10mm手动放气阀	个	12	12×1.01=12.12		0.87	0.84		10.44	10.08
6-3011	一般钢套管DN32mm以内	个	6			17.47	3.95		104.82	23.70
6-3012	一般钢套管DN50mm以内	个	4			29.01	6.50		116.04	26.00
	第八册小计								3411.63	1570.83
	第六册小计								220.86	49.70
	合计								3632.49	1620.53
措施	采暖工程系统调整费			采暖工程人工费×15%；1620.53×15%（其中人工资占20%）					243.08	48.62
	采暖工程直接工程费								3875.57	1669.15
措施	第八册脚手架搭拆费			第八册人工费×5%：1570.83×5%（其中人工资占25%）					78.54	19.64
措施	第六册脚手架搭拆费			第六册人工费×7%：49.70×7%（其中人工资占25%）					3.48	0.87
措施费	脚手架搭拆费合计								82.02	20.51

5.7 燃气工程施工图预算编制实例

（1）工程概况。图5-46和图5-47所示为某住宅室内燃气工程。燃气为天然气，燃气管道均采用镀锌钢管，螺纹连接，管道穿楼板、穿墙时设钢套管。阀门均采用X13W-10型，煤气表用角钢∠30×3支架支撑，额定煤气用量为2.0m³/h。每户装JZ双眼灶台1个。住宅层高为2.8m。

（2）编制要求。

1）按照《××省安装工程消耗量定额》的有关内容，计算工程量。

2）套用《××省安装工程价目表》，计算直接工程费。（本例主材只计算其消耗量，暂不计主材费，不计刷油、保温等项目）。

（3）编制过程。工程量计算如表5-33所示，安装工程预算书如表5-34所示。

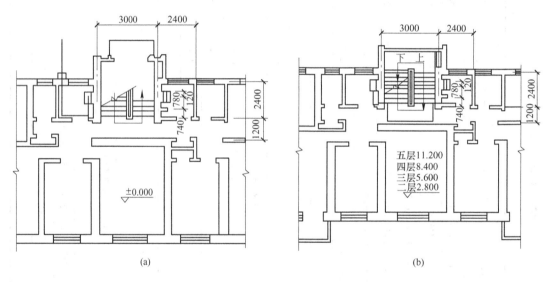

图5-46 室内燃气管道平面图
（a）一层平面图；（b）二～五层平面图

表5-33 燃气工程量计算书

项 目 名 称	单位	数量	计 算 公 式
镀锌钢管螺纹连接 DN15mm	m	13.00	［(0.78+0.12)（水平长度）+(1.9-1.5)（垂直长度）］×10
镀锌钢管螺纹连接 DN20mm	m	6.70	［0.74（煤气表中心距墙面净距）-0.07（立管中心距墙面距离）］×10
镀锌钢管螺纹连接 DN25mm	m	28.31	(13.10-1.9)×2（每根立管长度）+3（水平管）+0.37（两半墙厚）+0.07×2（立管中心距墙面距离）+1.2×2（水平管）
镀锌钢管螺纹连接 DN32mm	m	7.01	(2.4+0.25+2.4-0.07×2)（水平长度）+(2.6-0.5)（垂直长度）

项 目 名 称	单位	数量	计 算 公 式
旋塞阀 X13W－10 DN15mm	个	10	
旋塞阀 X13W－10 DN20mm	个	10	
旋塞阀 X13W－10 DN32mm	个	1	
煤气表（型号 $2.0\text{m}^3/\text{h}$）	块	10	
JZ 双眼灶台	台	10	
一般钢套管 DN32mm	个	1	
一般钢套管 DN25mm	个	10	穿楼板 8 个，穿墙 2 个

注：表中数据根据 2009 年《山东省安装工程消耗量定额》标准计算的。

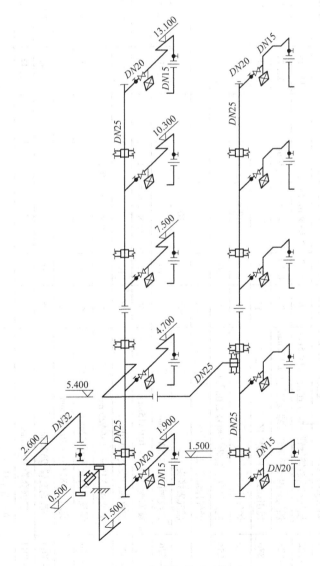

图 5－47　室内燃气管道系统图

工程编号：　　　　工程名称：

表5-34　安装工程预算（决）书

年　月　日　　　　　　　　　　共　页　第　页

定额编号	项目名称	单位	数量	主材用量	单价/元 主材单价	单价/元 省基价	单价/元 其中：人工费	合价/元 主材单价	合价/元 省基价（安装费）	合价/元 其中：人工费
8-820	燃气室内镀锌钢管（螺纹连接）$DN15mm$	10m	1.30	$1.30 \times 10.20 = 13.26m$		96.32	60.96		125.22	79.25
8-821	燃气室内镀锌钢管（螺纹连接）$DN20mm$	10m	0.67	$0.67 \times 10.20 = 6.83m$		97.14	61.04		65.08	40.90
8-822	燃气室内镀锌钢管（螺纹连接）$DN25mm$	10m	2.83	$2.83 \times 10.20 = 2.87m$		112.15	67.40		317.38	190.72
8-823	燃气室内镀锌钢管（螺纹连接）$DN32mm$	10m	0.70	$0.70 \times 10.20 = 7.14m$		128.74	73.16		90.12	51.21
8-876	民用灶具安装型号JZ	台	10	$10 \times 1 = 10$		16.18	7.00		161.80	70.00
	燃气灶炉	台								
8-854	民用燃气表安装（型号2.0m³/h）	块	10	$10 \times 1 = 10$		33.88	18.84		338.80	188.40
	燃气计量表2.0m³/h	块		$10 \times 1 = 10$						
	燃气表接头	套		$10 \times 1 = 10$						
8-526	螺纹阀门安装$DN15mm$	个	10	$10 \times 1.01 = 10.1$		5.91	2.80		59.10	28.00
	旋塞阀 X13W-10$DN15mm$	个		$10 \times 1.01 = 10.1$						
8-527	螺纹阀门安装$DN20mm$	个	10	$10 \times 1.01 = 10.1$		6.53	2.80		65.30	28.00
	旋塞阀 X13W-10$DN20mm$	个		$10 \times 1.01 = 10.1$						
8-528	螺纹阀门安装$DN32mm$	个	1	$1 \times 1.01 = 1.01$		8.55	3.36		8.55	3.36
	旋塞阀 X13W-10$DN32mm$	个		$1 \times 1.01 = 1.01$						
	第八册小计								1231.35	679.84
	第六册小计								192.17	43.45
	直接工程费								1423.52	723.29
措施 6-3011	一般钢套管$DN25mm$	个	10			17.47	3.95		174.70	39.50
措施 6-3011	一般钢套管$DN32mm$	个	1			17.47	3.95		17.47	3.95
	脚手架搭拆费								33.99	8.50
措施	第八册脚手架搭拆费	第八册人工费×5%：679.84×5%（其中人工工资占25%）							3.04	0.76
措施	第六册脚手架搭拆费	第六册人工费×7%：43.45×7%（其中人工工资占25%）							37.03	9.26
措施费	措施费合计									

复习与思考题

5-1 简述建筑给水系统和排水系统的一般组成。阀门型号与套用定额有何关系？

5-2 简述建筑采暖系统的组成。采暖系统中低压器具包含哪些定额项目，在定额应用中，需注意哪些问题？

5-3 室内外燃气管道应如何分界，在实际施工中，如用金属软管或塑料管做卫生器具上水分支管时，定额应如何调整？

5-4 试述给水工程和排水工程施工图的组成及其主要内容。怎样识读给水排水工程施工图？

5-5 给水排水工程的工程量计算应遵循哪些规则？

5-6 采暖工程与给水排水工程的工程量计算规则有哪些相同之处和不同之处？

5-7 卫生器具的工程量计算有什么特点？

5-8 给水排水、采暖工程工程量清单项目设置有哪些内容？

5-9 大作业：编制××学生宿舍楼给水排水安装工程施工图概预算造价（执行《计价规范》规定）。

资料如下：

建筑面积为2400m²，共4层，层高3.3m。每层设男厕所、女厕所、盥洗室各1个。盥洗室内沿两侧墙设盥洗槽，每个盥洗槽设水嘴5个；男、女厕所各装瓷高水箱蹲式大便器3个，各砌污水池一个，污水池各装水嘴1个，男厕所设小便槽1个，设冲洗管（管长2m）。上水立管均在1楼设置控制阀门，每层从上水立管引出的支干管均设控制阀门。

给水管道全部采用镀锌钢管，螺纹连接；排水管道采用排水铸铁管，石棉水泥接口。洗涤污水和粪便污水分别由甲乙两个排出口排出室外。第一个检查井距建筑外墙面3.5m。

埋地铸铁管刷两道沥青漆防腐，地面以上铸铁管刷一道防锈漆，刷两道银粉漆。

设备、管道规格型号、安装位置等详细情况见图5-48~图5-51，主要设备材料见表5-35~表5-37。

表5-35 主要设备材料表

序号	设备材料名称	型号及规格	单位	数量	备注
1	瓷高水箱蹲式大便器		组	24	
2	水嘴	DN20	个	8	
3	水嘴	DN15	个	40	
4	法兰闸阀	Z45T-10，DN50	个	3	
5	螺纹阀门	Z45T-10，DN32	个	8	
6	螺纹阀门	Z45T-10，DN25	个	4	
7	螺纹阀门	Z45T-10，DN20	个	4	
8	螺纹阀门	Z45T-10，DN15	个	4	
9	地漏	DN50	个	20	
10	排水栓	DN50	个	24	
11	扫除口	DN100	个	8	
12	镀锌钢管	DN70	m	10.26	
13	镀锌钢管	DN50	m	18.45	
14	镀锌钢管	DN40	m	9.90	
15	镀锌钢管	DN32	m	23.78	
16	镀锌钢管	DN25	m	25.12	
17	镀锌钢管	DN20	m	20.60	
18	镀锌钢管	DN15	m	9.44	
19	排水铸铁管	DN125	m	19.19	
20	排水铸铁管	DN100	m	75.43	
21	排水铸铁管	DN75	m	14.78	
22	排水铸铁管	DN50	m	19.96	
23	焊接钢管	DN50	m	18.35	

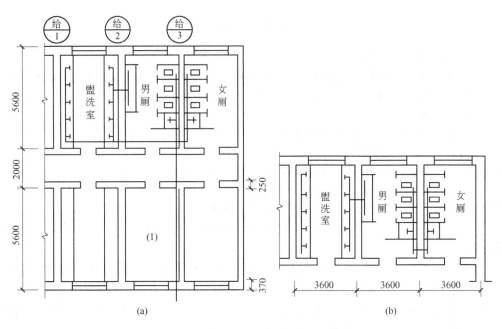

图 5 – 48   卫生间给水平面图

（a）1 层给水平面图；（b）2、3、4 层给水平面图

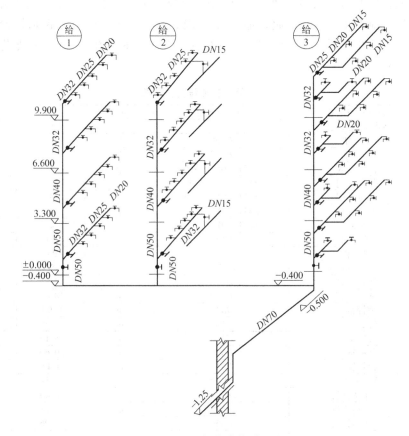

图 5 – 49   卫生间给水管道系统图

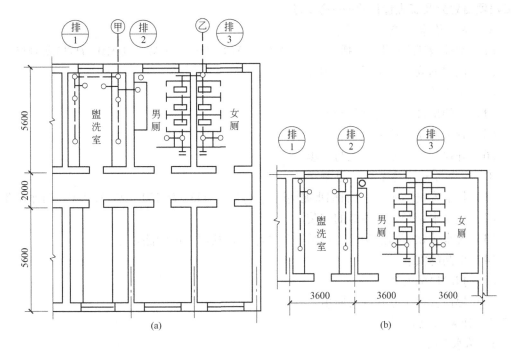

图 5－50　卫生间排水平面图

（a）1 层排水平面图；（b）2、3、4 层排水平面图

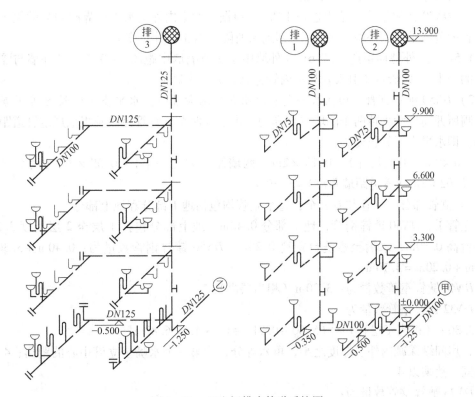

图 5－51　卫生间排水管道系统图

【工程项目划分及工程量计算——提示】

A　室内给水系统项目划分

（1）镀锌钢管的安装。包括 $DN70$、$DN50$、$DN40$、$DN32$、$DN25$、$DN20$、$DN15$ 等规格。

（2）阀门的安装。包括法兰阀和螺纹阀。

（3）水嘴的安装。

（4）小便槽冲洗管的制作与安装。

（5）管道冲洗和消毒。

（6）埋地管道土方的开挖与回填。

B　室内排水系统工程项目划分

（1）排水铸铁管的安装（石棉水泥接口）。包括 $DN125$、$DN100$、$DN75$、$DN50$ 四种规格。

（2）瓷高水箱蹲式大便器的安装。

（3）排水铸铁管刷油防腐。包括刷防锈漆、银粉漆、沥青漆。

（4）地漏的安装。

（5）扫除口的安装。

（6）埋地管道土方开挖与回填。

C　计算工程量

a　给水系统

（1）镀锌钢管的安装。管道安装工程量可以根据比例量取，也可根据建筑尺寸计算。现以建筑尺寸计算方法统计工程量。

1）$DN70$ 镀锌钢管（给水进户干管）。根据定额室内外给水管道界限划分的规定，进户干管的范围是从距外墙面 1.5m 处起到厕所隔墙内止。其长度为：

1.5m（距外墙面距离）＋7.6m（外墙中至厕所隔墙中距离）＋0.31m（外墙与隔墙厚度和的一半）＋0.85m（引入管与室内管标高差）＝10.26m

2）$DN50$ 镀锌钢管。包括水平支干管和立管两大部分。水平支干管长度等于盥洗室和男厕所开间尺寸去掉两个隔墙厚度和的一半以及两个立管管径以及规范规定管道距墙的距离。即水平支干管长度为：

3.6×2m（开间尺寸）－0.13×2m（两墙厚度和之一半）－0.05×2m（两个立管管径）－0.02×2m（管道距墙距离）＝6.80m

3）立管部分。立管共有三个，每个立管均包括地下部分和地上部分。

立管①，$DN50$ 镀锌钢管，地下部分 0.40m，地上部分包括 1 层至 2 层高度 3.30m，盥洗台高 0.80m，水嘴至盥洗台距离 0.20m。$DN50$ 镀锌钢管数量为：0.40m ＋3.30m ＋0.80m ＋0.20m ＝4.70m。

$DN40$ 镀锌钢管数量为：3.30m（相当层高）。

$DN32$ 镀锌钢管数量为：

3.30m（相当于层高）＋[（5.60－0.31）÷6]×4m ＝6.83m

式中，房间纵深减内外墙厚度之半，再六等分，为第一个水嘴至立管中心的距离；4 个楼层相同，故乘以 4。

$DN25$ 镀锌钢管数量为：

0.88（水嘴间距）×3（3 个间距）×4（4 层）m ＝10.56m

$DN20$ 镀锌钢管数量为：

0.88×4 （4层）m $= 3.52$m

立管②，计算方法同立管①：$DN50$ 镀锌管为 4.70m；$DN40$ 管为 3.30m；$DN32$ 管为 6.83m；$DN25$ 管为 10.56m；$DN20$ 镀锌管为 3.52m。

立管②和立管①不同之处在于还有 $DN15$ 镀锌管，这是穿过隔墙到男厕小便槽冲洗管的管道。其长度为：

[0.24（墙厚）$+ 0.05 \times 2$（管中心距墙灰面距离）$+ 0.01 \times 2$（墙两面抹灰厚度）$+$ 0.20（冲洗管与水平支管的距离）] $\times 4$（层）m $= 2.24$m

立管③，$DN50$ 镀锌钢管 2.25m（1层大便器水箱给水横管至地面高度，查标准图可知）。

$DN40$ 镀锌钢管为：

3.30m（层高）-2.25m（1层大便器水箱给水横管距地面高度）$+ 2.25$m（2层大便器给水横管距2层地面高度）$= 3.30$m

$DN32$ 镀锌钢管为：

3.30×2m（同 $DN40$ 算法）$+ 0.88 \times 4$m（水平支管部分）$= 10.12$m

$DN25$ 镀锌管为：

0.90m（跨越拖布池的间距）$\times 4$（4层）$+ 0.10$m（水箱进水管距隔墙距离）$\times 4$（4层）$= 4.00$m

$DN20$ 镀锌钢管为：

[0.90m（大便池间距）$\times 2$（男、女厕所各1个）$+ 0.25$m（大便器隔墙厚加抹灰厚）$+$ 0.05m $\times 2$（管中心距墙距离）$+ 1.25$m（男、女厕拖布池配管，查大样图知）$\times 4$] $= 13.56$m

$DN15$ 镀锌管为：

0.90m（大便器间距）$\times 2$（男女厕所各1个）$\times 4$（4层）$= 7.20$m

4）镀锌钢管工程量合计。见表5－36。

表5－36 镀锌钢管工程量汇总表 　　　　　　　　　（m）

名称 ＼ 规格	$DN15$	$DN20$	$DN25$	$DN32$	$DN40$	$DN50$	$DN70$
进户干管							10.26
水平支干管						6.80	
立管①		3.52	10.56	6.83	3.30	4.7	
立管②	2.24	3.52	10.56	6.83	3.30	4.70	
立管③	7.20	13.56	4.00	10.12	3.30	2.25	
合计	9.44	20.60	25.12	23.78	9.90	18.45	10.26

（2）阀门、水嘴的安装、规格、型号、数量。可以从系统图、平面图上查得并和材料表对照确定。

法兰闸阀 Z45T－10	$DN50$	3 个
螺纹阀门 Z15T－10	$DN32$	12 个
螺纹阀门 Z15T—10	$DN20$	4 个
螺纹阀门 Z15T－10	$DN15$	4 个
水　嘴	$DN20$	8 个
水　嘴	$DN15$	40 个

（3）小便槽冲洗管的制作与安装。$DN15$ 为：$4 \times 2m = 8m$。

（4）管道的冲洗。$DN50$ 以内管道 107.29m，$DN100$ 以内的管道 10.26m。

（5）挖填土方。设计上对管沟无具体要求，按要求选用沟宽：给水系统埋地管道有 $DN70$、$DN50$ 两种规格，沟宽均为 0.60m。

土方量 = ［0.60×1.25（沟宽×$DN70$ 管埋深）×（1.50+0.38）（外墙面以外 1.5m + 墙厚）］+［0.60×0.50（沟宽×$DN70$ 管室内埋深）×（7.60-0.19+0.12+0.02）（外墙中至厕所墙中-外墙厚的一半+厕所墙厚的一半+管道距墙距离）］+［0.60×0.40（沟宽×$DN50$ 管埋深）×（3.60×2-0.12×2-0.05×2-0.02×2）（开间尺寸-墙厚-立管管径-管距墙距离）］ = 1.41m³ + 2.265m³ + 1.6368m³ = 5.31m³

回填土方量 = 5.31m³

b 排水系统

（1）甲排水口管道。

1）$DN100$ 铸铁排水管。9.07m + 27.80m = 36.87m。地下部分：［3.50（室内外管道分界）+0.38（外墙厚度）+0.16（管中心距墙面距离）+（1.25-0.5）（排水立管①地下排水管与排出管标高差）+3.60（盥洗室开间尺寸）-0.16-0.16（排水立管①、②中心至隔墙距离）+0.50+0.50（排水立管①、②地坪以下部分）］m = 9.07m。

地上部分：13.90×2m（排水立管①、②由地面至铅丝球中心标高）= 27.80m。

2）$DN75$ 铸铁排水管。4.22m + 10.56m = 14.78m。地下部分：［0.88×2（右侧盥洗台排水栓至排水立管②为两个水嘴的间距）+0.35（地下横排水管至地坪高差）+0.35（左侧高差）+0.88×2（左侧间距）］m = 4.22m。

地上部分：［0.88×2（盥洗台排水栓至排水立管距离）×6（2、3、4 层 6 个盥洗台）］m = 10.56m。

3）$DN50$ 铸铁排水管。1.99m + 5.97m = 7.96m。地下部分：［0.50×2（两个地漏横支管长）+0.99（通向小便槽水口总长度）］m = 1.99m。

地上部分：1.99×3m = 5.97m（2、3、4 层）。

4）$DN50$ 焊接钢管。地下部分：0.35×3m = 1.05m（3 个地漏接钢管长度）。

地上部分：［0.80（盥洗台存水弯下接钢管长度）×8（共 8 个存水弯）-0.35×2（一层地下部分算过）+0.40（一个地漏连接钢管长度）×9（2 至 4 层共 9 个）］m = 9.30m。

（2）乙排水口管道。

1）$DN125$ 铸铁排水管。5.29m + 13.90m = 19.19m。地下部分：［3.50+0.38+0.16+1.25（透气立管地下埋深）］m = 5.29m。

地上部分：13.90m（透气管标高）。

2）$DN100$ 铸铁排水管。9.64m + 28.92m = 38.56m。地下部分：［0.60（女厕所隔墙距外墙间距）+0.90×4（女厕所 4 个蹲坑间距）+0.90×4（男厕所蹲坑间距）+0.16（立管距隔墙距离）+0.28（隔墙厚加抹灰厚）+0.40（清扫口离隔墙距离）+0.50×2（两个清扫口管长度）］m = 9.54m。

地上部分：9.64×3m（2、3、4 层同 1 层）= 28.92m。

3）$DN50$ 铸铁排水管。2.00m + 6.00m = 8.00m。地下部分：1.00m + 1.00m = 2.00m

（男、女厕所地漏横管长）。

地上部分：2.00（1 层长度）×3（2、3、4 层）m = 6.00m。

4）DN50 焊接钢管。2.00m + 6.00m = 8.00m。地下部分：［0.40×2（两个地漏连接钢管长度）+ 0.60×2（两拖布池排水栓存水弯连接钢管长度）］m = 2.00m。

地上部分：［2.00（一层长度）×3（三层楼高）］m = 6.00m。

（3）铸铁排水管工程量合计。见表 5 – 37。

表 5 – 37　铸铁管水管安装工程量表　　　　　　　　　　（m）

部　位 ＼ 管　径	DN50	DN75	DN100	DN125	DN50（钢管）
甲排水口	7.96	14.78	36.87		10.35
乙排水口	8.00		38.56	19.19	8.00
合　计	15.96	14.78	75.43	19.19	18.35

（4）排水栓的安装。DN50　6×4 = 24 个。

（5）铸铁地漏的安装。DN50　5×4 = 20 个。

（6）扫除口的安装。DN100　2×4 = 8 个。

　　　　　　　　　　DN125　1×4 = 4 个。

（7）瓷高水箱蹲式大便器。6×4 = 24 组。

（8）管道防腐刷沥青漆（两道）。

1）排水铸铁管 DN125 地下埋设 5.29m，外径为 137mm，表面积为 $S = \pi DL = 3.14 \times 0.137 \times 5.29 m^2 = 2.28 m^2$

2）排水铸铁管 DN100 地下埋设 18.71m，外径为 110mm，表面积为 $S = \pi DL = 3.14 \times 0.110 \times 18.71 m^2 = 6.46 m^2$

3）排水铸铁管 DN75 地下埋设 4.22m，外径为 85mm，表面积为 $S = \pi DL = 3.14 \times 0.085 \times 4.22 m^2 = 1.13 m^2$

4）排水铸铁管 DN50 地下埋设 3.99m，外径为 60mm；另地下埋设焊接钢管 3.05m，外径为 60mm，两项表面积为 $S = \pi DL = 3.14 \times 0.06 \times (3.99 + 3.05) m^2 = 1.33 m^2$

管道刷沥青漆工程量为

$$2.28 m^2 + 6.46 m^2 + 1.13 m^2 + 1.33 m^2 = 11.2 m^2$$

（9）管道刷油（防锈漆一道，银粉漆两道）工程量。

1）排水铸铁管 DN125 地上安装 13.90m，表面积为 $3.14 \times 0.137 \times 13.9 m^2 = 5.98 m^2$。

2）排水铸铁管 DN100 地上安装 56.72m，表面积为 $3.14 \times 0.11 \times 56.72 m^2 = 19.59 m^2$。

3）排水铸铁管 DN75 地上安装 10.56m，表面积为 $3.14 \times 0.085 \times 10.56 m^2 = 2.82 m^2$。

4）排水铸铁管和焊接钢管 DN50 地上安装 27.27m，表面积为 $3.14 \times 0.06 \times 27.27 m^2 = 5.14 m^2$。

管道刷油工程量为：

$$5.98 m^2 + 19.59 m^2 + 2.82 m^2 + 5.14 m^2 = 33.53 m^2$$

（10）埋地管道挖填土方。

1）排出口甲。DN100，沟宽 0.7m。

土方量 = 0.7（沟宽）× 1.25（埋深）× [3.5（检查井与建筑物外墙距离）+ 0.38（墙厚）+ 0.16（管中心距墙距离）] m³ + 0.7（沟宽）× 0.5（埋深）× [3.6（开间尺寸）- 0.16 × 2（排水立管至墙距）] m³ = 3.54m³ + 1.15m³ = 4.69m³

DN75、DN50 排水铸铁管和 DN50 焊接钢管埋地敷设，沟宽均为 0.6m。

土方量 = [0.6（沟宽）× 0.35（埋深）×（0.88 × 2 + 0.88 × 2）（排水支管长）] m³ + 0.6 × 0.35 × 1.99（DN50 铸铁排水管埋地长）m³ = 0.74m³ + 0.42m³ = 1.16m³

$$甲排出口土方量 = 4.69m³ + 1.16m³ = 5.85m³$$

2）排出口乙。DN125 排水铸铁管埋地管沟宽为 0.7m，则：

土方量 = 0.7（沟宽）× 1.25（埋深）×（3.5 + 0.38 + 0.16）（管长）m³ = 3.54m³

DN100 排水铸铁管埋地土方量为

$$土方量 = 0.7 × 0.5（埋深）× 9.64（管长）m³ = 3.37m³$$

DN50 排水铸铁管埋地土方量为

$$土方量 = 0.6 × 0.5 × 2m³ = 0.6m³$$

乙口排水铸铁管埋地工程量为

$$3.54m³ + 3.37m³ + 0.6m³ = 7.51m³$$

3）土方工程量合计。5.85m³ + 7.51m³ = 13.36m³

4）回填土方量。回填土方量也为 13.36m³。

6 通风空调工程施工图预算编制

6.1 通风空调工程系统概述

6.1.1 通风空调系统的组成

通风是把室内被污染了的空气直接或净化后排到室外，把室外的新鲜空气送入室内，以保持室内空气符合卫生标准和满足生产工艺的需要。通风系统就是为完成排风和送风所采用的一系列设备、材料和构件组成的，比如：组成机械排风系统的局部排风罩、风管、阀门、除尘或净化器设备、风机和排烟烟囱等。

空调即空气调节，是控制室内的温度、湿度、洁净度和气流速度等符合一定要求的工程技术。空调系统主要由空气处理设备和空气输送管道以及空气分布装置组成。根据需要它能组成许多不同形式的系统。

6.1.1.1 全空气系统

空气系统主要是指在一般民用与工业建筑室内环境控制中，用空气这种介质来承担室内冷、热、湿负荷，并实现正常通风换气的各种通风系统或空气调节系统。空气系统按照空气驱动与处理设备的集中程度可以分为：集中式空调系统、半集中式空调系统和局部式空调系统。

空气系统主要由空气驱动与处理设备、风道、空气采集或分配构件（风口）、调节阀等组成。其中，空气驱动与处理设备是空气系统的核心部分，包括各种空调器、空调用风机盘管、通风机等。

6.1.1.2 全水系统

暖通空调工程常采用冷热水做介质，通过水系统将冷、热源产生的冷、热量输送给换热器、空气处理设备等，并最终将这些冷热量供应至用户。按使用对象不同，空调水系统可分为：冷冻水系统、冷却水系统和热水系统。

水系统的主要组成部分包括：冷热源（冷热水机组、热水锅炉等）、输配系统（水泵、供回水管道及附件）、末端设备（散热器、表冷器、空气加热器、风机盘管等）。

水系统主要有以下几种类型：重力循环和机械循环系统、闭式和开式系统、定流量和变流量系统、单级泵系统和双级泵系统。

水系统的管线结构常用的形式有单管式系统和双管式系统、同程式系统和异程式系统。

6.1.1.3 冷剂系统

冷剂系统是指直接利用制冷工质作为冷热传输介质，实现空气热湿处理，并满足室内供冷、供暖要求的空调系统。这种系统主要借制冷剂相变过程传递冷热量，能量效率较高，设备布置灵活，管道占用空间少。

目前，常用的空调系统有集中式恒温恒湿空调系统（采用一次回风和二次回风两种形式，特点是保持室内有一定的温、湿度）、净化空调系统（应用于工业净化室和生物洁净室，特点是室内可以得到一定级别的洁净度）、大型公共建筑空调系统（满足舒适性特点的公共场所，常采用集中送风方式）、分散式空调系统——空调机组（适用中、小型空调工程）、风机盘管空调系统（由风机、盘管以及电动机、空气过滤器、室温调节装置和箱体组成，满足室内冷热量和噪声要求的，常用的有立式和卧式）。小容量机组一般无需配风管，以局部式系统形式加以应用。容量较大的机组则配设风道系统。

6.1.2　通风空调工程施工图

6.1.2.1　全风系统施工图

在施工图设计阶段，全风系统设计文件应包括：图纸目录、设计与施工说明、设备表、平面图、剖面图、系统图和详图等。其中平面图包括建筑物各层的送风、回风、新风、除尘、防火排烟系统等的平面图。各平面图包括风管道、阀门、风口等平面布置，风管及风口尺寸，各种设备的定位尺寸，设备部件的名称规格等内容。剖面图标明风管、风口、设备等与建筑梁、板、柱、地面的尺寸关系，以及对应于平面图的管道、设备、零部件的尺寸、标高等。系统图则标注介质流向、管径和标高，设备、部件等的位置。

6.1.2.2　全水系统施工图

全水系统施工图主要包括：图纸目录、设计与施工说明、平面图、系统图、局部设施和详图等。其中平面图标明建筑物各层主要轴线编号、供回水管道平面布置、立管位置及编号、底层供回水管道进出口与轴线位置尺寸和标高。系统图标明管道走向、管径、坡度、进出口标高、各系统编号和室内外标高差等。当建筑物有局部供回水设施时，应有其平面、剖面及详图，或注明引用的详图、标准图等。

6.1.2.3　空调设备安装施工图

空调设备包括空调主机、末端设备及消声和隔振。空调设备施工图包括以下内容：图纸目录、设计与施工说明、平面图、剖面图、系统图、流程图、设备和材料表等。其中：

（1）平面图。主要有制冷机房平面图、空调机房平面图、新风机组与末端设备平面图等，这些平面图中均标注设备的轮廓位置与编号、设备和基础距离墙或轴线的尺寸，以及管道附件的位置。

（2）剖面图。制冷机房、空调机房剖面图主要标注通风机、电动机、加热器、冷却器、风口及各种阀门部件的竖向位置及尺寸，以及制冷设备的竖向位置及尺寸等。

（3）系统图。应标注管道的管径、坡度、坡向及有关标高，设备、部件等的位置。

（4）流程图。将空气处理设备、通风管路、冷热源管路、自动调节及检测系统连接成一个整体的通风空调系统，表达了系统的工作原理及各环节的有机联系。

（5）设备和材料表。列出工程中所选用的设备和材料规格、型号、数量，作为建设单位采购、订货的依据。

6.2　通风空调工程安装工艺

6.2.1　风管安装工艺

6.2.1.1　风管材料

风管材料应坚固耐用，表面光滑，易于制造且价格便宜。可用作风管材料的有钢板、不锈钢板、铝板、塑料板、玻璃钢板、复合材料板等。

薄钢板是常用的风管材料，它分普通钢板和镀锌钢板两种，一般通风空调系统采用厚度为 0.5～1.5mm 的钢板。聚氯乙烯板也可作为风管材料，它具有表面光洁、不积尘、耐腐蚀等特点，在净化空调工程中有时被采用，但其造价和施工安装费用大。

需要移动的风管常用柔性材料制作成各种软管，如塑料管、橡胶管和金属软管等。

普通钢板风管和配件的板材厚度应符合表 6-1 的规定。

表6-1　通风工程中普通钢板风管板材厚度　　　　　　（mm）

风管直径或长边尺寸	圆形风管	矩形风管		除尘系统风管
		中压低压系统	高压系统	
100～320	0.5	0.5	0.8	1.5
340～450	0.6	0.6	0.8	1.5
480～630	0.8	0.6	0.8	2.0
670～1000	0.8	0.8	0.8	2.0
1120～1250	1.0	1.0	1.0	2.0
1320～2000	1.2	1.0	1.2	3.0
2500～4000	1.2	1.2	1.2	按设计要求

钢板风管和配件的板材连接：当钢板厚度 $\delta \leqslant 1.2mm$ 的薄钢板、厚度 $\delta \leqslant 1.0mm$ 的不锈钢板和厚度 $\delta \leqslant 1.2mm$ 的铝板，宜采用咬接或铆接。其咬口形式有单平咬口、单立咬口、转角咬口、联合角咬口、按扣式咬口，如图 6-1、图 6-2 所示。镀锌钢板施工时应注意使镀锌层不受破坏，若对严密性有较高要求时，咬口缝可加锡焊，也可在咬口缝处涂抹密封胶。

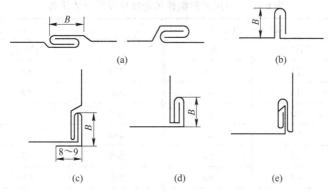

图6-1　各种咬口形式

（a）单平咬口；（b）单立咬口；（c）转角咬口；（d）联合角咬口；（e）按扣式咬口

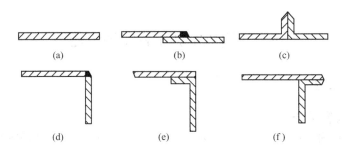

图 6-2　风管焊缝形式

（a）对接焊缝；（b）角焊缝；（c）搭接焊缝；（d）搭接角缝；（e）折边焊缝；（f）折边角焊缝

不锈钢板风管壁厚不大于 1mm 时，宜采用咬接；大于 1mm 时，宜采用氩弧焊或电弧焊焊接，不得采用气焊。

铝板有较好的抗化学腐蚀性能及力学性能，故常用于防爆通风系统。当铝板厚度大于1.5mm 时，可采用气焊或氩弧焊接。铝及铝合金与铁、铜等金属接触时会产生电化学腐蚀。因此，铝板风管应尽量采用铝制法兰连接；若用普通角钢法兰时，应镀锌或做防腐绝缘处理，铆接时应采用铝铆钉。

中、低压系统硬聚氯乙烯风管和配件板材厚度应符合表 6-2 的规定。

表 6-2　中、低压系统硬聚氯乙烯风管和配件板材厚度　　　　　　　（mm）

风管直径	风管长边尺寸	壁　厚
≤320	≤320	3.0
320~630	320~500	4.0
630~1000	500~800	5.0
1000~2000	800~1250	6.0
	1250~2000	8.0

6.2.1.2　标准风管的规格及质量估算表

常用圆形钢板风管规格及质量估算见表 6-3，常用矩形低速风管规格及质量估算见表 6-4。

表 6-3　常用圆形钢板风管规格及质量估算表

外径 D/mm	质量/kg·(10m)$^{-1}$		外径 D/mm	质量/kg·(10m)$^{-1}$	
	不保温	保温		不保温	保温
100	13	36	320	60	127
120	15	43	360	68	142
160	20	57	400	75	157
180	23	62	450	85	175
200	25	68	500	95	193
220	42	88	560	140	252
250	47	100	630	158	282
280	53	112	700	176	313

外径 D/mm	质量/kg·(10m)⁻¹		外径 D/mm	质量/kg·(10m)⁻¹	
	不保温	保温		不保温	保温
800	202	358	1400	422	692
900	227	402	1600	483	790
1000	252	445	1800	542	888
1120	282	498	2000	603	990
1250	377	618			

表6-4 常用矩形低速风管规格及质量估算表

外边长 A×B/mm	质量/kg·(10m)⁻¹		外边长 A×B/mm	质量/kg·(10m)⁻¹	
	不保温	保温		不保温	保温
120×120	20	105	320×320	68	233
160×120	22	118	400×200	77	260
160×160	25	132	400×250	78	263
200×120	25	132	400×320	87	288
200×160	28	143	400×400	97	316
200×200	32	157	500×200	83	280
250×120	45	162	500×250	90	298
250×160	50	177	500×320	98	323
250×200	52	190	500×400	108	353
250×250	60	208	500×500	120	388
320×160	53	187	630×250	140	380
320×200	58	201	630×320	152	408
320×250	62	217	630×400	165	440

6.2.1.3 风管连接

在大多数空调工程中,风管与风管之间、风管与部件及配件之间,主要采用法兰连接。

风管的连接长度,应按风管的壁厚、法兰与风管的连接方法、安装的施工空间和吊装方法等因素决定。为了安装方便,在条件允许的情况下,尽量在地面上进行连接,一般可接至10~12m长,风管连接时,不允许将可拆卸的接口装设在墙或楼板内。

用法兰连接的空调通风系统,其法兰垫料厚度为3~5mm。法兰的垫料可按下列要求选用:

(1)输送空气温度低于70℃的风管,应用橡胶板、闭孔海绵橡胶板或其他闭孔弹性材料。

(2)输送空气或烟气温度高于70℃的风管,应用石棉橡胶板等。

(3)输送产生凝结水或含有蒸汽的潮湿空气的风管,应用橡胶板或闭孔海绵橡胶板等。

在风管穿过需要封闭的防火、防爆的墙体或楼板时，应设预埋管或防护套管，其钢板厚度不应小于1.6mm。风管与防护套管之间应用不燃且对人体无害的柔性材料封堵。

6.2.1.4 风管支架

风管支架要根据现场支持构件的具体情况和风管的重量，用圆钢、扁钢、角钢等制作。制作风管支架既要节约钢材，又要保证其强度，以防止变形。支架安装的数量按下列7项要求确定：

(1) 不保温风管水平安装。圆形风管直径（或矩形风管大边长）小于400mm时，支架间距小于4m；否则小于3m；垂直安装时，间距不大于4m，但层高大于4m时，每根立管不少于2个；支架安装高度宜在地板面以上1.5～1.8m的法兰处。

(2) 保温风管支架间距可按不保温风管支架间距乘以0.85的系数采用。

(3) 风管转弯处两端应加支架。

(4) 穿楼板和穿屋面处的竖风管支架只起导向作用，因此，此处的支架应为固定支架。

(5) 风管始端与风机、空调箱及其他振动设备连接的风管，其接头处应设固定支架。

(6) 干管上有较长支管时，在支管上必须设置支、吊、托架，以免干管因承受支管的重量而破坏。

(7) 除了弯头处和起点处的支、吊架，其余活动支、吊架应沿风管均匀布置，力求做到整齐划一。

6.2.1.5 风管局部构件

(1) 弯头。气流流过弯头时，由于气流与管壁的冲击和惯性会形成涡流，气流将发生偏转甚至旋转，从而造成能量局部损失。减小弯头局部阻力的方法是尽量用弧弯管代替直角弯。如矩形风管的弯管可采用内弧形或内斜线矩形弯管。当边长不小于500mm时，应设置导流叶片。弯头的导流叶片分单叶片式和双叶片式两种。

(2) 三通。三通有合流和分流两种。

为了减少三通的局部阻力或消除合流时可能产生的引射作用，应使两个支管与总管的气流速度相等，即 $V_1 = V_2 = V_3$（V_1，V_2 为两支管气流速度，V_3 为总管气流速度）。此时，支管与总管断面积之间的关系为：$F_1 + F_2 = F_3$（F_1，F_2 为两支管截面积，F_3 为总管截面积）。

(3) 渐扩管和渐缩管。风管布置有时会遇到断面突然扩大或突然收缩的情况。突扩或突缩时，流体断面突然变化，这样气流与构件四壁不断发生冲撞并产生涡流而造成阻力。为了减少管道断面变化而造成的阻力，应尽可能地采用渐扩管和渐缩管。

6.2.1.6 风管保温

通风管道及设备所用的保温材料应具有较低的热导率、质轻、难燃、耐热性能稳定、吸湿性小并易于成型等特点。常用的保温材料有：玻璃棉、泡沫塑料、岩棉、蔗渣碎粒板、木丝板、橡塑发泡管材及板材等。保温方法多采用粘贴法及钉贴法。

粘贴法主要是将保温板粘贴在风管外壁上，胶黏剂可采用乳胶、101胶、酚醛树脂等，然后包扎玻璃丝布，布面刷调和漆。钉贴法是目前经常采用的一种保温方法，首先将保温钉粘贴在风管外壁上，粘结12～24h后将保温板紧压在风管上，露出钉尖。保温钉粘结保温，若无特殊设计要求时，保温钉粘结密度可按表6－5确定。钉距不大于450mm，保温钉与风管边距离不大于75mm。

表 6 – 5 保温钉粘结密度 （只/m²）

保温材料名称　　　　　粘结部位	风管侧、下面	风管上面
岩棉保温板	30	12
玻璃棉保温板	12	9

6.2.2 通风部件安装工艺

通风部件是与通风管道配套的、通风工程不可缺少的各种部件，包括风口、风阀、排气罩、风帽和其他部件等。

6.2.2.1 风口

送风口是把处理过的空气送到某个房间或指定场所的装置，所送出的气流具有方向性，并且把周围的空气诱导混合后渐次减速，气流的温度也逐渐趋近室温。由于方向性和诱导性因送风口的形状而异，因此送风口的类型须根据系统的需要和场所的特点设计而定，各种常用风口如图 6 – 3 所示。

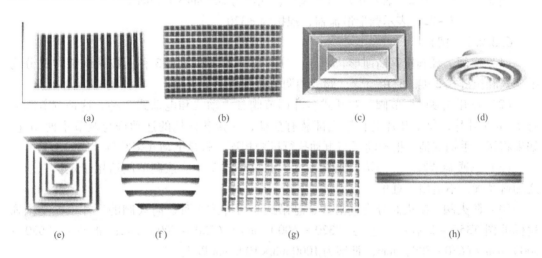

图 6 – 3 各种常用风口

(a) 矩形单层百叶风口；(b) 矩形栅格式风口；(c) 矩形散流器；(d) 圆环形散流器；(e) 方形散流器；
(f) 圆形百叶风口；(g) 双层栅格式风口；(h) 条缝形散流器

回风口的回风气流没有送风气流那样的方向性，与诱导性也没有关系，因此，没有送风口那样多的种类，通常是结合装修采用格栅形、矩形、多孔形等。

新风口通常在外墙上安装，可增加防雨隔栅。

目前，国内市场上的风口、散流器，除了进口产品和特殊场合使用的采用模具冲压或注塑制成的以外，大部分都是用铝合金型材通过氩气保护焊制成的。

风口型号表示方法如下：

风口代号 分类代号 规格代号(以风口基本尺寸的1/10表示)

风口的分类代号如表6-6所示。

表6-6　风口的分类代号表

序号	风口名称	分类代号	序号	风口名称	分类代号
1	单层百叶风口	DB	11	圆形喷口	YP
2	双层百叶风口	SB	12	矩形喷口	JP
3	圆形散流器	YS	13	球形喷口	QP
4	方形散流器	FS	14	旋流风口	YX
5	矩形散流器	JS	15	网板风口	WB
6	圆盘形散流器	PS	16	椅子风口	YZ
7	条缝风口	TS	17	灯具风口	DZ
8	格栅风口	KS	18	算孔风口	BK
9	插板风口	CB	19	孔板风口	KB
10	洁净风口	JJ			

例如：FDB-2012，表示单层百叶风口，规格为200mm×120mm；

FYS-32，表示圆形散流器，规格为φ320。

6.2.2.2　阀门

（1）蝶阀。蝶阀按其断面形状不同，分圆形、方形和矩形3种；按其调节方式分为手柄式和拉链式2类。它由短管、阀板和调节装置3部分组成。

（2）对开式多叶调节阀。对开式多叶调节阀分手动式和电动式2种。这种调节阀装有2~8个叶片，每个叶片的长轴端部装有摇柄，连接各摇柄的连动杆与调节手柄相连。如果将调节手柄取消，把连动杆与电动执行机构相连，就是电动式多叶调节阀。

（3）三通调节阀。三通调节阀有手柄式和拉杆式2种。该调节阀适用于矩形直通三通和裤叉管，不适用于直角三通。

（4）防火阀。防火阀分为直滑式、悬吊式和百叶式3种。防火阀的尺寸根据全国通用标准图T356-2有：Ⅰ型为（320~500）mm×（320~500）mm；Ⅱ型为（630~800）mm×（630~800）mm；Ⅲ型为1000mm×1000mm以上。

（5）止回阀。在正常情况下，风机开启后，止回阀阀板在风压作用下会自动打开；风机停止运行后，阀板自动关闭。全国通用标准图T303-1适用于风管风速不小于8m/s的情况，阀板采用铝制，其质量小，启闭灵活，能防火花、防爆。止回阀除根据管道形状不同而分为圆形和矩形外，还可按照在风管上的位置分为垂直式和水平式。

6.2.2.3　消声器

消声设备的种类和结构形式很多，最简单的阻抗消声器是在通风管道或弯头内衬贴吸声材料，前者称管式消声器，后者称消声弯头。抗性消声器是利用管道内声学特性特变的界面，把部分声波向声源处反射回去，它由扩张室及连接管串联组成。消声器有弧形声流式消声器、阻抗复合式消声器、各种管式消声器等，如图6-4所示。

消声器在系统内的配置一般不应少于2个，风机进出口各1个。送回风系统应设置同等性能和数量的消声器。在气流速度不变的情况下，消声器不必过长，不超过4000mm。

消声器的安装应尽可能与机房隔离，若配置在空调机房内会引起消声短路而起不到应

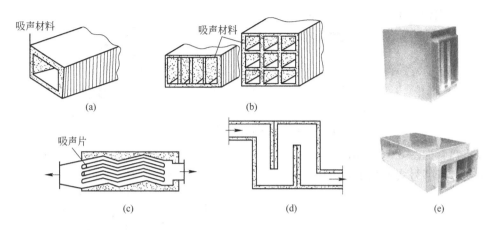

图 6-4 消声器及其示意图

（a）管式消声器；（b）片式及蜂窝式消声器；（c）折板式消声器；（d）迷宫式消声器；（e）管式消声器实物照片

有的消声作用。

6.2.2.4 风帽及罩类

常用风帽有伞形风帽、筒形风帽和锥形风帽 3 种形式。伞形风帽分圆形和矩形 2 种，适用于一般机械通风系统，可用钢板或硬聚氯乙烯塑料板制作；筒形风帽适用于自然通风系统，一般还需在风帽下装滴水盘；锥形风帽适用于除尘系统及非腐蚀性有毒系统，一般用钢板制作。

风帽泛水是用来防止雨水渗入风管内的部件。当通风管穿出屋面时，不管施工图是否标出，必须安装风帽泛水。风帽泛水分圆形和方形两种。

罩类是通风系统中的风机皮带防护罩、电动机防雨罩及装在排风系统中的侧吸罩、排气罩、回转罩等。通风机的传动装置外露部分应设防护罩，安装在室外的电动机必须设置防雨罩，不管施工图是否注明，都应按规定设置。

6.2.3 通风空调设备安装工艺

6.2.3.1 通风机安装工艺

风机是输送气体的动力装置。在通风和空调工程中常用的风机有离心式、轴流式、混流式和贯流式等几种，如图 6-5 所示。风机的主要性能参数是：流量、风压、轴功率、效率和转速。

风机应固定在隔振基座上，以增加其稳定性。隔振基座可用钢筋混凝土板或型钢加工而成，其质量通常取风机质量的 1~3 倍（一般的型钢结构）。

当室内或周围环境对设备产生的噪声有严格要求时，除对风机进行减振降噪处理外，还应作消声、隔声处理。通常根据风机的类型和大小做隔声罩。隔声罩由钢或玻璃钢制的隔声板拼接而成，罩体留出风机进出风口和检修门，其他部位全部封闭。为了排除电动机运转时散出的热量，可在罩体顶部安装排气管。

6.2.3.2 风机盘管安装工艺

风机盘管按结构形式分为立式（L）、卧式（W）、挂壁式（G）、卡式（D）等：按安装形式可分为明装（M）、暗装（A）；按水系统安装方式可分为两管制、三管制和四管

图 6 - 5　离心式风机的原理及总体结构

制。风机盘管如图 6 - 6 所示。

风机盘管型号表示如下：

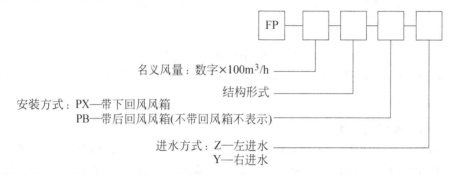

名义风量：数字×100m³/h

结构形式

安装方式：PX—带下回风风箱

PB—带后回风风箱(不带回风箱不表示)

进水方式：Z—左进水

Y—右进水

风机盘管结构形式代号如表 6 - 7 所示。

表 6 - 7　风机盘管结构形式代号

代号	WA	WM	LA	LM	KM	BC	WH
名称	卧式暗装	卧式明装	立式暗装	立式明装	吸顶式	壁挂式	卧式暗装高静压型

例如：FP - 3.5WA - Z 表示风机盘管，名义风量 350m³/h，卧式暗装，左进水。

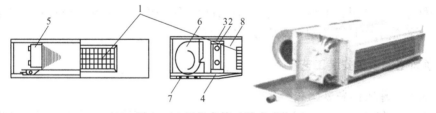

图 6 - 6　风机盘管（卧式暗装）

1—出风栅格；2—控制器；3—盘管；4—凝水盘；5—低噪声电动机；6—风机；7—空气过滤器；8—箱体

风机盘管的自动控制是靠调节风量和水量来实现的。风量控制和水量控制都是根据室内温度检测器的显示，风量调节靠对开关或回转比例的控制来实现，水量调节靠控制电动三通阀（或电动二通阀）以控制热交换器交换水量的开关来实现。由于电动三通阀或电动二通阀在节能方面比三速开关优势明显，在实际中被广泛应用。

电动阀型号表示如下：

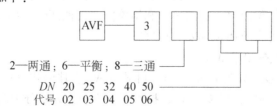

2—两通；6—平衡；8—三通

DN　20　25　32　40　50

代号　02　03　04　05　06

例如：型号 AVE - 3203 表示电动二通调节阀，口径为 DN25。

风机盘管在安装时除了要注意机组的水平度以外，还应注意：

（1）连接机组的管道（包括供回水管、凝结水管及阀件）要保温，否则在夏季供冷时管道上会产生结露现象。

（2）供回水管道上应安装闸阀或截止阀，以调节水量及在检修时切断水源。供回水管道与风机盘管宜采用承压顶管连接，软管的承压能力与风机盘管相同。

（3）风机盘管本身带有手动放气阀，但在水系统的最高点还应当装设自动或手动放气阀，在水系统的最低处应安装放水阀。

（4）塑料 PVC 凝结水管尺寸以外径为控制基准，其刚性比金属管差，故管道支撑间距与金属管不同。表 6 - 8 表示塑料管材水平管和立管的支撑间距。

PVC 管道之间的连接宜采用胶黏剂粘结，PVC 管与金属管配件的连接应采用螺纹连接或法兰连接。

表 6 - 8　塑料管（PVC）水平管和立管支撑间距

塑料管外径/mm		20	25	32	40	50	63
对应公称直径/mm		15	20	25	32	40	50
支撑间距/mm	水平管	500	550	650	800	950	1100
	立管	900	1000	1200	1400	1600	1800

6.2.3.3　组合式空调机组安装工艺

组合式空调机组是具有多种处理功能并可在现场进行组装的大型空气处理设备。它通过设在机组内的过滤器、热交换器、喷水室、消声器、加湿器、除湿器和风机等设备，完成对空气的过滤、加热、冷却、加湿、去湿、消声、喷水处理、新风处理等功能。组合式空调机组也称为装配式空气调节机组。

组合式空调机组的基本形式有立式和卧式两种。国产组合式空调机组的基本参数可参见表 6 - 9。

表 6 - 9　国产组合式空调机组的基本参数（标准组合）

代　号	名义风量/m³·h⁻¹	表冷器接管长度/mm	参考质量（6排）/kg	代　号	名义风量/m³·h⁻¹	表冷器接管长度/mm	参考质量（6排）/kg
6.3	6300	50	780	31.5	31500	2×65	2750
8.0	8000	50	940	40.0	40000	2×65	3490
10.0	10000	50	1210	50.0	50000	2×65	4540
12.5	12500	65	1370	63.0	63000	2×65	4890
16.0	16000	65	1480	80.0	80000	2×65	6700
20.0	20000	65	1820	100	100000	2×65	8800
25.0	25000	2×65	2310	125	125000	2×80	11000

组合式空调机组一般是以分段的形式发货，每一个机段在工厂已组装完毕，可直接连接到水管或电气系统上，如图 6 - 7 所示。各机段的安装除了要符合质量验收规范外，还应注意以下几点：

（1）机组与风管用帆布管连接，帆布管外要刷防火涂料。

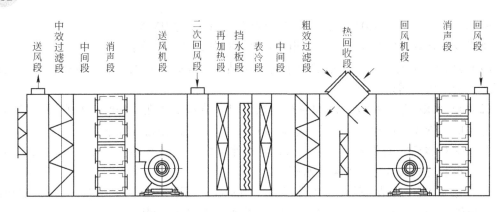

图6-7　分段组装式空调箱（分段全功能组装式空调箱示意图）

（2）机组的进出水管是螺纹管，在其连接管上应安装排气和放水装置。供回水管与机组通常采用承压软管连接。管道需单独设支吊架，不可支撑在机组上。凝结水排水管要做存水弯，避免空气进入，同时使排水顺畅。

（3）机组金属底座随机段一起发送，规格一般为 10mm × 20mm ~ 70mm × 80mm 的槽钢。机组与基础之间宜垫有橡胶或其他减振材料。

6.3　通风空调工程工程量计算规则与计价表套用

6.3.1　通风空调工程工程量计算规则

6.3.1.1　通风管道工程量计算规则

（1）风管制作安装工程量按展开面积计算，不扣除检查孔、测定孔、送风口、吸风口等所占面积，咬口重叠部分也不增加面积。

圆管展开面积：$$F = \pi D L$$

矩形风管展开面积：$$F = 2(A + B)L$$

式中　F——风管展开面积，m^2；

　A，B——矩形管断面的两个边长，m；

　D——圆形管直径，m；

　L——管道中心线长度，m。

（2）风管长度包括管件长度，但不得包括部件长度。部分部件长度可参考表6-10所列值计取。

表6-10　部分风管部件长度表

序号	部件名称	部件长度/mm	序号	部件名称	部件长度/mm
1	蝶阀	150	4	圆形风管防火阀	$D + 240$
2	止回阀	300	5	矩形风管防火阀	$B + 240$
3	密闭式对开多叶调节阀	210			

（3）整个通风系统，如设计采用渐缩管均匀送风，则圆形风管按平均直径，矩形风管按平均周长计算，套相应定额时，即：人工费×2.50。风管及部件凡是以焊条电弧焊考

虑的项目，如需使用手工氩弧焊者，其人工乘以系数 1.238，材料乘以系数 1.163，机械乘以系数 1.673。

【例 6 - 1】 某化工厂氯化车间设计图相关尺寸及说明为：圆形渐缩送风管道中心线长度 $L_{中}$ 为 32.16m，大头直径 $D_{大}$ 为 500mm，小头直径 $D_{小}$ 为 200mm，采用镀锌钢板风管（$\delta = 1.2$mm），咬口连接。试计算其平均直径和总展开面积各为多少，说明怎样套用定额。

【解】 平均直径 $D_{平} = (D_{大} + D_{小})/2 = (0.5 + 0.2)\text{m}/2 = 0.35\text{m}$

展开面积 $F = \pi D_{平} L_{中} = 3.1416 \times 0.35\text{m} \times 32.16 = 35.36\text{m}^2$

套用定额 9 - 4，基价为 245.28 元，人工费乘以系数 2.5，即 245.28 元 × 2.5 = 613.20 元。

【例 6 - 2】 某工程采用铝板风管，规格为 $\phi 400\text{mm} \times 3\text{mm}$，制作工程量为 75.82m²，设计说明称"采用手工氩弧焊连接"，试计算该分项工程人工、材料和机械调整后的数量。

【解】 工程量调整，归根结底是其价值量的调整。根据所在地单位估价表规定（本题参考山东省 2006 年估价表）制作安装每 10m² 的 $\phi 400\text{mm} \times 3\text{mm}$ 铝板风管（气焊考虑），其基价为 1739.43 元（定额编号 9 - 535），其中人工费为 1090.04 元，材料费为 491.28 元，机械费为 158.11 元。因本工程风管采用手工氩弧焊连接，依据定额规定，其价值调整为

基价合价 = (9537.47 + 3173.60 + 10851.74) 元 = 23562.81 元

其中：人工费 = 1090.04 元 × (75.82/10) × 1.154 = 9537.47 元

材料费 = 491.28 元 × (75.82/10) × 0.852 = 3173.60 元

机械费 = 158.11 元 × (75.82/10) × 9.242 = 10851.74 元

（4）支管长度以支管中心线与主管中心线交点为分界点。

（5）柔性软风管可由金属、涂塑化纤织物、聚酯、聚乙烯、聚氯乙烯、聚氯乙烯薄膜、铝箔等材料制成。柔性软风管安装按图示中心线长度以"m"为单位计算；柔性软风管阀门安装以"个"为单位套阀门定额。软管接口（帆布接口）按接头长度以展开面积计算，若使用人造革而不使用帆布接口时，可以换算，其换算方法是换价不换量。

（6）风管弯头导流叶片按叶片图示面积以"m²"计量，不分单叶片或香蕉形双叶片，均套同一子目。导流叶片面积可参见表 6 - 11。

表 6 - 11 导流叶片面积表

风管直径/mm	500	630	800	1000	1250	1600	2000
导流片面积/m²	0.170	0.216	0.273	0.425	0.502	0.623	0.755
导流叶片片数	4	4	6	7	8	10	12

（7）风管检查孔制作安装以"100kg"为计量单位，其质量按《全国统一安装工程预算定额》第九册附录的"国际通风部件标准质量表"计算。

（8）塑料风管、复合型材料风管制作安装计价表所列直径为内径，周长为内周长。

6.3.1.2 部件工程量计算规则

（1）风管部件（包括调节阀、风口、风帽、罩类、消声器）制作与安装的工程量计

算不同。标准部件的制作，应根据设计型号、规格，按《全国统一安装工程预算定额》附录"国标通风部件标准重量表"计算，非标准部件按图示成品重量计算。部件的安装按图示规格尺寸（周长或直径）以"个"为计量单位，分别执行相应计价表项目。

（2）钢百叶窗及活动金属百叶风口的制作以"m²"为单位，安装规格尺寸以"个"为单位。

（3）钢板挡水板的制作安装按空调器断面面积计算。计算式如下：

$$挡水板面积 = 空调器断面面积 \times 挡水板张数$$

（4）设备支架制作安装按图示尺寸以"kg"为计量单位。风机减振台座制作安装执行设备支架子目，子目内不包括减振器，应按设计规定另行计算。

6.3.1.3　通风空调设备安装工程量计算规则

（1）通风机安装不论离心式或轴流式、钢质或塑料质、不锈钢质，左旋或右旋均以"台"计量，按通风机形式和风机机号分别套用相应定额子目。

通风机减振台座制作安装，以"100kg"计量，套用设备支架子目。

（2）各类除尘设备均按"台"计算工程量，以质量分档次套用定额。每台质量可查阅《全国统一安装工程预算定额》第九册附录。除尘设备安装不包括支架制作与安装，支架以"kg"计量，套用设备支架子目。

（3）空调器安装中除分段组装式空调器以"kg"为计量单位外，其余均以"台"为计量单位，以质量分档次套用定额。其定额内容包括吊顶式空调器、落地式空调器、壁挂式空调器、窗式空调器、风机盘管安装（吊顶式或落地式）。空调器本身的价值和应配备的地脚螺栓价值未计。

6.3.1.4　刷油和保温工程量计算规则

通风空调管道、设备刷油及绝热工程分别套用第十一册《刷油、防腐蚀、绝热工程》计价表相应项目及工程量计算规则。

薄钢板风管刷油按其展开面积，以"10m²"为单位计算。风管部件刷油按其质量，以"100kg"为单位计算。管道及设备绝热以"m³"为单位计算。

各种管径钢管的保温工程量及保温层表面积可查阅相关手册。

6.3.1.5　全水系统工程量计算规则

通风空调水系统工程中管道、阀门、低压器具等的安装套用第八册《给排水、采暖、燃气工程》计价表相应项目，工程量计算规则同第八册。

6.3.1.6　冷热源设备安装工程量计算规则

各种制冷机房中压缩机、冷凝器、蒸发器、冷却塔等的安装，溴化锂吸收式制冷机组安装，风机、水泵等的安装套用机械设备安装工程中的第八~十章、第十三章等的相应定额项目。

工业与民用中低压锅炉本体及附属、辅助设备的安装套用第三册《热力设备安装工程》中的相应定额项目。

套用定额时，应注意设备的类型、型号、质量、压力、容量、蒸发量、驱动方式等，以及设备安装工艺方面的特征，如固定形式、安装高度、跨距等。

6.3.2　通风空调工程计价表套用

通风空调工程施工图预算套用《全国统一安装工程预算定额》第九册。设置4个分部 47 个分项工程项目。套用计价表时，应注意以下问题。

6.3.2.1 换算系数

第九册计价表的总说明和章说明中有很多换算系数，在套用定额时要先阅读说明，正确换算。如第一册说明中有如下规定："项目中的法兰垫料，如设计要求使用材料品种不同者可以换算，但人工不变。使用泡沫塑料者，每千克橡胶板换算为泡沫塑料 0.125kg；使用闭孔乳胶海绵者，每千克橡胶板换算为闭孔乳胶海绵 0.5kg。"当该项目设计所用材料与计价表项目不同时，应根据要求进行换算。

【例 6-3】 计价表项目 9-5（单位 10m²），镀锌薄钢板矩形风管安装，风管周长 800mm 以下。综合单价 608.74 元，其中人工费 213.41 元，材料费 183.99 元，机械费 81.16 元，管理费和利润 130.18 元。计价表项目中所用橡胶板材料的数量为 1.84kg，其单价为 6.94 元/kg。现设计要求垫料材料为闭孔乳胶海绵，试确定换算后的基价。

【解】 9-5(h)：(608.74 - 1.84×6.94 + 0.92×27.66) 元 = 621.42 元

（27.66 元为闭孔乳胶海绵的单价）

所以，换算后的综合单价为 621.42 元。

其中，人工费 213.41 元，机械费 81.16 元，材料费 196.67 元。

6.3.2.2 拆分计算

通风空调安装工程计价表中，相当一部分子目的综合单价是制作、安装合在一起的。如果施工中需将制作、安装分别计算时，可按定额总说明中规定的百分比拆分计算，拆分比例见表 6-12。

表 6-12 通风空调管道、部件的制作安装比例划分表

章号	项 目	制作/%			安装/%		
		人工	材料	机械	人工	材料	机械
1	薄钢板通风管道制作安装	60	95	95	40	5	5
4	风帽制作安装	75	80	99	25	20	1
5	罩类制作安装	78	98	95	22	2	5
6	消声器制作安装	91	98	99	9	2	1
7	空调部件及设备支架制作安装	86	98	95	14	2	5
9	计划通风管道及部件制作安装	60	85	95	40	15	5
10	不锈钢板通风管道及部件制作安装	72	95	95	28	5	5
11	铝板通风管道及部件制作安装	68	95	95	32	5	5
12	塑料通风管道及部件制作安装	85	95	95	15	5	5
14	复合型风管制作安装	60		99	40	100	1

【例 6-4】 某通风工程的任务是安装弧形声流式消声器（型号为 T701-5，尺寸为 800×800)20 个，消声器由甲方供应成品，乙方安装，问乙方应收多少安装费？

【解】

①查计价表知：弧形声流式消声器的制作安装套用 9-199 项目（单位 100kg），该项目综合单价为 959.14 元，其中：人工费 260.44 元，材料费 306.28 元，机械费 233.55 元。

②查计价表附录知：型号为 T701 - 5，尺寸为 800mm × 800mm 弧形声流式消声器的质量为 629kg/个。因此，该安装项目工程量为：629kg/个 × 20 个 = 12580kg。

③由表 6 - 12 知，消声器制作、安装费比例：安装人工费占 9%，材料费占 2%，机械费占 1%。

④计算：

安装费 = (260. 44 × 9% + 306. 28 × 2% + 233. 55 × 1%) × 125. 80 元 = 4013. 11 元

管理费和利润 = (260. 44 × 9% × 125. 80 × 61%) 元 = 1798. 71 元

(管理费率为 47%，利润率为 14%，计费基础：人工费)

合计 5811. 82 元，所以，乙方应收 5811. 82 元的安装费。

【例 6 - 5】 某通风工程的任务是安装 $D = 660mm$ 薄钢板风管 100m($\delta = 2mm$ 焊接)。风管由甲方供应，乙方安装风管，应收多少直接安装费？

【解】 ①查定额知：定额基价为 487. 17 元，其中人工费 179. 73 元，材料费 164. 14 元，机械费 143. 30 元。

②从表 6 - 12 知，风管制作、安装费用划分比例为：人工安装费占 40%，材料费占 5%，机械费占 5%。

③求风管工程量：$\pi DL/10 = 3. 14 × 0. 66 × 100/10 = 20. 72 (10m^2)$。

④求定额直接安装费：

(179. 73 × 40% + 164. 14 × 5% + 143. 30 × 5%) × 20. 72 元 = 87. 26 × 20. 72 元 = 1808. 03 元

6.3.2.3 不同项目包含不同内容

不同材料的风管制作安装，在计价表的项目中包含的内容不完全相同。已包含的内容，其费用已综合在风管制作安装费中；未包含的内容，其费用需另外计算。表 6 - 13 列出了各种风管制作安装项目的区别，在执行计价表时需注意。

表 6 - 13   各种风管制作安装项目的区别

序号	项 目	定额包括的内容	定额不能包括的内容	执 行
1	薄钢板风管制作安装	管件、法兰、加固件、吊托架制作安装		
2	不锈钢风管制作安装	管件制作安装	法兰、加固件、吊托架制作安装	第九册：法兰、吊托架子目
3	铝板风管制作安装	管件制作安装	法兰、加固件、吊托架制作安装	第九册：法兰子目 第七册：吊托架子目
4	塑料风管制作安装	管件、法兰、加固件制作安装	吊托架制作安装	第九册：吊托架子目
5	玻璃钢风管制作安装	管件、法兰、加固件、吊托架制作安装		

6.3.2.4 关于计取有关费用的规定

(1) 超高增加费。操作物高度距离楼地面 6m 以上的工程应计算超高增加费，按人工费的 15% 计算。使用刷油、绝热定额的部分人工费增加 30%，机械费增加 30%。

【例 6 - 6】 某通风空调工程，有 100m 直径为 500mm 的薄钢板圆形风管（$\delta = 2mm$ 焊接），安装高度为 6.5m。该风管要求内外表面刷防锈底漆一遍，请计算该项工程应计取多少超高增加费？

【解】 计算过程如下：

① 计算工程量。

$$\pi DL = 314 \times 0.5 \times 100 = 157m^2 = 15.7(10m^2)$$

② 套定额。查定额知：风管制作安装基价为 602.91 元，其中人工费为 244.36 元，材料费 164.49 元，机械费 194.06 元（定额编号 9 - 10）；风管刷油安装基价为 21.59 元，其中人工费为 4.88 元，材料费 16.71 元，机械费为 0 元（定额编号 13 - 37）。

③ 计算超高增加费。

$$\begin{aligned}
超高增加费 &= 制作安装人工费 \times 15\% + (刷油人工费 + 刷油机械费) \times 30\% \\
&= 15.7 \times 244.36 \times 15\% + 15.7 \times 4.88 \times 1.1 \times 30\% = 600.75(元)
\end{aligned}$$

式中，系数 1.1 是风管内外表面刷油的系数。

（2）高层建筑增加费。高度在 6 层或 20m 以上的工业与民用建筑的通风空调安装工程，可计取高层建筑增加费，用于对人工和机械费用的补偿。高层建筑增加费费率按表 6 - 14 计取。

表 6 - 14　高层建筑增加费费率表

层　数	9 层以下（30m）	12 层以下（40m）	15 层以下（50m）	18 层以下（60m）	21 层以下（70m）	24 层以下（80m）	27 层以下（90m）	30 层以下（100m）	33 层以下（110m）	36 层以下（120m）	40 层以下
人工费/%	3	5	7	10	12	15	19	22	25	28	32
其中人工工资/%	33	40	43	40	42	40	42	45	52	57	59
机械费/%	67	60	57	60	58	60	58	55	48	43	41

（3）脚手架搭拆费。脚手架搭拆费按人工费的 3% 计算，其中人工工资占 25%，材料费占 15%。本系数为定额综合考虑系数，不论实际搭设与否，均不作调整。

（4）系统调整费。系统调整费按系统工程人工费的 13% 计算，其中人工工资占 25%。系统调整费中包括调试人工、仪器、仪表折旧、消耗材料等费用。其中人工费是指使用本册定额中的所有项目的人工费合计，不包括使用其他各册定额子目的人工费。

（5）安装与生产同时进行增加的费用。按人工费的 10% 计算，全部为人工降效费用。

（6）在有害身体健康的环境中施工增加的费用。按人工费的 10% 计算，全部为人工降效费用。

6.3.2.5　第十一册计价表关于计取有关费用的规定

（1）超高增加费。本册超高增加费的计取条件为：操作物至楼地面或操作地点的距离达 6m 以上时，人工、机械分别乘以表 6 - 15 中的系数。

（2）厂区外 1 ~ 10km 施工增加的费用，按超过部分的人工费和机械费乘以系数 1.10 计算。

（3）脚手架搭拆费。刷油工程按人工费的 8% 计算，其中人工工资占 25%，材料费占 15%；防腐蚀工程按人工费的 12% 计算，其中人工工资占 25%，材料费占 75%；绝热

表 6 – 15 超高增加费系数表

高度/m	<20	<30	<40	<50	<60	<70	<80	>80
系数	0.30	0.40	0.50	0.60	0.70	0.80	0.90	1.00

工程按人工费的 20% 计算，其中人工工资占 25%，材料占 75%。

【例 6 – 7】 某微电子工程公司住宅楼共 25 层（85m），通风空调安装工程费为 2741.86 元，其中人工费为 1082.90 元。试计算高层建筑增加费为多少。

【解】 该住宅楼层及高度介于 24 层（80m）以上与 27 层（90m）以下之间，按照就高不就低的计算原则，其费用按 27 层（90m）以下费率计算。

高层建筑增加费：1082.90 元 × 77%（19% + 58%）= 833.83 元，其中，人工费：833.83 元 × 42% = 350.20 元

机械费：1082.90 元 × 58% = 628.08 元

（4）通风空调系统调整费可按系统工程人工费的 13% 计算，其中人工工资占 25%。

（5）本册定额中的措施性项目：脚手架搭拆费，按定额人工费的 3% 计算，其中人工工资占 25%。

【例 6 – 8】 某省委招待所客房楼通风空调安装费合计 41880.23 元，其中人工费 10157.00 元，试计算脚手架搭拆费为多少。

【解】 10157.00 元 × 3% = 304.71 元，其中，人工费 = 304.71 元 × 25% = 76.18 元。

上述系数中第（1）、（2）、（3）为子目系数，第（4）、（5）为综合系数。

6.4 工程量清单项目设置

通风空调工程工程量清单项目设置执行《计价规范》附录 C.9 的规定。本附录包括通风空调设备安装，通风管道制作安装，通风管道部件制作安装，通风工程检测、调试等。

（1）通风空调设备及部件制作安装清单项目设置（见表 6 – 16）。

表 6 – 16 通风空调设备及部件制作安装

项目编码	项目名称	项目特征	计量单位	工 程 内 容
030901001	空气加热器（冷却器）	1. 规格；2. 质量；3. 支架材质，规格；4. 除锈、刷油	台	1. 安装；2. 支架制作安装；3. 支架除锈、刷油
030901002	通风机	1. 形式；2. 规格；3. 支架材质，规格；4. 除锈、刷油		1. 安装；2. 减振台座制作，安装；3. 支架制作安装；4. 软管接口制作安装；5. 支架台座除锈、刷油
030901003	除尘设备	1. 规格；2. 质量；3. 支架材质，规格；4. 除锈、刷油		1. 安装；2. 支架制作安装；3. 支架除锈、刷油
030901004	空调器	1. 形式；2. 质量；3. 安装位置		1. 安装；2. 软管接口制作安装
030901005	风机盘管	1. 形式；2. 安装位置；3. 支架材质，规格；4. 除锈、刷油		1. 安装；2. 软管接口制作安装；3. 支架制作安装及除锈、刷油
030901006	过滤器	1. 型号；2. 过滤功效；3. 除锈、刷油		1. 安装；2. 框架制作安装；3. 除锈、刷油

注：选自《计价规范》附录 C.9 中的表 C.9.1（节选部分）。

（2）通风管道制作安装清单项目设置（见表6-17）。

表6-17 通风管道制作安装

项目编码	项目名称	项目特征	计量单位	工程内容
030902001	碳钢风管制作安装	1. 材质；2. 形状；3. 周长或直径；4. 板材厚度；5. 接口形式；6. 风管附件支架；7. 除锈、刷油、绝热	m²	1. 风管管件法兰支吊架制作安装；2. 弯头导流叶片制作安装；3. 风管检查口制作；4. 温度测定口制作；5. 风管保温保护层；6. 风管、法兰、法兰加固框、支吊架除锈、刷油
030902002	净化风管制作安装	1. 形式；2. 规格；3. 支架材质、规格；4. 除锈、刷油		1. 安装；2. 减振台座制作，安装；3. 支架制作安装；4. 软管接口制作安装；5. 支架台座除锈、刷油
030902003	不锈钢板风管制作安装	1. 规格；2. 质量；3. 支架材质、规格；4. 除锈、刷油		1. 制作安装；2. 法兰制作安装；3. 吊托支架制作安装；4. 风管保温保护层；5. 支架法兰除锈、刷油
030902004	铝板风管制作安装	1. 形式；2. 质量；3. 安装位置	m²	1. 制作、安装；2. 支吊架制作安装；3. 风管保温保护层；4. 支架除锈、刷油
030902005	塑料风管制作安装	1. 形式；2. 安装位置；3. 支架材质，规格；4. 除锈、刷油		1. 安装；2. 软管接口制作安装；3. 支架制作安装及除锈、刷油
030902008	柔性软风管	1. 特征；2. 用途；3. 除锈、刷油		1. 安装；2. 风管接头安装

注：选自《计价规范》附录C.9中的表C.9.2（节选部分）。

（3）通风管道部件制作安装清单项目设置（见表6-18）。

表6-18 通风管道部件制作安装

项目编码	项目名称	项目特征	计量单位	工程内容
030903001	碳钢调节阀制作安装	1. 类型；2. 规格；3. 周长；4. 质量；5. 除锈、刷油		1. 安装；2. 制作；3. 除锈、刷油
030903005	塑料风管阀	1. 类型；2. 形状；3. 质量		安装
030903007	碳钢风口、散流器制作安装（百叶窗）	1. 类型；2. 规格；3. 形式；4. 质量；5. 除锈、刷油	个	1. 风口制作安装；2. 散流器制作安装；3. 百叶窗安装；4. 除锈、刷油
030903009	塑料风口、散流器制作安装			制作安装
030903012	碳钢风帽制作安装	1. 类型；2. 规格；3. 形式；4. 质量；5. 风帽附件设计要求；6. 除锈、刷油		1. 风帽制作安装；2. 风帽滴水盘制作安装；3. 风帽筝绳制作安装；4. 风帽泛水制作安装；5. 除锈、刷油
030903014	塑料风帽制作安装			
030903017	碳钢罩类制作安装	1. 类型；2. 除锈、刷油	kg	1. 制作、安装；2. 除锈、刷油
030903020	消声器制作安装	类型	kg	制作、安装
030903021	静压箱制作安装	1. 材质；2. 规格；3. 形式；4. 除锈、刷油	m²	1. 制作安装；2. 支架制作安装；3. 除锈、刷油

注：选自《计价规范》附录C.9中的表C.9.3（节选部分）。

（4）通风空调工程检测、调试清单项目设置（见表6-19）。

（5）冷热源工程部分设备清单项目设置（见表6-20）。

表 6 – 19　通风空调工程检测、调试

项目编码	项目名称	项目特征	计量单位	工程内容
030904001	碳钢风管制作安装	1. 材质；2. 形状；3. 周长或直径；4. 板材厚度；5. 接口形式；6. 风管附件支架；7. 除锈刷油绝热	系统	1. 管道漏光试验；2. 漏风试验；3. 通风管道风量测定；4. 风压测定；5. 温度测定；6. 各系统风口、阀门调整

注：选自《计价规范》附录 C. 9 中的表 C. 9. 4。

表 6 – 20　冷热源工程部分设备清单

项目编码	项目名称	项目特征	计量单位	工程内容
030108001	离心式通风机	1. 名称；2. 型号；3. 质量	台	1. 本体安装；2. 拆装检查；3. 二次灌浆
030108003	轴流通风机	1. 形式；2. 规格；3. 支架材质、规格；4. 除锈、刷油	台	1. 安装；2. 减振台座制作、安装；3. 支架制作安装；4. 软管接口制作安装；5. 支架台座除锈、刷油
030109001	离心式泵	1. 名称；2. 型号；3. 质量、输送介质、压力和材质	台	1. 本体安装；2. 拆装检查；3. 电动机安装；4. 二次灌浆
030110001	活塞式压缩机	1. 名称；2. 型号；3. 质量；4. 结构形式	台	1. 本体安装；2. 拆装检查；3. 电动机安装；4. 二次灌浆
030110003	离心式压缩机		台	1. 本体安装；2. 拆装检查；3. 电动机安装；4. 二次灌浆
030113001	溴化锂吸收式制冷机	1. 名称；2. 型号；3. 质量	台	1. 本体安装；2. 保温、防护层、刷漆
030321001	成套整装锅炉	1. 名称；2. 型号；3. 质量；4. 结构形式；5. 蒸汽出率	台	1. 本体安装；2. 附属设备安装、管道、阀门、仪表计安装

注：选自《计价规范》附录 C. 10（节选部分）。

6.5　通风空调工程施工图预算编制实例

（1）工程概况。本工程为 3 层混合结构职工培训楼，层高 3.1m。通风空调工程施工图详见图 6 – 8 ~ 图 6 – 15。

（2）施工说明。

1）新风管采用镀锌薄钢板制作，咬口连接。风管的最大边为 250mm 时，$\delta = 0.5$mm；风管的最大边为 250 ~ 630mm 时，$\delta = 0.75$mm。卫生间通风器排风管采用 ϕ100 镀锌钢管，$\delta = 0.5$mm。

2）空调系统的供回水管，当管径不大于 DN40 时，采用镀锌钢管，丝扣连接；当管径大于 DN40 时，采用焊接钢管，焊接或法兰连接；空调系统的凝结水管、泄水管均采用镀锌钢管；集气罐排水管为 DN15 镀锌钢管。

3）风管采用法兰连接，法兰之间衬以 $\delta = 3$mm 厚石棉橡胶垫。

4）风管支、吊架可在施工现场埋设，间距不大于 3m；水管支、吊架最大间距为 2.5m。

5）风管采用聚苯乙烯板材保温，保温层厚度 30mm，外扎玻璃丝布 1 道。

6) 供、回水管及凝结水管用聚苯乙烯管壳保温，保温层厚度 50mm，外扎玻璃丝布 1 道。

7) 焊接钢管刷红丹防锈漆 2 道。

8) 钢制支、吊架等铁件应刷红丹防锈漆 2 道，调和漆 1 道。

9) 本说明及施工图中未详尽处，请参照产品样本及安装图集。

（3）设备及主要材料用量。设备及主要材料用量见表 6-21。

表 6-21　职工培训楼设备及主要材料用量表

序号	名　称	型 号 或 规 格	数量	单位
1	变风量新风机组	BFPX4-WSZ，冷量 4.16×10^4 kcal[①]/h，风量 4000m³/h	3	台
2	风机盘管	PP-6.3WA-Z	21	台
		FP-6.3WA-Y	21	
		PP-6.3LM-X-Z	3	
3	水集配器	D273　L=1194mm	1	只
		D219　L=810mm	2	
4	集气罐	Ⅰ型 D100	6	只
		Ⅱ型 D150	1	
5	消声弯头	500×250	3	只
6	防火调节阀	500×250	3	只
7	防火调节阀	φ100	42	只
8	方形散流器	SC4-1#152×152（带调节阀）	12	只
9	手动对开多叶调节阀	630×500（T308-2）	3	只
10	格栅式回风口	760×200 铝合金（带过滤网）	42	只
11	双层百叶送风口	910×130（铝合金）	42	只
12	新风入口百叶	630×500（铝合金）	3	只
13	截止阀	J11T-16　DN15	7	个
		J11T-16　DN20（风盘进出水管控制调节水量的阀门）	90	
		J11T-16　DN32（预留阀门）	2	
14	法兰闸阀	Z45T-10　DN50	12	个
		Z45T-10　DN70	3	
		Z45T-10　DN100	2	

① 1kcal=4.18kJ，下同。

（4）通风空调工程施工图目录。见图 6-8～图 6-15。

（5）通风空调工程施工图预算编制。

1）通风空调工程施工图预算书封面（略）。

2）编制说明。

① 编制依据。本工程预算按《全国统一安装工程预算定额》（某地区计价表）第六册、第八册、第九册、第十册、第十一册编制，并按某省及某市的有关规定取费。

② 本预算未考虑设计变更。

③ 主要材料价格。钢管、风管、阀门等按 2007 年某市材料预算价格执行，其余价格为厂方参考价。

④ 客房风机盘管主材价格中已含软管接及水过滤器价格。

⑤ 预算总价中未包括主要材料及设备的价差，竣工决算时应另行计算。

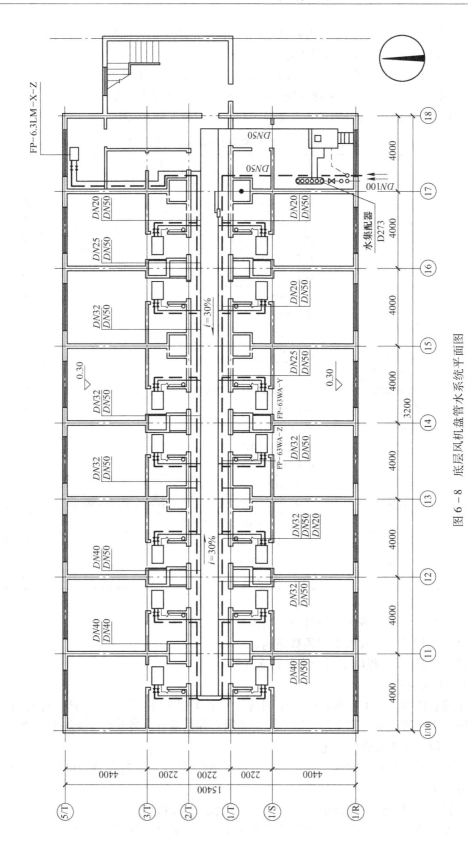

图 6 - 8　底层风机盘管水系统平面图

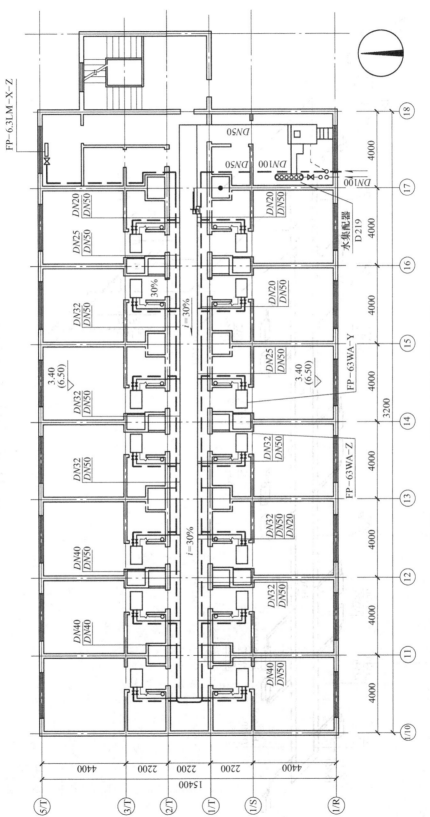

图 6-9 二、三层风机盘管水系统平面图

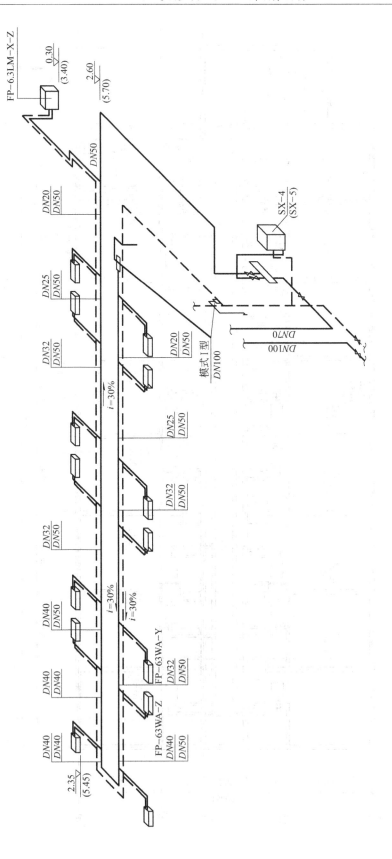

图 6 - 10　底层风机盘管水系统轴侧图

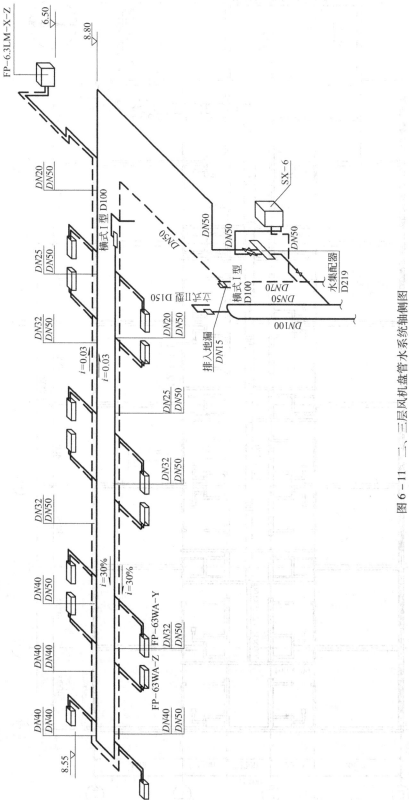

图 6－11 二、三层风机盘管水系统轴侧图

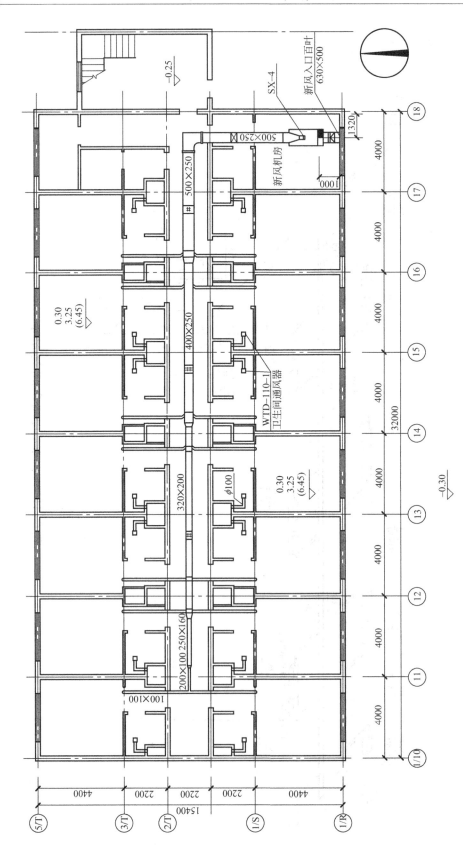

图 6-12 底层、二层、三层新风、排风系统平面图

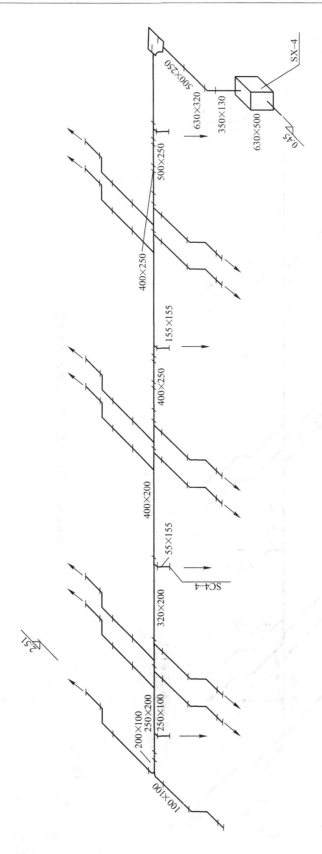

图 6 – 13 底层新风、排风系统轴侧图

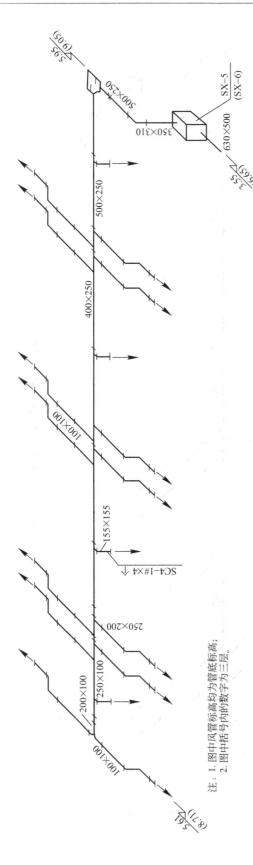

图 6-14 二层、三层新风、排风系统轴侧图

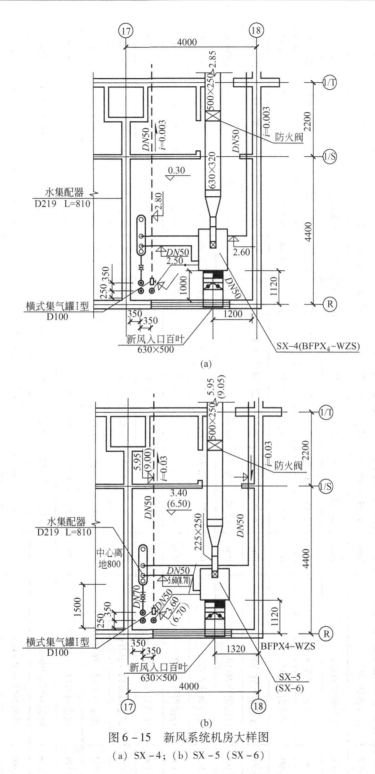

图 6-15 新风系统机房大样图

（a）SX-4；（b）SX-5（SX-6）

3）安装工程预算单（工料单价法计价）。工程预算表见表 6-22。

4）工程量计算表。工程量计算表见表 6-23。措施费计算汇总表见表 6-24。工程造价计算表见表 6-25。

表6-22　工程预算表

工程名称：职工培训楼通风空调工程

序号	定额号	项目名称	单位	工程量	定额单价	其中			合价	其中			主材费	
						人工费	材料费	机械费		人工费	材料费	机械费	单价	合价
1	8-87	镀锌钢管DN15	10m	1.29	68.37	47.58	20.79		88.20	61.38	26.81		10.20×4.45	58.55
2	8-88	镀锌钢管DN20	10m	24.24	68.90	47.58	21.32		1670.14	1153.34	516.80		10.20×5.79	1431.57
3	8-89	镀锌钢管DN25	10m	2.43	83.82	57.20	25.75	0.87	203.68	138.99	62.57	2.11	10.20×8.66	214.65
4	8-90	镀锌钢管DN32	10m	7.08	86.46	57.20	28.39	0.87	612.14	404.98	201.0	6.16	10.20×12	866.59
5	8-91	穿楼板套管DN40	10m	6.60	94.93	68.12	25.94	0.87	626.54	449.59	171.2	5.74	10.20×15.5	1043.46
6	8-103	焊接钢管DN50	10m	12.92	106.54	69.68	34.07	2.79	1376.50	900.27	440.18	36.05	10.20×15.86	2090.07
7	8-105	焊接钢管DN70	10m	1.53	122.81	75.40	43.99	3.42	187.90	115.36	67.30	5.23	10.20×21.58	336.78
8	8-105	焊接钢管DN80	10m	0.31	122.81	75.40	43.99	3.42	38.07	23.37	13.64	1.06	10.20×30.88	97.64
9	8-106	焊接钢管DN100	10m	1.57	168.93	85.54	73.58	9.81	265.22	134.30	115.52	15.40	10.20×35.26	564.65
10	8-241	截止阀J11T-16DN15	个	7	5.65	2.60	3.05		39.55	18.20	21.35		1.01×9.00	63.63
11	8-242	截止阀J11T-16DN20	个	90	5.65	2.60	3.05		508.50	234.00	274.5		1.01×13.00	1181.7
12	8-244	截止阀J11T-16DN32	个	2	9.79	3.90	5.89		19.58	7.80	11.78		1.01×28.00	56.56
13	8-258	闸阀J45T-10DN50	个	12	83.02	12.74	56.52	13.76	996.24	152.88	678.24	165.12	1.01×101.6	1219.2
14	8-260	闸阀J45T-10DN70	个	3	158.98	19.50	115.13	34.35	476.94	58.50	345.39	73.05	1.01×140.93	422.79
15	8-261	闸阀J45T-10DN100	个	2	195.81	24.18	143.04	28.59	391.62	48.36	286.08	57.18	1.01×184.63	369.26
16	8-240	风机盘管软接	个	84	5.65	2.60	3.05		474.60	218.40	256.2		30.00	2520.0
17	8-241	水过滤器	个	42	5.65	2.60	3.05		237.30	109.20	128.1	0	60.00	2520.0

续表 6-22

序号	定额号	项目名称	单位	工程量	定额单价	其中 人工费	其中 材料费	其中 机械费	合价	其中 人工费	其中 材料费	其中 机械费	主材费 单价	主材费 合价
18	8-178	一般管架制造安装	100kg	0.54	844.97	263.64	146.62	434.71	517.12	161.35	89.73	266.04	106.0×3.00	194.62
19	9-1	圆形风管 δ=0.5	10m²	1.58	497.47	341.41	100.57	55.49	984.99	675.99	199.13	109.87	11.38×28.0	630.91
20	9-5	矩形风管周长<800, δ=0.5	10m²	6.49	478.56	213.41	183.99	81.16	3818.91	1703.01	1468.24	647.66	11.38×28.0	2542.75
21	9-6	矩形风管周长<2000, δ=0.75	10m²	11.48	368.23	155.38	170.30	42.55	4628.65	1953.13	2140.67	534.85	11.38×33.0	4720.54
22	9-14	帆布软接头	m²	41.53	160.27	48.20	105.19	6.88	6656.01	2001.75	4368.54	285.73		
23	9-196	消声弯头制造安装	100kg	0.69	573.63	263.72	345.79	227.84	395.80	181.96	238.59	157.21		
24	9-230	卫生间通风器	台	42	3.51	3.51			147.42	147.42	42.00		120.00	5040.0
25	9-240	变风量新风机组	台	3	545.88	542.88	3.00		1637.64	1628.64	9.00		90000.00	270000.0
26	9-245	风机盘管安装吊顶式	台	42	99.75	29.02	62.13	8.60	4189.5	1218.84	2609.46	361.2	30000.00	126000
27	9-246	风机盘管安装落地式	台	3	26.25	23.63	2.62		78.75	70.89	7.86		3600.00	10800
28	9-84	对开多叶调节阀安装周长小于 2800mm	个	3	19.38	10.53	8.85		58.14	31.59	26.55		500.00	1500
29	9-88	防火阀安装周长小于 2200mm	个	3	13.41	4.91	8.50		40.23	14.73	25.5		650.00	1950
30	9-88	圆形防火调节阀安装周长小于 2200mm	个	42	13.41	4.91	8.50		563.22	206.22	357		620.00	26040
31	9-136	格栅式回风口安装周长小于 2500mm	个	42	22.56	15.91	5.62	1.03	947.52	668.22	236.04	43.26	200.00	8400
32	9-136	双层百叶送风口安装	个	42	22.56	15.91	5.62	1.03	947.52	668.22	236.04	43.26	2600.00	10920
33	9-136	新风入口百叶安装	个	3	22.56	15.91	5.62	1.03	67.68	47.73	16.86	3.09	250.00	750

续表 6-22

序号	定额号	项目名称	单位	工程量	定额单价	其中 人工费	其中 材料费	其中 机械费	合价	其中 人工费	其中 材料费	其中 机械费	主材费 单价	主材费 合价
34	9-148	带调节阀方形疏散器 SC4-1#152×152	个	12	10.87	8.42	2.45		130.44	101.04	29.4		140.00	1680
35	11-1	管道除锈	10m²	3.446	11.35	7.96	3.39		39.11	27.43	11.68			
36	11-51	钢管刷红丹防锈漆第1遍	10m²	3.446	7.73	6.32	1.41		26.64	21.78	4.86			
37	11-52	钢管刷红丹防锈漆第2遍	10m²	3.446	7.58	6.32	1.26		26.12	21.78	4.34			
38	11-7	支架除锈	100kg	8.384	17.59	7.96	2.50	7.13	147.58	66.78	20.98	59.82		
39	11-117	支架刷油红丹防锈漆第1遍	100kg	8.384	13.65	5.38	1.14	7.13	114.52	45.14	9.56	59.82		
40	11-118	支架刷油红丹防锈漆第2遍	100kg	8.384	13.27	5.15	0.99	7.13	111.34	43.21	8.31	59.82		
41	11-126.	刷调和漆第1遍	100kg	8.384	12.62	5.15	0.34	7.13	105.88	43.21	2.85	59.82		
42	11-1954	聚苯乙烯板材保温	m³	2.37	819.47	419.09	356.31	44.07	1942.14	993.24	844.46	104.45	1200.00	2592.0
43	11-1687	聚苯乙烯瓦块保温 φ57内	m³	6.24	200.06	142.97	50.17	6.92	1248.37	892.13	313.06	43.18	1200.00	7488.0
44	11-1695	聚苯乙烯瓦块保温 φ133内	m³	0.78	124.15	72.54	44.69	6.92	96.84	56.58	34.86	5.40	1200.00	948.0
45	11-2153	玻璃丝布保护层	10m²	29.17	11.11	11.00	0.11		324.08	320.87	3.21			
46	6-2896	集气罐制作	个	7	37.75	16.88	12.56	8.31	264.25	118.16	87.92	58.17	0.3×160.0	336.0
47	6-2901	集气罐安装	个	7	6.80	6.80			47.60	47.60	7	0		
48	6-2889	水集配器制作	100kg	1.10	249.96	83.16	78.46	88.34	274.96	91.48	86.31	97.17	91.485×30.0	3019.03
49	6-2892	水集配器安装	个	3	112.66	103.82	2.56	6.28	337.98	311.46	7.68	18.84		
		合 计							39129.67	18629.23	17164.37	3385.77		500608.95

表 6 - 23 工程量计算表

| 建设单位： | | | 第 页 共 页 |
| 单位工程： | | | 年 月 日 |

分部分项工程名称	位置	计 算 式	计量单位	数量
		一、第八分册部分		
DN15	集气罐	排水管：[(1.6+1.2)+1.5]×3=12.90	m	12.90
DN20 镀锌管		（一）底层风盘水系统供水管3.70 回水管3.50 泄水管（2.2×14+1.6+0.4+4.5+1.3）+（2.60-0.3-0.2）=40.70 凝结水管：2.2×14+（2.6-0.3-0.2）=32.90 计：80.80 （二）二、三层风盘水系统 同底层80.80×2=161.60 合计：242.40	m	242.40
DN25 镀锌管		（一）底层风盘水系统供水管5.60 回水管2.50 计：8.10 （二）二、三层风盘水系统 同底层8.10×2=16.20 合计：24.30	m	24.30
DN32 镀锌管		（一）底层风盘水系统 供水管10.2 回水管13.40 计：23.60 （二）二、三层风盘水系统 同底层23.60×2=47.20 合计：70.80	m	70.80
DN40 镀锌管		（一）底层风盘水系统 供水管5.20×2+1.20=11.60 回水管6.5+1.2×2+1.5=10.40 计：22.00 （二）二、三层风盘水系统 同底层22×2=44.00 合计：66.00	m	66.00
DN50 焊接钢管		（一）底层风盘水系统 供水管 [(2.60-0.3-0.8)+(2.50-0.3-0.8)+(2.50-0.3-0.2)+2.35+35.80]=43.05 （二）二、三层风盘水系统 同底层43.05×2=86.10 合计：129.15	m	129.15
DN70 焊接钢管		供水管：(0.9+0.8)×3=5.10 立管：8.80-0.30=8.50 回水立管（三层）：3.10-1.40=1.70 合计：15.30	m	15.30

分部分项工程名称	位置	计　算　式	计量单位	数量
		一、第八分册部分		
DN80 焊接钢管		回水立管：3.10	m	3.10
DN100 焊接钢管		进户管：供水管：1.5 + 0.5 + (8.80 + 0.5) = 11.30 回水管：1.5 + 0.5 + (0.5 + 0.5 + 1.40) = 4.40 合计：15.70	m	15.70
截止阀 J11T – 16DN15		集气罐排水管上 底层 2，二层 2，三层 3 合计：7	个	7
截止阀 J11T – 16DN20		风盘进出水管控制调节水量的阀门 30 × 3 = 90	个	90
截止阀 J11TDN32		预留	个	2
闸阀 J45T – 10DN50		新风机组进出水管：2 × 3 = 6 供水管上：2 × 3 = 6 合计：12	个	12
闸阀 Z45T – 10DN70		每层 1 个	个	3
闸阀 Z45T – 10DN100		入口处 2	个	2
软接 DN20		客房风机盘管处：14 × 2 × 3 = 84	个	84
水过滤器		14 × 3 = 42	只	42
		二、第九分册部分		
卫生间通风器		14 × 3 = 42	只	42
消声弯头	成品安装	500 × 250　3	只	3
		23 × 3 = 69	kg	69
集气罐制作安装		DN100　6，DN150　1 合计：7	个	7
水集配器制作安装		D219　L = 810mm 单位质量：28.80kg；有 2 处 28.80 × 2 = 57.60kg D273　L = 1194mm 单位质量：109.49 合计：109.49	kg	109.49
新风机组		BFPX$_4$ – WSZ　冷量 4.16 × 10^4 kcal/h	台	3
风机盘管（吊顶式）		PP – 6.3，WA – Z　21，FP – 6.3，WA – Y 21 合计：42	台	42
风机盘管（落地式）		FP – 6.3　LM – X – Z　3	台	3
防火调节阀	成品安装	500 × 250　3 只	只	3
		周长：(500 + 250) × 2 = 1500 5.42kg/只 × 3 只 = 16.26kg	mm	1500

分部分项工程名称	位置	计 算 式	计量单位	数量
二、第九分册部分					
圆形防火调节阀	成品安装	$\phi100$　42 只（卫生间通风处）	只	42
		周长：$100 \times 3.14 = 314$	mm	314
		3kg/只 × 42 只 = 126kg		
手动对开多叶调节阀	成品安装	630×500　3 只	只	3
		周长：$(630 + 500) \times 2 = 2260$	mm	2260
		12.63kg/只 × 3 只 = 37.89kg		
带调节阀方形散流器（铝合金）	安装	SC4 - 1　152×152　$4 \times 3 = 12$	只	12
		周长：$152 \times 4 = 608$	mm	608
铝合金格栅式回风口（带过滤网）	成品安装	760×200　$14 \times 3 = 42$	只	42
		周长：$(760 + 200) \times 2 = 1920$	mm	1920
铝合金双层百叶送风口	成品安装	910×130　42	只	42
		周长：$(910 + 130) \times 2 = 2080$	mm	2080
铝合金新风入口百叶	成品安装	630×500　3	只	3
		周长：$(630 + 500) \times 2 = 2260$	mm	2260
镀锌薄钢板矩形风管	500×250	底层、新风、排风系统平面（二、三层同底层） 周长 = $(0.5 + 0.25) \times 2 = 1.5$m $5 \times 2 \times 1.5 = 15$m^2	m^2	64.92 114.84
	400×250	周长 = $(0.4 + 0.25) \times 2 = 1.30$m $7.90 \times 1.30 = 10.27$m^2		
	400×200	周长 = $(0.4 + 0.2) \times 2 = 1.20$m $5 \times 1.20 = 6.0$m^2		
	320×200	周长 = $(0.32 + 0.2) \times 2 = 1.04$m $2.80 \times 1.04 = 2.91$m^2		
	250×200	周长 = $(0.25 + 0.2) \times 2 = 0.90$m $2 \times 0.90 = 1.80$m^2		
	250×160	周长 = $(0.25 + 0.16) \times 2 = 0.82$m $2.80 \times 0.82 = 2.30$m^2		
	200×100	周长 = $(0.2 + 0.1) \times 2 = 0.60$m $1.0 \times 0.60 = 0.60$m^2		
	100×100	周长 = $0.1 \times 4 = 0.4$m 长度 = $2 \times 8 + (2.5 \times 2 + 2.2 + 2.0) \times 3 + (2.82 - 2.51) \times 14 = 47.94$m $47.94 \times 0.4 = 19.18$		
	155×155	周长 = $0.155 \times 4 = 0.62$m　$(0.75 \times 4) \times 0.62 = 1.86$ 合计：（一）周长 800 以下 $\delta = 0.5$mm $(0.60 + 19.18 + 1.86) \times 3$（层）$= 64.92$ （二）周长 2000 以下 $\delta = 0.75$mm $(15.0 + 10.27 + 6.0 + 2.91 + 1.80 + 2.30) \times 3 = 38.60 \times 3 = 114.84$		

分部分项工程名称	位置	计 算 式	计量单位	数量
		二、第九分册部分		
帆布软接头	630×500 350×310 760×120 760×200	(1) 空调机组出风口处 $L=300$ $F=3(个)\times(0.63+0.5)\times2\times0.3=2.03$ $F=3(个)\times(0.35+0.31)\times2\times0.3=1.19$ (2) 风盘送风口处 $L=300$ (见风盘样本) $F=(0.76+0.12)\times2\times0.3\times42=22.18$ (3) 风盘回风口处 $L=200$ (见风盘样本) $F=(0.76+0.2)\times2\times0.2\times42=16.13$ 合计：41.53	m²	41.53
		三、第十一分册部分		
钢管除锈	DN50 DN70 DN80 DN100	$1.292\times18.85=24.35$ $0.153\times23.72=3.63$ $0.031\times27.80=0.86$ $0.157\times35.81=5.62$ 合计：34.46	m²	34.46
钢管刷红丹防锈漆 2 遍		工程量同除锈	m²	34.46
管道保温聚苯乙烯瓦块	DN15 DN20 DN25 DN32 DN40 DN50 DN70 DN80 DN100	$0.13\times1.21=0.16$ $(2.424-1.221)\times1.21=1.46$ $0.243\times1.32=0.32$ $0.708\times1.46=1.03$ $0.66\times1.55=1.02$ $1.292\times1.74=2.25$ $0.153\times1.97=0.30$ $0.031\times2.18=0.07$ $0.157\times2.58=0.41$ 合计：7.02 其中：ϕ57 以下 6.24，ϕ133 以下 0.78	m³	6.24 0.78
玻璃丝布保护层	DN15 DN20 DN32 DN40 DN50 DN70 DN80 DN100	$0.13\times39.82=5.18$ $(2.424-1.221)\times39.82=47.90$ $0.243\times41.94=10.19$ $0.708\times44.77=31.70$ $0.66\times46.65=30.79$ $1.292\times50.27=64.95$ $0.153\times55.14=8.44$ $0.031\times59.22=1.84$ $0.157\times67.23=10.56$ 合计：211.55	m²	211.55

分部分项工程名称	位置	计 算 式	计量单位	数量
		三、第十一分册部分		
风管聚苯乙烯板材 保温 $\delta = 30$	500×250 400×250 400×200 320×200 250×200 250×160 200×100 100×100 155×155	$(0.53 + 0.28) \times 2 \times (0.03 + 0.03 \times 3.3\%) \times 10 = 0.5$ $(0.43 + 0.28) \times 2 \times 0.0309 \times 7.90 = 0.35$ $(0.43 + 0.91) \times 2 \times 0.0309 \times 5.0 = 0.41$ $(0.35 + 0.23) \times 2 \times 2.8 \times 0.0309 = 0.10$ $(0.28 + 0.23) \times 2 \times 2 \times 0.0309 = 0.06$ $(0.28 + 0.19) \times 2 \times 0.0309 \times 3.2 = 0.09$ $(0.23 + 0.13) \times 2 \times 0.0309 \times 1 = 0.02$ $(0.13 + 0.13) \times 2 \times 0.0309 \times 47.94 = 0.77$ $(0.185 + 0.185) \times 2 \times 0.0309 \times 3 = 0.07$ 合计：2.37	m³	2.37
风管玻璃丝布保护层	500×250 400×250 400×200 320×200 250×200 250×160 200×100 100×100 155×155	$(0.56 + 0.31) \times 2 \times 10 = 17.40$ $(0.46 + 0.31) \times 2 \times 7.9 = 12.17$ $(0.46 + 0.26) \times 2 \times 5.0 = 7.20$ $(0.38 + 0.26) \times 2 \times 2.8 = 3.58$ $(0.31 + 0.26) \times 2 \times 2 = 2.28$ $(0.319 + 0.22) \times 2 \times 3.2 = 3.45$ $(0.26 + 0.16) \times 2 \times 1.0 = 0.84$ $(0.16 + 0.16) \times 2 \times 47.94 = 30.68$ $(0.215 \times 4) \times 3.0 = 2.58$ 合计:80.18	m²	80.18
圆形风管 $\phi100$ $\delta = 0.5$		卫生间通风器风管 $(0.9 + 0.3) \times 14 \times 3 = 50.4$ $50.4 \times 3.14 \times 0.10 = 15.83$	m²	15.83
管道支架制作、安装	DN40 DN50 DN70 DN80 DN100	DN32 以内定额已含管道支架制作安装 $(67.5 \div 2.5 + 1) \times 0.5 = 14.00$ $(129.15 \div 2.5 + 1) \times 0.5 = 26.33$ $(15.3 \div 2.5 + 1) \times 0.8 = 5.70$ $(3.1 \div 2.5 + 1) \times 0.8 = 1.79$ $(17.5 \div 2.5 + 1) \times 0.8 = 6.40$ 合计：54.22	kg	54.22
支架油漆		供回水管道支架 54.22 风管吊托支架按定额含量算得： $1.98 \times (0.89 + 20.64 + 2.93) = 48.43$ $6.49 \times (40.42 + 2.15 + 1.35) = 285.04$ $11.58 \times (35.66 + 1.33 + 1.93) = 450.69$ 合计：838.38	kg	838.38

表 6-24　措施费用计算表　　　　　　　　　　（元）

项 目 名 称		定额合价	人工费	材料费	机械费
		39129.67	18629.23	17164.37	3385.77
其中	第八册	8729.84	4390.27	3706.39	633.14
	脚手架搭拆费（5%，25%）	219.51	54.88	164.63	0
	第九册	25292.42	11138.11	12010.88	2186.13
	脚手架搭拆费（5%，25%）	556.91	139.23	417.68	0
	第六册	919.79	567.03	187.34	172.42
	脚手架搭拆费（7%，25%）	39.69	9.92	29.77	0
	第十一册	4011.77	2444.87	1183.79	383.12
	脚手架搭拆费（20%，25%）	488.97	122.24	366.73	0
	合计	2551.60	326.27		
其中	脚手架搭拆费 环境保护费（2%） 临时设施费（0.6%） 安全文明施工费（0.6%）	219.51＋556.91＋39.69＋ 488.97＝1305.08 38953.82×2%＝779.08 38953.82×0.6%＝233.72 38953.82×0.6%＝233.72	326.27	978.81	

表 6-25　工程造价计算表　　　　　　　　　　（元）

序号	费用名称	计 算 式	合　　　计
1	直接工程费	按预算表	39129.67
2	直接工程费中的人工费	按预算表	18629.23
3	主材费	∑主材消耗量×主材单价	500608.95
4	措施费	按规定标准计算	2551.60
5	措施费中的人工费	按规定标准计算	326.27
6	直接费小计	1＋3＋4	542290.22
7	人工费合计	2＋5	18955.50
8	间接费	7×间接费率	管理费：18955.50×47%＝8909.09 规费：工程定额测定法＝542290.22×1×10^{-3}＝542.29 劳动保险费＝542290.22×1.3%＝7049.77
9	利润	7×利润率	18955.50×14%＝2653.77
10	合计	6＋8＋9	561445.14
11	含税造价	10×（1＋相应税率）	561445.14×（1＋3.44%）＝580758.85

6.6　通风空调工程工程量清单计价编制实例

　　工程量清单计价采用综合单价法计价，并遵循工程量清单的编制原则和编制方法。本节以本章6.5节工程为例,说明通风空调工程工程量清单计价的编制方法和编制步骤。

工程量计算执行《计价规范》所规定的计算规则,因本例涉及的项目中工程量计算规则与定额计价工程量计算规则基本相同,所以不再单独列出工程量计算表,可参见表6-23所示工程量计算表。主材费的计算也可参见相应列表。

(1)分部分项工程量清单。分部分项工程量清单见表6-26。

表6-26 分部分项工程量清单

工程名称:某职工培训楼通风空调工程　　　　　　　　　　　　　　　　　　　　第 页 共 页

序号	项目编码	项目名称	计量单位	工程数量
1	030801001001	镀锌钢管 DN15	m	12.9
2	030801001002	镀锌钢管 DN20	m	242.4
3	030801001003	镀锌钢管 DN25	m	24.3
4	030801001004	镀锌钢管 DN32	m	70.8
5	030801001005	镀锌钢管 DN40	m	66.0
6	030801002001	焊接钢管 DN50	m	129.2
7	030801002002	焊接钢管 DN70	m	15.3
8	030801002003	焊接钢管 DN80	m	3.1
9	030801002004	焊接钢管 DN100	m	15.7
10	030803001001	截止阀 J11T-16DN15	个	7
11	030803001002	截止阀 J11T-16DN20	个	90
12	030803001003	截止阀 J11T-16DN32	个	2
13	030803003001	闸阀 J45T-10DN50	个	12
14	030803003002	闸阀 J45T-10DN70	个	3
15	030803003001	闸阀 J45T-10DN100	个	2
16	030803001001	水过滤器	个	42
17	030901002001	卫生间通风器	台	42
18	030901004001	变风量新风机组	台	3
19	030901005001	风机盘管安装吊顶式	台	42
20	030901005002	风机盘管安装落地式	台	3
21	030902001001	圆形风管 δ=0.5	m²	15.83
22	030902001002	矩形风管制作安装 δ=0.5	m²	179.76
23	030903001001	对开多叶调节阀安装 周长小于2800mm	个	3
24	030903001002	防火阀安装 周长小于2000mm	个	3

续表 6-26

序号	项目编码	项 目 名 称	计量单位	工程数量
25	030903001003	圆形防火调节阀安装 周长小于2200mm	个	42
26	030903007001	格栅式回风口安装 周长小于2500mm	个	42
27	030903007002	双层百叶送风口安装	个	42
28	030903007003	新风入口百叶安装	个	3
29	030903007004	带调节阀方形散流器 SC4-1#152×152	个	12
30	030903020001	消声弯头制作安装	kg	69.0
31	030617004001	集气罐制作安装	个	7
32	030617003001	水集配器制作安装	个	3
33	030904001001	通风工程检测、调试	系统	1

（2）分部分项工程量清单计价表。分部分项工程量清单计价表见表6-27。

表6-27 分部分项工程量清单计价表

工程名称：某职工培训楼通风空调工程 第 页 共 页

序号	项目编码	项 目 名 称	计量单位	工程数量	金额/元		金额/元	
					综合单价	合计	人工费单价	人工费合价
1	030801001001	镀锌钢管 DN15	m	12.9	9.739	125.63	4.758	61.38
2	030801001002	镀锌钢管 DN20	m	242.4	9.792	2373.58	4.758	1153.34
3	030801001003	镀锌钢管 DN25	m	24.3	11.871	288.47	5.72	138.99
4	030801001004	镀锌钢管 DN32	m	70.8	12.135	859.16	5.72	404.98
5	030801001005	镀锌钢管 DN40	m	66.0	13.649	900.83	6.812	449.59
6	030801002001	焊接钢管 DN50	m	129.2	23.26	3005.19	10.69	1381.15
7	030801002002	焊接钢管 DN70	m	15.3	33.23	508.42	16.09	246.18
8	030801002003	焊接钢管 DN80	m	3.1	35.67	110.58	15.99	49.57
9	030801002004	焊接钢管 DN100	m	15.7	28.41	446.04	12.74	200.02
10	030803001001	截止阀 J11T-16 DN15	个	7	7.23	50.61	2.60	18.20
11	030803001002	截止阀 J11T-16 DN20	个	90	7.23	650.70	2.60	234.00
12	030803001003	截止阀 J11T-16 DN32	个	2	12.17	24.34	3.90	7.80
13	030803003001	闸阀 J45T-10 DN50	个	12	90.79	1089.48	12.74	152.88
14	030803003002	闸阀 J45T-10 DN70	个	3	170.88	512.64	19.50	58.50

序号	项目编码	项目名称	计量单位	工程数量	金额/元		金额/元	
					综合单价	合计	人工费单价	人工费合价
15	030803003001	闸阀 J45T-10 *DN*100	个	2	210.56	421.12	24.18	48.36
16	030803001001	水过滤器	个	42	7.23	303.66	2.60	109.20
17	030901002001	卫生间通风器	台	42	5.65	237.30	3.51	147.42
18	030901004001	变风量新风机组	台	3	1080.61	3241.83	594.61	1783.83
19	030901005001	风机盘管安装吊顶式	台	42	304.92	12806.64	78.19	3283.98
20	030901005002	风机盘管安装落地式	台	3	304.92	914.76	78.19	234.57
21	030902001001	圆形风管 $\delta=0.5$	m²	15.83	70.573	1117.17	34.141	540.45
22	030902001002	矩形风管制作安装 $\delta=0.5$	m²	179.76	105.83	19024.00	33.63	45.33
23	030903001001	对开多叶调节阀安装 周长小于2800mm	个	3	25.80	77.40	10.53	31.59
24	030903001002	防火阀安装 周长小于2000mm	个	3	16.41	49.23	4.91	14.73
25	030903001003	圆形防火调节阀安装 周长小于2200mm	个	42	16.41	689.22	4.91	206.22
26	030903007001	格栅式回风口安装 周长小于2500mm	个	42	32.27	1355.34	15.91	668.22
27	030903007002	双层百叶送风口安装	个	42	32.27	1355.34	15.91	668.22
28	030903007003	新风入口百叶安装	个	3	32.27	96.81	15.91	47.73
29	030903007004	带调节阀方形散流器 SC4-1 #152×152	个	12	16.01	192.12	8.42	101.04
30	030903020001	消声弯头制作安装	kg	69.0	9.98	9.98	2.64	182.16
31	030617004001	集气罐制作安装	个	7	58.99	412.93	23.68	165.76
32	030617003001	水集配器制作安装	个	3	284.24	852.72	133.76	401.28
33	030904001001	通风工程检测、调试（系统中单独人工费×费率）	系统	1	2544.20	2544.20	636.05	636.05
		合 计				56850.65		20037.28

（3）措施项目清单计价表。措施项目清单计价表见表6-28。

（4）其他项目。其他项目清单计价表见表6-29。

表6-28 措施项目清单计价表

工程名称：某职工培训楼通风空调工程　　　　　　　　　　　　　第　页　共　页

序号	项目名称	金额/元
1	脚手架搭拆费（20037.28×5%）	1001.86
2	环境保护费（56850.65×2%）	1137.01
3	临时设施费（56850.65×0.6%）	341.10
4	安全文明施工费（56850.65×0.6%）	341.10
	合　计	2821.08

表6-29 其他项目清单计价表

工程名称：某职工培训楼通风空调工程　　　　　　　　　　　　　第　页　共　页

序号	项目名称	金额/元
1	招标人部分	
1.1	预留金	3000
1.2	材料购置费	
	小　计	3000
2	投标人部分	
2.1	总承包服务费	
2.2	零星工作费	
	小　计	0
	合　计	3000

（5）单位工程费用汇总表。单位工程费用汇总表见表6-30。

表6-30 单位工程费用汇总表

工程名称：某职工培训楼通风空调工程　　　　　　　　　　　　　第　页　共　页

序号	项目名称	计算公式	金额/元
1	分部分项工程量清单计价合计	（500608.95+56850.65）	557459.60
	其中：主材费	见工程预算表	500608.95
2	措施项目清单计价合计	见措施项目清单计价表	2821.08
3	其他项目清单计价合计	见其他项目清单计价表	3000.00
4	规费：（1）+（2）		7885.92
	（1）工程定额测定法（按分部分项工程费+措施项目费+其他项目费）	563280.68×1‰	563.28
	（2）劳动保险费（同上）	563280.68×1.3%	7322.65
5	税金（按市区）	（1+2+3+4）×3.44%	19648.13
6	合计造价	（1+2+3+4+5）	590814.73

（6）分部分项工程量清单综合单价分析。分部分项工程量清单综合单价分析见表6-31（仅列出部分内容）。

表6-31　分部分项工程量清单综合单价分析（部分）

工程名称：某职工培训楼通风空调工程　　　　　　　　　　　　　　　　　　　　　　　　　第　页　共　页

序号	项目编码	项目名称	工程内容	定额编号	单位	数量	综合单价	综合单价组成				
								人工费	材料费	机械费	管理费	利润
1	030901004001	变风量新风机组			台	3	1080.61	594.61	115.9	7.38	279.46	83.25
			（1）新风机组安装	9－240	台	3	877.03	542.88	3.00		255.15	76.00
			（2）帆布软接头	9－41	m²	3.22	189.67	48.20	105.19	6.88	22.65	6.75
		小　计	Σ数量×单价				3241.83	1783.84	347.71	22.15	838.38	249.74
		每台综合单价	小计值÷3				1080.61	594.61	115.9	7.38	279.46	83.25
2	030901004002	矩形风管制作安装			m²	179.76	105.83	33.63	26.62	25.12	15.81	4.71
			（1）矩形风管周长＜800，δ＝0.5	9－5	10m²	7.388	608.74	213.41	183.99	81.16	100.30	29.88
			（2）矩形风管周长＜2000，δ＝0.75	9－6	10m²	130.64	463.01	155.38	170.30	42.55	73.03	21.75
			（3）一般管架制作安装	8－178	100m²	0.14	1005.79	263.64	146.62	434.71	123.91	36.91
			（4）聚苯乙烯瓦块保温 φ57内	11－1687	m³	2.37	287.28	142.97	50.17	6.92	67.20	20.02
			（5）玻璃丝布保护层	11－2153	10m²	8.018	17.82	11.00	0.11		5.17	1.54
			（6）支架刷油红丹防锈漆第1遍	11－117	100kg	8.384	16.93	5.38	1.14	7.13	2.53	0.75
			（7）支架刷油红丹防锈漆第2遍	11－118	100kg	8.384	16.41	5.15	0.99	7.13	2.42	0.72
			（8）调和漆1遍	11－126	100kg	8.384	15.76	5.15	0.34	7.13	2.42	0.72
		小　计	Σ数量×单价				19126.21	6077.01	810.08	4540.19	2856.20	850.73
		综合单价	小计值÷180.72				106.40	33.81	4.51	25.26	15.89	4.73

注：1. 矩形风管周长＜800，δ＝0.5，材料净用量64.92m²，定额耗量指标为每10m²用量11.38m²，则实际消耗量＝6.492×11.38＝73.88m²；

　　2. 矩形风管周长＜2000，δ＝0.75，材料净用量114.84m²，定额耗量指标为每10m²用量11.38m²，则实际消耗量＝11.48×11.38＝130.64m²。

复习与思考题

6 – 1 简述通风空调系统的组成。风管的安装有哪些工艺要求？

6 – 2 通风空调工程工程量清单共设置了哪些项目内容？

6 – 3 通风管道工程量计算遵循哪些规则，通风空调设备安装工程量计算有什么特点？

6 – 4 在编制给排水、采暖、燃气工程清单报价时，哪些费用根据工程实际可计入综合单价？

6 – 5 通风空调管道、设备刷油及绝热工程工程量计算应遵循哪些规则？

6 – 6 套用第九册《通风空调工程》计价表时通常应注意哪些规定？

6 – 7 通风空调工程综合单价如何确定？

6 – 8 本工程为某办公楼（一层部分房间）风机盘管工程。图中标高以米计，其余以毫米计。风机盘管布置平面图如图 6 – 16 所示，空调水管道平面图如图 6 – 17 所示，空调水管道系统图如图 6 – 18 所示，详图如图 6 – 19 所示。

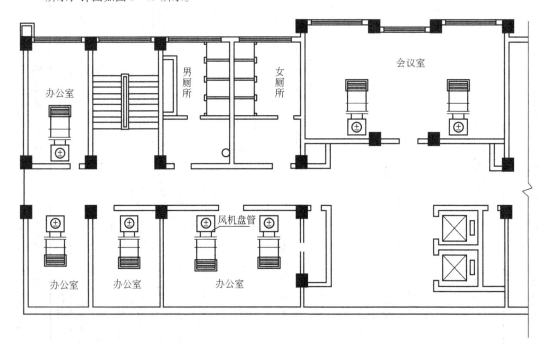

图 6 – 16 风机盘管布置平面图

试以《计价规范》要求和《全国统一安装工程预算定额》中的第九册（GYD – 209—2000）为基础进行编制预算（本题主材只计算其消耗量，暂不计主材费；本题也暂不计管道保温内容）。

施工说明：

（1）风机盘管采用卧式暗装（吊顶式），风机盘管连接管采用镀锌薄钢板，铁皮厚度 $\delta = 1.0mm$，截面尺寸为 $1000mm \times 200mm$。

（2）风机盘管送风口为铝合金双层百叶风口，回风口为铝合金单层百叶风口，均采用成品安装。

（3）空调供水、回水及凝结水管采用镀锌钢管，螺纹连接。进、出风机盘管供、回水支管均装金属软管（螺纹连接）各一个，凝结水管与风机盘管连接需装橡胶软管（螺纹连接）一个。

（4）图中阀门均采用铜球阀，规格同管径。管道穿墙均设一般钢套管。

（5）管道安装完毕后要求试压，空调系统试验压力为 1.3MPa，凝结水管做灌水试验。

（6）未尽事宜均参照有关标准或规范执行。

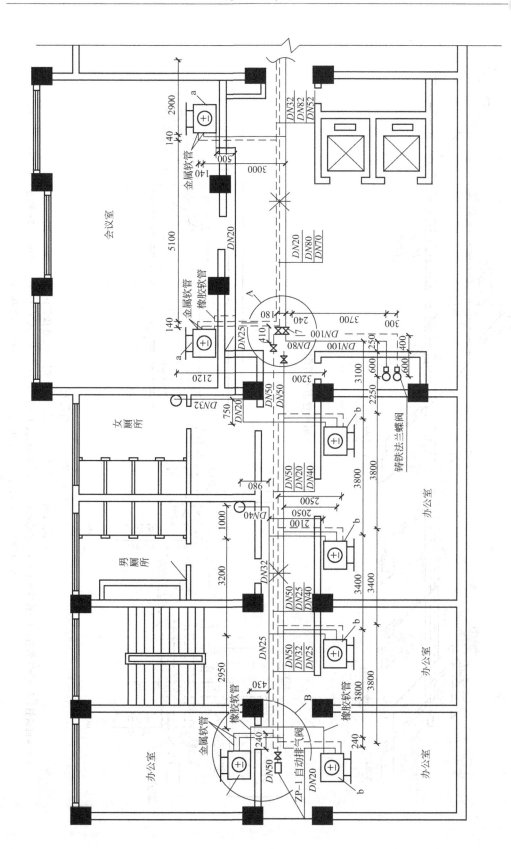

图 6 - 17　空调水管道布置平面图

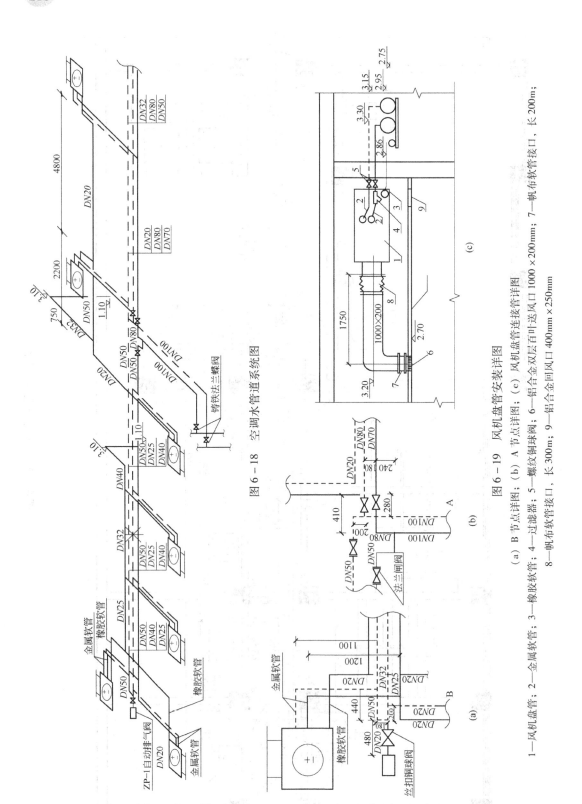

图 6 - 18 空调水管道系统图

图 6 - 19 风机盘管安装详图

（a）B 节点详图；（b）A 节点详图；（c）风机盘管连接管详图

1—风机盘管；2—金属软管；3—橡胶软管；4—过滤器；5—螺纹铜球阀；6—铝合金层百叶送风口 1000×200mm；7—帆布软管接口，长 200m；
8—帆布软管接口，长 300m；9—铝合金回风口 400mm×250mm

【参考提示】

安装工程预算书如表6-32所示，工程量计算如表6-33所示。

表6-32　安装工程预算（决）书

工程编号：　　　　　工程名称：　　　　　　　年　月　日　　　　　共　页　第　页

定额编号	项目名称	单位	数量	主材用量	单价/元			合价/元		
					主材基价	省基价	其中：人工费	主材费	省基价（安装）	其中：人工费
9-18	风机盘管连接管（δ=1.2mm以内咬口）	10m²	2.94			627.94	230.44		1846.14	677.49
	镀锌钢板δ=1.0mm			2.94m×12.25m=36.02m²						
9-26	帆布软管接口制作安装	m²	8.40			200.62	64.88		1685.21	544.99
⋮	⋮									
8-117	空调水室内镀锌钢管（螺纹接）DN20mm	10m	5.32	5.32×10.20m=54.26m		106.30	57.76		565.52	307.28
⋮	⋮									
6-3010	一般穿墙套管DN20mm	个	21			13.68	3.11		287.28	65.31
⋮										
	第九册定额小计								4915.39	1736.98
	第八册定额小计								3446.25	1242.43
	第六册定额小计								541.90	217.37
	合价								8903.54	3196.78
	通风空调工程系统调整费	通风空调工程人工费×13%：3196.78×13%（其中人工工资占25%）							415.58	103.90
	通风空调工程直接工程费								9319.12	3300.68
措施	第九册脚手架搭拆费	第9册人工费×3%：1736.98×3%（其中人工工资占25%）							52.11	13.03
措施	第八册脚手架搭拆费	第8册人工费×5%：1242.43×5%（其中人工工资占25%）							62.12	15.53
措施	第六册脚手架搭拆费	第6册人工费×7%：217.37×7%（其中人工工资占25%）							15.22	3.83
措施费	脚手架搭拆费合计								129.45	32.39

表 6－33　风机盘管工程量计算书

项 目 名 称	单位	数量	计 算 公 式
风机盘管连接管（咬口）$\delta = 1.0$mm	m²	29.40	风管截面：1000mm × 200mm
			$L = [1.75 - 0.30 + (3.2 - 0.20 - 2.70)]$m × 7 $= 12.25$m
			$F = 2 × (1.0 + 0.2)$m × 12.25m = 29.40m²
风机盘管暗装（吊顶式）	台	7	
铝合金百叶送风口安装（周长 2400mm）	个	7	周长：2 × (1000 + 200)mm = 2400mm
铝合金百叶回风口安装（周长 1300mm）	个	7	周长：2 × (400 + 250)mm = 1300mm
帆布软管接口制作安装	m²	8.40	1000mm × 200mm × 200mm
			$F = [2 × (1.0 + 0.2)$m × 0.2m] × 7 = 3.36m²
			1000mm × 200mm × 300mm
			$F = [2 × (1.0 + 0.2)$m × 0.3m] × 7 = 5.04m²
镀锌钢管（螺纹连接）DN100mm（管井内）	m	1.20	管井内：0.6（供水）+ 0.6（回水）
镀锌钢管（螺纹连接）DN100mm	m	8.77	(0.25 + 3.70)（供水）+ (0.40 + 0.30 + 3.70 + 0.24 + 0.18)（回水）
镀锌钢管（螺纹连接）DN80mm	m	9.21	(0.24 + 0.41)（供水）+ (0.28 + 0.14 + 5.10 + 0.14 + 2.90)（回水）
镀锌钢管（螺纹连接）DN70mm	m	5.38	(0.14 + 5.10 + 0.14)（供水）
镀锌钢管（螺纹连接）DN50mm	m	21.51	2.90（供水右）+ (3.10 + 0.24)（供水左）+ (0.40 + 0.20 + 0.60 + 2.25 + 3.80 + 3.40 + 3.80 + 0.20 + 0.18 + 0.44)（回水左）
镀锌钢管（螺纹连接）DN40mm	m	11.16	(3.40 + 3.80)（供水左）+ [1.00 + 0.98 + (3.10 - 1.10)]（凝结水）
镀锌钢管（螺纹连接）DN32mm	m	14.16	3.80（回水左）+ (0.14 + 2.90)（回水右）+ [3.20 + 2.12 + (3.10 - 1.10)]（凝结水）
镀锌钢管（螺纹连接）DN25mm	m	13.49	(3.80 + 0.24)（供水左）+ 3.40（回水左）+ (2.95 + 3.10)（凝结水）
镀锌钢管（螺纹连接）DN20mm	m	53.21	0.48（供水左）+ 5.10（回水右）+ 4.60（凝结水）
			a. 盘管支管（供 0.21 + 3.0 + 回 3.00 + 0.14 + 凝结水 0.50）× 2
			b. 盘管支管（供 2.05 + 回 2.50 + 凝结水 2.10）× 4
			c. 盘管支管（供 1.20 + 回 1.10 + 凝结水 0.43）
钢制法兰蝶阀 DN100mm（管井内）	个	2	
法兰闸阀 DN80mm	个	2	
法兰闸阀 DN50mm	个	2	
螺纹铜球阀 DN20mm	个	15	

续表 6 – 33

项 目 名 称	单位	数量	计 算 公 式
Y 型过滤器 *DN*20mm	个	7	
自动排气阀 *DN*20mm	个	1	
金属软管（螺纹连接）	个	14	
橡胶软管（螺纹连接）	个	7	
一般穿墙套管 *DN*100mm	个	2	供 1 回 1
一般穿墙套管 *DN*20mm	个	21	供 7 回 7 凝 7

注：关于定额规定的"设置于管道间、管廊、已封闭的地沟、吊顶内的管道系统（含阀门、法兰、支架、涂漆、绝热等全部工程），定额人工乘以系数1.3"作如下解释。

定额 8 – 124（调整前）：定额基价 = 人工费 + 材料费 + 机械费 = （117.01 + 183.96 + 42.33）元 = 343.30 元，其中：人工费 = 117.01 元。

因部分管道设置与管道间内的定额规定，对人工费和基价要进行调整，调整后：基价 = 人工费 × 1.30 + 材料费 + 机械费 = （117.01 × 1.30 + 183.96 + 42.33）元 = 378.40 元，其中，人工费 = （117.01 × 1.30）元 = 152.11 元。

对定额 8 – 546 的调整也是如此。

7 消防工程施工图预算编制

7.1 消防工程系统概述

(1) 消防工程内容。包括水灭火系统、气体灭火系统、泡沫灭火系统、火灾自动报警系统。水灭火系统中包括消火栓灭火和自动喷淋灭火两部分。

(2) 消防工程项目。包括灭火管道安装、部件及阀门法兰安装、报警装置、水流指示器、消火栓、气体驱动装置、泡沫发生器等共52个清单项目。

(3) 消防工程适用于采用工程量清单计价的工业与民用建筑。

7.2 工程量计算规则与计价表套用

7.2.1 消防工程量计算规则

7.2.1.1 水灭火系统安装

(1) 管道安装。水灭火系统管道一般采用镀锌钢管,可采用沟槽式管件连接、螺纹连接和法兰连接。其工程量计算应区别不同材质、连接方式和公称直径,分别以"m"为单位计算,不扣除阀门、管件及各种组件所占长度。螺纹连接镀锌钢管的主材为钢管及钢管接头,法兰连接镀锌钢管的主材为钢管、钢管接头及法兰,其耗量应按定额耗量计算。其中管件数量见表7-1。

表 7-1 镀锌钢管 (螺纹连接) 管件数量表

项 目	名 称	公称直径/mm						
		25	32	40	50	70	80	100
管件数量 /个·(10m)⁻¹	四通	0.02	1.20	0.53	0.69	0.73	0.95	0.47
	三通	2.29	3.24	4.02	4.13	3.04	2.95	2.12
	弯头	4.92	0.98	1.69	1.78	1.87	1.47	1.16
	管箍		2.65	5.99	2.73	3.27	2.89	1.44
	小计	7.23	8.07	12.23	9.33	8.91	8.26	5.19

镀锌钢管安装定额也适用于镀锌无缝钢管,其对应关系见表7-2。

(2) 系统组件安装。喷头安装的工程量计算应区别不同的安装部位(无吊顶和有吊顶),分别以"个"为单位计算,其主材为喷头。

湿式报警装置安装应区别不同公称直径,成套产品以"组"为单位计算。主材为湿式报警装置和法兰。其他适用于雨淋、干湿两用及预作用报警装置安装均执行湿式报警装置安装定额。湿式报警装置成套产品的安装内容见表 7 – 3，其每"组"安装费均包括了表中所列内容。

表 7 – 2　镀锌钢管与无缝钢管尺寸对应关系表

公称直径/mm	15	20	25	32	40	50	70	80	100	150	200
无缝钢管外径/mm	20	25	32	38	45	57	76	89	108	159	219

表 7 – 3　湿式报警装置成套产品安装内容表

序号	项目名称	型号	包 括 内 容
1	湿式报警装置	ZSS	湿式阀、蝶阀、装配管、压力表、试验阀、试验管流量计、过滤器、延时器、水力警铃、截止阀、漏斗、压力开关等
2	干湿两用报警装置	ZSL	两用阀、蝶阀、装配管、加速器、压力表、试验阀、试验管流量计、挠性接头、过滤器、延时器、水力警铃、截止阀、漏斗、压力开关等
3	电动雨淋报警装置	ZSYl	雨淋阀、蝶阀、装配管、压力表、试验阀、流量表、注水阀、电磁阀、气压开关、手动试压器、水力警铃、截止阀等
4	预作用报警装置	ZSU	干式报警阀、蝶阀、压力表、流量表、截止阀、注水阀、止回阀、试验阀、装配管、电磁阀、气压开关、手动试压器、水力警铃、试压电磁阀、漏斗、过滤器等
5	室内消火栓	SN	消火栓箱、消火栓、水枪、水龙带、水龙带接扣、挂架、消防按钮
6	室外消火栓	地上式 SS 地下式 SX	地上式消火栓、法兰接管、弯管底座； 地下式消火栓、法兰接管、弯管底座或消火栓三通
7	消防水泵接合器	地上式 SQ 地下式 SQX 墙壁式 SQB	消防接口本体、止回阀、安全阀、闸阀、弯管底座、放水阀； 消防接口本体、止回阀、安全阀、闸阀、弯管底座、放水阀； 消防接口本体、止回阀、安全阀、闸阀、弯管底座、放水阀、标牌

温感式水幕装置安装应区别不同公称直径，分别以"组"为单位计算。但给水三通至喷头、阀门间管道的主材数量按设计管道中心长度加损耗另列项计算，喷头数量按设计数量另加损耗计算。

水流指示器、减压孔板安装应区别不同的公称直径，均以"个"为单位计算。在多层或大型建筑的自动喷水灭火系统上，一般在每一层或每个分区的干管上或支管的始端安装一个水流指示器。减压孔板和相应的节流装置的安装用于均衡各层管段的流量，当管径不小于 50mm 时需设置，通常安装于管道内水流转弯处下游一侧的直管上，且与转弯处的距离不小于管径的 2 倍。

末端试水装置通常设在报警阀组控制的最不利点即喷头处，由试水阀、压力表及试水接头组成。其工程量计算时应区别不同公称直径，分别以"组"为单位计算。其中压力表及连接管已包含在材料消耗定额中，阀门作为主材另计。

（3）消火栓安装。室内消火栓安装的工程量计算，应按单栓和双栓，分别以"套"为单位计算。室内消火栓安装时，栓口应朝外，其中心距地面为 1.1m。

室外消火栓安装的工程量计算，应区分不同规格、工作压力和覆土深度以"套"为单位计算。室外地上式消火栓根据是否设有检修阀门和阀门井室分为 I 型和 II 型。地上式消火栓 I 型安装：消火栓下部直埋，通过消火栓三通与给水干管连接。地上式消火栓 II 型安装：消火栓下部直埋，设有检修阀门和阀门井室，通过弯头和消火栓三通与给水干管连接。室外消火栓安装根据管道覆土深度分为浅装和深装。浅装：消火栓安装在支管上且管道覆土深度 $H \leq 1\text{m}$。深装：消火栓安装在支管上且管道覆土深度 $H > 1\text{m}$。

消防水泵接合器安装应按水泵接合器安装的不同形式（地下式、地上式、墙壁式），区别不同公称直径（$DN100$ 或 $DN150$），分别以"套"为单位计算。

（4）隔膜式气压水罐（气压罐）安装。气压罐主要用于满足系统的压力要求，即保证系统最不利点喷头的最小工作压力，所以又称为稳压气压水罐。气压罐安装的工程量计算，应按不同公称直径，分别以"台"为单位计算。其中气压罐和法兰为主材。

（5）管道支吊架制作与安装。管道支吊架制作与安装的工程量均以"kg"为单位计算。一般规定每段配水干管上应设置一活动支架，相邻两喷头间的管段上至少应设一个吊架。

（6）自动喷水灭火系统管网水冲洗。自动喷水灭火系统管网水冲洗的工程量计算，应区别管道的不同公称直径，分别以"m"为单位计算。

7.2.1.2　气体灭火系统安装

《全国统一安装工程预算定额》第七册及计算规则适用于工业与民用建筑中设置的二氧化碳灭火系统、卤代烷 1211 灭火系统和卤代烷 1301 灭火系统中的管道、管件、系统组件等的安装。

（1）管道安装。管道安装（无缝钢管）的工程量计算，应按不同材质和连接形式（螺纹连接和法兰连接），区别管道的不同公称直径，分别以"m"为单位计算。无缝钢管安装定额中均不包括钢制管件连接内容，应按设计用量另执行"钢制管件"定额。

螺纹连接的不锈钢管、铜管及管件安装时，按无缝钢管和钢制管件安装相应定额乘以系数 1.2。

（2）系统组件安装。喷头安装的工程量计算，应区别不同公称直径，分别以"个"为单位计算。

选择阀安装的工程量计算，应按选择阀的不同规格和连接方式分别以"个"为单位计算。

贮存装置安装的工程量计算，应按不同规格，分别以"套"为单位计算。"套"的安装内容包括：贮存容器和驱动气瓶的安装固定、支框架安装、系统组件安装（集流管、容器阀、单向阀、高压软管）、安全阀安装、驱动装置安装及氮气增压。

（3）二氧化碳称重检漏装置安装。二氧化碳称重检漏装置以"套"为单位计算工程量，"套"包含了泄漏报警开关、配件、支架安装内容。

（4）系统组件试验。系统组件包括选择阀、单向阀及高压软管等。试验按水压强度试验和气压严密性试验分别以"个"为单位计算。

7.2.1.3　泡沫灭火系统安装

《全国统一安装工程预算定额》第七册及计算规则适用于高、中、低倍数固定式或半固定式泡沫灭火系统的发生器及泡沫比例混合器安装。

（1）泡沫发生器安装。可按不同型号以"台"为单位计算，法兰和螺栓按设计规定另行计算。

（2）泡沫比例混合器安装。应按不同型号以"台"为单位计算，法兰和螺栓按设计规定另行计算。

7.2.1.4 火灾自动报警系统安装

（1）探测器安装。点型探测器安装包括：接线盒、底座、装饰圈和探测器安装（接线盒和底座的安装在穿管布线时应事先埋入），其工程量以"只"为单位计算，包括所有安装内容及本体调试。在工程量统计时应按多线制和总线制的不同，并区别探测器感烟、感温、感光及可燃气体等的不同类型分别套用定额；线型探测器有缆式线型（热敏电缆为本体）和空气管式差温式探测器（敏感元件空气管为 $\phi38 \times 0.5$ 紫铜管）等。在工程量计算时不分线制和保护形式，并综合了正弦、环绕、直线等安装方式，以"m"为单位计算。与探测器连接的模块和终端需另行计算。

（2）按钮安装。按钮通常安装在墙上距地面高度 1.5m 处，其工程量计算不分型号和规格及安装方式，均以"只"为单位计算。

（3）模块（接口）安装。模块分为控制模块和报警模块。前者仅起控制作用（亦称为中继器），后者只起监视、报警作用，均以"只"为单位计算其安装工程量。

（4）报警控制器安装。多线制和（总线制）报警控制器安装，应按不同安装方式（壁挂式和落地式），区别不同的控制点数，分别以"台"为单位计算。这里的"点数"是指报警控制器所带报警器件（探测器、报警按钮、模块等）的数量。

（5）联动控制器安装。该工程量计算规则同报警控制器，只是这里的"点数"是指联动控制器所带联动设备的状态控制和状态显示的数量，或者是控制模块的数量。

（6）报警联动一体机安装。该工程量计算应按不同安装方式（壁挂式和落地式），区别不同控制点数，分别以"台"为单位计算。这里的"点数"是指报警联动一体机所带报警器件与联动设备的状态控制和状态显示，或者是控制模块的数量。

（7）重复显示器、警报装置、远程控制器安装。该工程量计算不分规格、型号、安装方式，按多线制和总线制划分，分别以"台"为单位计算。警报装置分声光报警和警铃报警两种形式，均以"台"为单位计算工程量。远程控制器按其控制回路数以"台"为单位计算工程量。

（8）消防专用通信系统安装。火灾事故广播、消防通信、报警备用电源等安装均以其数量为单位计算。

火灾自动报警系统传输线路应采用穿金属管、硬塑料管、半硬塑料管或封闭式线槽保护方式布线，配管配线的要求应符合《火灾自动报警系统施工及验收规范》，工程量的计算规则参见《电器设备安装工程》。

7.2.1.5 消防系统调试

（1）自动报警系统装置调试。该系统包括各种探测器、报警按钮、报警控制器，分别不同点数以"系统"为单位计算。调试费中包含了调试前对系统各装置的逐个单机通电检查。

（2）水灭火系统控制装置调试。应根据控制点的不同数量，以"系统"为单位计算。调试范围包括消火栓、自动喷水、卤代烷、二氧化碳等固定灭火系统的控制装置。

（3）火灾事故广播、消防通信、消防电梯系统装置调试。除消防电梯的调试工程量以"部"为单位计算，事故广播、消防通信的调试工程量均以"只"为单位计算。

（4）系统装置调试。包括电动防火门、防火卷帘门、正压送风阀、排烟阀、防火阀控制。电动防火门、防火卷帘门均以"处"为单位计算，每樘为1处；正压送风阀、排烟阀、防火阀均以"处"为单位计算，1个阀为1处。

（5）气体灭火系统装置调试。该系统装置调试范围由驱动瓶起始至气体喷头终止。气体灭火系统装置调试内容包括模块喷气试验和储存容器的切换试验。气体灭火系统装置调试的工程量，应区别试验容器的不同规格，分别以"个"为单位计算。

7.2.2 计价表套用

7.2.2.1 火灾自动报警系统

火灾自动报警系统通常由探测系统、联动控制系统、消防专用通信系统、显示打印系统等组成，计算工程量时应分区域、分系统、分楼层逐项计算，最后将型号规格、敷设条件、安装方式均相同的工程量汇总，并执行计价表相应子目。

7.2.2.2 室内消防工程

室内消防工程若既包括消火栓灭火系统又包括自动喷水灭火系统，工程量计算应按各系统分别进行，计价表套用应按规定执行，此时应注意各系统的分界。

消防泵房安装包括水泵至水泵间外墙皮之间的管路、阀门、水泵安装项目。其中管道、管件、阀门安装执行第六册计价表相应子目，水泵安装执行第一册计价表相应子目。

消火栓灭火系统安装包括从水泵间外墙皮始至整个消火栓系统的管路、阀门、消火栓安装项目。其中消火栓管道、室外给水管道安装及水箱制作安装执行第八册计价表相应子目，消火栓安装执行第七册计价表相应子目。

自动喷水灭火系统安装包括从水泵间外墙皮始至整个自动喷水灭火系统的管路、阀门、报警装置、喷头等安装项目，均执行第七册计价表相应子目。计算管路时可按照水流方向由干管到支管分别计算，计算组件时可按系统或楼层进行数量统计。统计时对于报警装置等成套产品所包含的内容应熟悉，避免重复计算。

7.2.2.3 气体灭火系统的工程量计算步骤

第1步，启动气瓶至贮存装置、贮存装置至选择阀部分：该部分主要计算贮存装置的套数、二氧化碳称重检漏装置的套数、气体驱动装置管道长度、选择阀的个数。注意贮存装置的"套"包括了贮存容器、驱动气瓶、支框架、集流管、容器阀、单向阀、高压软管、安全阀、驱动装置等内容，不要重复套用定额。

第2步，选择阀至管网末端部分：该部分主要计算管路长度及气体喷头个数。

第3步，系统组件试验：主要计算选择阀、单向阀及高压软管等的个数。

计价表套用时还应遵循以下规则：

（1）第七册第三章"气体灭火系统安装"相应项目均适用于卤代烷1211和1301灭火系统，若采用二氧化碳灭火系统，则按卤代烷灭火系统相应子目乘以系数1.20。雨淋、干式（含干湿两用）及预作用报警装置的安装，执行湿式报警装置安装定额，人工乘以系数1.14，其余不变。

（2）气体灭火系统管道穿过墙壁、楼板时应安装套管，穿墙套管长度应和墙厚相等，穿楼板套管长度应高出地面50mm。套管安装应执行第六册计价表相应子目。

（3）管道支吊架制作安装执行"水灭火系统安装"的相应项目。

（4）由于灭火剂的不断开发，已出现很多新品种，但因没有统一的国家标准和规范，所以在计价表中无法编入。发生时可根据系统的设置和工作压力参照相应子目执行。

7.2.2.4　自动控制泡沫灭火系统

该系统一般由自动报警系统和泡沫灭火系统两部分组成，工程量计算时应区分两个系统分别计算。计算泡沫灭火系统工程量的步骤：

第1步，计算水池至比例混合器部分的管道长度及相关设备。

第2步，计算泡沫液贮罐至比例混合器部分的管道长度及相关设备。

第3步，计算比例混合器至泡沫发生器部分的管道长度及相关设备。

泡沫灭火系统的管道、管件、法兰、阀门、管道支架等的安装及管道系统水冲洗、强度试验、严密性试验等执行第六册计价表相应子目。泡沫喷淋系统的管道、组件、气压水罐、管道支吊架等的安装执行第七册第二章"水灭火系统安装"相应项目。与消防工程有关联的其他工程项目，如电缆敷设、桥架安装、配管、配线、接线盒、应急照明、防雷接地等，均按《电气设备安装工程》中的相应项目编码列项。

7.2.2.5　关于计取有关费用的规定

（1）超高增加费。操作高度以5m为界，超过5m时，其超过部分（5m处至操作高度）的定额人工费应乘以相应系数，见表7-4。

表7-4　超过系数

标高/m	±8	±12	±16	±20
超高系数	1.10	1.15	1.20	1.25

（2）高层建筑增加费。指高度在6层或20m以上的工业与民用建筑的消防工程，用于对人工和机械费用的补偿。高层建筑增加费费率，见表7-5。

表7-5　高层建筑增加费费率

层　数	< 9层 30m	< 12层 40m	< 15层 50m	< 18层 60m	< 21层 70m	< 24层 80m	< 27层 90m	< 30层 100m	< 33层 110m	< 36层 120m	< 40层
按人工费的百分比/%	10	15	19	23	27	31	36	40	44	48	54
其中人工工资/%	10	14	21	21	26	29	31	35	39	41	43
机械费/%	90	86	79	79	74	71	69	65	61	59	57

（3）脚手架搭拆费。按人工费的5%计算，其中人工工资占25%，材料占75%。

（4）安装与生产同时进行增加的费用。按人工费的10%计算，全部为人工降效费用。

（5）在有害身体健康的环境中施工增加的费用。按人工费的10%计算，全部为人工降效费用。

7.2.2.6　消防系统调试

调试费基本上按相应定额基价的60%计算，其中调试费用占70%，配合检测、验收费用占30%，工程结算时，施工单位应提供调试和检测报告，否则，不予结算该项费用。如系统调试是建设单位委托厂家调试，施工单位在配合厂家调试时，收取定额系统调试费的18%作为配合费。

7.3　工程量清单项目设置

消防工程工程量清单项目设置执行 GB 50500—2003 附录 C.7 的规定。该附录设置 6 个分部 51 个分项工程项目，包括水灭火系统、气体灭火系统、泡沫灭火系统、管道支架制作安装、火灾自动报警系统、消防系统调试 6 个部分。

（1）水灭火系统。水灭火系统工程量清单项目设置，按表 7-6 的规定执行。

表 7-6　水灭火系统（编码：030701）

项目编码	项目名称	项目特征	单位	工程量计算规则	工程内容
030701001	水喷淋镀锌钢管	1. 安装部位（室内、室外）；2. 材质；3. 型号、规格；4. 连接方式；5. 除锈标准、刷油、防腐设计要求；6. 水冲洗、水压试验设计要求	m	按设计图示管道中心线长度以延长米计算，不扣除阀门、管件及各种组件所占长度；方形补偿器以其所占长度按管道安装工程量计算	1. 管道及管件安装；2. 套管（包括防水套管）制作、安装；3. 管道除锈、刷油、防腐；4. 管网水冲洗；5. 无缝钢管镀锌；6. 水压试验
030701002	水喷淋镀锌无缝钢管				
030701003	消火栓镀锌钢管				
030701004	消火栓钢管				
030701005	螺纹阀门	1. 阀门类型、材质、型号、规格；2. 法兰结构、材质、规格、焊接形式	个	按设计图示数量计算	1. 法兰安装；2. 阀门安装
030701006	螺纹法兰阀门				
030701007	法兰阀门				
030701008	带短管甲乙的法兰阀门				
030701009	水表	1. 材质；2. 型号、规格；3. 连接方式	组		安装
030701010	消防水箱制作安装	1. 材质；2. 形状；3. 容量；4. 支架材质、型号、规格；5. 除锈标准、刷油设计要求	台		1. 制作；2. 安装；3. 支架制作、安装；4. 除锈、刷油
030701011	水喷头	1. 有吊顶、无吊顶；2. 材质；3. 型号、规格	个	按设计图示数量计算	1. 安装；2. 密封性试验
030701012	报警装置	1. 名称、型号；2. 规格	组	按设计图示数量计算（包括湿式报警装置、干湿两用报警装置、电动雨淋报警装置、预作用报警装置）	安装
030701013	温感式水幕装置	1. 型号、规格；2. 连接方式	组	按设计图示数量计算（包括给水三通至喷头、阀门间的管道、管件、阀门、喷头等的全部安装内容）	安装

项目编码	项目名称	项目特征	单位	工程量计算规则	工程内容
030701014	水流指示器	规格、型号	个	按设计图示数量计算	安装
030701015	减压孔板	规格			
030701016	末端试水装置	1. 规格；2. 组装形式	组	按设计图示数量计算（包括连接管、压力表、控制阀及排水管等）	
030701017	集热板制作安装	材质	个	按设计图示数量计算	
030701018	消火栓	1. 安装部位（室内、外）；2. 型号、规格；3. 单栓、双栓	套	按设计图示数量计算（安装包括：室内消火栓、室外地上式消火栓、室外地下式消火栓）	安装
030701019	消防水泵接合器	1. 安装部位；2. 型号、规格	套	按设计图示数量计算（包括消防接口本体、止回阀、安全阀、闸阀、弯管底座、放水阀、标牌）	安装
030701020	隔膜式气压水罐	型号、规格	台	按设计图示数量计算	1. 安装；2. 二次灌浆

在编制工程量清单时，首先应区分消火栓灭火系统和自动喷水灭火系统，再分别计算各系统的工程量，并列出各系统的工程量清单或工程量清单计价表。

水灭火系统清单项目的工程量计算规则同计价表工程量计算规则，但在进行综合单价计算时，凡是工程内容超过一项的项目，其综合单价则包含了计价表中的各项目费用。如消防水箱制作安装项目，其工程内容有 4 项，则消防水箱综合单价应包含消防水箱制作、消防水箱安装、支架制作安装及消防水箱除锈刷油 4 项费用，该 4 项费用均从计价表中获得。

（2）气体灭火系统。气体灭火系统工程工程量清单项目设置见表 7 -7。

表 7 -7　气体灭火系统（编码：030702）

项目编码	项目名称	项目特征	单位	工程量计算规则	工程内容
030702001	无缝钢管	1. 卤代烷灭火系统、二氧化碳灭火系统；2. 材质；3. 规格；4. 连接方式；5. 除锈、刷油、防腐及无缝钢管镀锌设计要求；6. 压力试验、吹扫设计要求	m	按设计图示管道中心线长度以延长米计算，不扣除阀门、管件及各种组件所占长度	1. 管道安装；2. 管件安装；3. 套管制作、安装（包括防水套管）；4. 钢管除锈、刷油、防腐；5. 管道压力试验；6. 管道系统吹扫；7. 无缝钢管镀锌
030702002	不锈钢管				
030702003	铜管				
030702004	气体驱动装置管道				
030702005	选择阀	1. 材质；2. 规格；3. 连接方式	个	按设计图示数量计算	1. 安装；2. 压力试验
030702006	气体喷头	型号、规格			

项目编码	项目名称	项目特征	单位	工程量计算规则	工程内容
030702007	贮存装置	规格	套	按设计图示数量计算（包括灭火剂存储器、驱动气瓶、支框架、集流阀、容器阀、单向阀、高压软管和安全阀等贮存装置和阀驱动装置）	安装
030702008	二氧化碳称重检漏装置			按设计图示数量计算（包括泄漏开关、配重、支架等）	

注：选自《消防及安全防范设备安装工程》附录 C.7 中的表 C.7.2。

（3）泡沫灭火系统。泡沫灭火系统工程工程量清单项目设置见表 7 - 8。

表 7 - 8　泡沫灭火系统（编码：030703）

项目编码	项目名称	项目特征	单位	工程量计算规则	工程内容
030703001	碳钢管	1. 材质；2. 型号、规格；3. 焊接方式；4. 除锈、刷油、防腐设计要求；5. 压力试验、吹扫的设计要求	m	按设计图示管道中心线长度以延长米计算，不扣除阀门、管件及各种组件所占长度	1. 管道安装；2. 管件安装；3. 套管制作、安装；4. 钢管除锈、刷油、防腐；5. 管道压力试验；6. 管道系统吹扫
030703002	不锈钢管				
030703003	铜管				
030703004	法兰	1. 材质；2. 型号、规格；3. 连接方式	副	按设计图示数量计算	法兰安装
030703005	法兰安装		个		阀门安装
030703006	泡沫发生器	1. 水轮机式、电动机式；2. 型号、规格；3. 支架材质、规格；4. 除锈、刷油设计要求；5. 灌浆材料	台		1. 安装；2. 设备支架制作、安装；3. 设备支架除锈、刷油；4. 二次灌浆
030703007	泡沫比例混合器	1. 类型；2. 型号、规格；3. 支架材质规格；4. 除锈、刷油设计要求；5. 灌浆材料			
030703008	泡沫液贮罐	1. 质量；2. 灌浆材料			1. 安装；2. 二次灌浆

（4）管道支架制作安装。管道支架制作安装工程量清单项目设置见表 7 - 9。

表 7 - 9　管道支架制作安装（编码：030704）

项目编码	项目名称	项目特征	单位	工程量计算规则	工程内容
030704001	管道支架制作安装	1. 管架形式；2. 材质；3. 除锈、刷油设计要求	kg	按设计图示质量计算	1. 制作、安装；2. 除锈、刷油

管道支吊架制作安装适用于水灭火系统安装、气体灭火系统安装和泡沫灭火系统安装

相应项目，因此单独作为清单项目设置。对于水灭火系统和气体灭火系统，其管道支吊架的综合单价包含第七册和第十一册计价表相应项目费用；对于泡沫灭火系统，其管道支吊架的综合单价包含第六册和第十一册计价表相应项目费用。计算时，应注意区别。

（5）火灾自动报警系统。火灾自动报警系统安装工程量清单项目设置见表7-10。

表7-10 火灾自动报警系统（编码：030705）

项目编码	项目名称	项目特征	单位	工程量计算规则	工程内容
030705001	点型探测器	1. 名称；2. 多线制；3. 总线制；4. 类型	只	按设计图示数量计算	1. 探头安装；2. 底座安装；3. 校接线；4. 探测器调试
030705002	线型探测器	安装方式	m		1. 探测器安装；2. 控制模块安装；3. 报警终端安装；4. 校接线；5. 系统调试
030705003	按钮	规格	只		1. 本体安装；2. 消防报警备用电源；3. 校接线；4. 调试
030705004	模块（接口）	1. 名称；2. 输出形式			1. 安装；2. 调试
030705005	报警控制器	1. 多线制；2. 总线制；3. 安装方式；4. 控制点数量	台		1. 本体安装；2. 消防报警备用电源；3. 校接线；4. 调试
030705006	联动控制器				
030705007	报警联动一体机				
030705008	重复显示器				
030705009	报警装置	1. 多线制；2. 总线制			1. 安装；2. 调试
030705010	远程控制器	控制回路			

编制工程量清单时，火灾自动报警系统工程量计算规则同计价表工程量计算规则，但在进行综合单价计算时，线型探测器的综合单价中应包括与探测器连接的模块和终端安装费，控制器的综合单价中应包括消防报警备用电源的安装费。

（6）消防系统调试。工程量清单项目设置及工程量计算规则，按表7-11执行。

表7-11 消防系统调试（编码：030706）

项目编码	项目名称	项目特征	单位	工程量计算规则	工程内容
030706001	自动报警系统装置调试	点数	系统	按设计图示数量计算（由探测器、报警按钮、报警控制器组成的报警系统；点数按多线制、总线制报警器的点数计算）	系统装置调试
030706002	水灭火系统控制装置调试	点数	系统	按设计图示数量计算（由消火栓、自动喷水、卤代烷、二氧化碳等灭火系统组成的灭火系统装置；点数按多线制、总线制联动控制器的点数计算）	
030706003	防火控制系统装置调试	1. 名称；2. 类型	处	按设计图示数量计算（由消火栓、自动喷水、卤代烷、二氧化碳等灭火系统组成的灭火系统装置；点数按多线制、总线制联动控制器的点数计算）	

项目编码	项目名称	项目特征	单位	工程量计算规则	工程内容
030706004	气体灭火系统装置调试	试验容器规格	个	按调试、检验和验收所消耗的试验容器总数计算	1. 模拟喷气试验； 2. 备用灭火器贮存容器切换操作试验

建筑通信系统、安全防范系统等项目工程量清单执行《计价规范》附录 C.12（建筑智能化系统设备安装工程）有关内容。

【例 7 – 1】 某一总线制火灾自动报警系统中安装了 60m 的缆式线型定温探测器（正弦式安装），已知该线型探测器附带的接口模块和终端盒各为 10 只，试计算该线型定温探测器的综合单价。

【解】 ①由表 C.7.5 和已知条件编制分部分项工程量清单计价如下表：

项目编码	项目名称	计量单位	工程数量	综合单价	复合价
030705002001	线型探测器，正弦式安装	m	60	43.57	2614.20

②编制分部分项工程量清单综合单价分析表（见表 7 – 12）：

线型探测器每 10m 的定额主材耗量为 13.20m，所以该 60m 的缆式线型定温探测器主材数量为 79.20m，主材单价为 5 元/m。

本例中管理费按人工费的 47% 计取，利润按人工费的 14% 计取。

表 7 – 12　分部分项工程量清单综合单价计算表

工程名称：　　　　　　　　　　　　　　　　　　　　　　　计量单位：m
项目编码：030705002001　　　　　　　　　　　　　　　　　工程数量：60
项目名称：线型探测器安装　　　　　　　　　　　　　　　　　综合单价：43.57 元

序号	定额编号	工程内容	单位	数量	综合单价组成					小计
					人工费	材料费	机械费	管理费	利润	
1	7 – 11	线型探测器安装、校接线、调试	10m	6	224.64	70.44		105.60	31.44	432.12
2	7 – 13	控制模块安装	只	10	378.60	68.90	14.60	177.90	53.00	693.00
3	7 – 15	报警终端安装	只	10	357.80	47.50	17.30	168.20	50.09	640.89
4		线型探测器主材费	m	79.20		396.00				396.00
5		控制模块和报警终端主材费	只	10.00		500.00				500.00
合　计										2662.01

7.4　消防工程工程量清单计价编制实例

本节以某老干部活动中心自动喷淋工程为例，说明自动喷淋工程工程量清单计价的编制方法（该实例执行《计价规范》规定）。

7.4.1 熟悉施工图和施工内容

该活动中心自动喷淋平面图如图7−1、图7−2所示，系统图如图7−3所示。系统室外设有阀门井，内设消防水泵接合器两套，各层均设自动排气阀、丝扣泄水阀、信号蝶阀、水流指示器。施工内容包括管道安装、自动喷淋喷头安装、阀门安装、自动排气阀安装、支架制作安装、系统调整等。

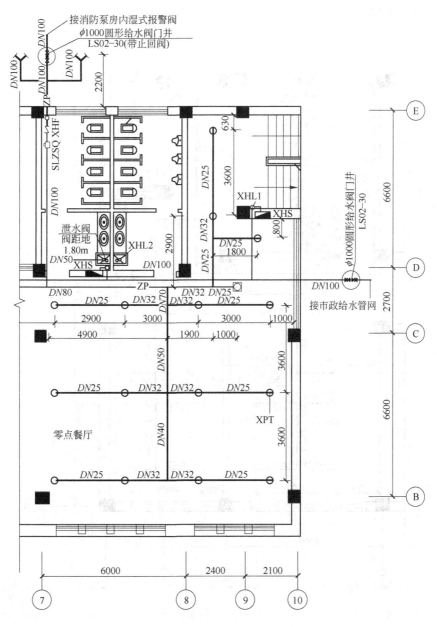

图7−1 一层自动喷淋平面图

7.4.2　项目设置

根据施工图、施工方法及《计价规范》的清单项目设置和工程量计算规则，将该项目工程的分项工程项目设置如下：

（1）室内管道安装；

（2）阀门安装；

（3）支架制作安装；

（4）消防组件安装；

（5）系统调试。

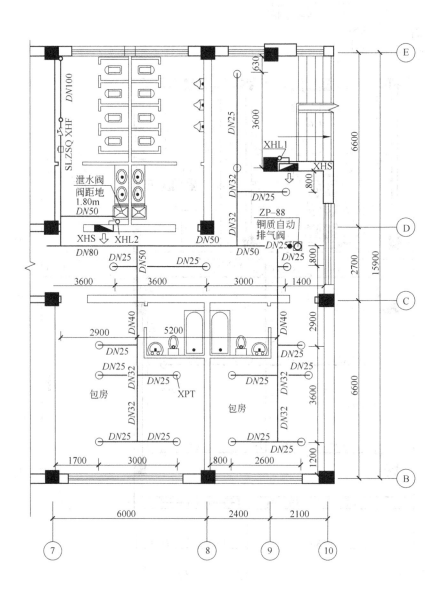

图 7 - 2　二层自动喷淋平面图

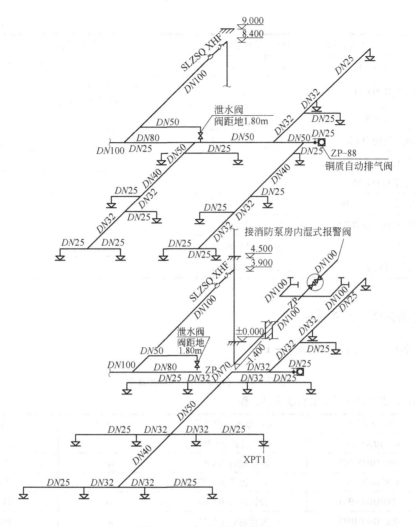

图 7-3 自动喷淋系统图

7.4.3 工程量计算

自动喷淋工程量计算见表 7-13。

表 7-13 工程量计算书

工程名称：老干部活动中心自动喷淋工程

序号	分部分项工程名称	单位	工程量	工程量计算式
1	镀锌钢管 $DN100$	m	31.40	$1.5 \times 2 + 1.1 \times 2 + 2.2 + 0.37 + 6.6 + 0.25 + 0.13 + 6.6$ $+ 0.25 + 8.4 + 1.4 = 31.40$
2	镀锌钢管 $DN80$	m	7.80	$4.9 + 2.9 = 7.80$
3	镀锌钢管 $DN70$	m	1.01	$1.35 - 0.25 - 0.05 - 0.04 = 1.01$
4	镀锌钢管 $DN50$	m	17.61	$(4.55 + 3.6) + (4.55 + 1.01 + 3.9) = 17.61$
5	镀锌钢管 $DN40$	m	10.20	$3.6 + 2.9 + 3.7 = 10.20$

续表 7 – 13

序号	分部分项工程名称	单位	工程量	工程量计算式
6	镀锌钢管 *DN* 32	m	23.90	$(3 \times 3 + 1.9 + 2.9) + (3.6 + 3.6 + 2.9) = 23.90$
7	镀锌钢管 *DN* 25	m	54.30	$(3 \times 3 + 2.9 \times 3 + 3.6 + 1.8 + 1) + (3.6 + 3 \times 2 + 2.6 \times 2 + 3.6 + 1.8 + 1 + 0.3) + (0.3 \times 29) = 54.30$
8	快速反应喷头	个	29.00	
9	自动排气阀 *DN* 25	个	2.00	
10	丝扣泄水阀 *DN* 50	个	2.00	
11	信号蝶阀 *DN* 100	个	2.00	
12	水流指示器 *DN* 100	个	2.00	
13	消防水泵接合器 *DN* 100	套	2.00	
14	支 架	kg	113.00	
15	水灭火系统调试	系统	1.00	

7.4.4 分部分项工程量清单

分部分项工程量清单见表 7 – 14。

表 7 – 14 分部分项工程量清单

工程名称：老干部活动中心自动喷淋工程

序号	项目编号	分部分项工程名称	计量单位	工程数量
1	030701001001	镀锌钢管 *DN* 100	m	31.40
2	030701001002	镀锌钢管 *DN* 80	m	7.80
3	030701001003	镀锌钢管 *DN* 70	m	1.01
4	030701001004	镀锌钢管 *DN* 50	m	17.61
5	030701001005	镀锌钢管 *DN* 40	m	10.20
6	030701001006	镀锌钢管 *DN* 32	m	23.90
7	030701001007	镀锌钢管 *DN* 25	m	54.30
8	030701011001	快速反应喷头	个	29.00
9	030803005001	自动排气阀 *DN* 25	个	2.00
10	030701006001	丝扣泄水阀 *DN* 50	个	2.00
11	030701006002	信号蝶阀 *DN* 100	个	2.00
12	030701014001	水流指示器 *DN* 100	个	2.00
13	030701018001	消防水泵接合器 *DN* 100	套	2.00
14	030704001001	支 架	kg	113.00
15	030706002001	水灭火系统调试	系统	1.00

7.4.5 项目综合单价

项目综合单价的计算是标底价和投标报价的关键环节，应按《计价规范》做出综合单价分析，见表 7 – 15 ~ 表 7 – 29。

表 7 – 15　分部分项工程工程量清单综合单价计算表（1）

工程名称：老干部活动中心自动喷淋工程　　　　　　　　　　　　计量单位：m

项目编码：030701001001　　　　　　　　　　　　　　　　　　工程数量：31.40

项目名称：镀锌钢管 DN100　　　　　　　　　　　　　　　　　综合单价：82.45 元

序号	定额编号	工程内容	计量单位	工程数量	人工费/元	材料费/元	机械费/元	管理费/元	利润/元	小计
1	7 – 73	镀锌钢管 DN100	m	31.40	239.90	50.87	29.08			
		镀锌钢管 DN100	m	32.03		1563.93				
	7 – 135	系统管网冲洗	m	31.40	20.41	44.27				
	8 – 29	套管 DN125	m	1.30	4.44	5.45	1.40			
		钢管 DN125	m	1.33	87.07					
		小　计			351.82	1664.32	30.48			
		主体结构增加费			17.59					
		合　计			369.41	1664.52	30.48	232.73	291.83	2588.97

表 7 – 16　分部分项工程工程量清单综合单价计算表（2）

工程名称：老干部活动中心自动喷淋工程　　　　　　　　　　　　计量单位：m

项目编码：030701001002　　　　　　　　　　　　　　　　　　工程数量：7.80

项目名称：镀锌钢管 DN80　　　　　　　　　　　　　　　　　综合单价：61.47 元

序号	定额编号	工程内容	计量单位	工程数量	人工费/元	材料费/元	机械费/元	管理费/元	利润/元	小计
2	7 – 72	镀锌钢管 DN80	m	7.80	52.88	14.43	8.17			
		镀锌钢管 DN80	m	7.96		298.59				
	7 – 135	系统管网冲洗	m	7.80	5.07	11.00				
		小　计			57.95	324.02	8.17			
		主体结构增加费			2.90					
		合　计			60.85	324.02	8.17	38.34	48.07	479.45

表 7 – 17　分部分项工程工程量清单综合单价计算表（3）

工程名称：老干部活动中心自动喷淋工程　　　　　　　　　　　　计量单位：m

项目编码：030701001003　　　　　　　　　　　　　　　　　　工程数量：1.01

项目名称：镀锌钢管 DN70　　　　　　　　　　　　　　　　　综合单价：50.83 元

序号	定额编号	工程内容	计量单位	工程数量	人工费/元	材料费/元	机械费/元	管理费/元	利润/元	小计
3	7 – 71	镀锌钢管 DN70	m	1.01	5.84	1.70	0.93			
		镀锌钢管 DN70	m	1.03		30.78				
	7 – 135	系统管网冲洗	m	1.01	0.66	1.42				
		小　计			6.49	33.90	0.93			
		主体结构增加费			0.32					
		合　计			6.82	33.90	0.93	4.30	5.39	51.34

表 7-18 分部分项工程工程量清单综合单价计算表（4）

工程名称：老干部活动中心自动喷淋工程　　　　　　　　　　　计量单位：m
项目编码：030701001004　　　　　　　　　　　　　　　　　工程数量：17.61
项目名称：镀锌钢管 DN 50　　　　　　　　　　　　　　　　　综合单价：40.88 元

序号	定额编号	工程内容	计量单位	工程数量	其中					
					人工费/元	材料费/元	机械费/元	管理费/元	利润/元	小计
4	7-70	镀锌钢管 DN 50	m	17.61	91.57	22.72	16.15			
		镀锌钢管 DN 50	m	17.96		394.45				
	7-135	系统管网冲洗	m	17.61	11.45	24.83				
		小　计			103.02	442.00	16.15			
		主体结构增加费			5.15					
		合　计			108.17	442.00	16.15	68.15	85.45	719.92

表 7-19 分部分项工程工程量清单综合单价计算表（5）

工程名称：老干部活动中心自动喷淋工程　　　　　　　　　　　计量单位：m
项目编码：030701001005　　　　　　　　　　　　　　　　　工程数量：10.20
项目名称：镀锌钢管 DN 40　　　　　　　　　　　　　　　　　综合单价：35.69 元

序号	定额编号	工程内容	计量单位	工程数量	其中					
					人工费/元	材料费/元	机械费/元	管理费/元	利润/元	小计
5	7-69	镀锌钢管 DN 40	m	10.20	50.90	13.26	10.47			
		镀锌钢管 DN 40	m	10.40		179.78				
	7-135	系统管网冲洗	m	10.20	6.63	14.38				
		小　计			57.53	207.42	10.47			
		主体结构增加费			2.88					
		合　计			60.41	207.42	10.47	38.05	47.72	364.07

表 7-20 分部分项工程工程量清单综合单价计算表（6）

工程名称：老干部活动中心自动喷淋工程　　　　　　　　　　　计量单位：m
项目编码：030701001006　　　　　　　　　　　　　　　　　工程数量：23.90
项目名称：镀锌钢管 DN 32　　　　　　　　　　　　　　　　　综合单价：30.12 元

序号	定额编号	工程内容	计量单位	工程数量	其中					
					人工费/元	材料费/元	机械费/元	管理费/元	利润/元	小计
6	7-68	镀锌钢管 DN 32	m	23.90	104.92	20.32	16.30			
		镀锌钢管 DN 32	m	24.38		343.49				
	7-135	系统管网冲洗	m	23.90	15.54	33.70				
		小　计			120.46	397.50	16.30			
		主体结构增加费			6.02					
		合　计			126.48	397.50	16.30	79.68	99.92	719.89

表7－21　分部分项工程工程量清单综合单价计算表（7）

工程名称：老干部活动中心自动喷淋工程　　　　　　　　　　　　　　计量单位：m

项目编码：030701001007　　　　　　　　　　　　　　　　　　　工程数量：54.30

项目名称：镀锌钢管 DN 25　　　　　　　　　　　　　　　　　　　综合单价：26.11 元

序号	定额编号	工程内容	计量单位	工程数量	其中					
					人工费/元	材料费/元	机械费/元	管理费/元	利润/元	小计
7	7－67	镀锌钢管 DN 25	m	54.30	229.69	36.92	24.27			
		镀锌钢管 DN 25	m	55.39		603.15				
	7－135	系统管网冲洗	m	55.39	36.00	78.10				
		小　计			265.69	718.18	24.27			
		主体结构增加费			13.28					
		合　计			278.97	718.18	24.27	175.76	220.4	1417.58

表7－22　分部分项工程工程量清单综合单价计算表（8）

工程名称：老干部活动中心自动喷淋工程　　　　　　　　　　　　　　计量单位：个

项目编码：030701011001　　　　　　　　　　　　　　　　　　　工程数量：29.00

项目名称：快速反应喷头　　　　　　　　　　　　　　　　　　　　综合单价：64.49 元

序号	定额编号	工程内容	计量单位	工程数量	其中					
					人工费/元	材料费/元	机械费/元	管理费/元	利润/元	小计
8	7－77	快速反应喷头	个	29.00	183.86	186.18	45.18			
		快速反应喷头	个	29.29		1171.60				
		小　计			183.86	1357.78	45.18			
		主体结构增加费			9.19					
		合　计			193.05	1357.78	45.18	121.62	152.5	1870.13

表7－23　分部分项工程工程量清单综合单价计算表（9）

工程名称：老干部活动中心自动喷淋工程　　　　　　　　　　　　　　计量单位：个

项目编码：030803005001　　　　　　　　　　　　　　　　　　　工程数量：2.00

项目名称：自动排气阀 DN 25　　　　　　　　　　　　　　　　　　综合单价：104.03 元

序号	定额编号	工程内容	计量单位	工程数量	其中					
					人工费/元	材料费/元	机械费/元	管理费/元	利润/元	小计
9	8－301	自动排气阀 DN 25	个	2.00	12.54	16.20				
		自动排气阀 DN 25	个	2.00		160.00				
		小　计			12.54	176.20				
		主体结构增加费			0.63					
		合　计			13.17	176.20		8.30	10.40	208.07

表 7-24 分部分项工程工程量清单综合单价计算表（10）

工程名称：老干部活动中心自动喷淋工程　　　　　　　　　　计量单位：个

项目编码：030701006001　　　　　　　　　　　　　　　　　工程数量：2.00

项目名称：丝扣泄水阀 *DN* 50　　　　　　　　　　　　　　综合单价：177.17 元

序号	定额编号	工程内容	计量单位	工程数量	其中					
					人工费/元	材料费/元	机械费/元	管理费/元	利润/元	小计
10	8-225	丝扣泄水阀 *DN* 50	个	2.00	22.76	96.50				
		丝扣泄水阀 *DN* 50	个	2.00		200.00				
		法兰盘 *DN* 50	副	2.00						
		小　计			22.76	296.50				
		主体结构增加费			1.14					
		合　计			23.90	296.50		15.06	18.88	354.34

表 7-25 分部分项工程工程量清单综合单价计算表（11）

工程名称：老干部活动中心自动喷淋工程　　　　　　　　　　计量单位：个

项目编码：030701006002　　　　　　　　　　　　　　　　　工程数量：2.00

项目名称：信号蝶阀 *DN* 100　　　　　　　　　　　　　　　综合单价：449.76 元

序号	定额编号	工程内容	计量单位	工程数量	其中					
					人工费/元	材料费/元	机械费/元	管理费/元	利润/元	小计
11	8-249	信号蝶阀 *DN* 100	个	2.00	45.04	81.08				
		信号蝶阀 *DN* 100	个	2.02		404.00				
		法兰盘 *DN* 100	副	2.00		300.00				
		小　计			45.04	785.08				
		主体结构增加费			2.25					
		合　计			47.29	785.08		29.79	37.36	899.52

表 7-26 分部分项工程工程量清单综合单价计算表（12）

工程名称：老干部活动中心自动喷淋工程　　　　　　　　　　计量单位：个

项目编码：030701014001　　　　　　　　　　　　　　　　　工程数量：2.00

项目名称：信号蝶阀 *DN* 100　　　　　　　　　　　　　　　综合单价：402.64 元

序号	定额编号	工程内容	计量单位	工程数量	其中					
					人工费/元	材料费/元	机械费/元	管理费/元	利润/元	小计
12	7-94	水流指示器 *DN* 100	个	2.00	69.20	84.74	24.70			
		水流指示器 *DN* 100	个	2.00		520.00				
		小　计			69.20	604.74	24.70			
		主体结构增加费			3.46					
		合　计			72.66	604.74	24.70	45.78	57.40	805.28

表 7-27　分部分项工程工程量清单综合单价计算表（13）

工程名称：老干部活动中心自动喷淋工程　　　　　　　　　计量单位：个

项目编码：030701018001　　　　　　　　　　　　　　　工程数量：2.00

项目名称：消防水泵接合器 DN100　　　　　　　　　　　　综合单价：729.99 元

序号	定额编号	工程内容	计量单位	工程数量	其中					
					人工费/元	材料费/元	机械费/元	管理费/元	利润/元	小计
13	7-121	消防水泵接合器 DN100	套	2.00	82.20	226.40	24.70			
		消防水泵接合器 DN100	套	2.00		1000.00				
		小　计			82.20	1226.40	24.70			
		主体结构增加费			4.11					
		合　计			86.31	1226.40	24.70	54.38	68.18	1459.97

表 7-28　分部分项工程工程量清单综合单价计算表（14）

工程名称：老干部活动中心自动喷淋工程　　　　　　　　　计量单位：kg

项目编码：030704001001　　　　　　　　　　　　　　　工程数量：113.00

项目名称：支架　　　　　　　　　　　　　　　　　　　　综合单价：15.93 元

序号	定额编号	工程内容	计量单位	工程数量	其中					
					人工费/元	材料费/元	机械费/元	管理费/元	利润/元	小计
14	7-131	支　架	kg	113.00	233.91	117.52	88.03			
		主材：型钢	kg	119.78		1000.00				
		小　计			233.91	1117.52	88.03			
		主体结构增加费			11.70					
		合　计			245.61	1117.52	88.03	154.73	194.03	1799.92

表 7-29　分部分项工程工程量清单综合单价计算表（15）

工程名称：老干部活动中心自动喷淋工程　　　　　　　　　计量单位：系统

项目编码：030706002001　　　　　　　　　　　　　　　工程数量：1.00

项目名称：水灭火系统控制装置调试　　　　　　　　　　　综合单价：6143.67 元

序号	定额编号	工程内容	计量单位	工程数量	其中					
					人工费/元	材料费/元	机械费/元	管理费/元	利润/元	小计
15	7-200	水灭火系统调试	系统	1.00	2223.55	92.24	401.39			
		小　计			2223.55	92.24	401.39			
		主体结构增加费			111.18					
		合　计			2334.73	92.24	401.39	1470.88	1844.43	6143.67

7.4.6　分部分项工程量计价

　　分部分项工程量清单计价须按《计价规范》规定的格式填写。综合单价即为"分部分项工程量清单综合单价分析表"中清单项目所对应的综合单价，其分部分项工程量清单的名称、单位、数量、主要材料规格按招标人给出清单的内容计算和填写。分部分项工程量清单计价表见表7 - 30。

表 7 - 30　分部分项工程量清单计价表

工程名称：老干部活动中心自动喷淋工程

序号	项目编号	分部分项工程名称	计量单位	工程数量	金额/元		
					综合单价	合价	其中人工费
1	030701001001	镀锌钢管 DN 100	m	31. 40	82. 45	2588. 97	369. 41
2	030701001002	镀锌钢管 DN 80	m	7. 80	61. 47	479. 45	60. 85
3	030701001003	镀锌钢管 DN 70	m	1. 01	50. 83	51. 34	6. 82
4	030701001004	镀锌钢管 DN 50	m	17. 61	40. 88	719. 92	108. 17
5	030701001005	镀锌钢管 DN 40	m	10. 20	35. 69	364. 07	60. 41
6	030701001006	镀锌钢管 DN 32	m	23. 90	30. 12	719. 89	126. 48
7	030701001007	镀锌钢管 DN 25	m	54. 30	26. 11	1417. 58	278. 97
8	030701011001	快速反应喷头	个	29. 00	64. 49	1870. 13	193. 05
9	030803005001	自动排气阀 DN 25	个	2. 00	104. 03	208. 07	13. 17
10	030701006001	丝扣泄水阀 DN 50	个	2. 00	177. 17	354. 34	23. 90
11	030701006002	信号蝶阀 DN 100	个	2. 00	449. 76	899. 52	47. 29
12	030701014001	水流指示器 DN 100	个	2. 00	402. 64	805. 28	72. 66
13	030701018001	消防水泵接合器 DN 100	套	2. 00	729. 99	1459. 97	86. 31
14	030704001001	支　架	kg	113. 00	15. 93	1799. 92	245. 61
15	030706002001	水灭火系统调试	系统	1. 00	6143. 67	6143. 67	2334. 73
	合　计				8515. 23	19882. 12	4027. 83

7.4.7　措施项目清单计价

（1）脚手架搭拆费。依据《全国统一安装工程预算定额》的要求，脚手架搭拆费按人工费的5%计算，其中人工费占25%。

脚手架搭拆费 = 人工费 ×5% + 人工费 ×5% ×25% ×（管理费费率 + 利润费率）

（2）环境保护费及文明施工费。环境保护费及文明施工增加费按人工费的3.42%计算。

（3）安全施工费。安全施工费按人工费的2.98%计算。

（4）临时设施费。临时设施费按人工费的7.25%计算。

以上费用按给出的措施项目清单编写措施项目清单计价表，见表7 - 31。

7.4.8　单位工程造价

单位工程的造价是由分部分项工程费、措施项目费、其他项目费、规费和税金构成（该例题执行《计价规范》规定）。规费和税金在分部分项工程费、措施项目费和其他项目费的基础上进行计算。单位工程费汇总表见表7 - 32。

表 7 – 31　措施项目清单计价表

工程名称：老干部活动中心自动喷淋工程

序　号	项　目　名　称	金额/元
1	环境保护及文明施工费	137.75
2	安全施工费	120.03
3	临时设施费	292.02
4	脚手架搭拆费	272.89
	合　计	822.69

注：根据《计价规范》中规定，管理费按人工费的63%计算，利润按人工费的79%计算。

表 7 – 32　单位工程费汇总表

工程名称：老干部活动中心自动喷淋工程

序号	项　目　名　称			简要说明及计算公式	金额/元
1	分部分项工程工程量清单计价合计			见表 6 – 30	19882.12
2	措施项目清单计价合计			见表 6 – 31	822.69
3	其他项目清单计价合计			不计取	0.0
4	规费	①	工程定额测定费	(1 + 2 + 3) × 1.3‰	26.92
		②	工程排污费	人工费 × 1.3%	52.36
		③ 社会保障费	失业保险费	人工费 × 2.44%	98.28
			医疗保险费	人工费 × 7.32%	294.84
			住房公积金	人工费 × 6.10%	245.70
			工伤保险费	人工费 × 1.22%	49.14
	小计			① + ② + ③	767.24
5	税　金			(1 + 2 + 3 + 4) × 3.44%	738.64
	单位工程合计费用			1 + 2 + 3 + 4 + 5	22977.93

复习与思考题

7 – 1　水灭火系统工程量计算应遵循哪些规则？

7 – 2　气体灭火系统工程量计算应遵循哪些规则？

7 – 3　火灾自动报警系统套用定额需注意哪些问题？

7 – 4　消防系统调试主要包括哪些内容？

7 – 5　消防工程工程量清单项目设置主要包括哪些内容？

8 电气设备安装工程施工图预算编制

8.1 电气设备工程系统概述

电气设备安装工程是指变压器、高低压配电装置的安装，架空及配电线路的敷设，控制设备、低压电器及照明电器的安装，防雷及接地装置的安装和电气调整试验等。

8.1.1 电气系统工程组成

（1）变压器安装。变压器是一种静止设备。它在交流输配电系统中作为分配电能、变换电压之用。

变压器安装工程内容，包括器身检查、干燥、本体及附件安装、注油、整体密封检查，以及投入试运行等。

1）器身检查。器身检查一般是 4000kV·A 以下用吊芯方法，4000kV·A 以上用吊钟罩方法。对于容量在 1000kV·A 以下的变压器，在运输过程中无异常情况，可不进行器身检查。

2）变压器干燥。变压器是否需要干燥后投入运行，实质上是判断变压器潮湿程度问题，较严重的潮湿将影响到变压器安全运行。

3）本体及附件安装。本体及附件安装包括变压器本体及油箱、气体继电器、切换装置以及散热器等附件的安装。

4）注油。通常变压器通过滤油机注油。不同型号的变压器油不能混合使用，混合使用会导致凝固点升高，需降级使用。采用真空注油，可以有效地驱除器身及油中气泡，提高绝缘水平。

5）整体密封检查。为了避免雨水渗入变压器造成变压器绝缘破坏，变压器安装后必须进行整体密封检查，规定油浸变压器油箱能承受 0.5 个标准大气压力。

6）启动试运行。变压器在带一定负荷试运行 24h 后，即可认为试运行过程结束，可以移交生产运行。

（2）配电装置安装。配电装置安装的内容包括各种断路器、真空接触器、隔离开关、负荷开关、互感器、电抗器、电容器、滤液装置、高压成套配电柜、组合型成套箱式变电站及环网柜等安装。

（3）母线安装。内容包括软母线、带形母线、槽形母线、共箱母线、低压封闭插接母线、重型母线的安装。

（4）控制设备及低压电器安装。控制设备即各种控制屏、继电信号屏、模拟屏、配电屏、整流柜、电气屏（柜）、成套配电箱、控制箱等；低压电器即各种控制开关、控制器、接触器、启动器等；项目内容还包括现在大量使用的集装箱式配电室。

（5）蓄电池安装。蓄电池安装包括碱性蓄电池、固定密闭式铅酸蓄电池和免维护铅酸蓄电池安装。

（6）电机检查接线及调试项目。电机检查接线及调试工程项目包括交直流电动机和发电机的检查接线及调试。

（7）滑触线装置安装。滑触线装置安装包括轻型、安全节能型滑触线，扁钢、角钢、圆钢、工字钢滑触线及移动软电缆安装。

（8）电缆敷设安装。电缆敷设安装包括电力电缆和控制电缆的敷设、电缆桥架安装、电缆阻燃槽盒安装、电缆保护管敷设等。

（9）防雷及接地装置安装。防雷及接地装置安装包括接地装置和避雷装置的安装。接地装置包括生产、生活用的安全接地、防静电接地、保护接地等一切接地装置的安装。避雷装置包括建筑物、构筑物、金属塔器等防雷装置，它由接闪器、引下线、接地干线、接地极组成一个系统。

（10）10kV 以下架空配电线路安装。10kV 以下架空配电线路安装包括电杆组立、导线架设两大部分项目。

（11）电气调整试验项目。电气调整试验项目包括电力变压器系统、送配电装置系统、特殊保护装置（距离保护、高频保护、失灵保护、失磁保护、交流器断线保护、小电流接地保护）、自动投入装置、接地装置等系统的调整试验。

（12）配管、配线安装。配管、配线安装的配管包括电线管敷设、钢管及防护钢管敷设、可挠金属管敷设、塑料管（硬质聚氯乙烯管、刚性阻燃管、半硬质阻燃管）敷设。配线包括管内穿线、瓷夹板配线、塑料夹板配线、鼓型绝缘子配线、针式绝缘子配线、蝶式绝缘子配线、木槽板配线、塑料槽板配线、塑料护套线敷设、线槽配线等。

（13）照明器具安装。照明器具安装内容包括各种照明灯具、开关、插座、门铃等工程量清单项目，普通吸顶灯及其他灯具、工厂灯及其他灯具、装饰灯具、荧光灯具、医疗专用灯具、一般路灯、广场灯、高杆灯、桥栏杆灯、地道涵洞灯等。

8.1.2 电气设备工程施工图

8.1.2.1 电气工程施工图内容

（1）图纸目录与设计说明。包括图纸内容、数量、工程概况、设计依据以及图中未能表达清楚的各有关事项。如供电电源的来源、供电方式、电压等级、线路敷设方式、防雷接地、设备安装高度及安装方式、工程主要技术数据、施工注意事项等。

（2）主要材料设备表。包括工程中所使用的各种设备和材料的名称、型号、规格、数量等，它是编制购置设备、材料计划和编制概预算的重要依据之一。

（3）系统图。如变配电工程的供配电系统图、照明工程的照明系统图、电缆电视系统图等。系统图反映了系统的基本组成、主要电气设备、元件之间的连接情况以及它们的规格、型号、参数等。

（4）平面布置图。平面布置图是电气施工图中的重要图纸之一，如变配电所电气设备安装平面图、照明平面图、防雷接地平面图等，用来表示电气设备的编号、名称、型号及安装位置、线路的起始点、敷设部位、敷设方式及所用导线型号、规格、根数、管径大小等。通过阅读系统图，了解系统基本组成之后，就可以依据平面图编制工程预算和施工方案，然后组织施工。

（5）控制原理图。包括系统中各种电气设备的电气控制原理，用以指导电气设备安装和控制系统的调试运行工作。

（6）安装接线图。包括电气设备的布置与接线，应与控制原理图对照阅读，进行系统的配线和调校。

（7）安装大样图（详图）。安装大样图是详细表示电气设备安装方法的图纸，对安装部件的各部位注有具体图形和详细尺寸，是进行安装施工和编制工程概预算时的重要参考资料。

8.1.2.2　电气设备工程施工图识图

"图"就是工程语言。施工图识图包括施工说明、图纸目录、各种施工图纸（包括水、空调、通风、建筑的平面图、剖面图、系统图、详图等）、设备材料表、图例等。该楼为3层3个单元，结构一样，图8-1所示为1单元2层的电气照明平面图，图8-2所示是一简单的居民住宅楼电气照明系统图。现我们以此为例，进行施工图阅图训练。

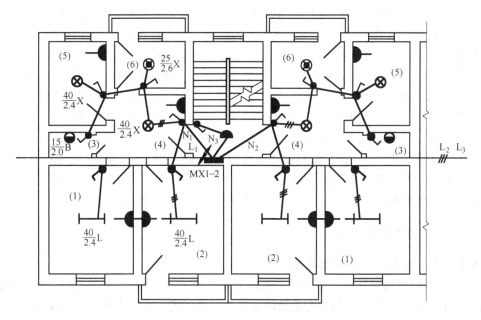

图8-1　居民楼1单元2层电气照明平面图

（1）施工图和系统图设计说明。

1）该工程采用交流50Hz，380V/220V 三相四线制电源供电，架空引入。进户线沿2层地板穿水煤气管暗敷至总配电箱。进户线距室外地面高度 $h \geqslant 3.6$m。进户线要求重复接地，接地电阻 $R \leqslant 10\Omega$。

2）建筑层高3.6m。

3）配电箱外形尺寸（宽×高×厚）。MX1-1 为 350mm×400mm×125mm；MX2-2 为 500mm×400mm×125mm。均购成品。

4）MX1-2 配电箱须定做，内装 DT6-15A 型三相四线电能表1块，DZ13-60/3 型

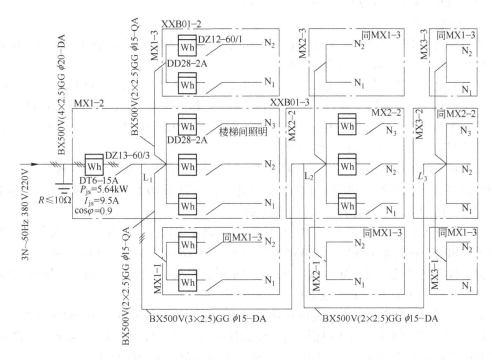

图 8-2 居民楼电气照明系统图

三相低压断路器 1 个，DD28-2A 型单相电能表 3 块，DZ12-60/1 型单相低压断路器 3 个。配电箱尺寸为 800mm×400mm×125mm。

5）配电箱底边距地 1.4m。跷板开关距地 1.3m，距门框 0.2m。插座距地 1.8m。

6）导线除标注外，均采用 BLX-500V-2.5mm² 的导线穿 DN15 的水煤气管暗敷。

（2）电气照明系统图。从左至右依次叙述。

1）供电系统。

①供电电源的种类。在进户线旁的标注为 3N-50Hz（380V/220V），表示该建筑物供电电源为三相四线制电源，频率为 50Hz，电源电压为 380V/220V。

②进户线的规格型号、敷设方式和部位、导线根数。从进户线标注 BX500V（4×2.5）GGϕ20-DA 可知：进户线为铜芯橡胶绝缘线，共 4 根导线，其中一根为零线。导线截面积为 2.5mm²。敷设方式为穿管暗敷，管径为 20mm，管材为焊接钢管。敷设部位是沿楼板暗敷。

③其他技术要求。进户线旁有一接地符号，并有 $R \leqslant 10\Omega$ 的标注，表明进户线要接地，接地电阻不得大于 10Ω。

2）总配电箱。

①总配电箱的型号和内部组成。进户线首先进入总配电箱。总配电箱在 2 层，型号为 XXB01-3。总配电箱内装 DT6-15A 型三相四线制电度表一块；三相自动开关 1 个、型号为 DZ12-60/3 型；2 层分配电箱也在总配电箱内，因此在总配电箱中还装有单相电度表 3 块，型号为 DD28-2A；单相自动开关 3 个，型号为 DZ12-60/1 型。

②计算功率、计算电流及功率因数。供电线路计算总功率为 5.64kW（符号为 P_{js}）、

计算电流为 9.5A（符号为 I_{js}）、功率因数 $\cos\phi = 0.9$。

3）分配电箱。

①分配电箱的设置。整个系统共有 9 个配电箱。每个单元每个楼层都配置一个分配电箱。1 单元 2 层分配电箱和总配电箱在一起。

②分配电箱规格型号和构成。2、3 单元 2 层的配电箱型号均为 XXB01 – 3。每个箱内都有三个回路。每个回路上装有一个 DD28 – 2A 型单相电能表，共 3 块电能表；每个回路上各装一个单相低压断路器，共 3 个断路器，型号为 DZ12 – 60/1。三个回路中的一个回路供楼梯照明，其余两个回路各供一个用户用电。

每个单元的 1 层和 3 层各装一块 XXB01 – 2 型配电箱，共装 6 块。每个配电箱内，都有两个回路，每个回路装 DD28 – 2A 型单相电能表一块和 DZ12 – 60/1 型单相断路器一个，每个箱内均有两块电能表和两个单相断路器。

4）供电干线、支线。图 8 – 2 中所示，从总配电箱引出 3 条干线。其中两条分别供 1 层和 3 层用电。这两条干线均标注 BX500V（2×2.5）GGφ15 – DA。表明这两条干线均由两根铜芯橡胶绝缘线组成；导线截面积为 2.5mm²；敷设方式为穿管暗敷，钢管直径为 15mm；穿线管为焊接钢管；敷设部位为沿墙敷设。

另一条干线引到 2 单元 2 层配电箱供二单元用电。该干线标注为 BX500V（3×2.5）GGφ15 – DA，表明该干线由 3 根铜芯橡胶绝缘线组成；导线截面积为 2.5mm²；敷设方式为穿管暗敷；管径为 15mm，管材为焊接钢管；敷设部位为沿地板敷设。

2 单元 2 层配电箱又引出 3 条干线，其中两条分别供该单元 1、3 层用电，另一干线引至 3 单元 2 层配电箱。干线标注 BX500V（2×2.5）GGφ15 – DA，说明该干线由铜芯橡胶绝缘线 3 根组成；导线截面积为 2.5mm²；敷设方式和部位为：穿直径为 15mm 的焊接钢管沿地板暗敷。

3 单元 2 层配电箱引出两条干线分别到 3 层、1 层配电箱，供这两楼层用电。

在系统图中，部分干线和所有支线没有标明线型、截面积、敷设部位和方式。这些可以到设计说明中找答案。

有些内容在系统图中也不易表示清楚，需要与平面图对照起来，才能弄清设计意图。如供电线路进户点的具体位置。

（3）电气照明平面图。从平面图 8 – 1 上可以看出进户线、配电箱的位置；线路走向、引进处及引向何处；灯具的种类、位置、数量、功率、安装方式和高度；开关、插座的数量、安装方式和位置。

1）建筑平面布置图。图 8 – 1 所示是 1 单元 2 层电气照明平面图。从图 8 – 1 中可知，本楼层有两个用户（其他层同样），每户三室一厅，一个厨房，一个卫生间，大小共 6 个房间。为了读图的方便，我们将房间进行编号，如图 8 – 1 所示。

2）线路走向。总配电箱暗装于走廊墙内，从总配电箱内共引出 6 路线：一路送至 2 单元 2 层配电箱，由 3 根导线组成；一路供走廊照明用电，由 2 根导线组成；两路分别引入本层两个用户，各由两根导线组成；还有两路分别引向本单元 1 层和 3 层配电箱去的线路，在平面图上是用"↗"表示的。我们在总配电箱附近，进户线上可以看到这样一个符号，这就表示 3 层、1 层的电线是从这里引上、引下的。

从配电箱引出供用户用电的电源线，首先进入 4 号房间，并从此引出两根导线到该房插座,再引出两根导线到 2 号房,从 2 号房引出两根线到 1 号房。电源线进户后同时引出 3 根线到 4 号房供照明灯用,其中有一根零线,一火一零供灯,一火一零进入 6 号房,再由 6 号房引到 5 号房,由 5 号房引到 3 号房。

3)用电设备。该平面图所标注的用电设备有灯具、插座和开关。

①灯具。1 号房和 2 号房各装吊链式荧光灯一个,符号为"Ⅰ-Ⅰ",标注为 40/2.4L,40 表示功率 40W,2.4 表示安装高度为 2.4m,L 表示吊链式。3 号房装壁灯一只,功率为 15W,安装高度为 2.0m。4 号房和 5 号房各装吊线灯一只,功率为 40W,安装高度为 2.4m。6 号房安装吊线式防水防尘灯一只,功率为 25W,安装高度 2.6m。

②开关和插座。1、2、4、5 房各暗装插座一个,1~6 房各暗装跷板开关一只。

综上所述,1 单元 2 层共有荧光灯 4 只(一户两只,两户共 4 只)、普通吊线白炽灯 $2 \times 2 = 4$ 只,防水防尘灯 $1 \times 2 = 2$ 只,壁灯 $1 \times 2 = 2$ 只。单相插座 $4 \times 2 = 8$ 个,跷板开关 $6 \times 2 + 1$(走廊)$= 13$ 个,走廊另装有吸顶灯一只。

(4)材料表。材料表是设计的重要组成部分,主要表示施工图中各电气设备、元件的名称、型号及规格、数量、生产厂家等内容。这些数据和资料既是组织材料供应、保证施工需要的依据,也是电气工程预算的基础资料。

该建筑电气安装工程主要设备材料见表 8-1。

表 8-1 插座在平面布置图上的图形符号

序号	材料名称	规格型号	数量	单位
1	白炽灯	220V 40W	36	个
2	壁灯	220V 15W	18	个
3	防水防尘白炽灯	220V 25W	18	个
4	吸顶白炽灯	220V 40W	9	个
5	带罩日光灯	220V 40W	36	套
6	单相插座	220V 10A	72	个
7	跷板开关	220V 6A	117	个
8	总配电箱		1	套
9	分配电箱	XXB01-2	6	套
10	分配电箱	XXB01-3	2	套
11	三相电能表(装于配电箱内)		1	块
12	单相电能表(装于配电箱内)		21	块
13	三相断路器(装于配电箱内)		1	个
14	单相断路器(装于配电箱内)		21	个
15	铜芯橡胶绝缘线	BX500V-2.5mm²		mm
16	铝芯橡胶绝缘线	BLX500V-2.5mm²		mm
17	水煤气钢管	DN20 DN15		m

8.2 工程量计算规则与计价表套用

8.2.1 电气工程工程量计算规则

8.2.1.1 变压器

（1）变压器安装，按不同容量以"台"为计量单位。干式变压器如果带有保护罩时，其定额人工费、机械费乘以系数 1.2。

（2）变压器通过实验，判定绝缘受潮，才需进行干燥，所以只有需要干燥的变压器才能计取此项费用。

（3）变压器油过滤不论过滤多少次，直到过滤合格为止。工程量计算以"t"为计量单位，其具体计算方法如下：

$$油过滤数量（t）= 设备油重（t）×（1 + 损耗率）$$

式中，损耗率为 1.8%，工作内容包括过滤前的准备及过滤后的清理、油过滤。变压器油按设备带来的考虑，但在施工中变压器油的过滤损耗及操作损耗已包括在定额中。

8.2.1.2 配电装置

（1）配电装置的安装均以"台（个）"或"组"为计量单位。其中由于负荷开关安装与隔离开关安装基本相同，故未编定额项目，可执行同电压等级的隔离开关定额。

（2）高压成套配电柜的安装以"台"为计量单位。柜内设备按厂家已安装好，连接母线已配置，油漆已刷好来考虑。柜顶主母线、主母线与上闸引下线的配置安装、基础槽钢的安装、绝缘台的安装另套相应定额。

（3）组合型成套箱式变电站是一种小型户外成套箱式变电站，变压比一般为 10/0.4kV，可直接为小规模的工业和民用建筑供电。成套箱式变电站的内部设备生产厂已安装好，只需要外接高低压进出线。

8.2.1.3 母线及绝缘子

（1）支持绝缘子安装。分别按安装在户内、户外、单孔、双孔、四孔固定，以"个"为计量单位。

（2）穿墙套管安装。综合考虑了水平装设和垂直装设两种安装方式，对电流大小等也进行了综合考虑，计算时均以"个"为计量单位。

（3）软母线安装。指直接由耐张绝缘子串悬挂部分的安装，按软母线截面大小分别以"跨/三相"（每跨包括三相）为计量单位。导线跨距按每 30m 一跨考虑，设计跨距不同时不做换算。导线、绝缘子、线夹、弛度调节金具等按施工图设计用量加定额规定的损耗率计算。若施工图无规定用量，则可参照每跨母线 6 个耐张线夹、3 个 T 形线夹、两端为单串绝缘子串考虑。

（4）软母线引下线是指由母线上 T 形线夹、并槽线夹、或终端耐张线夹到设备的一段连接线，每三相为 1 组，每组包括 3 根导线、6 个接线线夹。软母线经终端耐张线夹引下与设备连接的部分均执行引下线定额，以"跨/三相"为计量单位，每三相为一组。

（5）跳线是指两跨软母线之间用跳线线夹、端子压接管或并槽线夹连接的引流线安装，每三相为一组。不论两侧的耐张线夹是螺栓式或压接式，均执行软母线跳线定额。

（6）设备连接线安装，指两设备间的连接。有用软导线、带形或管形导线等连接形式，这里专指用软导线连接，其他连接方式应另套相应的定额。

（7）组合软母线安装，按三相为一组计算。跨距（包括水平悬挂部分和两端引下部分之和）以45m以内考虑，跨度的长与短不得调整。导线、绝缘子、线夹、金具按施工图设计用量加定额规定损耗率计算。软母线安装预留长度按表8-2计算。

表8-2 软母线安装预留长度 （m/根）

项　　目	耐　　张	跳　　线	引下线、设备连接线
预留长度	2.5	0.8	0.6

（8）带形母线及带形母线引下线安装包括铜排、铝排，分别以不同截面和片数以"m/单相"为计量单位。母线和固定母线的金具均按设计量加损耗率计算。钢带形母线安装按同规格的铜母线定额执行，不得换算。母线伸缩接头及铜过渡板安装均以"个"为计量单位。

（9）槽形母线安装。以"m/单相"为计量单位，槽形母线与设备连接分别以连接不同的设备以"台"为计量单位。其中与发电机连接按6个头连接考虑，与变压器、断路器、隔离开关连接按3个头连接考虑。

（10）低压（指380V以下）封闭式插接母线槽安装。不分铜导体和铝导体，一律按额定电流大小以"m"为计量单位，长度按设计母线轴线长度计算，分线箱以"台"为计量单位，分别以电流大小按设计数量计算。

（11）重型母线安装。包括铜母线、铝母线安装，分别按截面大小以"t"为计量单位。硬母线配置安装预留长度按表8-3规定计算。

表8-3 硬母线配置安装预留长度 （m/根）

序号	项　　目	预留长度	说　　明
1	带形、槽形母线终端	0.3	从最后一个支持点算起
2	带形、槽形母线与分支线连接	0.5	分支线预留
3	带形母线与设备连接	0.5	从设备端子接口算起
4	多片重型母线与设备连接	1.0	从设备端子接口算起
5	槽形母线与设备连接	0.5	从设备端子接口算起

8.2.1.4 控制设备及低压电器

（1）控制设备及低压电器安装。均以"台"为计量单位，设备安装均未包括基础槽钢、角钢的制作安装，其工程量应按相应定额另行计算。

（2）各种屏、柜、箱、台安装定额，均未包括端子板的外部接线工作内容，应根据设计图纸中的端子规格、数量，另套"端子外部接线"定额，以"个"为计算单位。

（3）集中控制台安装定额适用于长度在2m以上、4m以下的集中控制（操作）台。2m以下的集中控制台按一般控制台考虑，应分别执行定额。

（4）低压开关柜安装时，如是变配电装置的低压柜执行《计价规范》C.2.4"配电屏"，如是车间的低压柜执行《计价规范》C.2.4"配电箱"。

（5）集装箱式配电室属于独立式的户外配电装置，内装各种控制、配电屏、柜。集装箱式低压配电室，其外形像一个大型集装箱，内装 6~24 台低压配电箱（屏）。定额单位以"台"计算，工作内容不包括二次接线、设备本身处理及干燥。

（6）盘柜配线分不同规格，以"m"为计量单位。盘、箱、柜的外部进出线预留长度按表 8-4 计算。盘柜配线计算公式：各种盘、柜、箱板的半周长 × 元器件之间的连接线根数。

表 8-4　盘、箱、柜的外部进出线预留长度　　　　　　　　（m/根）

序号	项　目	预留长度	说　明
1	各种箱、柜、盘、板、盒	高 + 宽	盘面尺寸
2	单独安装的铁壳开关、自动开关、刀开关、启动器、箱式电阻器、变阻器	0.3	从安装对象中心算起
3	继电器、控制开关、信号灯、按钮、熔断器等小电器	0.3	从安装对象中心算起
4	分支接头	0.2	分支线预留

（7）在控制（配电）屏上加装少量小电器、设备元件时，可执行"屏上辅助设备"子目，但定额中未包括现场开孔工作。

（8）配电箱制作定额不包括箱内配电板的制作和各种电气元件的安装及箱内配线。

8.2.1.5　蓄电池

蓄电池主要适用于变电所直流操作电源及建筑物应急照明用直流电源。作为不停电电源装置 EPS 或（UPS）的直流电源，当要求继续维持供电时间较短时，宜采用镉-镍蓄电池。

铅酸蓄电池和碱性蓄电池安装，分别按容量大小并以单位蓄电池"个"为计量单位，按施工图设计的数量计算工程量。定额内已包括了电解液的材料消耗，执行时不得调整。蓄电池充放电按不同用量以"组"为计量单位。

8.2.1.6　电机及滑触线安装

（1）发电机、调相机、电动机的电气检查接线，均以"台"为计量单位。直流发电机组和多台一串的机组，按单台电机分别执行定额。

（2）电气安装规范要求每台电机接线均需要配金属软管，设计有规定的按设计规格和数量计算，设计没有规定的，平均每台电机配相应规格的金属软管 1.25m 和与之配套的金属软管专用活接头。

（3）电机检查接线定额中，除发电机和调相机外，均不包括电机干燥，发生时其工程量应按电机干燥定额另行计算。电机干燥应按实际干燥次数计算。在气候干燥、电机绝缘性能良好、符合技术标准不需要干燥时，则不计算干燥费用。实行包干的工程，按照规定由有关方面协商而定：低压小型电机 3kW 以下按 25% 的比例考虑干燥；低压小型电机 3kW 以上至 220kW 按 30%~50% 考虑干燥；大中型电机按 100% 考虑一次干燥。

（4）与机械同底座的电机和装在机械设备上的电机安装执行《机械设备安装工程》的电机安装定额，独立安装的电机执行电机安装定额。

（5）滑触线安装以"100m/单相"为计量单位，其附加或预留长度按表 8-5 规定计算。

表 8 - 5　滑触线预留长度　　　　　　　　　　　　　　　(m/根)

序号	项　目	预留长度	说　明
1	圆钢、铜母线与设备连接	0.2	从设备接线端子接口起算
2	圆钢、铜滑触线终端	0.5	从最后一个固定点起算
3	角钢滑触线终端	1.0	从最后一个支持点起算
4	扁钢滑触线终端	1.3	从最后一个固定点起算
5	扁钢母线分支	0.5	分支线预留
6	扁钢母线与设备连接	0.5	从设备接线端子接口起算
7	轻轨滑触线终端	0.8	从最后一个支持点起算
8	安全节能及其他滑触线终端	0.5	从最后一个固定点起算

(6) 滑触线及支架安装按 10m 以下标高考虑, 如超过 10m, 应按册说明计取超高增加费。支架及铁构件制作, 执行"铁构件制作"的有关定额。

8.2.1.7　电缆

(1) 直埋电缆的挖、填土 (石) 方量, 除特殊要求外, 可按表 8 - 6 计算土方量。

表 8 - 6　直埋电缆的挖 (填) 土方量

项　目	电缆根数	
	1 ~ 2	每增加 1 根
每米沟长挖 (填) 土方量/m³	0.45	0.153

注: 1. 2 根以内的电缆沟, 系按上口宽度 600mm、下口宽度 400mm、深度 900mm 计算的常规土方量;
　　2. 每增加 1 根电缆, 其宽度增加 170mm。

(2) 电缆沟盖板揭、盖定额。按每揭或每盖一次以延长米计算。如又揭又盖, 则按两次计算。

(3) 电缆保护管埋地敷设。土方量凡有施工图注明的, 按施工图计算; 无施工图注明的一般按沟深 0.9m, 沟宽按最外边的保护管两侧边缘外各增加 0.3m 工作面计算。电缆保护管长度, 除按设计规定长度计算外, 遇有下列情况, 规定增加保护管长度: 横穿道路, 按路基宽度两端各增加 2m; 垂直敷设时管口距地面增加 2m; 穿过建筑物外墙者, 按基础外缘以外增加 1m; 穿过排水沟, 按沟壁外缘以外增加 1m。

(4) 电缆敷设。按单根延长米计算, 如一个沟内 (或架上) 敷设 3 根各长 100m 的电缆, 电缆敷设长度应按 300m 计算, 依此类推。电缆敷设长度除了包括敷设路径的水平和垂直敷设长度以外, 另按表 8 - 7 的规定增加预留长度。

表 8 - 7　电缆敷设预留长度

序号	项　目	预留 (附加) 长度	说　明
1	电缆敷设弛度、波形弯度、交叉	2.5%	按电缆全长计算
2	电缆进入沟内或吊架时引上、下预留	1.5m	规范规定最小值
3	变电所进线、出线	1.5m	规范规定最小值
4	电力电缆终端头	1.5m	检修余量最小值

序号	项 目	预留（附加）长度	说 明
5	电缆中间接头盒	两端各留 2.0m	检修余量最小值
6	电缆进控制、保护屏及模拟盘等	高＋宽	按盘面尺寸
7	电缆进入建筑物	2.0m	规范规定最小值
8	高压开关柜及低压配电盘、箱	2.0m	规范规定最小值
9	电缆至电动机	0.5m	从电机接线盒起算
10	厂用变压器	3.0m	从地坪起算
11	电缆绕过梁柱等增加长度	按实计算	按被绕物的断面情况计算增加长度
12	电梯电缆与电缆架固定点	每处 0.5m	规范最小值

注：电缆附加及预留的长度是电缆敷设长度的组成部分，应计入电缆长度工程量之内。

（5）电缆终端头及中间头均以"个"为计量单位。电力电缆和控制电缆均按一根电缆有两个终端头考虑。中间电缆头设计有图示的，按设计确定。设计没有规定的，按实际情况计算（或按平均250m一个中间头考虑）。

（6）桥架安装以"m"为计量单位。防火电缆桥架可按相应桥架定额人工乘以系数 1.20。

8.2.1.8 防雷及接地装置

（1）接地极制作安装以"根"为计量单位。其长度按设计长度计算，设计无规定时，每根按 2.5m 计算。安装内容包括打入地下并与主接地网焊接。

（2）接地母线敷设按设计长度以"m"为计量单位，其长度按施工图设计的水平和垂直长度另加 3.9% 的附加长度，计算主材费时另加规定的损耗。

（3）接地跨接线以"处"为计量单位，按规程规定凡需作接地的，每跨接一次按一处计算，户外配电装置构架均需接地，每副构架按一处计算。

（4）避雷针的制作和安装均以"根"为计量单位。长度、高度数量均按设计规定。避雷针所用的主材费另计。

（5）利用建筑物内主筋作接地引下线安装时，以"m"为计量单位，每一柱子内按焊接两根主筋考虑，如果焊接主筋数超过两根时，可按比例调整。

（6）断接卡子以"套"为计量单位，按设计规定装置的断接卡子数量计算。接地检查井内的断接卡子安装按每井一套计算，检查井的制作执行相应定额。

（7）避雷网安装的支架间距按1m考虑，采用焊接，避雷线按主材考虑，混凝土墩考虑在现场浇制。高层建筑物屋顶的防雷接地装置应执行"避雷网安装"定额，电缆支架的接地线安装应执行"户内接地母线敷设"定额。

（8）钢铝窗接地是按采用 φ8 圆钢一端和窗连接，一端与圈梁内主筋连接的方式考虑的，以"处"为单位（高层建筑6层以上的金属窗设计一般要求接地），按设计要求接地的金属窗数进行计算。柱子主筋与圈梁连接按"处"为单位，每处按 2 根主筋与 2 根圈梁钢筋分别按焊接考虑。

8.2.1.9 10kV 以下架空配电线路

（1）工地运输。工地运输是指定额内未计价材料从集中材料堆放点或仓库运至岗位上的工程运输，分人力运输和汽车运输，以"t/km"为计量单位。计算公式如下：

$$工程运输量 = 施工图用量 \times (1 + 损耗率)$$

$$预算运输量 = 工程运输量 + 包装物量$$

不需要包装的可不计算包装物重量，具体计算按表8-8的规定。

表8-8 工程运输量计算

材料名称		单 位	运输质量/kg	备 注
混凝土制品	人工浇制	m³	2600	包括钢筋
	离心浇制	m³	2860	包括钢筋
线 材	导 线	kg	$W \times 1.15$	有线盘
	钢绞线	kg	$W \times 1.07$	无线盘
木杆材料		m³	500	包括木横担
金属、绝缘子		kg	$W \times 1.07$	
螺 栓		kg	$W \times 1.0$	

（2）土石方量计算。

1）无底盘、卡盘的电杆坑，其挖方体积为：$V = 0.8 \times 0.8 \times h$。其中，$h$ 为坑深，m。

2）电杆坑的马道土、石方量按每坑 0.2m^3 计算。

3）杆坑土质按一个坑的主要土质而定，如一个坑大部分为普通土，少量为坚土，则该坑应全部按普通土计算。冻土厚度大于300mm，其挖方量按挖坚土定额乘以系数2.5，其他土层仍按其土质性质套用定额。

4）土方量计算公式为

$$V = h/6 \times [ab + (a + a_1) \times (b + b_1) + a_1 \times b_1]$$

式中　a（b）——坑底宽，m，a（b）= 底边盘底宽 $+ 2 \times 0.1$，0.1 为工作面宽（m）；

　　　a_1，b_1——坑口宽，m，a_1，b_1 = 坑底宽 $+ 2 \times h \times$ 放坡系数。

（3）横担安装。按施工图设计规定，横担安装分不同形式和截面，以"组"或"根"为计量单位。定额按单根拉线考虑，若安装V形、Y形或双拼形拉线时，按2根计算。拉线长度按设计全根长度计算，设计无规定时可按表8-9计算。

表8-9 拉线长度　　　　　　　　　　　　　　　（m/根）

项 目		普通拉线	V（Y）形拉线	弓形拉线
杆高/m	8	11.47	22.94	9.33
	9	12.61	25.22	10.10
	10	13.74	27.48	10.92
	11	15.10	30.20	11.82
	12	16.14	32.28	12.62
	13	18.69	37.38	13.42
	14	19.68	39.36	15.12
水平拉线		26.47		

（4）导线架设。按导线类型和不同截面以"km/单线"为计量单位计算。导线预留长度按表8－10规定计算。导线长度按线路总长度和预留长度之和计算。计算主材费时，应另增加规定的损耗量，如表8－11所示。

表8－10 导线预留长度   （m/根）

项 目 名 称		预留长度
高 压	转 角	2.5
	分支、终端	2.0
低 压	分支、终端	0.5
	交叉跳线转角	1.5
与设备连线		0.5
进户线		2.5

表8－11 设每千米工程含量取定

项 目	裸铝绞线	钢芯铝绞线	绝缘铝绞线
接续管/个	1～2	1～2	4～8
平均线夹/套	5	5	5
瓷瓶/只	65	65	65

8.2.1.10 电气调整试验

（1）电气调试系统的划分。以电气原理系统图为依据，电气设备元件的本体试验均包括在相应定额的系统调试之内，不得重复计算。绝缘子和电缆等单体试验，只在单独试验时使用。

（2）变压器系统调试。以每个电压侧有一台断路器为准，多于一个断路器的，按相应电压等级的送配电设备系统调试的相应定额另行计算。干式变压器、油浸电抗器调试执行相应容量变压器调试定额乘以系数0.8。

（3）配电设备系统调试。系统调试包括各种供电回路（包括照明供电设备）的系统调试。凡供电回路中带有仪表、继电器、电磁开关等调试元件的，均按该调试系统计算。移动式电器和以插座连接的家电设备已经厂家调试合格，不需要用户自调的设备均不应计算调试费用。

（4）特殊保护装置的调试。该装置调试未包括在各系统调试定额之内，应另行计算特殊保护装置调试费。其工程量计算均以构成一个保护回路为一套。如距离保护，按设计规定所保护的送电线路断路器台数计算，高频保护，按设计规定所保护的送电线路断路器台数计算。

（5）自动装置及信号系统调试。该系统调试包括继电器、仪表等元件本身和二次回路的调整试验。

（6）接地网的调试。

1）接地网接地电阻的测定。一般的发电厂或变电站连为一体的母网，按一个系统计算；自成母网不与厂区母网相连的独立接地网，另按一个系统计算。大型建筑群各有自己的接地网（接地电阻值设计有要求），虽然在最后也将各接地网连在一起，但应按各自的接地网计算，不能作为一个网，具体应按接地网的试验情况而定。

2）避雷针接地电阻的测定。每一种避雷针均有单独接地网（包括独立的避雷针，烟囱避雷针等），均按一组计算。

3）独立的接地装置按组计算。例如，一台柱上变压器有一独立的接地装置，即按一组计算。避雷针、电容器的调试，按每三相为一组计算；单个装设的亦按一组计算，上述设备如设置在发动机、变压器、输、配电线路的系统或回路内，仍应按相应定额另外计算调试费用。

（7）一般的住宅、学校、办公楼、旅馆、商店等民用电气的供电调试。

1）配电室内带有调试元件的盘、箱、柜和带有调试元件的照明主配电箱，应按供电方式执行相应的"配电设备系统调试"定额。

2）每个用户房间的配电箱上虽装有电磁开关等调试元件，但如果生产厂家已按固定的常规参数调整好了，不需要安装单位进行调试就可以直接投入使用的，不得计取调试费用。

3）民用电度表的调整校验属于供电部门的专业管理，一般皆由用户向供电局定购调试完毕的电度表，不得另计算调试费用。

8.2.1.11　配管配线

（1）各种配管应区别不同敷设方式、敷设位置、管材材料、规格，以"延长 m"为计量单位，不扣除管路中间的连接箱（盒）、灯头盒、开关盒所占长度。吊顶（顶棚）内配管属于明配管。

（2）电线管、刚性阻燃管长度按 4m 取定，钢管长度按 6m 取定。计价表指刚性阻燃管为刚性 PVC 管，管子的连接方式采用插入法连接；半硬质阻燃管为聚乙烯管，采用套接法连接；可挠性金属管是指普利卡金属套管（PULLKA），主要用于混凝土内埋设及低压室外电气配线。半硬质塑料管明敷定额可执行刚性阻燃塑料管明敷定额。

（3）管内穿线的工程量应区别线路性质、导线材料、导线截面，按单线长度以"延长 m"为计算单位。导线预留线长度可参考表 8 - 12。计算导线长度时应包含预留线长度和导线损耗长度。如照明管内穿线，导线界面 $1.5m^2$ 的定额耗量每 100m 为 116m，即

$$[100（使用量）+ 13.9（预留线长度）] \times [1 + 1.8\%（损耗量）] = 115.95 \approx 116.00$$

其他规格以此类推。如 BV - 4：$(100 + 8.1) \times 1.018 = 110.05 \approx 110.00$

表 8 - 12　照明管内穿线预留

导线截面/mm²	预留线长度/m·(100m)⁻¹	接头含量/个·(100m)⁻¹
1.5	13.9	32.2
2.5	13.9	32.2
4.0	8.10	14.4

（4）线路分支接头线的长度已综合考虑在定额中，不另行计算。照明线路中的导线截面不小于 $6mm^2$ 时，应执行动力线路穿线相应项目。

（5）绝缘子配线工程量应区别绝缘子形式（针式、鼓型、蝶式）、绝缘子配线位置

（沿屋架、梁、柱、墙，跨屋架、梁、柱，木结构、顶棚内砖混凝土结构，沿钢支架及钢索）、导线截面积，按线路长度以"m"为计量单位。

（6）槽板配线工程量应区别槽板材料（木质、塑料），配线位置（木结构、砖混凝土结构）、导线截面、线制（二线、三线），按线路长度以"m"为计量单位。

（7）塑料护套线明敷设工程量应区别导线截面，导线芯数（二芯、三芯）、敷设位置（木结构、砖混凝土结构、沿钢索），按单根线路长度以"m"为计量单位。

（8）接线箱安装工程量应区别安装形式（明装、暗装），接线箱半周长，以"个"为计量单位。接线盒安装工程量应区别安装形式（明装、暗装、钢索上），以及接线盒类型，以"个"为计量单位。

（9）灯具、明（暗）开关、插座、按钮等的预留线，已分别综合在相应定额内，不另行计算，配线进入开关箱、柜、板的预留线，按表8-13的长度，分别计入相应的工程量。

表8-13　配线进入开关箱、屏、柜、板的预留线

序号	项　目	预留长度	说　明
1	各种开关、柜、板	高+宽	盘面尺寸
2	单独安装（无箱、盘）的铁壳开关、闸刀开关、启动器、母线槽进出线盒等	0.3m	以安装对象中心算起
3	由地平管子出口引至动力接线箱	1.0m	以管口计算起
4	电源与管内导线连接（管内穿线与软、硬母线接头）	1.5m	以管口计算起
5	出户线	1.5m	以管口计算起

8.2.1.12　照明器具

（1）各种灯具的安装套用定额时应区别灯具的种类、型号、规格等，以"套"为计量单位计算。

（2）开关、按钮安装的工程量应区别开关、按钮安装形式、种类，开关极数，以及单控与双控，以"套"为计量单位。调光开关、节能延时开关、呼叫按钮开关、红外线感应开关套用相应的单联开关定额。

（3）插座安装的工程量应区别电源相数、额定电流，插座安装形式，插座插孔个数，以"套"为计量单位。插座盒安装执行开关盒安装定额子目。

（4）吊扇预留吊钩执行吊扇安装定额，但其人工乘以系数0.30，其余不变。

（5）灯具、开关、插座除有说明外，每套预留线长度为绝缘导线$2 \times 0.15m$、$3 \times 0.15m$。规格与容量相适应。

8.2.1.13　电梯电气装置

各种电梯电气安装应区别电梯层数、站数，以"部"为计量单位计算工程量。

8.2.2　计价表套用

电气工程施工图预算套用"电器设备安装工程计价表"。其计价表共设置13个分部112个分项工程项目，有的地区计价表增加了补充定额的内容。套用计价表时，应注意以

下规定:

(1) 电机的划分。计价表第 6 章中的"电机"是指发电机和电动机的统称,套用计价表时应注意其界线的划分:凡功率在 0.75kW 以下的小型电机为微型电机,单台电机质量在 3t 以下的为小型电机,单台电机质量在 3t 以上至 30t 的为中型电机,单台电机质量在 30t 以上的为大型电机。为便于编制预算,各种常用电机的容量(额定功率)与电机综合平均质量对照表 8 – 14。

表 8 – 14　电机的容量(额定功率)与电机综合平均质量对照表

定额分类		小型电机							中型电机			
电机质量(<)/t·台$^{-1}$		0.1	0.2	0.5	0.8	1.2	2	3	5	10	20	30
额定功率 (<)/kW	直流电机	2.2	11	22	55	75	100	200	300	500	700	1200
	交流电机	3.0	13	30	75	100	160	220	500	800	1000	2500

(2) 常用电缆桥架的单位长度与质量换算。其立柱及托臂质量换算表、桥架质量换算表参见手册。

(3) 1kV 以下送配电设备系统调试定额。该系统调试在执行计价表时应注意如下规定:民用建筑工程,在每个用户内的配电箱(板)上虽装有电磁开关、漏电保护器等调试元件,但如生产厂家已按固定的常规参数调整好了,不需要安装单位和用户自行调试就可以直接投入使用,则一律不计取调试费用。民用电度表的调校属于供电部门的专业管理,一般皆由用户向供电部门订购已调好加了封铅的电度表,不应另计取调试费。对于高标准的高层建筑、高级宾馆、大会堂、体育馆等设有较高控制技术的电气工程,可根据设计要求和设备分不同情况考虑,凡需要安装单位进行调试的设备,则按相应的控制方式计取调试费。

设备供应厂商提供的电气设备,如:配电箱(盘、柜)、电动机、含电动机成套供应的各类风机、泵、空调机、制冷机组等,如果检测、调试报告、合格证(质保书)齐全,且对设备及配套的电气装置的运行安全负责,安装后可直接投入使用的,则不应计取调试费。

(4) 电梯安装分项规则。半自动梯(手柄或按钮控制):载重在 5t 以下;交流系统自动梯(信号、集选控制):载重在 3t 以下;直流系统快速梯(可控硅励磁):速度在每秒 2m 以内;高速梯(可控硅励磁):速度在每秒 2m 以上。小型杂物电梯:载重在 0.2t 以下,以轿厢内不载人为准。载重大于 200kg 的且轿厢内有司机操作的杂物电梯,执行客货电梯的相应项目。

两部或两部以上并行或群控电梯,按相应的定额基价增加 20%。

(5) 关于计取有关费用的规定。

1) 超高增加费。操作物高度离楼地面 5m 以上、20m 以下的电气安装工程,按超高部分人工费的 33% 计取超高费,全部为人工费。

计算规则:在统计超过 5m 工程量时,应按整根电缆、管线的长度计算,不应扣除 5m 以下部分的工作量(仅适用于建筑物内);当电缆、管线经过配电箱或开关盒而断开时,则超高系数可分别计算;如多根电缆,只有 2 根电缆符合超高条件的,则只计算 2 根电缆的超高系数;设备的超高也可按整体计算,一台超过 5m,一台不超过 5m 时,则只计算一台的超高系数。

2)高层建筑增加费。指高度在 6 层以上或 20m 以上的工业与民用建筑(不包括屋顶水箱间、电梯间、屋顶平台出入口等)的建筑物。由于高层建筑增加系数是按全部建筑面积的工程量综合计算的,因此在计算工程量时,不扣除 6 层或 20m 以下的工程量。高层建筑的外围工程,均不计算此费用。高层建筑增加费费率见表 8 - 15。

表 8 - 15 高层建筑增加费费率表

层数	9 层以下(30m)	12 层以下(30m)	15 层以下(30m)	18 层以下(30m)	21 层以下(30m)	24 层以下(30m)	27 层以下(30m)	30 层以下(30m)	33 层以下(30m)	36 层以下(30m)	40 层以下(30m)
人工费/%	6	9	12	15	19	23	26	30	34	37	43
其中人工工资/%	17	22	23	40	42	43	50	53	56	58	59
机械费/%	83	78	67	60	58	57	50	47	44	41	40

3)脚手架搭拆费(10kV 以下架空线路除外)。按人工费的 4% 计算,其中人工工资占 25%,材料占 75%。

4)安装与生产同时进行增加的费用。按人工费的 10% 计算,其中人工费 100%。

5)在有害身体健康的环境中施工降效增加的费用。按人工费的 10% 计算,其中人工费 100%。

8.3   工程量清单项目设置

电气设备安装工程清单的项目执行《计价规范》附录 C.2 的规定。该附录分 13 节,共 112 个清单项目,内容包括变压器、配电装置、母线、控制设备及低压电器、蓄电池、电机检查接线与调试、滑触线装置、电缆、防雷及接地装置、10kV 以下架空配电线路、电气调整试验、配管及配线、照明器具安装 13 个部分。适用于工业与民用新建、扩建工程中 10kV 以下变配电设备及线路安装工程。

(1)变压器安装。工程量清单项目设置,应按表 8 - 16 的规定执行。

(2)配电装置安装。工程量清单项目设置及工程量计算规则,应按表 8 - 17 的规定执行。

(3)母线安装。工程量清单项目设置及工程量计算规则,应按表 8 - 18 的规定执行。

(4)控制设备及低压电器安装。工程量清单项目设置及工程量计算规则,应按表 8 - 19 的规定执行。

(5)蓄电池。工程量清单项目设置及工程量计算规则,应按表 8 - 20 的规定执行。

表 8 – 16　变压器安装（C.2.1 编码：030201）

项目编码	项目名称	项目特征	计量单位	工程内容
030201001	油浸电力变压器	1. 名称；2. 型号；3. 容量（kV·A）	台	1. 基础型钢制作、安装；2. 本体安装；3. 油过滤；4. 干燥；5. 网门及铁构件制作、安装；6. 刷（喷）油漆
030201002	干式变压器			1. 基础型钢制作、安装；2. 本体安装；3. 干燥；4. 端子箱（汇控箱）安装；5. 刷（喷）油漆
030201003	整流变压器	1. 名称；2. 型号；3. 规格；4. 容量（kV·A）		1. 基础型钢制作、安装；2. 本体安装；3. 油过滤；4. 干燥；5. 网门及铁构件制作、安装；6. 刷（喷）油漆
030201004	自耦式变压器			
030201005	带负荷调压变压器			
030201006	电炉变压器	1. 名称；2. 型号；3. 容量（kV·A）		1. 基础型钢制作、安装；2. 本体安装；3. 刷油漆；
030201007	消弧线圈			1. 基础型钢制作、安装；2. 本体安装；3. 油过滤；4. 干燥；5. 刷油漆

表 8 – 17　配电装置安装（C.2.2 编码：030202）

项目编码	项目名称	项目特征	计量单位	工程内容
030202001	油断路器	1. 名称；2. 型号；3. 容量（A）	台	1. 本体安装；2. 油过滤；3. 支架制作、安装或基础槽钢安装；4. 刷油漆
030202002	真空断路器			1. 本体安装；2. 支架制作、安装或基础槽钢安装；3. 刷油漆
030202003	SF6 断路器			
030202004	空气断路器			
030202005	真空接触器			1. 本体安装；2. 支架制作、安装；3. 刷油漆
030202006	隔离开关	1. 名称、型号；2. 容量（A）	组	
030202007	负荷开关			
030202008	互感器	1. 名称、型号；2. 规格；3. 类型	台	1. 安装；2. 干燥
030202009	高压熔断器	1. 名称、型号；2. 规格	组	安装
030202010	避雷器	1. 名称、型号；2. 规格；3. 电压等级		
030202011	干式电抗器	1. 名称、型号；2. 规格；3. 质量		1. 本体安装；2. 干燥
030202012	油浸电抗器	1. 名称、型号；2. 容量（kV·A）	台	1. 本体安装；2. 油过滤；3. 干燥
030202013	移相及串联电容器	1. 名称、型号；2. 规格；3. 质量	个	安装
030202014	集合式并联电容器			
030202015	并联补偿电容器组架	1. 名称、型号；2. 规格；3. 结构		
030202016	交流滤波装置组架	1. 名称、型号；2. 规格；3. 回路		
030202017	高压成套配电柜	1. 名称、型号；2. 规格；3. 母线设置方式；4. 回路	台	1. 基础槽钢制作、安装；2. 柜体安装；3. 支持绝缘子、穿墙套管耐压试验及安装；4. 穿通板制作、安装；5. 母线桥安装；6. 刷油漆
030202018	组合型成套箱式变电站	1. 名称、型号；2. 容量（kV·A）		1. 基础浇筑；2. 箱体安装；3. 进箱母线安装；4. 刷油漆
030202019	环网柜			

表 8 - 18 母线安装（C.2.3 编码：030203）

项目编码	项目名称	项目特征	计量单位	工程内容
030203001	软母线	1. 型号；2. 规格；3. 数量（跨/三相）	m	1. 绝缘子耐压试验及安装；2. 软母线安装；3. 跳线安装
030203002	组合软母线	1. 型号；2. 规格；3. 数量（组/三相）		1. 绝缘子耐压试验及安装；2. 软母线安装；3. 跳线安装；4. 两端铁构件制作、安装及支持瓷瓶安装；5. 刷油漆
030203003	带形母线	1. 型号；2. 规格；3. 材质		1. 支持绝缘子、穿墙套管耐压试验及安装；2. 穿通板制作、安装；3. 母线安装；4. 母线桥安装；5. 引下线安装；6. 伸缩节安装；7. 过渡板安装；8. 刷分相漆
030203004	槽形母线	1. 型号；2. 规格		1. 母线制作、安装；2. 与发电机、变压器连接；3. 与断路器、隔离开关连接；4. 刷分相漆
030203005	共箱母线	1. 型号；2. 规格		1. 安装；2. 进、出分线箱安装；3. 刷（喷）油漆（共箱母线）
030203006	低压封闭式插接母线槽	1. 型号；2. 容量（A）		
030203007	重型母线	1. 型号；2. 容量（A）	t	1. 母线制作、安装；2. 伸缩器及导板制作、安装；3. 支持绝缘子安装；4. 铁构件制作、安装

表 8 - 19 控制设备及低压电器安装（C.2.4 编码：030204）

项目编码	项目名称	项目特征	计量单位	工程内容
030204001	控制屏	1. 名称、型号；2. 规格	台	1. 基础槽钢制作、安装；2. 屏安装；3. 端子板安装；4. 焊、压接线端子；5. 盘柜配线；6. 小母线安装；7. 屏边安装
030204002	继电、信号屏			
030204003	模拟屏			
030204004	低压开关柜			1. 基础槽钢制作、安装；2. 柜安装；3. 端子板安装；4. 焊、压接线端子；5. 盘柜配线；6. 屏边安装
030204005	配电（电源）屏			
030204006	弱电控制返回屏			1. 基础槽钢制作、安装；2. 屏安装；3. 端子板安装；4. 焊、压接线端子；5. 盘柜配线；6. 小母线安装；7. 屏边安装
030204007	箱式配电室	1. 名称、型号；2. 规格；3. 质量	套	1. 基础槽钢制作、安装；2. 本体安装
030204008	硅整流柜	1. 名称、型号；2. 容量（A）	台	1. 基础槽钢制作、安装；2. 盘柜安装
030204009	可控硅柜	1. 名称、型号；2. 容量（kW）		

项目编码	项目名称	项目特征	计量单位	工 程 内 容
030204010	低压电容器柜	1. 名称、型号；2. 规格	台	1. 基础槽钢制作、安装；2. 屏（柜）安装；3. 端子板安装；4. 焊、压接线端子；5. 盘柜配线；6. 小母线安装；7. 屏边安装
030204011	自动调节励磁屏			
030204012	励磁灭磁屏			
030204013	蓄电池屏（柜）			
030204014	直流馈电屏			
030204015	事故照明切换屏	1. 名称、型号；2. 规格		
030204016	控制台	1. 名称、型号；2. 规格		1. 基础槽钢制作、安装；2. 台（箱）安装；3. 端子板安装；4. 焊、压接线端子；5. 盘柜配线；6. 小母线安装
030204017	控制箱			1. 基础型钢制作、安装；2. 箱体安装
030204018	配电箱			
030204019	控制开关	1. 名称、型号；2. 规格	个	1. 安装；2. 焊（压）端子
030204020	低压熔断器			
030204021	限位开关			
030204022	控制器		台	
030204023	接触器			
030204024	磁力启动器			
030204025	Y—△自耦减压启动器			
030204026	电磁铁（电磁制动器）			
030204027	快速自动开关			
030204028	电阻器			
030204029	油浸频敏变阻器			
030204030	分流器	1. 名称、型号；2. 容量（A）		
030204031	小电器	1. 名称；2. 型号；3. 规格	个（套）	

表 8 - 20 蓄电池安装（C. 2. 5 编码：030205）

项目编码	项目名称	项目特征	计量单位	工 程 内 容
030205001	蓄电池	1. 名称、型号；2. 容量	个	1. 防震支架安装；2. 本体安装；3. 充放电

（6）电机检查接线及调试。工程量清单项目设置及工程量计算规则，应按表 8 - 21 的规定执行。

（7）滑触线装置安装。工程量清单项目设置及工程量计算规则，应按表 8 - 22 的规定执行。

（8）电缆安装。工程量清单项目设置及工程量计算规则，应按表 8 - 23 的规定执行。

表 8-21　电机检查接线及调试（C.2.6 编码：030206）

项目编码	项目名称	项目特征	计量单位	工程内容
030206001	发电机	1. 型号；2. 容量（kW）	台	1. 检查接线（包括接地）；2. 干燥；3. 调试
030206002	调相机			
030206003	普通小型直流电动机	1. 名称、型号；2. 容量（kW）；3. 类型		1. 检查接线（包括接地）；2. 干燥；3. 系统调试
030206004	可控硅调速直流电动机			
030206005	普通交流异步电动机	1. 名称、型号；2. 容量（kW）；3. 启动方式		
030206006	低压交流异步电动机	1. 名称、型号、类别；2. 控制保护方式		
030206007	高压交流异步电动机	1. 名称、型号；2. 容量（kW）；3. 保护类别		
030206008	交流变频调速电动机	1. 名称、型号；2. 容量（kW）		
030206009	微型电动机、电加热器	1. 名称、型号；2. 规格		
030206010	电动机组	1. 名称、型号；2. 电动机台数；3. 联锁台数	组	
030206011	备用励磁机组	1. 名称；2. 型号		
030206012	励磁电阻器	1. 型号；2. 规格	台	1. 安装；2. 检查接线；3. 干燥

表 8-22　滑触线装置安装（C.2.7 编号：030207）

项目编码	项目名称	项目特征	计量单位	工程内容
030207001	滑触线	1. 名称；2. 型号；3. 规格；4. 材质	m	1. 滑触线支架制作、安装、刷油；2. 滑触线安装；3. 拉紧装置及挂式支持器制作、安装

表 8-23　电缆安装（C.2.8 编码：030208）

项目编码	项目名称	项目特征	计量单位	工程内容
030208001	电力电缆	1. 型号；2. 规格；3. 敷设方式	m	1. 揭（盖）盖板；2. 电缆敷设；3. 电缆头制作、安装；4. 过路保护管敷设；5. 防火堵洞；6. 电缆防护；7. 电缆防火隔板；8. 电缆防火涂料
030208002	控制电缆			
030208003	电缆保护管	1. 材质；2. 规格		保护管敷设
030208004	电缆桥架	1. 型号、规格；2. 材质；3. 类型		1. 制作、除锈、刷油；2. 安装
030208005	电缆支架	1. 材质；2. 规格	t	

（9）防雷及接地装置。工程量清单项目设置及工程量计算规则，应按表 8-24 的规定执行。

表 8 – 24　防雷及接地装置（C. 2. 9 编码：030209）

项目编码	项目名称	项目特征	计量单位	工程内容
030209001	接地装置	1. 接地母线材质、规格；2. 接地极材质、规格	项	1. 接地极（板）制作、安装；2. 接地母线敷设；3. 换土或化学处理；4. 接地跨接线；5. 构架接地
030209002	避雷装置	1. 受雷体名称、材质、规格、技术要求（安装部位）；2. 引下线材质、规格、技术要求（引下形式）；3. 接地极材质、规格、技术要求；4. 接地母线材质、规格、技术要求；5. 均压环材质、规格、技术要求		1. 避雷针（网）制作、安装；2. 引下线敷设、断接卡子制作、安装；3. 拉线制作、安装；4. 接地极（板、桩）制作、安装；5. 极间连线；6. 油漆（防腐）；7. 换土或化学处理；8. 钢铝窗接地；9. 均压环敷设；10. 柱主筋与圈梁焊接
030209003	半导体少长针消雷装置	1. 型号；2. 高度	套	安装

（10）10kV 以下架空配电线路。工程量清单项目设置及工程量计算规则，应按表 8 – 25 的规定执行。

表 8 – 25　10kV 以下架空配电线路（C. 2. 10 编码：030210）

项目编码	项目名称	项目特征	计量单位	工程内容
030210001	电杆组立	1. 材质；2. 规格；3. 类型；4. 地形	根	1. 工地运输；2. 土（石）方挖填；3. 底盘、拉盘、卡盘安装；4. 本杆防腐；5. 电杆组立；6. 横担安装；7. 拉线制作、安装
030210002	导线架设	1. 型号（材质）；2. 规格；3. 地形	kg	1. 导线架设；2. 导线跨越及进户线架设；3. 进户横担安装

（11）电气调整试验。工程量清单项目设置及工程量计算规则，应按表 8 – 26 的规定执行。

表 8 – 26　电气调整试验（C. 2. 11 编码：030211）

项目编码	项目名称	项目特征	计量单位	工程内容
030211001	电力变压器系统	1. 型号；2. 容量（kV · A）	系统	系统调试
030211002	配送电装置系统	1. 名称；2. 电压等级（kV）		
030211003	特殊保护装置	类型		调试
030211004	自动投入装置		套	
030211005	中央信号装置、事故照明切换装置、不间断电源		系统	
030211006	母线	电压等级	段	
030211007	避雷器、电容		组	

项目编码	项目名称	项目特征	计量单位	工程内容
030211008	接地装置	类　别	系统	接地电阻测试
030211009	电抗器、消弧线圈、电除尘器	1. 名称、型号；2. 规格	台	测　试
030211010	硅整流设备、可控硅整流设备	1. 名称、型号；2. 电流（A）		

（12）配管、配线。工程量清单项目设置及工程量计算规则，应按表 8 – 27 的规定执行。

表 8 – 27　配管、配线（C. 2. 12 编码：030212）

项目编码	项目名称	项目特征	计量单位	工程内容
030212001	电气配管	1. 名称；2. 材质；3. 规格；4. 配置形式及部位	m	1. 刨沟槽；2. 钢索架设（拉紧装置安装）；3. 支架制作、安装；4. 电线管路敷设；5. 接线箱（盒）、灯头盒、开关盒、插座盒安装；6. 防腐油漆；7. 接地
030212002	线　槽	1. 材质；2. 规格		1. 安装；2. 油漆
030212003	电气配线	1. 配线形式；2. 导线型号、材质、规格；3. 敷设部位或线制		1. 支持体（夹板、绝缘子、槽板等）安装；2. 支架制作、安装；3. 钢索架设（拉紧装置安装）；4. 配线；5. 管内穿线

（13）照明器具安装。工程量清单项目设置及工程量计算规则，应按表 8 – 28 的规定执行。

表 8 – 28　照明器具安装（C. 2. 13 编码：030213）

项目编码	项目名称	项目特征	计量单位	工程内容
030213001	普通吸顶灯及其他灯具	1. 名称、型号；2. 规格	套	1. 支架制作、安装；2. 组装；3. 油漆
030213002	工厂灯	1. 名称、安装；2. 规格；3. 安装形式及高度	套	1. 支架制作、安装；2. 组装；3. 油漆
030213003	装饰灯	1. 名称；2. 型号；3. 规格；4. 安装高度	套	1. 支架制作、安装；2. 安装
030213004	荧光灯	1. 名称；2. 型号；3. 规格；4. 安装形式		安　装
030213005	医疗专用灯	1. 名称；2. 型号；3. 规格	套	
030213006	一般路灯	1. 名称；2. 型号；3. 灯杆材质及高度；4. 灯架形式及臂长；5. 灯杆形式（单、双）	套	1. 基础制作、安装；2. 立灯杆；3. 杆座安装；4. 灯架安装；5. 引下线支架制作、安装；6. 焊（压）接线端子；7. 铁构件制作、安装；8. 除锈、刷油；9. 灯杆编号；10. 接地

项目编码	项目名称	项目特征	计量单位	工程内容
030213007	广场灯安装	1. 灯杆的材质及高度；2. 灯架的型号；3. 灯头数量；4. 基础形式及规格	套	1. 基础浇筑（包括土石方）；2. 立灯杆；3. 杆座安装；4. 灯架安装；5. 引下线支架制作、安装；6. 焊（压）接线端子；7. 铁构件制作、安装；8. 除锈、刷油；9. 灯杆编号；10. 接地
030213008	高杆灯安装	1. 灯杆高度；2. 灯架形式（成套或组装、固定或升降）；3. 灯头数量；4. 基础形式及规格		1. 基础浇筑（包括土石方）；2. 立杆；3. 灯架安装；4. 引下线支架制作、安装；5. 焊、压接线端子；6. 铁构件制作、安装；7. 除锈、刷油；8. 灯杆编号；9. 升降机构接线调试；10. 接地
030213009	桥栏杆灯	1. 名称；2. 型号；3. 规格；4. 安装形式		1. 支架、铁构件制作、安装，油漆；2. 灯具安装
030213010	地道涵洞灯			

8.4 电气工程工程量清单计价编制实例

本节以加工厂变电所电气工程为例，说明电气工程工程量清单计价的编制方法（该实例执行《计价规范》规定）。

（1）变电所电气工程施工图。图 8 – 3 为该车间变电所主接线图；图 8 – 4 为变电所平面图；图 8 – 5 为变电所平剖面图；表 8 – 29 列出变电所工程设备和材料。

（2）变电所电气工程施工内容划分。

1）本工程电源由厂区变电所直埋引入室内电缆沟，沿墙引接到负荷开关。

2）电缆采用 ZQL_{20} – 10000 – 3×35 电缆，分两路给 2 台变压器分别供电。

3）电缆头安装高度为 2.8m，距两变压器室隔墙中心 1.45m。

4）高压负荷开关安装在变压器室与配电室隔墙的正中，中心距侧墙面 1.98m，与变压器中心一致，安装高度为下边绝缘子距地 2.3m，负荷开关的操作机构为 CS3 型，安装为中心距地 1.1m。距侧面墙为 0.5m。

5）20 号桥架距地 3.215m 安装，桥架中心距变压器室和配电室的隔墙 1.5m。

6）21 号母线桥架安装高度为距地 2.2m。

7）25 号母线支架安装在配电室和变压器室隔墙的配电室一侧，第一个支架安装高度为 2.9m，第二个支架安装高度为 2.4m，支架中心距⑨轴线为 0.9m，安装时在墙上打孔埋设。

8）施工中应与土建施工密切配合。

9）变压器、负荷开关、低压配电柜由建设单位供货到现场。

（3）项目设置。根据施工图和施工方法，依据清单计价规范清单项目设置和工程量计算规则，将该项目工程的分项工程项目设置如下：

1）油浸电力变压器安装。

2）户内高压负荷开关安装。

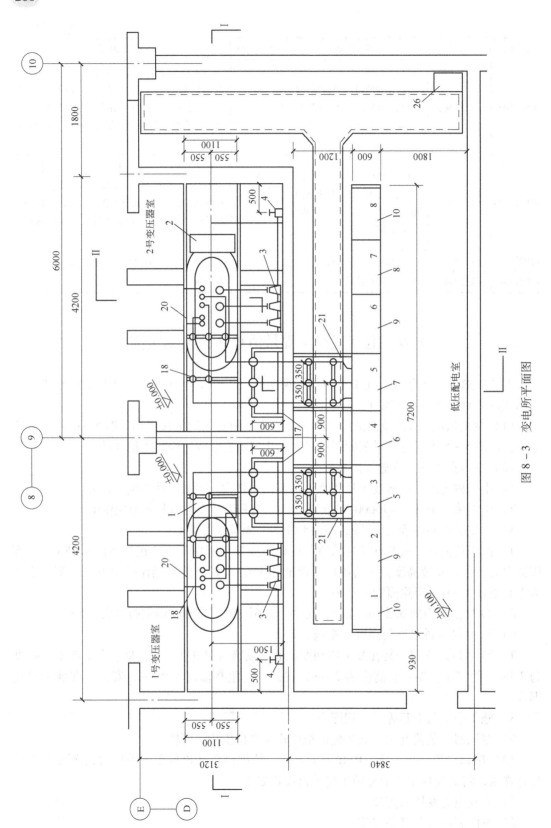

图 8 - 3　变电所平面图

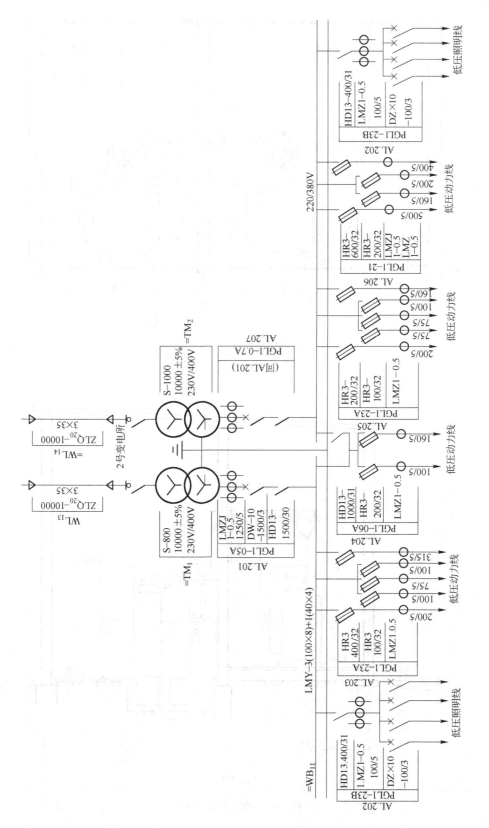

图 8 - 4　变电所接线图

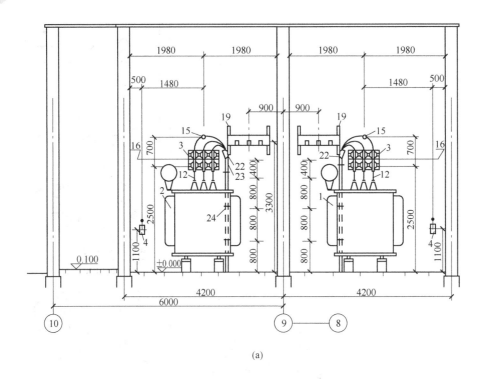

(a)

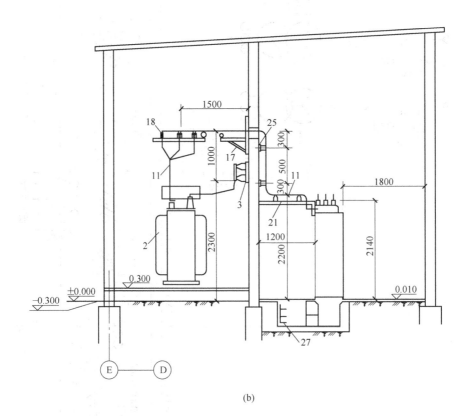

(b)

图 8-5　变电所剖面图

表 8 - 29 设备材料表

工程名称：变电所电气工程

序号	名　　称	型号及规格	单位	数量
1	三相电力变压器	S - 800/10 型，800kV·A　10/0.4~0.23kV	台	1
2	三相电力变压器	S - 1000/10 型，1000kV·A　10/0.4~0.23kV		1
3	户内高压负荷开关	FN3 - 19 型，10kV 400A		2
4	手动操作机构	CS3 型		2
5	低压配电屏	PLG1 - 05A		1
6	低压配电屏	PLG1 - 06A		1
7	低压配电屏	PLG1 - 07A		1
8	低压配电屏	PLG1 - 21		1
9	低压配电屏	PLG1 - 23A		2
10	低压配电屏	PLG1 - 23B		2
11	低压铝母线	LMY - 100×8		40
12	高压铝母线	LMY - 40×4	m	10
13	中性母线	LMY - 40×4		12
14	电车绝缘子	WX - 01　500V	个	40
15	高压支柱绝缘子	ZA - 10Y　10kV		2
16	电力电缆	ZQL_{20} - 10000 - 3×35	m	34.47
17	低压母线支架及穿墙隔板	I 型		2
18	电车绝缘子装配			40
19	低压母线夹板	I 型		2
20	低压母线桥型支架			2
21	低压配电屏后母线桥支架		个	2
22	户内尼龙电缆终端盒	NTN - 33 型　10kV　3×35		2
23	电缆头固定件	∠40×4		2
24	电缆固定件			6
25	低压母线支架			4
26	信号箱		台	1
27	L 形电缆支架	1.3 型	个	22

3）带形铝母线安装。

4）低压配电屏安装。

5）信号箱安装。

6）电力电缆敷设。

7）三相电力变压器系统调试。

8）送配电设备系统调试。

9）备用电源自投装置调试。

10）低压母线系统调试。

11）独立接地装置调试。

（4）工程量计算。

1）油浸电力变压器安装。油浸电力变压器安装以"台"为计量单位。该工程设计变压器 800kV·A1 台，1000kV·A 1 台，其容量均在 1000kV·A 以内。

2）户内高压负荷开关安装。户内高压负荷开关安装以"台"为单位计算。该工程设计负荷开关为 10kV、400A 的 2 台；负荷开关手动操作机构 CS3 型 2 台；负荷开关操作机构支架用 40×4 镀锌角钢 2.32m。

3）带形铝母线安装。带形铝母线安装以"m/单相"为单位计算。本例高压带形铝母线为 LMY40×4（截面积 160mm^2）10m；中性带形铝母线为 LMY40×4（截面积 160mm^2）12m；低压带形铝母线为 LMY100×8（截面积 800mm^2）40m。

户内式支持绝缘子安装以"个"为单位计算。该工程设计户内高压支柱绝缘子 2 个，户内低压电车绝缘子 40 个，共 42 个。

绝缘子试验以"个"为单位计算。该工程设计高压支柱绝缘子 2 个，低压电车绝缘子 40 个。石棉水泥板穿通板制作安装以"块"为单位计算，该工程设计石棉水泥板穿通板 2 块，每块规格为 1100mm×340mm，2 块总截面积为 0.65m^2。

母线支架为一般铁构件，其制作安装以"kg"为单位计算。该工程设计的各种母线支架的工程量计算如下：

17 号支架	∠50×5	2.72m
	∠40×4	5.2m
	∠30×4	2.26m
20 号支架	∠63×5	23.84m
21 号支架	∠50×5	8.6m
25 号支架	∠50×5	5.28m

4）低压配电屏安装。低压配电屏安装以"台"为单位计算。本工程低压配电屏型号均为 PGL 型，共 8 台。

5）信号箱安装。信号箱安装以"台"为单位计算，由于设备材料表中没给出规格，可按半周长 1.5m 以内考虑，工程量为 1 台。

6）电力电缆敷设。ZQL$_{20}$－10000－3×35 电力电缆由东向西埋地进入建筑物内，通过电缆沟到变压器室，穿电缆保护管后，作电缆终端头连接至高压负荷开关处。

电缆长度的计算：[2×（2+3.84+1.8+4.2+2.8+1.5）+1.35]m×（1+2.5%）=34.47m。

27 号 L 形电缆支架用 40×4 镀锌角钢 13.2m；用 30×4 镀锌角钢 19.8m。

电缆保护管采用直径为 80mm 的钢管 2 根，每根 3m，工程量合计 6m。

户内浇注式电力电缆头制作安装以"个"为单位计算，工程量为 2 个。

固定电缆头角钢支架用 30×4 镀锌角钢 0.94m；30×3 镀锌扁钢 0.48m。

7）三相电力变压器系统调试。三相电力变压器系统调试以"系统"为单位计算，工程量为 2 个。

8）低压送配电设备系统调试。送配电设备系统调试以"系统"为单位计算，工程量为 2 个。

9）备用电源自投装置调试。备用电源自投装置调试以"套"为单位计算，工程量为2套。

10）低压母线系统调试。低压母线系统调试以"段"为单位计算，工程量为2段。

11）独立接地装置调试。独立接地装置调试以"系统"为单位计算。由于变压器中性点接地在平面图中没有标出具体接地形式，所以只列出了调试项目。工程量为1个。

（5）编制分部分项工程量清单。分部分项工程量清单见表8-30。

表8-30　分部分项工程量清单

工程名称：某车间变电所电气工程　　　　　　　　　　　　　　　　第1页　共1页

序号	项目编号	分部分项工程名称	计量单位	工程数量
1	030201001001	三相电力变压器 S-800/10 型，800kV·A 10/0.4~0.23kV S-1000/10 型，1000kV·A 10/0.4~0.23kV	台	2
2	030202007001	户内高压负荷开关，FN3-19 型，10kV 400A 手动操作机构，CS3 型		2
3	030204005001	低压配电屏		8
4	030204017001	信号箱安装		1
5	030203003001	低压铝母线 LMY-100×8		40
6	030203003002	高压铝母线，LMY-40×4　中性铝母线，LMY-40×4	m	22
7	030208001001	电力电缆，ZQL₂₀-3×35 户内尼龙电缆终端盒，NTN-33 型，10kV 3×35　2台		34.47
8	030211001001	三相电力变压器系统调试		2
9	030211002001	送配电系统调试　1kV 以下交流供电	系统	2
10	030211006001	低压母线系统调试	段	2
11	030211004001	备用电源自投装置调试	套	2
12	030211008001	独立接地装置调试	系统	1

（6）计算项目综合单价。项目综合单价的计算是标底价和投标报价的关键环节，对一个有经验的报价人，可以用经验数据报价。但招标人要求提供综合单价分析表时，则应按《计价规范》做出综合单价分析，见表8-31~表8-42。

表8-31　分部分项工程量清单综合单价计价表（1）

工程名称：加工厂变电所电气工程　　　　　　　　　　　　　　　计量单位：台

项目编码：030201001001　　　　　　　　　　　　　　　　　　工程数量：2

项目名称：三相电力油浸式变压器 S-1000/10 型 1000kV·A 以内　　综合单价：1755.68 元

序号	定额编号	工程内容	计量单位	工程数量	其中					
					人工费/元	材料费/元	机械费/元	管理费/元	利润/元	小计
1	2-3	变压器安装	台	2	941.34	490.86	696.88			
		小　计			941.34	490.86	696.88			
		联合试车			18.83					
		合　计			960.17	490.86	696.88	604.91	758.53	3511.35

表 8-32　分部分项工程量清单综合单价计算表（2）

工程名称：加工厂变电所电气工程　　　　　　　　　　　　　　　　计量单位：台

项目编码：030202007001　　　　　　　　　　　　　　　　　　　工程数量：2

项目名称：户内高压负荷开关 FN3-19 型　　　　　　　　　　　　　综合单价：377.70 元

序号	定额编号	工程内容	计量单位	工程数量	其中					
					人工费/元	材料费/元	机械费/元	管理费/元	利润/元	小计/元
2	2-45	负荷开关安装	台	2	128.18	326.72	17.84			
	2-358	机构支架制作	kg	5.62	14.09	7.14	2.33			
	2-359	机构支架安装	kg	5.62	9.16	1.37	1.43			
	主材	角　钢	kg	5.90		24.78				
		小　计			151.43	360.01	21.6			
		联合试车			3.03					
		合　计			154.46	360.01	21.6	97.31	122.02	755.40

表 8-33　分部分项工程量清单综合单价计算表（3）

工程名称：加工厂变电所电气工程　　　　　　　　　　　　　　　　计量单位：台

项目编码：030204005001　　　　　　　　　　　　　　　　　　　工程数量：8

项目名称：低压配电屏安装　　　　　　　　　　　　　　　　　　　综合单价：434.84 元

序号	定额编号	工程内容	计量单位	工程数量	其中					
					人工费/元	材料费/元	机械费/元	管理费/元	利润/元	小计/元
3	2-240	低压配电屏安装	台	8	878.69	939.92	370.00			
		小　计			878.69	939.92	370.00			
		联合试车			17.57					
		合　计			896.21	939.92	370.00	564.61	708.01	3478.75

表 8-34　分部分项工程量清单综合单价计算表（4）

工程名称：加工厂变电所电气工程　　　　　　　　　　　　　　　　计量单位：台

项目编码：030204017001　　　　　　　　　　　　　　　　　　　工程数量：1

项目名称：信号箱安装　　　　　　　　　　　　　　　　　　　　　综合单价：1282.67 元

序号	定额编号	工程内容	计量单位	工程数量	其中					
					人工费/元	材料费/元	机械费/元	管理费/元	利润/元	小计/元
4	2-1374	变压器安装	台	1	229.54	43.29				
	主材	信号箱	台	1		500.00				
		小　计			229.54	543.29				
		联合试车			5.99					
		合　计			305.53	543.28		192.48	241.37	1282.67

表8-35 分部分项工程量清单综合单价计算表（5）

工程名称：加工厂变电所电气工程　　　　　　　　　　　　　　　　计量单位：m

项目编码：030203003001　　　　　　　　　　　　　　　　　　　　工程数量：40

项目名称：低压铝母线 LMY-100×8　　　　　　　　　　　　　　　　综合单价：123.41 元

序号	定额编号	工程内容	计量单位	工程数量	人工费/元	材料费/元	机械费/元	管理费/元	利润/元	小计
5	2-138	带形铝母线安装	m/单相	40	167.20	282.64	275.44			
	主材	LMY-100×8	m	41.00		1750.70				
	2-108	支持绝缘子安装	10个	4.0	7.90	29.64	2.14			
	主材	支持绝缘子	个	40.80		300				
	2-969	绝缘子实验		4.0	46.44	0.92	45.08			
	2-352	穿道板安装	kg	2	104.02	133.02	10.7			
	2-358	支架制作	kg	79.21	198.82	104.56	32.48			
	主材	型钢	kg	83.17		349.32				
	2-359	支架安装	kg	79.21	129.11	19.32	20.15			
		小计			653.49	2970.12	353.21			
		联合试车			13.07	2970.12				
		合计			666.56		353.21	419.93	526.58	4936.40

表8-36 分部分项工程量清单综合单价计算表（6）

工程名称：加工厂变电所电气工程　　　　　　　　　　　　　　　　计量单位：m

项目编码：030203003002　　　　　　　　　　　　　　　　　　　　工程数量：22

项目名称：高压铝母线 LMY-40×4　　　　　　　　　　　　　　　　综合单价：42.896 元

序号	定额编号	工程内容	计量单位	工程数量	人工费/元	材料费/元	机械费/元	管理费/元	利润/元	小计
6	2-137	变压器安装	m/单相	22	65.89	149.64	108.33			
	主材			22.51		487.12				
	2-108		10个	0.2	3.95	14.82	1.07			
	主材		个	2		15				
	2-970		10个	0.2	3.25	0.007	2.25			
		小计			73.09	666.65	111.65			
		联合试车			1.46					
		合计			74.55	666.65	111.65	46.97	58.97	958.72

表 8 - 37 分部分项工程量清单综合单价计算表（7）

工程名称：加工厂变电所电气工程　　　　　　　　　　　　　　　计量单位：m

项目编码：030208001001　　　　　　　　　　　　　　　　　　工程数量：34.47

项目名称：电缆 $ZQL_{20} - 3 \times 35$　　　　　　　　　　　　　综合单价：109.46 元

序号	定额编号	工程内容	计量单位	工程数量	其中					
					人工费/元	材料费/元	机械费/元	管理费/元	利润/元	小计
7	2-618	变压器安装	100m	0.3447	56.27	56.54	1.78			
	主材		m	34.81		1614.23				
	6-632		个	2	43.66	170.48				
	主材		个	2		100				
	2-358		kg	69.35	173.92	91.47	28.73			
	2-359		kg	69.35	113.04	16.91	17.64			
	主材		kg	72.82		350.83				
	2-1004		100m	0.06	58.19	37.53	2.87			
	主材		m	6.18		230.39				
		小　计			445.08	2623.38	51.02			
		联合试车			8.90					
		合　计			453.98	2623.38	51.02	286.00	358.64	3773.02

表 8 - 38 分部分项工程量清单综合单价计算表（8）

工程名称：加工厂变电所电气工程　　　　　　　　　　　　　　　计量单位：台

项目编码：030211001001　　　　　　　　　　　　　　　　　　工程数量：2

项目名称：三相电力变压器系统调试　　　　　　　　　　　　　综合单价：7629.50 元

序号	定额编号	工程内容	计量单位	工程数量	其中					
					人工费/元	材料费/元	机械费/元	管理费/元	利润/元	小计
8	2-844	电力主变压器	系统	2	3993.84	79.88	5320.72			
		小　计			3993.84	79.88	5320.72			
		联合试车			79.88					
		合　计			4073.72	79.88	5320.72	2566.44	3218.24	15259.00

表 8 - 39 分部分项工程量清单综合单价计算表（9）

工程名称：加工厂变电所电气工程　　　　　　　　　　　　　　　计量单位：系统

项目编码：030211002001　　　　　　　　　　　　　　　　　　工程数量：2

项目名称：低压供配电系统调试　　　　　　　　　　　　　　　综合单价：594.43 元

序号	定额编号	工程内容	计量单位	工程数量	其中					
					人工费/元	材料费/元	机械费/元	管理费/元	利润/元	小计
9	2-849	供配电系统调试	系统	2	464.40	9.28	332.24			
		小　计			464.40		9.28			
		联合试车			9.29					
		合　计			473.69	9.28	332.24	298.42	374.22	1188.85

表8-40 分部分项工程量清单综合单价计算表（10）

工程名称：加工厂变电所电气工程　　　　　　　　　　　　　　计量单位：段

项目编码：030201106001　　　　　　　　　　　　　　　　　工程数量：2

项目名称：低压铝母线系统调试　　　　　　　　　　　　　　　综合单价：539.61元

序号	定额编号	工程内容	计量单位	工程数量	其中					
					人工费/元	材料费/元	机械费/元	管理费/元	利润/元	小计
10	2-880	低压铝母线系统调试	段	2	278.64	5.58	385.84			
		小　计			278.64	5.58	385.84			
		联合试车		2%	5.57					
		合　计			284.21	5.58	385.84	179.05	224.53	1079.21

表8-41 分部分项工程量清单综合单价计算表（11）

工程名称：加工厂变电所电气工程　　　　　　　　　　　　　　计量单位：套

项目编码：03021104001　　　　　　　　　　　　　　　　　工程数量：2

项目名称：备用电源自投装置调试　　　　　　　　　　　　　　综合单价：1408.64元

序号	定额编号	工程内容	计量单位	工程数量	其中					
					人工费/元	材料费/元	机械费/元	管理费/元	利润/元	小计
11	2-863	电源自投装置调试	系统	2	650.16	13.00	1199.38			
		小　计			650.16	13.00	1199.38			
		联合试车			13.02					
		合　计			663.18	13.00	1199.38	417.81	523.91	2817.28

表8-42 分部分项工程量清单综合单价计算表（12）

工程名称：加工厂变电所电气工程　　　　　　　　　　　　　　计量单位：系统

项目编目：030211008001　　　　　　　　　　　　　　　　　工程数量：1

项目名称：接地极装置调试　　　　　　　　　　　　　　　　　综合单价：331.92元

序号	定额编号	工程内容	计量单位	工程数量	其中					
					人工费/元	材料费/元	机械费/元	管理费/元	利润/元	小计
12	2-885	接地极装置调试系统	系统	1	92.88	1.86	100.80			
		小　计			92.88	1.86	100.80			
		联合试车			1.86					
		合　计			94.74	1.86	100.80	59.68	74.84	331.92

表中综合单价的构成是完成一个规定计量单位工程所需的人工费、材料费、机械费、管理费和利润，并考虑了风险因素，它包括完成该项目全部内容的费用。它的编制依据设计文件、合同条款、工程量清单及企业定额或预算定额。

在变配电工程分部分项清单计价中，主要材料价格的确定，对投标人来讲是根据自身企业所掌握的市场信息及采购供应的能力，考虑分部分项组价时主要材料的规格型号、数量（包括预留量和消耗量）以及计价材料的预算价格后，计入报价内容的；对招标人编制标底来讲，则是按市场信息考虑分部分项组价时主要材料的规格型号、数量（包括预留量和消耗量）以及计价材料的预算价格后计取主要材料价格的。

（7）分部分项工程量计价。分部分项工程量清单计价须按《计价规范》规定的格式填写。综合单价即为《分部分项工程量清单综合单价分析表》中清单项目所对应的综合单价，其分部分项工程量清单的名称、单位、数量、主要材料规格按招标人给出清单的内容计算和填写。分部分项工程量清单计价表见表8-43。

表8-43　分部分项工程量清单计价表

工程名称：加工厂变电所电气工程

序号	项目编号	分部分项工程名称	计量单位	工程数量	金额/元		金额/元	
					综合单价	合价	人工费单价	人工费合价
1	030201001001	三相电力变压器 S-800/10 型，800kV·A 10/0.4 ~0.23kV S-1000/10 型，1000kV·A 10/0.4 ~0.23kV	台	2	1755.68	3511.35	480.09	960.17
2	030202007001	户内高压负荷开关，FN3-19 型，10kV 400A 手动操作机构，CS3 型	台	2	377.70	755.40	77.23	154.46
3	030204005001	低压配电屏	台	8	434.84	3478.75	112.03	896.21
4	030204017001	信号箱安装	台	1	1282.67	1282.67	305.53	305.53
5	030203003001	低压铝母线 LMY-100×8	m	40	123.41	4936.40	16.664	666.56
6	030203003002	高压铝母线 LMY-40×4 中性铝母线 LMY-40×4	m	22	43.58	958.72	3.39	74.55
7	030208001001	电力电缆，$ZQL_{20}-3×35$ 户内尼龙电缆终端盒，NTN-33 型，10kV 3×35　2 台	m	34.47	109.46	3773.02	13.17	453.98
8	030211001001	三相电力变压器系统调试	系统	2	7629.50	15259.00	2036.86	4073.72
9	030211002001	送配电系统调试 1kV 以下交流供电	系统	2	594.43	1188.85	236.85	473.69
10	030211006001	低压母线系统调试	段	2	539.61	1079.21	142.11	284.21
11	030211004001	备用电源自投装置调试	套	2	1408.64	2817.28	331.59	663.18
12	030211008001	独立接地装置调试	系统	1	331.92	331.92	94.74	94.74
		合　计				39372.57		9101.00

（8）措施项目清单计价。

1）脚手架搭拆费。依据《全国统一安装工程预算定额》的要求，脚手架搭拆费按人工费的5%计算，其中人工费占25%。

脚手架搭拆费 = 人工费×5% + 人工费×5%×25%×（管理费费率 + 利润费率）

2）环境保护费及文明施工费。环境保护费及文明施工增加费按人工费的3.42%计算。

3）安全施工费。安全施工费按人工费的2.98%计算。

4）临时设施费。临时设施费按人工费的 7.25% 计算。

以上费用按给出的措施项目清单编写措施项目清单计价表，见表 8 - 44。

表 8 - 44　措施项目清单计价表

工程名称：加工厂变电所电气工程

序　　号	项 目 名 称	金额/元
1	环境保护及文明施工费	493.27
2	安全施工费	314.37
3	临时设施费	273.92
4	脚手架搭拆费	666.42
	合　计	1747.98

（9）单位工程造价。单位工程的造价是由分部分项工程费、措施项目费、其他项目费、规费和税金构成（本例执行《计价规范》规定）。规费和税金在分部分项工程费、措施项目费和其他项目费的基础上进行计算。单位工程费汇总表见表 8 - 45。

表 8 - 45　单位工程费汇总表

工程名称：加工厂变电所电气工程

序号	项 目 名 称				简要说明及计算公式	金额/元
1	分部分项工程工程量清单计价合计				见表 6 - 30	39372.57
2	措施项目清单计价合计				见表 6 - 31	1747.98
3	其他项目清单计价合计				计取 3000	3000
4	规费	①	工程定额测定费		（1 + 2 + 3）×1.3‰	46.47
		②	工程排污费		人工费×1.3%	119.50
		③	社会保障费	失业保险费	人工费×2.44%	224.29
				医疗保险费	人工费×7.32%	672.86
				住房公积金	人工费×6.10%	560.71
				工伤保险费	人工费×1.22%	112.14
	小计				① + ② + ③	1735.96
5	税　金				（1 + 2 + 3 + 4）×3.44%	1577.46
	单位工程合计费用				1 + 2 + 3 + 4 + 5	47433.97

复习与思考题

8 - 1　试述识读电气工程施工图的步骤和要点。

8 - 2　试述电气安装工程量的计算方法和计算步骤。

8 - 3　试述电气安装工程预算的编制程序和注意事项。

8 - 4　电气安装工程清单项目设置主要有哪些内容？

8 - 5　电气安装工程综合单价如何确定？

8 - 6　采用《全国统一安装工程预算定额》，计算出表 8 - 46 所示油浸式电力变压器安装的综合单价。已知管理费按人工费的 155.4% 计算，利润按人工费的 60% 计算，一座十燥棚搭拆所需人工费 510 元及机械费 1190 元。

表 8 - 46 综合单价计算表

工程名称：　　　　　　　　　　　　　　　　　　　　　　　　　　　计量单位：台

项目编码：030201001001　　　　　　　　　　　　　　　　　　　工程数量：1

项目名称：油浸式电力变压器安装 SL_7 - 1000kV·A/10kV　　　　综合单价：元

序号	定额编号	工程内容	计量单位	工程数量	其中					
					人工费/元	材料费/元	机械费/元	管理费/元	利润/元	小计
1	2 - 3	油浸式电力变压器安装 SL_7 - 1000kV·A/10kV	台	2						
	2 - 25	变压器干燥	台	2						
	补	干燥棚搭拆	座	2						
	2 - 30	油过滤	t	0.15						
	2 - 358	梯子扶手构件制作	100kg	5						
	2 - 359	梯子扶手构件安装	100kg	5						
		合　计								

9 刷油、防腐蚀、绝热工程施工图预算编制

9.1 防腐与绝热工程概述

9.1.1 金属材料的腐蚀及防腐

9.1.1.1 金属材料的腐蚀

材料在外部条件作用下，产生化学作用和电化学作用，使之遭到破坏或发生质变的过程即称为腐蚀。由化学作用引起的腐蚀即化学腐蚀，由电化学作用引起的腐蚀称为电化学腐蚀，金属材料均会产生这两种腐蚀。

腐蚀的危害很大，它缩短设备和管道的使用寿命，造成很大的经济损失。供热、通风、空调及给水排水工程中，常因管道被腐蚀而引起漏水、漏气，浪费能源，影响生产。如果有毒介质外泄，还会造成环境污染。据有关资料统计，国外每年由于腐蚀所造成的经济损失约占国民生产总值的4%。

9.1.1.2 防腐措施

防腐的方法很多，如采取金属镀层（镀锌、镀铬等）、金属钝化、阴极保护及涂刷涂料等。在管道及设备的防腐方法中，采用最多的是涂料工艺。对于地面上的设备和管道，多采用油漆涂料，对于设置在地下的管道，则用沥青涂料。

9.1.1.3 防腐涂料基本知识

涂料防腐的机理就是靠漆膜将空气、水分、腐蚀介质等隔离起来，不与金属表面直接接触，以保护金属表面不受腐蚀。

涂料由主要成膜物质、次要成膜物质、辅助成膜物质三大部分所组成。

（1）主要成膜物质。这部分是构成涂料的基础，它是使涂料粘附在物件表面上成为涂膜的主要物质，没有它就不能称其为涂料。

成膜物质主要有油料和树脂两大类。常用的油料有天然植物油、鱼油、合成油。常用的树脂种类繁多，如天然树脂、酚醛树脂、醇酸树脂、氨基树脂、过氯乙烯树脂、乙烯树脂等。

以油为主要成膜物质的涂料，习惯上称为油性涂料（也叫油性漆）；以树脂为主要成膜物质的称为树脂涂料（也叫树脂漆）；油和一些天然树脂合用为主要成膜物质的涂料，习惯上称之为油基涂料（也称油基漆）。

（2）次要成膜物质。这种成分也是构成涂膜的组成部分。但它不能离开主要成膜物质单独构成涂膜。虽然涂料没有次要成膜物质也可成为涂膜，但有了它能使涂膜性能有所改进，使涂料品种增多，可满足不同的需要。

次要成膜物质又叫做颜料，颜料是不溶于水、油和溶剂的白色或有色的粉状物质。按

其化学成分可分为有机颜料和无机颜料两类；按来源分可分为天然颜料和人造颜料两类；按其作用分可分为着色颜料、防锈颜料、体质颜料三类。着色颜料主要是着色和遮盖物面缺陷，也可提高涂膜的耐久性、耐候性和耐磨性，常用的有红、黄、蓝、绿、青、白、黑等多种颜料；防锈颜料的主要品种有红丹（即四氧化三铅）、锌铬黄、氧化铁红、铝粉等；体质颜料又称填充颜料，都是一些白色粉末颜料，常用的有滑石粉、大白粉、重晶石粉等。

（3）辅助成膜物质。这种成分不能构成涂膜，或者不是构成涂膜的主体，只是对涂料变成涂膜的过程（施工过程），或者对涂膜的性能起一些辅助作用。这种成分主要是溶剂和辅助材料。

溶剂是一些能挥发的液体，具有溶解成膜物质的能力。涂料成膜后，溶剂就全部挥发，不存在于涂膜中，虽然如此，但对涂膜的形成和质量有很大影响。

溶剂的种类很多，如萜烯溶剂（松节油）、石油溶剂（又称松香水）、煤焦溶剂（如苯）、酮类溶剂及醇类溶剂等。

辅助材料主要用来改善涂料的性能、改善涂料的生产工艺、改善涂料的施工工艺、防止涂膜产生病态及改进涂膜性能等。根据其功用可分为催干剂、增塑剂、固化剂、润湿剂、悬浮剂、防结皮剂、紫外光吸收剂、稳定剂等。使用最多的是催干剂和增塑剂。

9.1.1.4　涂料施工工艺

涂料施工工艺包括两道工序，即物件表面处理和涂料施工。

（1）表面处理。表面处理的好坏，直接关系到涂膜的粘附力，是非常重要的工序。对钢、铁金属表面的处理主要是去油污和除锈。去油污的方法一般采用有机溶剂浸洗或用碱洗。除锈的方法分为机械除锈和化学除锈。机械除锈又分为人工除锈和喷砂除锈；化学除锈可采用酸洗除锈法。

（2）涂料施工。涂料施工方法很多，要根据被涂物件和涂料品种加以选择。

①刷涂。即用毛刷蘸漆涂刷物件。

②擦涂。用棉纱或棉球蘸漆擦涂物件、虫胶涂料常用此法。

③刮涂。用刮刀刮涂，涂腻子时使用。

④喷涂。用压缩空气将涂料从喷漆机均匀地喷至物体表面成为涂膜，适用于挥发快的涂料，用于大面积涂饰。

⑤浸涂。将物件浸入盛在容器中的涂料里浸渍，适合于构造复杂物件的涂饰。

⑥淋涂。即将涂料喷淋在移动的物件表面。

另外还有静电喷涂、无空气喷涂等方法。在建筑安装工程的施工现场，主要使用刷涂和喷涂方法。

9.1.1.5　地下管道防腐

埋地管道防腐主要是采用沥青涂料。沥青具有良好的粘结性、不透水性和不导电性。能抵抗稀酸、稀碱、盐、水和土的浸蚀，但不耐氧化剂和有机溶液的腐蚀，耐气候性也不强。

（1）沥青的种类。沥青分为地沥青（石油沥青）和煤沥青两大类。地下管道防腐一般用石油沥青。我国现行的石油沥青标准，分为道路石油沥青、建筑石油沥青和普通石油沥青。在防腐工程中，一般采用建筑石油沥青和普通石油沥青。常用沥青型号及其性能见

表 9 – 1。

表 9 – 1　常用沥青性能

名　称	牌　号	针入度/1·(100mm)$^{-1}$ 25℃，100g	伸长度/mm 25℃，不小于	软化点/℃ 不低于	溶解度（苯）/% 不小于	闪点（开口）/℃ 不低于	蒸发损失/% 160℃，5h 不大于	蒸发后针入度比/% 不小于
建筑石油沥青	10 号	5 ~ 20	1	90 ~ 110	99	200	1	60
	30 号甲	21 ~ 40	3	70	99	230	1	60
	30 号乙	21 ~ 40	3	60	99	230	1	60
普通石油沥青	75 号	75	2	60	98	230		
	65 号	65	1.5	80	98	230		
	55 号	55	1	100	98	230		

（2）防腐层结构。埋地管道腐蚀的轻重主要取决于土的性质。根据土的性质不同可将防腐层结构分为三种类型：普通防腐层，其厚度一般不小于 3mm；加强防腐层，其厚度一般不小于 6mm：特加强防腐层，其厚度一般不小于 9mm。防腐层具体厚度应按设计而定，具体结构见表 9 – 2。

表 9 – 2　埋地管道防腐层结构

防腐层层次（从金属表面起）	普通防腐层	加强防腐层	特加强防腐层
1	沥青底漆	沥青底漆	沥青底漆
2	沥青涂层	沥青涂层	沥青涂层
3	外包保护层	加强包扎层	加强包扎层
4		沥青涂层	沥青涂层
5		外包保护层	加强包扎层
6			沥青涂层
7			外包保护层

（3）防腐施工。埋地管道防腐施工分为表面处理、制备沥青底漆、涂刷底漆、制备沥青涂料、涂沥青涂层、安装保护层等工序。若是加强防腐层和特加强防腐层，则还有加强包扎层的安装。沥青底漆是沥青与汽油、煤油、柴油等溶剂按 1:（2.5 ~ 3.0）（体积比）的比例配制而成的。沥青涂层中间所夹的加强包扎层，可采用玻璃丝布、石棉油毡、麻袋布等材料，其作用是为了提高沥青涂层的机械强度和热稳定性。防腐层外面的保护层多采用塑料布和玻璃丝布包缠而成。

9.1.2　管道及设备的保温

9.1.2.1　保温的概念

保温又称绝热，是为了减少系统热量向外传递（保温）和外部热量传入系统（保冷）而采取的一种工艺措施。保温对节约能源，提高系统运行的经济性，改善劳动条件，防止烫伤和冻伤等都有重要意义。

保温和保冷虽统称绝热，但二者是有区别的。即保冷结构在绝热层外必须设置防潮层，以防止冷凝水的产生，而保温结构一般不设防潮层。

9.1.2.2 保温材料

（1）保温材料的性能。理想的保温材料首先要热导率小，而且重量要轻、有一定的机械强度、吸湿率低、不透气、耐热、不燃、无毒、无臭味、不腐蚀金属、能避免鼠咬虫蛀、不易霉烂、经久耐用、施工方便、价格低廉等。在实际工程中，全部满足上述条件的保温材料是很难找到的。必须根据具体情况分析比较，抓住主要矛盾，选择合适的材料。若用于保冷，则应主要考虑材料容重轻、热导率小、吸湿率小等特点；若用于保温，则应重点考虑材料在高温条件下的热稳定性。

（2）保温材料的种类。保温材料种类很多，常用的有岩棉、玻璃棉、矿渣棉、珍珠岩、硅藻土、石棉、水泥蛭石等类材料及碳化软木、聚苯乙烯泡沫塑料、聚氨酯泡沫塑料、泡沫玻璃、泡沫石棉、铝箔、不锈钢箔等品种。

9.1.2.3 保温结构

保温结构一般由防锈层、保温层、防潮层（对保冷结构而言）、保护层、防腐蚀及识别标志层组成。

（1）防锈层。将防锈涂料直接涂刷于管道和设备的表面即构成防锈层。

（2）保温层。在防锈层的外面是保温层，是保温结构的主要部分。对保冷结构而言，保温层外面要设置防潮层，以防生成凝结水使保温层受潮降低保温性能。常用的材料有沥青、沥青油毡、玻璃丝布、塑料薄膜、铝箔等。

（3）保护层。设在保温层或防潮层外面，主要是保护保温层或防潮层不受机械损伤。保护层常用的材料有石棉石膏、石棉水泥、金属薄板、玻璃丝布等。

（4）识别标志层及防腐蚀层。为了保护保护层不被腐蚀，在保护层外设置防腐层。一般采用油漆直接涂刷于保护层。用不同颜色的油漆设置防腐层，同时起到识别标志的作用。

9.1.2.4 保温层的施工方法

保温层的施工方法取决于保温材料的形状和特性。如石棉粉、硅藻土等不定形的散状材料宜用涂抹法保温；对于预制的保温瓦或板块材料宜用绑扎法保温，亦可用粘贴法保温，即用胶粘剂将保温材料粘于管道和设备的表面上；在矩形风管保温施工中常用钉贴法保温，施工时，先用胶粘剂将保温钉粘贴于风管表面上，再用手或木方轻轻拍打保温板，保温钉便穿透保温板而露出，然后套上垫片，将外露部分扳倒，即将保温板固定。

另外，还有缠包施工法（适用于卷状软质材料）；套筒式保温法（适用于加工成形的保温筒保温）；现场发泡硬质泡沫塑料保温法等。

9.1.2.5 防潮层施工

（1）以沥青为主体材料的防潮层施工常采用两种方法：

1）用沥青或沥青玛琋脂粘沥青油毡。

2）以玻璃丝布做胎料，两面涂沥青或沥青玛琋脂。

（2）以聚乙烯薄膜作防潮层，是直接将薄膜用胶粘剂贴在保温层的表面。

9.1.2.6 保护层种类

不管是保温结构还是保冷结构，均应设置保护层。保护层结构形式常见下面几种：

（1）沥青油毡和玻璃丝布构成的保护层。

（2）单独用玻璃丝布缠包的保护层。

（3）石棉石膏及石棉水泥保护层。

（4）金属薄板保护层。

9.2 工程量计算规则与计价表套用

9.2.1 工程量计算规则

9.2.1.1 总则

（1）刷油工程和防腐蚀工程中设备、管道以"mm^2"为计量单位。一般金属结构和管廊钢结构以"kg"为计量单位；H型钢制结构（包括大于400mm以上的型钢）以"$10m^2$"为计量单位。

（2）绝热工程中绝热层以"m^3"为计量单位，防潮层、保护法以"m^2"为计量单位。

（3）计算设备、管道内壁防腐蚀工程量时，当壁厚大于等于10mm时，按其内径计算；当壁厚小于10mm时，按其外径计算。

9.2.1.2 除锈工程

（1）喷射除锈按$Sa_{2.5}$标准确定。有变更级别标准，如Sa_3级按人工、材料、机械乘以系数1.1；Sa_2级或Sa_1乘以系数0.9计算。

（2）《全国统一安装工程预算定额》第十一册不包括除微锈（标准：氧化皮完全紧附，仅有少量锈点），发生时按轻锈定额乘以系数0.2。因施工需要发生的二次除锈，其工程量另行计算。

（3）设备简体、管道表面积计算公式为

$$s = \pi \times D \times L$$

式中　π——圆周率；

　　　D——设备或管道直径，m；

　　　L——设备简体高或管道延长米，m。

计算设备简体、管道表面积时已包括各种管件、阀门、人孔、管口凹凸部分，不再另外计算。

（4）设备除锈按设备外表面展开面积计算。

（5）金属结构除锈用手工和喷射除锈时，按质量"100kg"计算；用动力工具和化学除锈时，按面积"$10m^2$"计算。

（6）铸铁管除锈工程量。

1）按下面公式计算，即

$$s = L \times \pi \times D + 承口展开面积$$

2）简化计算。在实际工作中，一般习惯上是将焊接钢管表面积乘系数1.2，即为铸铁管表面积（包括承口部分），即

$$s = L \times Y \times 1.2$$

式中 L——铸铁管长度，m；

         Y——与铸铁管直径相同的焊接钢管表面积，m²。

3）查表计算。常用排水铸铁管除锈（刷油）表面积如表9－3所示。

表9－3   常用排水铸铁管除锈（刷油）表面积

公称直径/mm	表面积/m² · (100m)⁻¹	公称直径/mm	表面积/m² · (100m)⁻¹
75	26.70	200	66.60
100	34.56	250	82.90
150	50.90	300	101.80

（7）暖气片除锈工程量按暖气片散热面积计算。常用铸铁散热器散热面积如表9－4所示。

表9－4   常用铸铁散热器散热面积

铸铁散热器	表面积/m² · 片⁻¹	铸铁散热器	表面积/m² · 片⁻¹	铸铁散热器	表面积/m² · 片⁻¹
长翼型（大60）	1.2	圆翼型（D50）	1.5	四柱760	0.24
长翼型（小60）	0.9	二柱	0.24	四柱640	0.20
圆翼型（D80）	1.8	四柱813	0.28	M132	0.24

9.2.1.3 刷油工程

（1）不保温管道表面刷油。不保温管道刷油按表面积以"m²"计算。计算方法同除锈。

（2）管道保温层外布面（玻璃布、石棉布、玛琋脂面等）刷油，即保温层外的防潮和保护层面积。

1）公式法计算。根据保温层厚度形成的表面积计算刷油工程量，公式为

$$s = L \times \pi \times (D + 2.1\delta + 0.0082)$$

式中 L——管道长，m；

         D——管道外径，m；

         δ——保温层厚度，m；

   2.1——调整系数；

0.0082——捆扎线直径或带厚＋防潮层厚度，m。

2）查表法。按照保温层厚度，直接查阅第十一册《刷油、防腐蚀、绝热》附录九、附录十，得到管道布面刷油工程量。

（3）设备封头刷油，即保温层外的防潮和保护层面积，如图9－1所示，计算公式为

$$s = \left[(D + 2.1\delta) \div 2 \right]^2 \times \pi \times 1.5 \times N$$

式中 D——管道外径，m；

         δ——保温层厚度，m；

         N——封头个数。

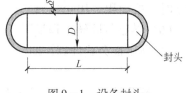

图9－1   设备封头

（4）阀门刷油，即保温层外的防潮和保护层面积，如图9－2所示，计算公式为

$$s = \pi \times (D + 2.1\delta) \times 2.5 \times D \times 1.05 \times N$$

式中 N——封头个数。

（5）法兰刷油，即保温层外的防潮和保护层面积，如图 9-3 所示，计算公式为

$$s = \pi \times (d + 2.1\delta) \times 1.5D \times 1.05 \times N$$

式中 N——法兰数量（副）。

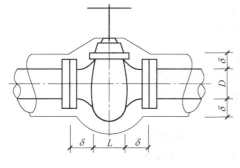

图 9-2   阀门保温图

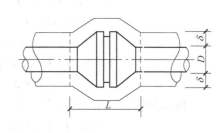

图 9-3   法兰保温

（6）油罐拱顶刷油，即保温层外的防潮和保护层面积，公式为

$$s = 2\pi r \times (h + 1.05\delta)$$

式中 r——油罐拱顶球面半径，m；

           h——灌顶拱高，m。

（7）矩形通风管道刷油，即保温层外的防潮和保护层面积，公式为

$$s = \left[2(A + B) + 8 \times (1.05\delta + 0.0041) \right] \times L$$

式中 A——风管长边尺寸，m；

           B——风管短边尺寸，m；

           L——风管长度，m；

           δ——保温层厚度，m；

   1.05——调整系数。

（8）暖气片刷油同暖气片除锈工程量。

9.2.1.4   绝热工程

根据规范或设计要求，绝热工程若需分层安装，在计算保温层工程量时，内保温层外径 D 视为管道直径，计算公式为

$$D' = D + 2.16\delta + 0.0032$$

式中 δ——内保温层厚度；

   0.0032——捆扎线直径或带厚。

（1）设备筒体、管道绝热、防潮、保护层。计算公式为

$$V = \pi (D + 1.033\delta) \times 1.033\delta$$

$$s = \pi (D + 2.1\delta + 0.0082) \times L$$

式中 D——直径，m；

   1.033，2.1——调整系数；

           δ——绝热层厚度，m；

           L——设备筒体、管道长度，m。

0.0082——捆扎线直径或钢带厚度。

（2）设备封头绝热、防潮、保护层。计算公式为

$$V = \pi(D + 1.033\delta) \times 2.5D \times 1.033\delta \times 1.05 \times N$$

$$s = \left[(D + 2.18) \div 2\right]^2 \times \pi \times 1.5 \times N$$

（3）阀门绝热、防潮、保护层。计算公式为

$$V = \pi(D + 1.033\delta) \times 2.5D \times 1.033\delta \times 1.05 \times N$$

$$s = \pi(D + 2.1\delta) \times 2.5D \times 1.05 \times N$$

（4）法兰绝热、防潮、保护层。计算公式为

$$V = \pi(D + 1.033\delta) \times 1.5D \times 1.033\delta \times 1.05 \times N$$

$$s = \pi(D + 2.1\delta) \times 1.5D \times 1.05 \times N$$

（5）弯头绝热、防潮、保护层。计算公式为

$$V = \pi(D + 1.033\delta) \times 1.5D \times 2\pi \times 1.033\delta \times N \div B$$

$$s = \pi(D + 2.1\delta) \times 1.5D \times 2\pi \times N \div B$$

（6）拱顶罐绝热、防潮、保护层。计算公式为

$$V = 2\pi r(h + 1.033\delta) \times 1.033\delta$$

$$s = 2\pi r(h + 2.1\delta)$$

（7）矩形通风管道绝热层。计算公式为

$$V = \left[2(A + B) \times 1.033\delta + 4 \times (1.033\delta)^2\right] \times L$$

9.2.1.5 主要材料损耗

主要材料损耗率表如表 9-5 所示。

表 9-5 主要材料损耗率表

序 号	名 称	损耗率	序 号	名 称	损耗率
1	保温瓦块（管道）	8.0	18	矿棉席（设备）	2.0
2	保温瓦块（设备）	5.0	19	玻璃棉毡（管道）	5.0
3	微孔硅酸钙（管道）	5.0	20	玻璃棉毡（设备）	3.0
4	微孔硅酸钙（设备）	5.0	21	超细玻璃棉毡（管道）	4.5
5	聚苯乙烯泡沫塑料瓦（管道）	2.0	22	超细玻璃棉毡（设备）	4.5
6	聚苯乙烯泡沫塑料瓦（设备）	20.0	23	牛毛毡（管道）	4.0
7	聚苯乙烯泡沫塑料瓦（风道）	6.0	24	牛毛毡（设备）	3.0
8	泡沫玻璃（管道）	8~15 瓦/20 板	25	麻刀、白灰（管道）	6.0
9	泡沫玻璃（设备）	8 瓦/20 板	26	麻刀、白灰（设备）	3.0
10	聚氨酯泡沫（管道）	3 瓦/20 板	27	石棉灰、麻刀、水泥（管道）	6.0
11	聚氨酯泡沫（设备）	8 瓦/20 板	28	石棉灰、麻刀、水泥（设备）	3.0
12	软木瓦（管道）	3.0	29	玻璃布	6.42
13	软木瓦（设备）	12.0	30	塑料布	6.42
14	软木瓦（风道）	6.0	31	油毡纸	7.65
15	岩棉瓦块（管道）	3.0	32	铁 皮	5.32
16	岩板（设备）	3.0	33	钢丝网	5.0
17	矿棉瓦块（管道）	3.0			

9.2.2 计价表套用

9.2.2.1 除锈工程

(1)《刷油、防腐蚀、绝热》第十一分册中的金属结构划分为一般钢结构、H 型钢结构（包括边长大于 400mm 的型钢）。一般钢结构包括平台、梯子、栏杆、支架等金属构件。管廊钢结构按一般钢结构定额乘以系数 0.75 计算。

(2)在使用定额时，除上面提到的管廊钢结构要按系数调整外，还要注意管廊钢结构中的梯子、平台、栏杆及管道支、吊架仍使用一般钢结构定额项目（包括除锈、刷油、防腐），同时管道钢结构中若有 H 型钢或边长大于 400mm 的型钢时，这部分结构则要使用 H 型钢结构定额。

(3)用管材制作的钢结构（如火炬塔钢管架）除锈、刷油、防腐蚀，按管材套用相应管道定额子目并乘以系数 1.20。

(4)《刷油、防腐蚀、绝热》第十一分册的工程量计算规则中列出了管道、设备、阀门等的刷油面积或绝热层、保护层的面积、体积工程量计算公式，其中设备封头、阀门和法兰的计算公式属于参考性质，因为各种封头的形状尺寸不一，各种阀门的外形尺寸不同，同样的阀门、法兰采用不同的保温结构时工程量也会有差别，如根据施工图或相关标准图能够较准确地计算工程量时，就不必使用这些计算公式；难以计算准确时，可按上述近似工程计算。

(5)在计算除锈、刷油、防腐蚀工程量时，各种管件、阀门、设备人孔、管口凹凸部分已在定额消耗量中综合考虑，不再另外计算。

(6)计算设备、管道内壁刷油、防腐蚀工程量计算时，当壁厚不小于 10mm 时按内径计算，壁厚小于 10mm 时，可按外径计算。

(7)工业工程以设计标高 ±0.00 为准，当安装高度超高在 6.00m 时，定额人工和机械（含 6m 以下）分别乘以表 9-6 中的系数。

(8)在洞库、暗室施工时，定额人工、机械消耗量增加 15%。

表 9-6　工业工程超高建筑增加费系数

高度/m	20 以内	30 以内	40 以内	50 以内	60 以内	70 以内	80 以内	80 以上
系数	1.21	1.32	1.43	1.53	1.63	1.73	1.83	2.00

注：民用建筑遵循其主体工程适用的各册定额的相关规定。

【例 9-1】　某工程采用无缝钢管 $\phi108\text{mm} \times 4\text{mm}$，共 25m 长，试查表计算其除锈刷油工程量。若该工程为手工除微锈，应如何套用定额？

【解】　查第十一册附录九（本例列出了其中的部分，如表 9-3 所示）。除锈刷油时，其绝热层厚度为 0mm，查得 $\phi108\text{mm}$ 管道单位面积（100m 长管道）为 $33.91\text{m}^2/100\text{m}$，则

工程量 = $25\text{m} \times 33.91\text{m}^2/100\text{m} = 8.478\text{m}^2$

按照定额规定，除微锈时按轻锈定额乘以系数 0.20，套定额 11-1（轻锈），调整为

基价 × 0.2 = 12.88 元 × 0.2 = 2.576 元

其中人工费 × 0.2 = 9.24 元 × 0.2 = 1.848 元

除锈安装费 = (8.478/10) × 2.576 元 = 2.18 元

其中人工费 = $(8.478/10) \times 1.848$ 元 = 1.57 元

【例 9 - 2】 某基建工程管网安装，管道内壁、外壁为 $2500mm^2$，需采用喷射除锈方法，砂质为石英砂，计算综合单价。

【解】 施工图预算表如表 9 - 7 所示。

表 9 - 7 施工图预算表

序号	定额编号	工程内容	计量单位	工程数量	其　中					
					人工费/元	材料费/元	机械费/元	管理费/元	利润/元	小计
1	8 - 23	管道内壁喷石英砂除锈	$10m^2$	125	6385.00	2725.00	19703.75			
	8 - 24	管道外壁喷石英砂除锈	$10m^2$	125	4180.00	2720.00	13975.00			
		主　材			12.54	176.20				
		石英砂	m^3	110		42570				
		合　计			10365.00	48915.00	33678.75	6529.95	8188.35	107677.05

9.2.2.2 刷油工程

本定额适用于管道、设备、通风管道、金属结构等金属面以及玻璃布、石棉布、玛琋脂面、抹灰面等涂（喷）油漆工程和埋地管道综合刷油共 11 项。

使用本定额时，应注意以下几点：

（1）本定额是按安装地点就地涂（喷）漆考虑的，如果安装前集中刷油，定额人工乘以系数 0.70（暖气片除外）。

（2）薄钢板风管刷油，仅外（或内）面刷油时，基价乘以系数 1.2，内外均刷油时，基价乘以系数 1.1（其法兰加固框、吊托支架已包括在此系数内）。

【例 9 - 3】 直径为 500mm 的圆形薄钢板风管 100m，内外表面均刷防锈漆一道，求其刷油的定额基价费（不包括主材费）。

【解】 首先计算工程量。刷油定额计量单位是"$10m^2$"。该风管工程量为 $\pi \times 0.5 \times 100 = 3.14 \times 50 = 157m^2 = 15.7$（$10m^2$）。

查管道刷油定额 13 - 37，管道刷一遍防锈漆的基价为 21.59 元，则该风管刷油定额基价费为：$21.59 \times 1.1 \times 15.7 \times 2$ 元 = 745.72 元（式中 2 是因为内外表面积近似相等）。

式中系数 1.1 是风管内外表面刷油的系数。

（3）管道标志色环、补口补伤等零星刷油，使用相应定额项目，其人工乘以系数 2.0，材料消耗量乘以系数 1.20。

（4）定额油漆种类中列有银粉和银粉漆，银粉是指采用银粉与稀料配制的，可在现场配制后涂装；银粉漆是指施工现场供应的成品银粉浆，可以直接用于涂装。

（5）定额主材与稀干料可以换算，但人工与材料消耗量不变。

【例 9 - 4】 某工业管道工程采用无缝钢管 $\phi108mm \times 4mm$，共 25m 长，安装前集中涂防锈漆一遍，请问应如何套用定额？

【解】 因本工程为安装前集中涂漆，应对定额进行调整，具体如下：

查定额 11 - 54（涂防锈漆第 1 遍），原基价为 19.14 元，其中人工费为 7.20 元，材料费为 11.94 元，机械费不存在。调整后基价 = 人工费 × 0.7 + 材料费 + 机械费 =（7.20

$\times 0.7 + 11.94 + 0$）元 = 16.98 元。

安装费 = $(25 \div 10) \times 16.98$ 元 = 42.45 元，其中人工费 = $(25 \div 10) \times (7.20 \times 0.7)$ 元 = 12.60 元。

【例 9 - 5】 某工程采用无缝钢管 $\phi108mm \times 4mm$，共 25m 长，管道外保温层厚度 $\delta = 30mm$，保温层外缠玻璃丝布防潮层后涂调和漆两遍，试查表计算其防潮层与刷油工程量。

【解】 查第 11 册定额附录九。当绝热层厚度 $\delta = 30mm$ 时，查得 $\phi108mm$ 管道单位面积（100m 长管道）为 $56.27m^2/100m$，其工程量 = $25m \times 56.27m^2/100m = 14.068m^2$。

【例 9 - 6】 某管道安装工程需除锈刷油。除锈采用手工除锈（中锈），刷油要求红丹防锈漆两遍，银粉漆两遍，管道展开面积为 $1000m^2$，计算其工程基价。

【解】 计算分析：

①手工除锈套预算定额 11 - 2 号子目。

②红丹防锈漆套预算定额 11 - 51 及 11 - 52 号子目。

③银粉漆套预算定额 11 - 56 及 11 - 57 号子目。

④计算主材：红丹防锈漆用量为 277kg，银粉漆为 69kg。

⑤施工图预算表如表 9 - 8 所示。

表 9 - 8　管道刷油、除锈工程预算表

序号	定额编号	工程内容	计量单位	工程数量	价值 定额单价	价值 总价	其中 人工费/元 单价	其中 人工费/元 合价	其中 材料费/元 单价	其中 材料费/元 合价	其中 机械费/元 单价	其中 机械费/元 合价
	11 - 2	手工除锈	10m²	100	25.58	2558	18.81	1881	6.77	677		
	11 - 51	红丹防锈漆第 1 遍	10m²	100	7.34	734	6.27	627	1.07	107		
		红丹防锈漆第 2 遍	10m²	100	7.23	723	6.27	627	0.96	96		
2		银粉漆第 1 遍	10m²	100	11.31	1131	6.50	650	4.81	481		
		银粉漆第 2 遍	10m²	100	10.64	1064	6.27	627	4.37	437		
		主　材										
		红丹防锈漆	kg	277	14.98	4149.46						
		银粉漆	kg	69	19.11	1318.59						
		合　计				11678.05		4112		7266.05		

9.2.2.3　绝热工程

（1）定额项目设置。本定额适用于设备、管道、通风管道的绝热工程。供选用的绝热材料有硬质瓦块（珍珠岩瓦、蛭石瓦、微孔硅酸钙瓦等）、泡沫玻璃瓦块与板材、纤维类制品（岩棉、矿棉、玻璃棉及超细玻璃棉、泡沫石棉及硅酸铝纤维等材质的管壳、板材）、聚氨酯及聚苯乙烯泡沫塑料瓦块与板材、各种岩棉、玻璃棉缝毡、棉席（被）类制品、纤维类散装材料（散棉）、橡塑保温管套与板材、铝箔复合玻璃棉管壳与板材以及硅酸盐类涂装材料和聚氨酯现场喷涂发泡等；此外，还设置各种防潮层、保护层安装以及管道、设备、钢结构的防火涂料等项目。

（2）定额使用中有关问题的说明。管道绝热除橡塑保温管项目外，均未包括阀门、法兰绝热工程量；发生时已列定额项目的（棉席类、散状纤维类及硅酸盐涂抹类）按相

应定额项目计算，其他材料按相应管道绝热定额项目计算（即阀门或法兰工程量并入管道工程量）。按照保温层厚度，直接查阅第十一册《刷油、防腐蚀、绝热工程》附录九、附录十，得到管道绝热工程量。

橡塑保温管项目的阀门与法兰保温层所需要增加的人工、材料（包括主材消耗量）已综合考虑在管道项目中，不再另计。

在计算管道绝热工程量时，不扣除阀门、法兰所占长度（阀门、法兰工程量计算式中已做考虑），而在计算阀门与法兰绝热工程量时应注意，与法兰阀门配套的法兰已含在阀门绝热工程量中，不再单独计算。

计算设备绝热工程量时，不扣除人孔、接管开孔面积，并应参照设备筒体绝热工程量计算式增计人孔与接管的管节部位绝热工程量。

聚氨酯泡沫塑料发泡绝热工程，是按有模具浇注法施工考虑的，其模具摊销已计入定额；若采用现场直喷法施工应扣除定额内模具摊销及黄油消耗量；若在加工厂进行喷涂发泡时，定额人工乘以系数 0.70，其余不变。

镀锌铁皮保护层厚度按 0.8mm 以下综合考虑，如铁皮厚度大于 0.8mm，定额人工乘以系数 1.20；卧式设备包铁皮，其人工乘以系数 1.05；如设计另有涂装密封胶、加箍钢带等要求时，按铁皮保护层辅助项目计算。

《全国统一安装工程预算定额》第十一册均按先安装后绝热施工考虑，若先绝热后安装时，其绝热人工乘以系数 0.90。

绝热材料不需粘结时，套用有关子目，须减去其中的粘结材料，人工乘以系数 0.5。

【例 9 - 7】 如 $D = 500$ 通风管道用聚氨酯泡沫塑料瓦块保温，其瓦块安装定额是按粘结考虑的，基价为 54.32 元/m^2，其中人工费为 37.12 元，材料费为 17.2 元，共需粘结剂 25kg。定额基价中不含粘结剂的费用。

如果用保温材料粘结，则应按地区预算价格计算粘结剂的费用。如果设计不需粘结，则不应计取粘结剂费用，而且人工费应乘以 0.5。

【解】 安装 $1m^3$ 管道保温材料的定额基价费为 $54.32 - 31.12 + 37.12 \times 0.5 = 35.16$（元）。

依据规范要求，保温厚度大于 100mm、保冷厚度大于 80mm 时应分层安装，工程量应分层计算，采用相应厚度定额。

现场补口、补伤等零星绝热工程，按相应材质定额项目人工、机械乘以系数 2.0，材料消耗量（包括主材）乘以系数 1.20。

采用不锈钢薄钢板作保护层安装，执行金属保护层定额相应项目，其人工乘以系数 1.25，钻头消耗量乘以系数 2.0，机械乘以系数 1.15。

卷材安装应执行相同材质的板材安装项目，其人工、铁丝消耗量不变，但卷材损耗率按 3.1% 考虑。

复合成品材料安装应执行相近材质瓦块（或管壳）安装项目。复合材料分别安装时，应分层计算。保温托盘、钩钉及钢板保温盒制作与安装项目中已包括了除锈与涂防锈漆的工作内容，不要重复计算。

9.2.2.4 防腐蚀涂料工程

（1）《全国统一安装工程预算定额》第十一册不包括热固化内容，应按相应定额另行计算。

（2）涂料配比与实际设计配合比不同时，应根据设计要求进行换算，但人工、机械不变。

（3）《全国统一安装工程预算定额》第十一册过氯乙烯涂料是按喷涂施工方法考虑的，其他涂料均按刷涂考虑。若发生喷涂施工时，其人工乘以系数 0.3，材料乘以系数 1.16，增加喷涂机械内容。

9.2.2.5 手工糊衬玻璃钢工程

（1）如因设计要求或施工条件不同，所用胶液配合比、材料品种与《全国统一安装工程预算定额》第十一册不同时，应按本册各种胶液中树脂用量为基数进行换算。

（2）玻璃钢聚合固化方法与定额不同时，按施工方案另行计算。

（3）《全国统一安装工程预算定额》第十一册是按手工糊衬方法考虑的，不适用于手工糊制或机械成型的玻璃钢制品工程。

9.2.2.6 橡胶板及塑料板衬里工程

（1）本章热硫化橡胶板衬里的硫化方法，按间接硫化处理考虑，需要直接硫化处理时，其人工乘以系数 1.25，其他按施工方案另行计算。

（2）《全国统一安装工程预算定额》第十一册中塑料板衬里工程，搭接缝均按胶接考虑，若采用焊接时，其人工乘以系数 1.8，胶浆用量乘以系数 0.5。

9.2.2.7 衬铅及搪铅工程

（1）设备衬铅是按安装在滚动器上施工考虑的，若设备安装后进行挂衬铅板施工时，其人工乘以系数 1.39，材料、机械不变。

（2）《全国统一安装工程预算定额》第十一册衬铅铅板厚度按 3mm 考虑，如铅板厚度大于 3mm 时，人工乘以系数 1.29，材料、机械另行计算。

9.2.2.8 耐酸砖、板衬里工程

（1）采用勾缝方法施工时，勾缝材料按相应定额项目树脂胶泥用量的 10% 计算，人工按相应项目人工的 10% 计算。

（2）衬砌砖、板按规范进行自然养护考虑，若采用其他方法养护，按施工方案另行计算。

（3）胶泥搅拌可按机械搅拌考虑。若采用其他方法时不得调整。

【例 9 – 8】 某工程采用无缝钢管 $\phi108mm \times 4mm$，共 25m 长，管道外保温层厚度 $\delta = 30mm$，保温层外缠玻璃丝布防潮层后刷调和漆两遍，试查表计算其绝热工程量。

【解】 查第十一册定额附录九，当绝热层厚度 $\delta = 30mm$ 时，查得 $\phi108mm$ 管道单位体积（100m 长管道）为 $1.35m^3/100m$，其工程量 $= 25m \times 1.35m^3/100m = 0.3375m^3$。

9.2.2.9 综合系数

（1）安装与生产同时进行增加费用，按人工费的 10% 计取。

（2）在有害身体健康的环境中施工，降效增加费用按人工费的 10% 计取。

（3）脚手架搭拆费：

1）刷油工程。按定额人工费的 8% 计算，其中人工工资占 25%。

2）防腐蚀工程。按定额人工费的 12% 计算，其中人工工资占 25%。

3）绝热工程。按定额人工费的 20% 计算，其中人工工资占 25%。

说明：除锈工程的脚手架搭拆费计算分别随同刷油或防腐蚀工程计算，即刷油或防腐

蚀工程在计算其脚手架措施费用时应包括除锈工程人工费。

9.3 工程项目设置

9.3.1 适用范围

《刷油、防腐蚀、绝热工程》适用于新建、扩建项目中的设备、管道、金属结构等的刷油、防腐蚀、绝热工程。

9.3.2 定额工程内容组成

本定额共有 11 个分部工程。

(1) 除锈工程。列有手工除锈、动力工具除锈、喷射除锈、化学除锈 4 项共 51 个子目。

1) 人工除锈。分别以管道、设备和金属结构上的轻锈、中锈、重锈划分工程定额子目。所谓轻锈，即部分氧化皮开始破裂脱落，红锈开始发生；中锈即氧化皮部分破裂脱落，呈堆粉末状，除锈后用肉眼能见到腐蚀小凹点；重锈即氧化皮大部分脱落，呈片状锈层或凸起的锈斑，除锈后出现麻点或麻坑。

工作内容包括除锈和除尘。

2) 动力工具（砂轮机）除锈。以金属面上轻锈、中锈、重锈划分子目。工作内容包括除锈、除尘。

3) 喷射除锈。区别喷河砂和石英砂，按设备、管道内壁外壁划分子目，计量单位为 $10m^2$。金属结构单列一个子目，以质量"100kg"为计量单位。工作内容包括运砂、筛砂、烘砂、装砂、喷砂、砂子回收、现场清理及工机具修理。

4) 化学除锈。按一般金属面和特殊金属面划分子目，计量单位为"m^2"。工作内容包括配液、液洗、中和、冲洗、吹干及检查。

(2) 刷油工程。列有管道、设备、金属结构等各类、各漆种刷油 11 项共 252 个子目。刷油工程包括金属面、管道（含通风管道）、设备、金属结构、玻璃布面、石棉布面、玛琋脂面、抹灰面等刷（喷）油漆工程。除金属结构刷油以"100kg"为计量单位外，其余均以"$10m^2$"为计量单位。子目划分一般是按照油漆类别和涂刷遍数来划分的。有的内容也考虑到部位，如气柜刷油。工作内容包括调配漆料和涂刷或喷涂。

(3) 防腐蚀涂料工程。列有使用各类树脂漆、聚氨酯漆、氯磺化聚乙烯漆等漆种的管道、设备、金属结构防腐项目 22 项共 277 个子目。包括管道、设备和支架刷涂料以及涂料聚合等内容。其工程量的计算应根据不同涂料的层数，采用涂料的不同种类和涂刷遍数，分别以"m^2"为单位计算。

(4) 手工糊衬玻璃钢工程。列有常用配比的各种玻璃钢内衬（设备）和塑料管道玻璃钢增强共 10 项 70 个子目。

(5) 橡胶板及塑料板衬里工程。列有各种形状设备和管道、阀门橡胶衬里以及金属表面软聚氯乙烯板衬里共 7 项 48 个子目。

(6) 衬铅及搪铅工程。列有设备与型钢等表面衬铅、搪铅 2 项 6 个子目。

（7）喷镀（涂）工程。列有管道、设备及型钢表面的喷镀（铝、钢、锌、铜）与喷塑共5项28个子目。

（8）耐酸砖、板衬里工程。列有以各种树脂胶泥为胶料的耐酸砖、板设备内衬及胶泥抹面等共10项201个子目。

（9）绝热工程。列有使用各种常用绝热材料的管道、设备和通风管道的保温（冷）及其防潮层、保护层、钩钉、托盘、保温盒等共14项193个子目。包括设备、管道及通风管道的绝热工程。一般绝热层以"m^3"为计量单位，防潮层、保护层以"m^2"为单位。工作内容包括运料、下料、安装、捆扎、修理等内容。

（10）管道补口补伤工程。列有管道接口现场补涂防腐涂料与涂层共6项208个子目。

（11）阴极保护及牺牲阳极。列有阴极保护及牺牲阳极共4项10个子目。

9.4 刷油、防腐与绝热工程施工图预算编制实例

某学校食堂热水采暖工程，工程系统图如图9-4所示，工程施工图如图9-5所示。地沟内管道采用岩棉瓦块保温（厚30mm），外缠玻璃丝布一层，再涂沥青漆一道。地上

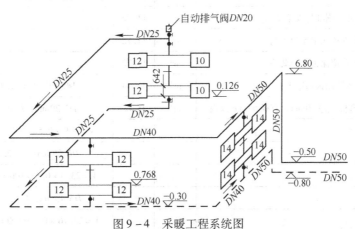

图9-4 采暖工程系统图

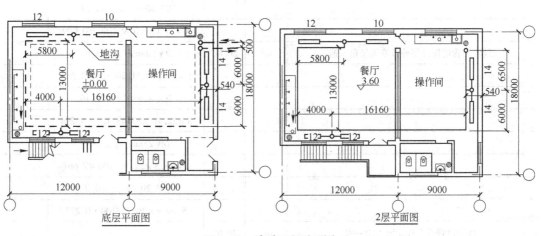

图9-5 采暖工程平面图

管道人工除微锈后涂红丹防锈漆两遍，再涂银粉两遍。散热器安装后再涂银粉一遍。散热器为四柱813型。工程量计算如表9-9所示，安装工程预算书如表9-10所示。

表9-9 采暖工程刷油绝热工程量计算书

工程编号：　　　　　工程名称：　　　　　　　　　　年　月　日　共　页　第　页

刷 油 保 温	单位	数量	计 算 公 式	备注
地上管道刷红丹漆第1遍	m²	11.72	$DN15mm$：$L = 31.16$	
			$S = 31.16 \times 6.68/100 = 2.082$	
			$DN20mm$：$L = 16.548$	
			$S = 16.55 \times 8.4/100 = 1.390$	
			$DN25mm$：$L = 22.8$	
			$S = 22.8 \times 10.52/100 = 2.40$	
			$DN40mm$：$L = 22.16$	
			$S = 22.16 \times 15.07/100 = 3.34$	
			$DN50mm$：$L = 13.3$	
			$S = 13.3 \times 18.85/100 = 2.507$	
地上管道刷红丹漆第2遍	m²	11.72		
地上管道涂银粉第1遍	m²	11.72		
地上管道涂银粉第2遍	m²	11.72		
散热器涂银粉第1遍	m²	41.44	$148 \times 0.28 = 41.44$	
地沟内管道保温岩棉瓦厚30mm、直径57mm以内	m³	0.42	$DN20mm$：$L = 0.9$	
			$V = 0.9 \times 0.56/100 = 0.005$	
			$DN25mm$：$L = 23.3$	
			$V = 23.3 \times 0.63/100 = 0.147$	
			$DN40mm$：$L = 22.16$	
			$V = 22.16 \times 0.76/100 = 0.168$	
			$DN50mm$：$L = 11.08$	
			$V = 11.08 \times 0.89/100 = 0.099$	
地沟内管道保温层外缠玻璃丝布一遍	m²	20.80	$DN50mm$：$L = 11.08$	
			$S = 11.08 \times 41.20/100 = 4.565$	
			$DN40mm$：$L = 22.16$	
			$S = 22.16 \times 37.43/100 = 8.294$	
			$DN25mm$：$L = 23.3$	
			$S = 23.3 \times 32.88/100 = 7.661$	
			$DN20mm$：$L = 0.9$	
			$S = 0.9 \times 30.77/100 = 0.277$	
地沟内管道布面涂沥青漆一遍	m²	20.80		

表 9 – 10 安装工程预算书

工程编号：　　　　　工程名称：　　　　　年　　月　　日　　　　　共　　页　第　　页

定额编号	项目名称	单位	数量	主材用量	单价/元		合价/元		
					主材单价	基价	其中：人工费	主材费	基价（安装费）	其中：人工费
	采暖工程刷油保温									
11 – 52	地上管道涂红丹防锈漆第 1 遍	10m²	1.172			21.14	7.20		24.78	8.44
11 – 53	地上管道涂红丹防锈漆第 2 遍	10m²	1.172			19.55	7.20		22.91	8.44
11 – 57	地上管道涂银粉漆第 1 遍	10m²	1.172			18.84	7.45		22.08	8.73
11 – 58	地上管道涂银粉漆第 2 遍	10m²	1.172			17.62	7.20		20.65	8.44
11 – 174	散热器涂银粉一遍	10m²	4.144			22.64	9.04		93.82	37.46
11 – 224	地沟内管道布面涂沥青漆一遍	10m²	2.08			62.10	22.88		129.17	47.59
11 – 952	地沟内管道保温岩棉瓦厚 30mm、直径 57mm 以内	m³	0.42			189.3	157.64		79.51	66.21
	岩棉管壳			0.42×1.03 = 0.433						
11 – 1045	管道外缠玻璃丝布一道	10m²	2.08			12.69	12.52		26.40	25.04
	玻璃丝布 0.5	m²		2.08×14 = 29.12						
	第十一册刷油小计								313.41	119.10
	第十一册绝热小计								105.91	91.25
	第十一册合计								419.32	210.35
	采暖系统调整费	采暖工程人工费×15%：210.35×15%（其中人工工资占25%）							31.55	7.89
									450.87	218.24
措施	第十一册刷油脚手架搭拆费	第十一册刷油人工费×8%：119.10×8%（其中人工工资占25%）							9.53	2.38
措施	第十一册绝热脚手架搭拆费	第十一册绝热人工费×20%：91.25×20%（其中人工工资占25%）							18.25	4.56
措施费	脚手架搭拆费合计								27.78	6.94

复习与思考题

9 - 1　判断题：

（1）在计算除锈、刷油、防腐蚀工程量时，各种管件、阀门、设备人孔、管口凹凸部分不包括在定额消耗量中，应另外计算。（　　）

（2）除微锈时，按轻锈定额乘以系数0.20，因施工需要发生的二次除锈可以另行计算。（　　）

（3）本册定额是按安装地点就地涂（喷）漆考虑的，如果安装前集中刷油，定额人工乘以系数0.70（暖气片除外）。（　　）

（4）管道绝热除橡塑保温管项目外，均包括阀门、法兰绝热工程量。（　　）

（5）镀锌铁皮保护层厚度按0.8mm以下综合考虑，如铁皮厚度大于0.8mm，定额人工乘以系数1.20。（　　）

（6）现场补口、补伤等零星绝热工程，按相应材质定额项目人工、机械乘以系数1.5，材料消耗量（包括主材）乘以系数2.0。（　　）

（7）本册定额均按先安装后绝热施工考虑，若先绝热后安装时，其绝热人工乘以系数1.2。（　　）

9 - 2　案例分析：

某建筑采用上供下回热水采暖系统供暖，如图9-6所示。供回水干管道采用石棉瓦块保温（厚30mm），外缠玻璃丝布一层，再漆银粉涂一道。其余管道人工除微锈后涂红丹防锈漆两遍，再涂银粉漆两遍。散热器安装后再涂银粉漆一遍。试计算其刷油、绝热工程量，并套用相应定额计算其直接工程费。

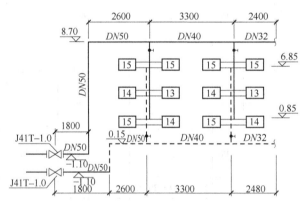

图9-6　某建筑上供下回热水采暖系统

10 安装工程工程量清单编制与招投标报价

10.1 安装工程工程量清单编制

10.1.1 工程量清单

10.1.1.1 概述

工程量清单BOQ（bill of quantity）是在19世纪30年代产生的，西方国家把计算工程量、提供工程量清单专业化为业主估价师的职责，所有的投标都要以业主提供的工程量清单为基础，从而使得最后的投标结果具有可比性。工程量清单报价是建设工程招投标工作中，由招标人按国家统一的工程量计算规则提供工程数量，由投标人自主报价，并按照经评审低价中标的工程造价计价模式。

工程量清单计价方法是一种区别于定额计价模式的新计价模式，是一种主要由市场定价的计价模式，是由建设产品的买方和卖方在建设市场上根据供求状况、信息状况进行自由竞价，从而最终签订工程合同价格的方法。因此，可以说工程量清单的计价方法是在建设市场建立、发展和完善过程中的必然产物。在工程量清单的计价过程中，工程量清单向建设市场的交易双方提供了一个平等的平台，是投标人在投标活动中进行公正、公平、公开竞争的重要基础。推行工程量清单计价，有利于我国工程造价管理职能的转变，有利于规范市场计价行为，规范建设市场秩序，促进建设市场有序竞争。全部使用国家资金（含国家融资资金）投资或国有资金投资为主的工程建设项目，必须采用工程量清单计价，非国有资金投资的工程建设项目，可采用工程量清单计价。《计价规范》是统一工程量清单编制，规范工程量清单计价的国家标准，是调整建设工程工程量清单计价规范活动中，发包人与承包人各种关系的规范文件。工程量清单计价是与"定额"计价方式共存于招标投标活动中的另一种计价方式。凡是建设工程招标投标实行工程量清单计价，不论招标主体是政府机构、国有企事业单位、集体企业、私人企业和外商投资企业，还是资金来源是国有资金、外国政府贷款及援助资金、私人资金等都应遵循本规范。

10.1.1.2 工程量清单的含义

（1）工程量清单是把承包合同中规定的准备实施的全部工程项目和内容，按工程部位、性质以及它们的数量、单工程量清单价、合价等列表表示出来，用于投标报价和中标后计算工程价款的依据，工程量清单是承包合同的重要组成部分。

（2）工程量清单是按照招标要求和施工设计图纸要求，将招标工程的全部项目和内容依据统一的工程量计算规则和子目分项要求，计算分部分项工程实物量，列在清单上作为招标文件的组成部分，供投标单位逐项填写单价用于投标报价。

（3）工程量清单的描述对象是拟建工程，其内容涉及清单项目的性质、数量等，并以表格为主要表现形式。

10.1.1.3　工程量清单的作用

工程量清单是编制招标工程标底价，投标报价和工程结算时调整工程量的依据。

工程量清单必须依据行政主管部门颁发的工程量计算规则、分部分项工程项目划分及计算单位的规定、施工设计图纸、施工现场情况和招标文件中的有关要求进行编制。

工程量清单应由具体相应资质的中介机构进行编制。

工程量清单应当符合有关规定要求。

10.1.1.4　GB 50500—2008 主要内容

（1）一般概念。

1）工程量清单计价方法（以招、投标过程为例）。工程量清单计价方法是建设工程招标、投标中，招标人按照国家统一的工程量计算规则提供工程数量，由投标人依据工程量清单自主报价，并按照经评审最低价中标的工程造价计价方式。GB 50500—2008 规定：全部使用国有资产投资或国有资产投资为主的工程建设项目，必须采用工程量清单计价；非国有资产投资的工程建设项目，建议采用工程量清单计价。

2）工程量清单。工程量清单是表示建设工程的分部分项工程项目、措施项目、其他项目、规费项目和税金项目的名称和相应数量等的明细清单。工程量清单是一个工程计价中反映工程量的特定内容的概念，与建设阶段无关，在不同阶段，又可分为“招标工程量清单”、“结算工程量清单”等。工程量清单应按计价规范附录中统一的项目编码、项目名称、项目特征、计量单位和工程量计算规则进行编制，包括分部分项工程量清单、措施项目清单、其他项目清单、规费项目清单和税金项目清单。工程量清单是工程量清单计价的基础，是作为编制招标控制价、投标报价、工程计量及进度款支付、调整合同款、办理竣工结算以及工程索赔等的依据之一。

3）工程量清单计价。工程量清单计价是指完成工程量清单所需的全部费用，包括分部分项工程费、措施项目费、其他项目费、规费和税金。在建设工程招、投标过程中，除投标人根据招标人提供的工程量清单编制的“投标价”进行投标外，GB 50500—2008 设立了由招标人根据工程量清单编制的“招标控制价”。招标控制价是公开的最高限价，体现了公开、公正的原则。投标人的投标报价若高于招标控制价的，其投标应予拒绝。

（2）GB 50500—2008 的各章内容。

GB 50500—2008 包括正文和附录两大部分，二者具有同等效力。正文共 5 章，包括总则、术语、工程量清单编制、工程量清单计价、工程量清单计价表格等内容，分别就适用范围、遵循的原则、编制工程量清单应遵循的规则、工程量计价清单活动的规则、工程量清单及其计价格式作了明确规定。另外，GB 50500—2008 增加了条文说明，加强了造价工作者对条款的理解，从而尽可能减少歧义。

附录包括：

附录 A　建筑工程工程量清单项目及计算规则，适用于工业与民用建筑物和构筑物工程。

附录 B　装饰装修工程工程量清单项目及计算规则，适用于工业与民用建筑物和构筑物的装饰、装修工程。

附录 C　安装工程工程量清单项目及计算规则，适用于工业与民用安装工程。

附录 D 市政工程工程量清单项目及计算规则，适用于城市市政建设工程。

附录 E 园林绿化工程工程量清单项目及计算规则，适用于园林绿化工程。

附录 F 矿山工程工程量清单项目及计算规则，适用于矿山工程。

附录中包括项目编码、项目名称、项目特征、计量单位、工程量计算规则和工程内容。

其中项目编码、项目名称、项目特征、计量单位、工程量计算规则作为 5 个要件的内容，要求招标人在编制工程量清单时必须执行。

10.1.2 工程量清单编制

"工程量清单编制"共十三条，规定了工程量清单编制人、工程量清单组成和分部分项工程量清单、措施项目清单、其他项目清单的编制等。

10.1.2.1 一般规定

（1）工程量清单应由具有编制招标文件能力的招标人，或受其委托具有相应资质的中介机构进行编制。

（2）工程量清单应作为招标文件的组成部分。

（3）工程量清单应由分部分项工程量清单、措施项目清单、其他项目清单组成。

10.1.2.2 工程量清单的编制思路

工程造价管理部门可采用国际惯例作为整体框架，对工程量计算规则加以研究完善，制定全国统一的工程量计算规则，在以下几个方面与国际通行办法相统一，即：统一划分项目，统一计量单位，统一工程量计算，统一计价表的形式，同时编制出相应的工料消耗定额。

工程量清单应由具备招标文件的招标人或招标人委托的具有相应资质的造价咨询单位编制，这是招标人编制标底的依据，是投标方报价的依据，也是竣工结算调整的依据，它应包括编制说明和清单两部分，编制说明应包括编制依据、分部分项工程工作内容的补充要求、施工工艺等特殊要求以及主要材料价格档次的设定。

工程量清单的编制应按有关图纸、工程地质报告、施工规范、设计图集等要求和规定进行编制。要求表述清楚、用语规范。编制的内容中除实物消耗形态的项目之外，招标方还应列出非实物形态的竞争费用。同时也要明确竞争与非竞争工程费用的分类。

对《计价规范》中的列项，根据拟建工程的实际情况可以增减。在三部分清单项目中，主要是分部分项工程量清单。

（1）分部分项工程量清单的编制。分部分项工程量清单的编制，应根据附录规定的项目编码、项目名称、项目特征、计量单位和工程量计算规则进行编制。招标人必须按照规定执行，不得因情况不同而变动。

分部分项工程量清单应包括项目编码、项目名称、计量单位和工程数量。清单编码以 12 位阿拉伯数字表示。其中 1、2 位是附录顺序码，3、4 位是专业工程顺序码，5、6 位是分部工程顺序码，7、8、9 是分项工作顺序码，10、11、12 位是清单项目名称顺序码，应根据拟建工程的工程量清单项目名称设置，同一招标工程的项目编码不得重码。其中前 9 位是《计价规范》给定的全国统一编码，根据规范附录 A、附录 B、附录 C、附录 D、附录 E、附录 F 的规定设置，后 3 位清单项目名称顺序码由编制人根据图纸的设计要求设置。分部分项工程量清单编制程序如图 10-1 所示。

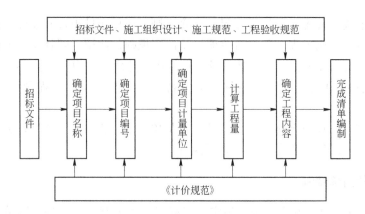

图 10-1   分部分项工程量清单编制程序

（2）措施项目清单的编制。措施项目清单的编制应考虑多种因数，编制时力求全面。除工程本身因素外，还涉及水文、气象、环境、安全和施工企业的实际情况等。为此，《计价规范》提供了"通用措施项目一览表"和"专业工程措施项目"，作为措施项目列项的参考。

"通用措施项目一览表"所列内容是指各专业工程（建筑、装饰、管道、电气等）的"措施项目清单"中均可列的措施项目。附录中的"专业工程措施项目"中所列的内容，是指相应专业的"措施项目清单"中均可列的措施项目，根据具体情况进行选择列项。

在通用项目中：一是将环境保护、文明施工、安全施工、临时设施合并定义为"安全文明施工"；二是增加了冬雨季施工等；三是将施工排水与施工降水分列；四是将模板、脚手架分列到附录专业工程中。其表格形式见表 4-19。

影响措施项目设置的因素太多，"通用措施项目一览表"和"专业工程措施项目"中不能一一列出，因情况不同，出现表中未列的措施项目，清单编制人可补充。补充项目应列在清单项目最后，并在"序号"栏中以"补"字表示。

通用措施项目清单通常以"项"为单位列项，相应数量为"1"。专业措施项目清单也可以按"项"列项计算，能准确计算工程量的项目宜采用分部分项工程量清单的方式编制。

非实体项目，一般来说，其费用的发生和金额的大小与使用时间、施工方法或者两个以上工序相关，与实际完成的实体工程量的多少关系不大，如文明施工、临时设施等。但有的非实体项目，则可以精确计量，如模板工程、脚手架等用分部分项工程量清单的方式，采用综合单价，有利于措施费的确定和调整。

《计价规范》还规定了凡能计算出工程量的措施项目，宜采用分部分项工程量清单的方式进行编制（项目编码、项目名称、项目特征、计量单位和工程数量），对不能计算出工程量的措施项目按"项"为计量单位进行编制。

（3）其他项目清单的编制。其他项目清单是指分部分项清单项目和措施项目以外，该工程项目施工中可能发生的其他项目。规范仅提供四项内容作为列项的参考，其余不足部分，编制人可根据工程的具体情况进行补充。其他项目清单由招标人部分、投标人部分两部分组成。其表格形式见表 4-20。

1）其他项目清单应根据拟建工程的具体情况，参照暂列金额、计日工、暂估价、总承包服务费等内容列项。

2）计日工应在施工过程中，完成发包人提出的施工图纸以外的零星项目或工作，按合同中约定的综合单价计价。

3）编制其他项目清单，出现未列项目，编制人可进行补充。

总之，工程建设标准的高低、工程的复杂程度、工程的工期长短、工程的组成内容等直接因素，影响其他项目清单中的具体内容，本规范提供了两部分四项作为列项的参考。其不足部分，清单编制人可进行补充，补充项目的编码由附录的顺序码与 B 和三位阿拉伯数字组成，并应从×B001 起顺序编制，统一招标工程的项目不得重码。

为了准确地计价，在工程量清单中应附补充项目的项目名称、项目特征、计量单位、工程量计算规则和工作内容，尤其是工程内容和工程量计算规范，以方便投标人报价和后期变更、结算。

10.1.3 工程量清单的使用

工程施工过程是工程量清单的主要使用阶段，这个过程是发包人控制造价与承包人追加工程款的关键时期，必须加大管理力度。使用工程量清单的合同，一般单价不再变化，工程量则随工程的实际情况有所增减。所以发包人在建设过程中严格控制工程进度款的拨付，避免超付工程进度款，占用发包人资金，降低投资效益，此外还应严格控制设计变更和现场签证，尽量减少设计变更与签证的数量。而承包人则需按照合同规定和业主要求，严格执行工程量清单报价中的原则与内容，同时要注意增减工程量的签证工作，及时与业主或工程师保持联系，以便合理追加工程款。

10.2 安装工程工程量清单计价

工程计量与计价是一个动态的过程，GB 50500—2008 与 GB 50500—2003 相比，增加了工程量清单计价活动中有关的招标控制价、投标报价、合同价款约定、工程计量与价款支付、索赔、竣工结算、工程计价争议处理等内容。

10.2.1 安装工程招标控制价的编制

10.2.1.1 招标控制价的概念

招标控制价是 GB 50500—2008 中新增加的一个术语，是指在工程采用招标发包的过程中，由招标人根据国家或省级、行业建设主管部门发布的有关计价规定，按设计施工图纸计算的工程造价，是招标人用于对招标工程发包的最高限价。有的省、市又称拦标价、预算控制价、最高报价。招标控制价的实质就是通常所称的标底，但和标底又有着明显区别，具体表现在：从 1983 年原建设部试行施工招标、投标制到 2003 年 7 月 1 日推行工程量清单计价这一时期，各地对中标价基本上采取不得高于标底3%，不得低于标底的 3%~5%等限制性措施评标定价，而且规定标底必须保密。但在 2003 年推行工程量清单计价以后，由于招标方式的改变，各地基本取消了中标价不得低于标底多少的规定。标底保密这一法律规定起到了公平竞标的作用，我国有的地区和部门在一些工程项目招标中，出现了所有投标人的投标报价均高于招标人的标底，即使是最低的报价，招标人也不可能接受，但由于缺乏相关制度的规定，招标人不接受又产生了招标的合法性问题，对招标工程的项目业主带来了困扰。因此，为了有利于客观、公平公正竞标，GB 50500—2008 在条文 4.2.1 中规定：国有资金投资的过程建设项目应实行工程量清单招标，并编制招标控制价。招标控制价超过批准的概算时，招标人应将其报原概算审批部门审核。投标人的报价高于招标控制价的，其投标应予以拒绝。招标控制价应在招标时公布，不应上调或下浮，招标人应将招标控制价及有关资料报送工程所在地工程造价管理机构备查。

投标人经复核认为招标人公布的招标控制价未按照 GB 50500—2008 的规定进行编制的，应在开标前 5 天向招、投标监督机构或工程造价管理机构投诉。招、投标监督机构应会同工程造价管理机构对投诉进行处理，发现确有错误的，应责成招标人修改。

10.2.1.2　招标控制价的编制依据

（1）《计价规范》。

（2）国家或省级、行业建设主管部门颁发的计价定额和计价办法。

（3）建设工程设计文件及相关资料。

（4）招标文件中的工程量清单及其有关要求。

（5）与建设项目相关的标准、规范、技术资料。

（6）工程造价管理机构发布的工程造价信息，工程造价信息未发布材料单价的材料，其价格应通过市场调查确定。

（7）其他的相关资料。

10.2.1.3　招标控制价编制用表及相关规定

（1）封面。投标控制价封面举例如表 10-1 所示，上边封面为招标人自行编制招标控制价用。下边封面为招标人委托工程造价咨询人编制招标控制价用。

表 10-1　招标控制价封面

<u>　　××中学教师住宅　　</u>工程
招标控制价

招标控制价(小写)：8413949

　　　　　（大写）：捌佰肆拾壹万叁仟玖佰肆拾玖元

招　标　人：	××中学 单位公章 (单位盖章)	工程造价 咨询人：	(单位资质专用章)
法定代表人 或其授权人：	××中学 法定代表人 (签字或盖章)	法定代表人 或其授权人：	(签字或盖章)
编　制　人：	×××签字 盖造价员专用章 (造价人员签字盖专用章)	复　核　人：	×××签字 盖造价工程师专用章 (造价工程师签字盖专用章)

编制时间：××××年×月×日　　　　　　复核时间：××××年×月×日

_____×× 中学教师住宅_____工程

招标控制价

招标控制价(小写): 8413949

（大写）：捌佰肆拾壹万叁仟玖佰肆拾玖元

招 标 人：	×× 中学 单位公章 （单位盖章）	工程造价 咨 询 人：	×× 工程造价咨询企业 资质专用章 （单位资质专用章）
法定代表人 或其授权人：	×× 中学 法定代表人 （签字或盖章）	法定代表人 或其授权人：	×× 工程造价咨询企业 法定代表人 （签字或盖章）
编 制 人：	××× 签字 盖造价员专用章 （造价人员签字盖专用章）	复 核 人：	××× 签字 盖造价工程师专用章 （造价工程师签字盖专用章）

编制时间：××××年×月×日   复核时间：××××年×月×日

（2）总说明。招标控制价总说明的内容应包括：

1）采用的计价依据。

2）采用的施工组织设计。

3）采用的材料价格来源。

4）综合单价中风险因素、风险范围（幅度）。

5）其他等。

投标控制价总说明举例，如表 10 - 2 所示。

表 10 - 2 招标控制价总说明

工程名称：×× 中学教师住宅工程　第 1 页　共 1 页

（1）工程概况：本工程为砖混结构，采用混凝土灌注桩，建筑层数为 6 层，建筑面积为 10940m^2，计划工期为 300 日历天。

（2）招标控制价包括范围：为本次招标的住宅工程施工图范围内的建筑工程和安装工程。

（3）招标控制价编制依据：

①招标文件提供的工程量清单。

②招标文件中有关计价的要求。

③住宅楼施工图。

④省建设主管部门颁发的计价定额和计价管理部门颁发的有关计价文件。

⑤材料价格采用工程所在地工程造价管理机构 ×××× 年 × 月工程造价信息发布的价格信息，对于工程造价信息没有发布价格信息的材料，其价格参照市场价。

（3）汇总表。由于编制招标控制价和投标报价包含的内容相同，只是对价格的处理不同，因此，对招标控制价和投标报价可以使用同一表格。汇总表包括工程项目招标控制价/投标报价汇总表见表10-3、单项工程招标控制价/投标报价汇总表见表10-4、单位工程招标控制价/投标报价汇总表见表10-5。

表 10-3 工程项目招标控制价/投标报价汇总表

工程名称：　　　　　　　　　　　　　　　　　　　　　　　　　第 页 共 页

序　号	单位工程名称	金额/元	其　中		
			暂估价/元	安全文明施工费/元	规费/元

注：本表适用于工程项目招标控制价或投标报价的汇总。

表 10-4 单项工程招标控制价/投标报价汇总表

工程名称：　　　　　　　　　　　　　　　　　　　　　　　　　第 页 共 页

序　号	单位工程名称	金额/元	其　中		
			暂估价/元	安全文明施工费/元	规费/元

注：本表适用于单项工程招标控制价或投标报价的汇总，暂估价包括分部分项工程中的暂估价和专业工程暂估价。

表 10-5 单位工程招标控制价/投标报价汇总表

工程名称：　　　　　　　标段：　　　　　　　　　　　　　第 页 共 页

序　号	汇总内容	金额/元	其中：暂估价/元

注：本表适用于单位工程招标控制价或投标报价的汇总，如无单位工程划分，单项工程也使用本表汇总。

（4）分部分项工程量清单与计价表。在前面已经讲到，GB 50500—2008 将分部分项工程量清单表和分部分项工程量清单计价表两表合一，采用这一表现形式，大大地减少了投标中因两表分设而带来的出错的概率。此表是编制招标控制价、投标价、竣工结算的最基本的用表。招标控制价中的分部分项工程费应根据招标文件中的分部分项工程量清单项目的特征描述及有关规定，按照招标控制价的编制依据，确定综合单价进行计算。招标控制价中的综合单价应包括招标文件中要求投标人承担的风险费用；招标文件提供了暂估单价的材料，按暂估的单价计入综合单价。

（5）工程量清单综合单价分析表。工程量清单综合单价分析表是评标委员会评审和判断综合单价组成及价格完整性、合理性的主要基础，对因工程变更调整综合单价也是必不可少的基础价格数据来源。采用评审的最低投标价法评标时，该分析表的重要性更为突出。该分析表集中反映了构成每一个清单项目综合单价的各个价格要素的价格及主要的"工、料、机"消耗量。编制招标控制价和投标报价时，需要对每一个清单项目进行组价，为了使组价工作具有可追溯性（回复评标质疑时尤其重要），需要表述每一个数据的来源。该分项表实际上是招标人编制招标控制价和投标人投标组价工作的一个阶段性成果文件。编制招标控制价，使用本表应填写使用的省级或行业建设主管部门发布的计价定额名称。工程量清单综合单价分析表，如表 10-6 所示。

表 10-6　工程量清单综合单价分析表

工程名称：　　　　　　　标段：　　　　　　　　　　第　页　共　页

项目编码			项目名称			计量单位		
				清单综合单价组成明细				
定额编号	定额名称	定额单位	数量	单价				合计			
				人工费	材料费	机械费	管理费和利润	人工费	材料费	机械费	管理费和利润
人工单价			小　计								
元/工日			未计价材料费								
			清单项目综合单价								
材料费明细	主要材料名称、规格、型号				单位	数量	单价/元	合价/元	暂估单价/元	暂估合计/元
	其他材料费									
	材料费小计									

10.2.2　安装工程投标价的编制

10.2.2.1　投标报价的概念

投标报价是在工程采用招标发包的过程中，由投标人或由其委托的具有相应资质的工程造价咨询人按照招标文件的要求，根据工程特点，并结合自身的施工技术、装备和管理水平，依据有关计价规范自主确定的工程造价，是投标人希望达成工程承包交易的期望价格，原则上它不能高于招标人设定的招标控制价，但不得低于成本。采用工程量清单方式招标的工程，为了使各投标人在投标报价中具有共同的竞争平台，所有投标人均应按照招标人提供的工程量清单填报价格。填写的项目编码、项目名称、项目特征、计量单位、工程量必须与招标人提供的一致。

10.2.2.2　投标报价的编制依据

（1）《计价规范》。

（2）国家或省级、行业建设主管部门颁发的计价办法。

（3）企业定额和国家或省级、行业建设主管部门颁发的计价定额。

（4）招标文件、工程量清单及其补充通知、答疑纪要。

（5）建设工程设计文件及相关资料。

（6）施工现场情况、工程特点及拟定的投标施工组织设计或施工方案。

（7）与建设项目相关的标准、规范、技术资料。

（8）市场价格信息或工程造价管理机构发布的工程造价信息。

（9）其他的相关资料。

10.2.2.3　投标报价编制用表及相关规定

（1）封面。投标总价封面举例如表 10-7 所示。投标人编制投标报价时，由投标人单位注册的造价人员编制。投标人盖单位公章，法定代表人或其授权人签字或盖章；编制的造价人员（造价工程师或造价员）签字盖执业专用章。

表 10-7　投标总价封面

招　标　总　价

招　标　人：　×× 中学

工程名称：　×× 中学教师住宅工程

招标控制价(小写)：　8413949

（大写）：　捌佰肆拾壹万叁仟玖佰肆拾玖元

投　标　人：　　×× 建筑公司
　　　　　　　　　单位盖章
　　　　　　　　（单位盖章）

法定代表人
或其授权人：　　×× 建筑公司
　　　　　　　　　法定代表人
　　　　　　　　（签字或盖章）

　　　　　　　　　××× 签字
　　　　　　　　盖造价工程师
编　制　人：　或造价员专用章
　　　　　　　　（签字或盖章）

编制时间：　×××× 年×月×日

投标总价应当与分部分项工程费、措施项目费、其他项目费和规费、税金的合计金额一致，即投标人在进行工程量清单招标的投标报价时，不能进行投标总价优惠（或降价、让利），投标人对投标报价的任何优惠（或降价、让利）均应反映在相应清单项目的综合单价中。

（2）总说明。投标报价总说明的内容应包括：

1）采用的计价依据。

2）采用的施工组织设计。

3）综合单价中风险因素、风险范围（幅度）。

4）措施项目的依据。

5）其他相关内容的说明等。

投标报价总说明举例,如表 10-8 所示。

表 10-8 投标报价总说明

工程名称:××中学教师住宅工程　　　　　　　　　　　　　　第 1 页 共 1 页

---

　　(1) 工程概况:本工程为砖混结构,混凝土灌注桩基,建筑层数为 6 层,建筑面积为 10940m²,招标计划工期为 300 日历天,投标工期为 280 日历天。

　　(2) 投标报价包括范围:本次招标的住宅工程施工图纸范围内的建筑工程和安装工程。

　　(3) 投标报价编制依据:

　　①招标文件及其提供的工程量清单和有关报价的要求,招标文件的补充通知和答疑纪要。

　　②住宅楼施工图及投标施工组织设计。

　　③有关的技术标准、规范和安全管理规定等。

　　④省建设主管部门颁布的计价定额和计价管理办法及相关计价文件。

　　⑤材料价格根据本公司掌握的价格信息,并参照工程所在地工程造价管理机构××年×月工程造价信息发布的价格。

---

　　(3) 汇总表。汇总表包括工程项目投标报价汇总表如表 10-3 所示,单项工程投标报价汇总表如表 10-4 所示,单位工程投标报价汇总表如表 10-5 所示。

　　(4) 分部分项工程量清单与计价表。编制投标报价时,分部分项工程量清单应采用综合单价计价。确定综合单价的最重要依据之一是该清单项目的特征描述,投标人投标报价时,应依据招标文件中分部分项工程量清单项目的特征描述确定清单的综合单价。在招标过程中,当出现招标文件中分部分项工程量清单特征描述与设计图纸不符时,投标人应以分部分项工程量清单的项目特征描述为准,确定投标报价的综合单价。当施工中施工图纸或设计变更与工程量清单项目特征描述不一致时,发、承包双方应按实际施工的项目特征,依据合同约定重新确定综合单价。招标文件中要求投标人承担的风险费用,投标人应考虑计入综合单价。在施工过程中,当出现的风险内容及其范围(幅度)在招标文件规定的范围(幅度)内时,综合单价不得变更,工程价款不作调整。投标人对表中的“项目编码”、“项目名称”、“项目特征”、“计量单位”、“工程量”均不应做改动。“综合单价”、“合价”自主决定填写,对其中的“暂估价”栏,投标人应将招标文件中提供了暂估材料单价的暂估价计入综合单价,并应计算出暂估单价的材料在“综合单价”及其“合价”中的具体数额,因此,为更详细反映暂估价情况,也可在表中增设一栏“综合单价”其中的“暂估价”。

　　(5) 工程量清单综合单价分析表。工程量清单综合单价分析表,如表 10-6 所示。

　　编制投标报价时,使用本表可填写使用的省级或行业建设主管部门发布的计价定额,如不使用,则不填写。

　　(6) 投标报价中的措施项目费。由于各投标人拥有的施工装备、技术水平和采用的施工方法有所差异,招标人提出的措施项目清单是根据一般情况确定的,没有考虑不同投标人的“个性”,投标人投标时根据自身编制的投标施工组织设计(或施工方案)确定措施项目,并对招标人提供的措施项目进行调整。投标人根据投标施工组织设计(或施工方案)调整和确定的措施项目应通过评标委员会的评审。

　　措施项目费的计算包括:

　　1) 措施项目的内容应依据招标人提供的措施项目清单和投标人投标时拟定的施工组

织设计或方案。

2）措施项目费的计价方式应根据招标文件的规定，可以计算工程量的措施清单项目，采用综合单价方式报价，其余的措施清单项目采用以"项"为计量单位的方式报价。

3）措施项目费由投标人自主确定，但其中的安全文明施工费应按照国家或省级、行业建设主管部门的规定计价，不得作为竞争性费用。投标报价中的措施项目费清单与计价表，如表 10-4 所示。

（7）投标报价中的其他项目费计价的相关规定。

1）暂列金额应按招标人在其他项目清单中列出的金额填写，不得变动。

2）材料暂估价应按招标人在其他项目清单中列出的单价计入综合单价；专业工程暂估价应按招标人在其他项目清单中列出的金额填写。

3）计日工按招标人在其他项目清单中列出的项目和数量，自主确定综合单价并计算计日工费用。

4）总承包服务费应依据招标人在招标文件中列出的分包专业工程内容和供应材料、设备情况，按照招标人提出的协调、配合与服务要求和施工现场管理需要自主报价。投标报价中的其他项目清单与计价表，如表 10-9～表 10-14 所示。

表 10-9　其他项目清单与计价汇总表

工程名称：　　　　　　　　　　　　标段：　　　　　　　　　第　页　共　页

序　号	项目名称	计量单位	金额/元	备　注
1	暂列金			
2	暂估价			
2.1	材料暂估单			
2.2	专业工程暂估价			
3	计日工			
4	总承包服务费			
合　计				材料暂估单价进入综合单价，此处不汇总

表 10-10　暂列金额明细表

工程名称：　　　　　　　　　　　　标段：　　　　　　　　　第　页　共　页

序　号	项目名称	计量单位	金额/元	备　注

注：此表由招标人填写，如不能详列，也可只列暂定金额总数，投标人应将上述暂定金额计入投标总价中。

表 10 - 11 材料暂估单价表

工程名称：　　　　　　　　　　　　　　标段：　　　　　　　　第　页　共　页

序　号	项目名称	计量单位	金额/元	备　注

注：1. 此表由招标人填写，并在备注栏说明暂估价的材料拟用在哪些清单项目上，投标人应将上述材料暂估单价
计入工程量清单综合单价报价中；
2. 材料包括原材料、燃料、构配件以及按规定应计入建筑安装工程造价的设备。

表 10 - 12 专业工程暂估价表

工程名称：　　　　　　　　　　　　　　标段：　　　　　　　　第　页　共　页

序　号	项目名称	计量单位	金额/元	备　注

注：此表由招标人填写，投标人应将上述专业工程暂估价计入投标总价中。

表 10 - 13 计日工表

工程名称：　　　　　　　　　　　　　　标段：　　　　　　　　第　页　共　页

编　号	项目名称	单　位	暂定数量	综合单价	合　计
一	人　工				
1					
2					
二	材　料				
1					
2					
三	机　械				
1					
2					
合　计					

注：此表项目名称、数量由招标人填写，编制招标控制价时，单价由招标人按有关计价规范规定确定；投标时，
单价由投标人自主报价，计入投标总计中。

（8）关于规费、税金。GB 50500—2008 中规定：规费和税金应按照国家或省级、行业建设主管部门的规定计算，不得作为竞争性费用。本规定为强制性条文。规费、税金项目清单与计价表，如表 10 - 15 所示。

表 10 – 14　总承包服务费计价表

工程名称：　　　　　　　　　　标段：　　　　　　　　第 页 共 页

序　号	项目名称	项目价值/元	服务内容	费率/%	金额/元
1	发包人发包专业工程				
2	发包人供应材料				
合　计					

表 10 – 15　规费、税金项目清单与计价表

工程名称：　　　　　　　　　　标段：　　　　　　　　第 页 共 页

序　号	项目名称	计算基础	费率/%	金额/元
1	规　费			
1.1	工程排污费			
1.2	社会保障费			
(1)	养老保障金			
(2)	失业保险费			
(3)	医疗保险费			
1.3	住房公积金			
1.4	危险作业意外伤害保险			
2	税　金	分部分项工程费＋措施项目费＋其他项目费＋规费		
合　计				

注：根据建设部、财政部发布的《建筑安装工程费用组成》（建标［2003］206 号）的规定，"计算基础"可为"直接费"、"人工费"或"人工费＋机械费"。

10.3　索赔与现场签证、工程价款的支付、竣工结算

10.3.1　索赔与现场签证

（1）合同一方向另一方提出索赔，应有正当的索赔理由和有效证据，并应符合合同的相关约定。

（2）若承包人认为非承包人原因发生的事件造成了承包人的经济损失，承包人应在确认该事件发生后，按合同约定向发包人发出索赔通知。发包人在收到最终索赔报告后并在合同约定时间内，未向承包人做出答复，视为该项索赔已经认可。

（3）索赔事件发生后，承包人应持证明索赔事件发生的有效证据和依据正当的索赔理由，按合同约定的期限、程序向发包人提出索赔。发包人应按合同约定的时间对承包人提出的索赔进行答复和确认。当发、承包双方在合同中对索赔提出和确认的期限、程序未作约定时，按下列规定办理。

1）承包人根据合同任何条款或与合同有关的其他文件，认为非承包人原因发生的事

件造成承包人的经济损失，应得到追加付款，承包人应在确认该事件或情况发生后 28 天内向发包人发出通知，说明引起索赔的事件或情况。

2）承包人未能在上述 28 天期限内发出索赔通知，则竣工时间不得延长，承包人无权获得追加付款。

3）承包人应在现场或发包人认可的其他地点，保持用以证明任何索赔可能需要的同期记录。发包人收到承包人发出的任何通知后，未承认发包人责任前，可检查记录保持情况，并可指示承包人保持进一步的同期记录。承包人应允许发包人检查所有这些记录。

4）在承包人确认引起索赔的事件或情况后 42 天内，承包人应向发包人递交一份详细的索赔报告，包括索赔的依据、要求追加付款的全部资料。如果引起索赔的事件或情况具有连续影响，则承包人应按月递交进一步的中间索赔报告，说明累计索赔的金额。同时，承包人应在索赔的事件或情况产生的影响结束后 28 天内，递交一份最终索赔报告。

5）发包人在收到索赔报告或对过去索赔的任何进一步证明资料后 28 天内，应做出回应，表示批准或不批准，并附具体意见。还可以要求承包人提供任何必需的进一步资料，但仍要在上述期限内对索赔做出回应。

6）发包人在收到最终索赔报告后的 28 天内，未向承包人做出答复，则该项索赔报告视为已经认可。

（4）承包人索赔按下列程序处理：

1）承包人在合同约定的时间内向发包人递交费用索赔意向通知书；

2）发包人指定专人收集与索赔有关的资料；

3）承包人在合同约定的时间内向发包人递交费用索赔申请表，如表 10 - 16 所示；

表 10 - 16 费用索赔申请（核准）表

工程名称：　　　　　　　　　　　　标段：　　　　　　　　　　　　编号：

致：＿＿＿＿＿＿＿＿＿＿＿＿＿＿＿＿＿＿＿（发包人全称）

　　根据施工合同条款第＿＿＿＿＿条的约定，由于＿＿＿＿＿＿＿＿＿＿＿＿＿＿的原因，我方要求索赔金额（大写）＿＿＿＿＿＿＿＿＿＿＿＿＿元，（小写）＿＿＿＿＿元，请予核准。

　　附：1. 费用索赔的详细理由和依据；

　　　　2. 索赔金额的计算；

　　　　3. 证明材料。

承包人（章）

承包人代表

日期

复核意见	复核意见
根据施工合同条款第＿＿＿＿＿条的约定款第＿＿＿＿＿条的约定，你方提出的费用索赔申请经复核： □ 不同意此项索赔，具体意见见附件。 □ 同意此项索赔，索赔金额的计算，由造价工程师复核。 <div align="right">监理工程师 日期</div>	根据施工合同条款第＿＿＿＿＿条的约定，你方提出的费用索赔申请经复核，索赔金额为（大写）＿＿＿＿＿元，（小写）＿＿＿＿＿元。 <div align="right">造价工程师 日期</div>

续表 10 – 16

审核意见

□ 不同意此项索赔。

□ 同意此项索赔，与本期进度款同期支付。

发包人（章）

发包人代表

日期

注：1. 在选择栏中的"□"内作标识"√"；
　　2. 本表一式四份，由承包人填写，发包人、监理人、造价咨询人、承包人各一份。

4）发包人指定的专人初步审查费用索赔申请表，符合第 1 条规定的条件时予以受理；

5）发包人指定的专人进行费用索赔核对，经造价工程师复核索赔金额后，与承包人协商确定并由发包人批准；

6）发包人指定的专人应在合同约定的时间内签署费用索赔审批表，或发出要求承包人提交有关索赔的进一步详细资料的通知，待收到承包人提交的详细资料后，按本条第 4）、5）款的程序进行。

（5）若承包人的费用索赔与工程延期索赔要求相关联时，发包人在做出费用索赔的批准决定时，应结合工程延期的批准，综合做出费用索赔与工程延期的决定。

（6）若发包人认为由于承包人的原因造成额外损失，发包人应在确认引起索赔的事件后，按合同约定向承包人发出索赔通知。承包人在收到发包人索赔通知后并在合同约定时间内，未向发包人做出答复，视为该项索赔已经认可。

（7）承包人应发包人要求完成合同以外的零星工作或非承包人责任事件发生时，承包人应按合同约定及时向发包人提出现场签证，并填写现场签证表（见表 10 – 17）。

10.3.2　工程价款的支付

工程价款支付是指一个单项工程、单位工程、分部工程或分项工程完工，并经建设单位及有关部门验收或验收点交后，施工企业根据合同规定，按照施工时经发、承包双方认可的实际完成工程量、现场情况记录、设计变更通知书、现场签证、预算定额、材料预算价格和各种费用取费标准等资料，向建设单位办理结算工程价款、取得收入、用以补偿施工过程中的资金耗费、确定施工盈亏的经济活动。办理工程价款结算与支付应填写"工程款支付申请（核准）表"，如表 10 – 18 所示。

10.3.3　竣工结算

（1）竣工结算的编制格式。

竣工结算封面的填写见表 10 – 19。

（2）竣工结算的编制内容。

1）工程完工后，发、承包双方应在合同约定时间内办理工程竣工结算。

2）工程竣工结算由承包人或受其委托具有相应资质的工程造价咨询人编制，由发包人或受其委托具有相应资质的工程造价咨询人核对。

表 10－17　现场签证表

工程名称：＿＿＿＿＿＿＿＿　　标段：＿＿＿＿＿＿　　　　编号：＿＿＿＿

施工单位		日期	

致：＿＿＿＿＿＿＿＿＿＿＿＿＿＿＿＿＿＿＿＿（发包人全称）

　　根据＿＿＿＿＿（指令人姓名）＿＿年＿＿月＿＿日的口头指令或你方＿＿＿（或监理人）＿＿年＿＿月＿＿日的书面通知，我方要求完成此项工作应支付价款金额（大写）＿＿＿＿＿＿元，（小写）＿＿＿＿＿元，请予核准。

　　附：1. 签证事由及原因：

　　　　2. 附图及计算式：

承包人（章）

承包人代表

日期

复核意见	复核意见
你方提出的此项签证申请经复核： □ 不同意此项签证，具体意见见附件。 □ 同意此项签证，签证金额的计算，由造价工程师复核。 <div align="right">监理工程师 日期</div>	□ 此项签证按承包人中标的计日工单价计算，金额为金额（大写）＿＿＿＿＿元，（小写）＿＿＿＿＿元。 □ 此项签证因无计日工单价，金额为（大写）＿＿＿＿＿元，（小写）＿＿＿＿＿元。 <div align="right">造价工程师 日期</div>

审核意见

□ 不同意此项签证。

□ 同意此项签证，价款与本期进度款同期支付。

发包人（章）

发包人代表

日期

注：1. 在选择栏中的"□"内作标识"√"；

　　2. 本表一式四份，由承包人在收到发包人（监理人）的口头或书面通知后填写，发包人、监理人、造价咨询人、承包人各一份。

　　3）工程竣工结算的依据：

　　①《计价规范》；

　　②施工合同；

　　③工程竣工图纸及资料；

　　④双方确认的工程量；

　　⑤双方确认追加（减）的工程价款；

　　⑥双方确认的索赔、现场签证事项及价款；

　　⑦投标文件；

　　⑧招标文件；

　　⑨其他依据。

　　4）分部分项工程费应依据双方确认的工程量、合同约定的综合单价计算；如发生调整的，以发、承包双方确认调整的综合单价计算。

表 10-18 工程款支付申请（核准）表

工程名称：   标段：   编号：

致：_____（发包人全称）

我方于_____至_____期间已完成了_____工作，根据施工合同的约定，现支付本期的工程价款（大写）_____元，（小写）_____元，请予核准。

序　号	名称	金额/元	备注
1. 累计已完成的工程价款			
2. 累计已实际支付的工程价款			
3. 本周期已完成的工程价款			
4. 本周期已完成的计日工金额			
5. 本周期应增加或扣减的变更金额			
6. 本周期应增加或扣减的索赔金额			
7. 本周期应抵扣的预付款			
8. 本周期应扣减的质保金			
9. 本周期应增加或扣减的其他金额			
10. 本周期实际支付的工程价款			

承包人（章）

承包人代表

日期

复核意见	复核意见
□ 与实际施工情况不符，修改意见见附件。 □ 与实际施工情况相符，具体金额由造价工程师复核。 监理工程师 日期	你方提出的支付申请经复核，本周期已完成工程价款为（大写）_____元，（小写）_____元。本期间应支付的金额为（大写）_____元，（小写）_____元。 造价工程师 日期

审核意见

□ 不同意。

□ 同意，支付时间为本表签发后的 15 天内。

发包人（章）

发包人代表

日期

注：1. 在选择栏中的"□"内作标识"√"；

2. 本表一式四份，由承包人填写，发包人、监理人、造价咨询人、承包人各一份。

表 10 - 19   竣工结算封面

_____工程

竣工结算总价

中标价（小写）：_____（大写）：_____

结算价（小写）：_____（大写）：_____

发包人：_____承包人：_____咨询人：_____

（单位盖章）   （单位盖章）   （单位资质专用章）

法定代表人_____法定代表人_____法定代表人_____

或其授权人：_____或其授权人：_____或其授权人：_____

（签字或盖章）   （签字或盖章）   （签字或盖章）

编制人：_____核对人：_____

（造价人员签字盖专用章）   （造价工程师签字盖专用章）

编制时间：___年___月___日   核对时间：___年___月___日

5）措施项目费应依据合同约定的项目和金额计算；如发生调整的，以发、承包双方确认调整的金额计算，其中安全文明施工费应按照国家或省级、行业建设主管部门的规定计价，不得作为竞争性费用。

6）其他项目费用应按下列规定计算：

计日工应按发包人实际签证确认的事项计算，即应按发包人实际签证确认的数量和合同约定的相应项目综合单价计算；暂估价中的材料单价应按发、承包双方最终确认价在综合单价中调整；专业工程暂估价应按中标价或发包人、承包人与分包人最终确认价计算。

（3）总说明的编制见表 10 - 20。

表 10 - 20   总说明

工程名称：   第 页 共 页

（1）工程概况：建设规模、工程特征、计划工期、合同工期、实际工期、施工现场及变化情况、施工组织设计的特点、自然地理条件、环境保护要求等。

（2）编制依据。

（3）工程变更。

（4）工程价款调整。

（5）索赔。

（6）其他等。

（4）工程项目竣工结算汇总表的编制见表 10 - 21。

表 10 - 21   工程项目竣工结算汇总表

工程名称：   第 页 共 页

序 号	单项工程名称	金额/元	其 中	
			安全文明施工费/元	规费/元

（5）单项工程竣工结算汇总表见表 10 - 22。

表 10 - 22　单项工程竣工结算汇总表

工程名称：　　　　　　　　　　　　　　　　　　　　　　　　第　页　共　页

序　号	单项工程名称	金额/元	其　中	
			安全文明施工费/元	规费/元

（6）单位工程竣工结算汇总表见表 10 - 23。

表 10 - 23　单位工程竣工结算汇总表

工程名称：　　　　　　　　　　　标段：　　　　　　　　第　页　共　页

序　号	汇总内容	金额/元
1	分部分项工程	
1.1		
1.2		
⋮	⋮	
2	措施项目	
2.1	其中：安全文明施工费	
⋮	⋮	
3	其他项目	
3.1	其中：专业工程结算价	
3.2	其中：计日工	
3.3	其中：总承包服务费	
3.4	其中：索赔与现场签证	
⋮	⋮	
4	规　费	
5	税　金	
竣工结算总价	合计 = 1 + 2 + 3 + 4 + 5	

注：如无单位工程划分，单项工程也使用本表汇总。

10.4　工程项目风险管理

风险管理最早是从企业经营管理实践中总结出来的。随着项目管理技术的发展以及业主对项目管理越来越高的要求，风险管理就加入了项目管理的行列，形成了项目风险管理。

10.4.1　工程项目的风险因素及风险事件

10.4.1.1　工程项目风险因素

工程项目的风险来自于项目有关的各个方面。根据工程项目管理的实践，工程项目风险可按表 10 - 24 的方式进行分类。这种分类方法有利于区分各类风险的性质及其潜在影响，风险因素之间的关联性较小，有利于提高风险管理人员对风险的辨识程度，使风险管理策略的选择更具明确性。

表 10 – 24　项目风险分类图

项目风险	技术性风险	设计技术的风险
		施工技术的风险
		生产工艺及其他风险
	非技术性风险	自然及环境风险
		政治法律风险
		经济风险
		组织协调风险
		合同风险
		人员风险
		材料及设备风险
		其他风险

10.4.1.2　工程项目风险事件及其后果

风险事件指的是任何影响项目目标实现的可能发生的事件，由一种或几种风险因素相互作用发生。例如施工方案的失败可能是由于施工技术不当、施工人员素质差以及未曾预料的地基条件等因素导致的。

风险事件的发生是不确定的。由于项目外部环境的千变万化以及项目本身的复杂性和人们对未来变化的预测能力有限而导致的。例如，人们即使意识到施工期间恶劣的气候是一个需要重视的风险，但这并不一定意味着恶劣气候就一定会降临，或者就像人们所预料的那样来临而给工程施工带来预期的影响。

风险事件发生所造成的对项目目标实现的影响也是不确定的，只是一种潜在的损失或收益。一个工程项目从外汇汇率的变化中或许受到很大的损失，或许会获得不小的收益，除非人们能够确定汇率一定会上升或下降，而不是上下浮动。

需要指出的是，在大中型工程项目建设中，对业主而言，项目实施期间大部分的风险事件都是灾难性事件。因此，国内一些学者也将风险定义为影响项目目标实现的灾难性事件。

从以上论述中，我们可以得出：风险就是风险事件发生的可能性。由于其不确定性，从而对工程项目目标的实现产生有利或不利的影响。而且，几乎每一类风险都会在不同时期以不同的方式（风险事件）影响到项目目标的实现。

10.4.2　工程项目风险管理的目标与任务

10.4.2.1　工程项目风险管理的目标

风险管理是对项目风险进行识别、分析和应对的过程，是以实现活动主体总目标的科学管理。风险管理在掌握有关资料、数据的基础上，对风险进行分析，运用各种管理方法和技术手段对项目活动中的风险进行有效的控制。也就是在主观上尽可能有备无患，在无法避免时寻求切实可行的补救措施，从而减少意外损失或进而是风险为我所用。项目风险管理的目标从属于项目的总目标，通过对项目风险的识别，将其定量化，进行分析和评价，选择风险管理措施，以避免项目风险的发生；或在风险发生后，使损失量减少到最低限度。

项目风险管理的目标是：

（1）使项目获得成功；

（2）为项目实施创造安全的环境；

（3）降低工程费用或使项目投资不突破限度；

（4）减少环境或内部对项目的干扰，保证项目按计划有节奏的进行，使项目实施时始终处于良好的受控状态；

（5）保证项目质量；

（6）使竣工项目的效益稳定。

总而言之，项目风险管理是一种主动控制的手段，它的最重要的目标就是使项目的三大目标——投资（成本）、质量、工期能够得以实现。这种主动控制与传统的偏差——纠偏——再偏差——再纠偏的被动控制方式不同。风险管理的主动控制体现在通过主动辨识干扰因素（风险）并予以分析，事先采取风险防范措施，主动控制风险产生的条件，尽可能做到防患于未然，以避免和减少项目损失。

10.4.2.2　工程项目风险管理的基本任务

鉴于风险长期存在并且牵扯面广，一般都由项目经理牵头组织风险管理小组，配备若干风险管理专职人员，建立风险管理体系，制定风险管理计划，不断监控风险产生的可能性。工程项目风险管理的基本任务是：

（1）识别项目风险来源和风险状况。

（2）建立风险管理体系，明确风险管理制度和风险管理方法。

（3）分析风险，评估风险影响或损失程度。

（4）制定风险对策和风险应对计划，估算风险应对成本，确定风险等级和处理权限。

（5）对风险进行监测和控制。

根据项目需要与机构设置情况，可将保险、劳动安全工作统一纳入风险管理范围。上述各项任务不仅彼此相互作用，而且还与项目管理其他方面的工作相互作用。每项任务往往需要一人、多人或几个团队一起工作，并在项目的一个或多个阶段中出现。

10.4.2.3　建立项目风险管理体系

（1）建立风险管理体系的依据。

1）企业环境因素。企业环境因素是各种存在于项目周围并对项目成功有影响的企业环境因素与制度。

2）上级组织的管理方法和历史经验教训。上级组织可能设有既定的风险管理方法，如风险分类、概念和术语的通用定义、标准样板、岗位职责、决策中的权利级别等。要认真吸取历史经验教训，运用成熟的管理经验。

3）项目合同和项目范围说明书。

4）项目管理计划。项目管理计划把所有的分项计划规定、协调和综合成为一个项目管理计划。项目管理计划的内容因项目的所在行业和复杂程度而异。项目管理计划确定了执行、监测、控制和结束项目的方式与方法。风险管理从属于项目管理计划，应与整体项目管理计划相协调。

（2）风险管理体系的主要内容。风险管理体系描述如何在项目上组织实施风险管理，主要内容包括：

1）方法。确定实施项目风险管理使用的各种方法、计算软件及风险评价基准。

2）岗位职责。确定风险管理过程中的具体领导者、支援者及行动小组成员，明确各自的岗位职责。

3）风险情况调查和风险分类。

4）风险概率和影响的定义。为了确保定性风险分析过程的质量和可信度，需要规定风险概率和影响的各种等级。在风险管理计划过程中，对风险概率级别和影响级别做的一般规定应依据个别项目的具体情况进行调整，以便在定性风险分析过程中使用。

5）利害关系人的承受度。

6）风险对策。包括回避风险、转移风险与措施、缓解风险与措施、自留风险与措施。

7）制订风险应对计划，并估算风险管理所需费用，将之纳入项目费用计划。

8）风险监控。

9）跟踪。说明如何记录风险活动的各个方面，以供当前项目使用，或满足未来需求或满足经验教训总结的需要。

10）报告格式。

10.4.2.4 风险识别

（1）风险识别的重要性。风险管理首先必须识别和分析评价潜在的风险领域，分析风险事件发生的可能性和危害程度，这是项目风险管理中最重要的步骤。风险识别包括确定风险的来源、风险产生的条件，描述其风险特征和确定哪些风险会对项目产生影响。风险识别的参与者应尽可能包括项目团队、风险管理小组、来自公司其他部门的某一问题专家、客户、最终使用者等。

（2）风险识别的基本步骤。

1）在调查研究的基础上列出初步风险清单。初步风险清单一般根据企业对过去项目管理的历史资料整理，也包括收集同类项目、同地区项目档案资料或其他公开资料等。

2）对列入清单的风险进行分析评价。初步风险清单列出后，要对产生这些风险的源泉、促成风险产生的条件、风险发生概率、风险影响面和危害程度进行分析评价。

3）在风险分析评价的基础上，对各项风险进行分类排队。

10.4.2.5 制订风险应对计划的方法

（1）消极风险或危害的应对策略。通常使用三种策略处理危害或一旦发生就可能对项目目标有消极影响的风险。这些策略是回避、转移与减轻。

1）回避。回避风险包括改变项目管理计划以消除由有害的风险造成的危害，使项目目标不受风险的影响、放宽有危险的目标。

2）转移。风险转移需要将威胁的消极影响连同应对的权利转给第三方，实际只是把风险管理的责任给了另一方，并没用将其消除。

3）减轻。指的是把不利风险事件的概率和影响单独或一起降低到可以接受的程度。

（2）积极风险或机会的应对策略。

1）利用。在组织希望确保某个机会得以实现的情况下，可以为那些有积极影响的风险选择这个策略。

2）分享。分享一个积极风险就是将风险的所有权分配给左右能抓住对项目有利的机会的第三方。

3）增加。这个策略通过单独或一起增加概率和积极影响，并通过识别这些有积极影响的风险的关键促成因素和使它们最大化。

（3）制订风险应对计划的主要内容。

1）需要应对的风险清单。

2）形成一致意见的应对措施。

3）实施所选应对策略采取的具体行动。

4）明确风险管理人和分配给他们的责任。

5）风险发生的征兆和预警信号。

6）实施所选应对策略需要的预算和进度计划活动。

7）设计好要准备的符合有关当事人风险承受度的用在不可预见事件上的预留时间和费用。

8）应急方案和要求实施方案的引发因素。

9）要使用的退出计划。

10）对于特定风险，如果它们可能发生，为了规定各方的责任，可以准备用于保险、服务或其他相应事项的合同。

复习与思考题

10－1 招标人编制的工程量清单应包括哪些内容？

10－2 工程量清单文件的组成有哪些部分？

10－3 项目特征描述应注意哪些方面的问题？

10－4 简述招标控制价的含义。

10－5 工程量清单投标报价的文件组成有哪些部分？

10－6 工程量清单投标报价的编制依据有哪些？

10－7 投标控制价中的措施项目费计算包括哪些内容，如何报价？

10－8 投标报价中的其他项目费计价应如何考虑？

10－9 简述项目风险管理的重要性。

10－10 简述项目风险管理的方法。

参 考 文 献

[1]《建设工程工程量清单计价规范》编写小组．建设工程工程量清单计价规范（GB 50500—2008）宣传辅导材料［M］．北京：中国计划出版社，2008.

[2] 建设部标准定额研究所．全国统一安装工程预算定额解释汇编［M］．北京：中国计划出版社，2008.

[3] 黄文艺．安装工程预算知识问答丛书［M］．北京：机械工业出版社，2007.

[4] 中华人民共和国住房和城乡建设部．建设工程工程量清单计价规范（GB 50500—2008）［M］．北京：中国建筑工业出版社，2008.

[5] 中华人民共和国住房和城乡建设部．建设工程工程量清单计价规范（GB 50500—2003）［M］．北京：中国建筑工业出版社，2003.

[6] 肖作义．水工程概预算与技术经济评价［M］．北京：机械工业出版社，2011.

[7] 熊德敏．安装工程定额与预算［M］．北京：高等教育出版社．2008.

[8] 曹小琳，等．建筑工程定额原理与概预算［M］．北京：中国建筑工业出版社．2008.

[9] 冯钢，等．安装工程计量与计价［M］．北京：北京大学出版社，2009.

[10] 赵平．建筑工程概预算［M］．北京：中国建筑工业出版社，2009.

[11] 汪军．建筑工程造价计价速查手册［M］．北京：中国电力出版社，2008.

[12] 张怡．建筑设备工程造价［M］．重庆：重庆大学出版社，2007.

[13] 董维岫，等．安装工程计量与计价［M］．北京：机械工业出版社，2005.

[14] 刘庆山．建筑安装工程预算［M］．北京：机械工业出版社，2005.

[15] 吴新伦．安装工程定额与预算［M］．重庆：重庆大学出版社，2002.

[16] 曹克民．建筑电气工程师手册［M］．北京：中国建筑工业出版社，2003.

[17] 山东省建设厅．山东省安装工程消耗量定额［M］．北京：中国建筑工业出版社，2003.

[18] 张秀德．安装工程定额与预算［M］．北京：中国电力出版社，2004.

[19] 苏铁岳，等．工程定额与计价方法［M］．北京：中国建筑工业出版社，2010.

[20] 陈玉和．风险评价［M］．北京：中国标准出版社，2009.

[21] 叶良，等．土木工程概预算与投标报价［M］．北京：北京大学出版社，2008.

[22] 栋梁工作室．给排水/采暖/燃气工程概预算手册［M］．北京：中国建筑工业出版社，2004.

[23] 车春鹂，等．工程造价管理［M］．北京：北京大学出版社，2006.

[24] 北京市建设委员会．2001北京市建设工程预算定额全24册含补充定额及相关规定［M］．北京市建设委员会，2001.

[25] 尹贻林．工程造价计价与控制［M］．北京：中国计划出版社，2005.

[26] 冶金工业编委会．全国统一安装工程预算定额（第1、6、7、8、11分册）［M］．北京：中国计划出版社，2000.

[27] 冶金工业编委会．全国统一安装工程预算工程量计算规则（GYD GZ - 201—2000）［M］．北京：中国计划出版社，2000.